KB142698

최신 개정판

용접과 WPS/PQR

저자 : 기술사 김대식

개정판을 내면서....

본 서적을 2004년 초판을 시작으로2011년 개정판을 발행한 후 지금까지 제14쇄에 이르는 동안 많은 사랑과 성원을 보내 주신 독자 여러분께 감사 드린다.

또한 저 멀리 중동과 동남아시아의 건설현장과 국내의 유수 플랜트산업 업체 종사자들께서 일천한 본 서적의 내용에 대하여 많은 찬사를 보내 주셔서 지면으로나마 무한한 고마움을 전하고 싶다.

그간 이 분야에 깊은 지식을 가진 분들과 이 책의 내용에 대하여 많은 질문과 답변을 주고 받으며 느낀 기쁨은 오래도록 기억에 남을 것이다.

국내외 플랜트산업의 건설에 있어서 용접 분야는 지속적인 발전과 변화를 하고 있다. 특히 플랜트 건설 산업의 국제 기준인 미국기계학회 기준은 2년마다 새로운 용접 신기술과 요건을 채택하여 수록하고 있으며 또 건설 현장이나 설계를 담당하고 있는 기술자들에게 국내외 사업을 수행할 시에 필수적으로 적용하도록 요구를 하고 있는 바이다.

따라서 변경된 최신의 미국기계학회 기준을 독자 여러분께 제공하는 것이 필자의 피하지 못할 책무가 되었다.

ASME Section IX의 최신판을 기준으로 변경 요건을 재해석하고 적용사례를 수록한 본 개정판의 발행이 독자 여러분이 보내주시는 성원에 보은하는 길이라고 본다.

앞으로도 직간접적으로 독자 여러분과 이 서적을 매개로 하여 대화하는 기회가 많아 지기를 기대한다.

2016년 2월, 저자 올림.

책 머리에...

그 동안 필자는 플랜트(Plant)의 설계/제작/구매/시공 부문 업무를 수행하면서 구조물의 제작 분야도 사업주가 품질 관리에 대한 요구를 점점 더 엄격히 요구하는 것을 체감하고 있다.

세계는 정보 통신의 발달로 다양한 기술 정보도 실시간으로 정보를 공유할 수 있도록 변하고 있으며 대부분의 구조물을 제작할 때에도 세계적인 통용 규정(Code)/표준(Standard)을 적용하도록 예외 없이 요구하여 품질 관리에 최선을 다하는 것 역시 주지의 사실이다.

구조물의 제작에 필수적으로 수반되는 것이 용접 작업이며, 이는 구조물의 품질에 많은 영향을 끼치는 부분이다. 이로 인해 국내의 각 구조물 제작 업체에 종사하는 기술자들 역시 세계적으로 통용되는 규정인 미국기계학회의 기준으로 용접 작업을 수행해 주도록 요구 받고 있다. 하지만 용접 일반에 대한 책자는 서점을 통해 시중에 많이 독자에게 소개되었지만 미국기계학회의 기준을 이해하거나 실무에 적용할 경우 다소 부족하다는 것을 인지하게 되었다.

따라서 본 책의 내용은 용접 일반에 대하여 설명하고 그를 바탕으로 현재 각 국에서 가장 널리 통용되고 있는 미국기계학회(ASME Section IX)의 요구 사항을 기준으로 WPS(Welding Procedure Specification: 용접 절차 사양서)와 PQR(Procedure Qualification Record: 절차 검정 기록서)을 작성하고 검토하는데 참고하면서 직접 도움이 되도록 하였다. 특히 철/비철 구조물 제작 업체에서 설계와 생산의 일선에 입문하는 초급 기술자는 물론 업무 경험이 많은 중.고급 기술자들에게 많은 도움이 되리라고 확신한다.

이 책의 전반을 소개하기 위하여 각 장에 수록되어 있는 내용을 소개하면 아래와 같다.

제1장: 용접의 정의(참고 문헌 참조).

제2장: 용접 Process(각 용접법에 대한 일반 사항으로서 참고 문헌 참조).

제3장: WPS 작성 및 검토(WPS를 작성 및 검토할 수 있도록 ASME Section IX를 기준으로 저자 직접 작성).

제4장: PQR 작성 및 검토(PQR을 작성 및 검토할 수 있도록 ASME Section IX를 기준으로 저자 직접 작성).

제5장: 용접에 관한 참고 자료(용접 일반, WPS/PQR 작성 검토 시 사용할 수 있는 전문 지식 수록: 참고 문헌 참조).

제6장: ASME SECTION IX(ASME SECTION IX의 최신판에 대하여 알기 쉽게 저자 직접 번역).

제7장: 용접 자재 선택(각종 용접법 및 모재에 대하여 용접봉을 선택할 수 있는 자료 제공: 참고 문헌 참조).

특히 저자가 직접 집필한 제3장, 제4장, 제6장은 세계적인 통용 규정으로 사업을 수행할 때 충실한 안내자가 되리라 기대될 뿐만 아니라 구조물을 제작하기 전에 적용할 용접 방법을 사업주에게 서류(WPS/PQR)로 제출하여 승인을 받는 과정에서 시간적으로나 기술적으로 애로를 겪는 독자들에게 큰 도움이 될 것으로 본다.

산업 현장에서 업무를 통하여 습득한 지식을 바탕으로 서술한 이 책에 대해 기술적인 오류나 고견이 있는 독자들의 아낌없는 충고와 지도를 바라는 바이다.

끝으로 책 내용의 감수를 담당하여 주신 두 분과 책 발간에 많은 성원을 하여 주신 21세기사 이범만 사장님께 감사를 드린다. 그리고 휴일 날 책만 쓴다고 갖은 구박을 하던 악마 마누라한테 이제야 할말이 생긴 것 같다.

2004년 12월 編著者識

차 례

제1장 용접의 정의

1.1 일반적인 정의

용접(Welding)이란 2개 혹은 그 이상의 물체나 재료를 용융 또는 반용융 상태로 하여 접합(융접: Fusion Welding)하든가 상온 상태의 부재를 접촉시키고 압력을 작용시켜 접촉면을 밀착 시키면서 접합하는 금속적 이음(압접: Pressure Welding)과 두 모재를 전혀 녹이지 않고 모재보다 용융점이 낮은 금속을 녹여 접합부 사이에 발생하는 표면 장력에 의한 흡인력으로 접합시키는(납땜: Brazing & Soldering) 작업을 말한다.

1.2 협의의(금속학적) 정의

용접은 두 금속의 표면을 원자간 결합 거리($1\text{Å} = 10^{-8}$ cm) 이내로 좁혀주는 금속학적 공정으로 정의 된다.

최근에는 전기.전자 산업 뿐 아니라 자동차, 항공, 우주 산업 등에 이르기까지 확산 용접, 폭발 용접 등으로 금속간 접합뿐 아니라 용융 용접으로는 거의 불가능한 이종 금속은 물론 금속과 비금속의 접합까지 적용이 확대되면서 광의의 정의를 사용하는 것이 옳다 하겠다.

하지만 금속학적 용접의 정의를 바로 이해하는 것이 용접의 기본이 되기 때문에 여기서는 용융용접과 압접을 비교, 설명하여 용접의 이해를 돕고자 한다.

1.2.1 용융 용접(융접: Fusion Welding)

가. 열원의 조건

1) 열원의 온도가 금속의 용융 온도보다 충분히 높아야 한다.

2) 국부적으로 가열이 가능해야 한다.
대표적인 것으로 전기 아크 용접을 들 수 있는데 그 종류가 다양하고, 많이 이용되고 있다.

1.2.2 압접(Pressure Welding): 용접을 이루는 수단이 소성 변형이다.

가. 압접의 특징.

1) 큰 힘을 내는 대형 장비가 필요하다.

2) 형상 조건의 구애를 받으며, 짧은 용접 시간으로 대량이 생산 가능하다. 대표적인 방법에는 냉간 및 열간 압접이 있고, 여러 가지 접합들이 많이 개발되어 종래의 용접으로 접합하기 어려운 소재의 접합도 가능하게 되었다.

제2장 용접 PROCESS

2.1 용융 용접(Fusion welding) 분류

*Pressure normal to faying surface.

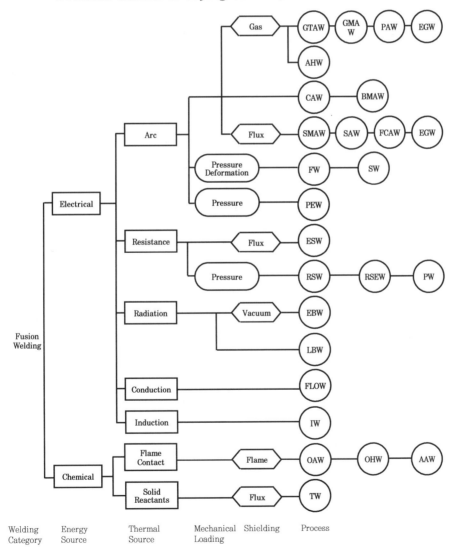

DEFINITIONS					
Designation	Welding Process	Designation	Welding Process	Designation	Welding Process
AAW	Air acetylene	FW	Flash	PW	Projection
AHW	Atomic hydrogen	GMAW	Gas metal arc	RSEW	Resistance Seam
BMAW	Bare metal arc	GTAW	Gas tungsten arc	RSW	Resistance Spot
CAW	Carbon arc	IW	Induction	SAW	Submerged arc
EBW	Electron beam	LBW	Laser beam	SMAW	Shielded metal arc
EGW	Electrogas	OAW	Oxyacetylene	SW	Stud arc
ESW	Electroslag	OHW	Oxyhdrogen	TW	Thermit
FLOW	Flow	PAW	Plasma arc		
FCAW	Flux cored arc	PEW	Percussion		

그림 2-1 Fusion Welding Classification Diagram

2.2 가스 용접(Gas Welding)

2.2.1 가스 용접(Gas Welding)의 개요

연료 가스와 공기 또는 산소의 연소에 의한 열을 이용하여 금속을 용융 접합하는 방법으로 가스 용접 혹은 플래임(Flame) 용접이라고 한다. 이들의 가스는 용접 토오치 가운데서 혼합되어 소요의 불꽃으로 되기 위한 조정을 받으며 가스 용접에 사용되는 가스는 아세틸렌과 산소가 가장 많으므로 가스 용접을 아세틸렌 가스 용접이라고도 한다.

아래 그림은 산소 아세틸렌 용접의 용접 장치를 도시한 것이며 산소 용기와 아세틸렌 용기의 압력 조정기에서 각각 적당한 압력으로 조정을 받은 산소와 아세틸렌 가스가 이론적인 혼합비 1:1인 표준 불꽃을 만들어 용가재를 용융시켜 용접을 하는 것이다. 이때 가스 용접의 사용 온도는 5000°F(2760℃)이상이다.

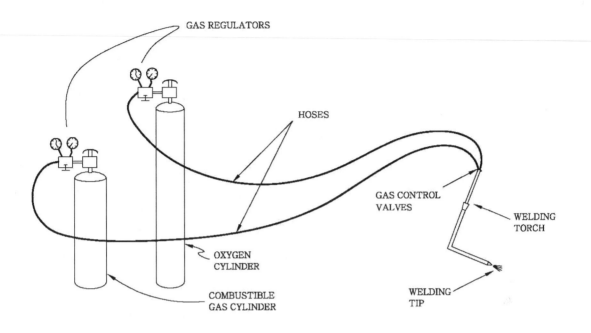

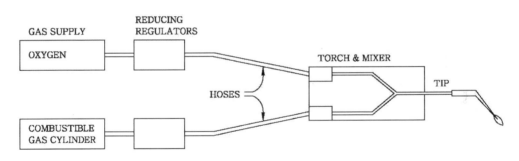

그림 2-2 가스 용접의 구조

2.2.2 가스 용접의 장점

가. 유연성, 이동성이 매우 좋다.

나. 장치의 구조가 간단하다.

다. 전력 공급이 용이치 않는 곳에서 사용이 수월하다.

라. 장치의 가격이 싸다.

2.2.3 가스 용접의 결점

가. 화염 성분, 입열(Heat Input)의 조절에 의해 용접공의 기능이 좌우 된다.

나. 용접 속도가 느리다.

다. 국부적으로 열이 집적됨으로써 찌그러짐, 비틀림이 많다.

라. 높은 입열 및 용접 속도가 느리기 때문에 탄소강에서는 보편적으로 입자가 세
립화되며 취약 구조를 갖게 된다.

마. 화염이 적당치 못할 경우에는 모재의 탄화 혹은 탈탄화 현상이 생길 우려가
있어 Chromium 강이나 High Alloy에 손상을 입힐 수 있다.

2.2.4 적용 대상

GTAW가 부적합한 곳의 2" 이하의 배관 맞대기 용접 및 Fillet 용접에 사용한다.

이상의 적용 대상에도 불구하고 현재로서는 결점이 많아 Plant, 배관의 용접에
는 거의 사용치 않고 있다.

2.2.5 연료 가스

용접용 가스는 아세틸렌 가스가 가장 많이 사용되고 수소, 도시 가스(석탄 가
스), LPG(액화 석유 가스: Liquefied Petroleum Gas), 천연 가스, 메탄 가스 등
이 있으며 이들이 가스 용접이나 절단에 사용되려면 아래와 같은 성질이 있어야
한다.

가. 불꽃의 온도가 높을 것.

나. 연소 온도가 빠를 것.

다. 발연량이 클 것.

라. 용융 금속과 화학 반응을 일으키지 않을 것.

1) 수소(H$_2$)

수소는 공업용으로 물의 전기 분해에 의해서 제조하고 압력 용기에 충전시켜
공급되며 수소가 연소할 때에는 탄화 수소(C$_2$H$_2$)의 연소와 달리 탄소가 나오지
않기 때문에 탄소의 존재를 피하는 납의 용접에 사용하나 산소 아세틸렌염과
같이 백심부가 확실히 나타나지 않고 청색의 외염에 쌓이는 무광휘염이므로 육
안에 의한 불꽃의 조절이 곤란하여 작업하기가 매우 어려워 근래 잘 사용하지
않는다.

2) LPG(프로판, 부탄 등)

프로판으로 대표되는 LPG는 석유 천연 가스를 적당한 방법으로 제조한 것이며 공업용 프로판은 프로판 이외에 에탄, 부탄 등의 혼합 가스인 것이다.

상온에서 완전히 기체로 열량이 높으나 폭발의 위험은 적다. 이것을 상온에서 가압하면 용이하게 액화되고 가스 상태의 1/250 정도로 압축되므로 간단하게 운반 및 저장할 수 있다. 즉 액체 프로판이 기체 프로판으로 되면 체적이 250 배로 팽창한다.

프로판의 연소는 다음과 같다.

$$C_3H_8 + 5O_2 = 3CO_2 + 4H_2O + 488 \text{ Kcal}$$

연소의 제1단계에 있어 C_3H_8의 분해 반응에 흡열 반응이 있으므로 불꽃 온도가 아세틸렌에 비하여 낮고 또 집중성이 없는 결함을 가지고 있다. 또한 연소에 의해 대량의 수증기가 발생되어 연소 가스의 성질이 산화성을 띠므로 용접에는 적합하지 않은 결함을 가지고 있다.

3) 도시 가스(석탄 가스)

도시 가스의 주성분은 수소, 메탄, 일산화탄소, 질소 등을 포함하고 있으며 납땜의 열원으로 잘 사용한다.

4) 천연 가스(메탄 가스)

천연 가스는 유전, 습지대에서 분출되어 메탄을 주성분으로 하고 있는 것으로 그 조성은 산지와 분출 시기에 따라 일정하지 않은 결점이 있다.

2.2.6 카바이드와 아세틸렌

가. 카바이드

카바이드는 석회석($CaCO_3$: 탄산 칼슘)을 석탄로에서 태워서 생석회(CaO: 산화 칼슘)로 하여 이것을 무연탄 혹은 코우크스 등의 탄소 재료와 같이 전기로에 넣어 3000℃ 이상의 고온으로 가열하면 용해 화합하여 카바이드가 생긴다. 여기에 물을 적당히 가하면 아세틸렌 가스가 발생한다.

나. 아세틸렌

아세틸렌(C_2H_2)은 탄소 24 수소 2의 중량비를 가진 무색, 무미, 무취의 화합물
인 것이다. 보통 아세틸렌 가스는 카바이드에 물을 작용시켜 얻으므로 불순물
인 암모니아(NH_3), 유화 수소(H_2S), 인화 수소(H_2P) 등을 함유하기 때문에 악
취가 있게 된다. 아세틸렌 가스의 비중은 0.91(공기는 1)로서 공기보다 가벼우
며 1L의 무게는 15℃ 1기압에서 1.176g 이며 1kg의 아세틸렌은 $0.84m^3$의 체
적을 가지고 $1m^3$의 아세틸렌을 연소시킬 때의 발열량은 13400 kcal이다. 아세
틸렌은 여러 가지 액에 잘 용해하며 물은 동일 체적의 C_2H_2을 용해하고 석유
는 2배, 벤젠은 4배, 알코올은 6배, 아세톤은 25배의 C_2H_2를 용해 시킨다.

그리고 대기압 아래서 영하 82℃이면 액화하고 영하 85℃이면 고체로 된다.
10기압 하에서 아세톤 1L는 C_2H_2를 240L 용해하고 아세톤은 압력에 비례하
면서 다량의 C_2H_2를 용해한다.

1) 아세틸렌의 제법

가) 카바이드에 의한 법

카바이드(CaC_2)는 석회석($CaCO_3$)과 석탄 코우크스를 56:36의 무게 비
로 혼합하여 이것을 전기로에 넣고 3000℃의 고온으로 가열하여 용융
화합시켜 공업적으로 대량 제조한다. 칼슘과 탄소가 화합하여 된 탄화
칼슘(탄산 석회)이 곧 카바이드며 순수한 것은 무색 투명한 덩어리 이
지만 시판되고 있는 것은 불순물이 포함되어 회갈색이나 회 흑색이다.
이 카바이드를 물과 접촉 시키면 아세틸렌 가스가 발생하고 백색의 소
석회($Ca(OH)_2$) 가루가 남는데 이때의 화학 반응식은 다음과 같다.

$$CaC_2 + H_2O \text{ ------>} C_2H_2 \uparrow + CaO \text{ (생석회)}$$

즉 64g의 카바이드와 18g의 물에서 56g의 생석회와 26g의 아세틸렌
가스가 발생된다. 그러나 발생기 내에 물이 있으므로 생석회는 다시 물
을 흡수하여 소석회가 된다.

$$CaC_2 + 2H_2O \text{ ------>}$$
$$Ca(OH)_2 + C_2H_2 \uparrow + H_2 \uparrow + 31.872 \text{ kcal}$$

순수한 카바이드가 1kg에서는 348 L의 아세틸렌이 발생하지만 현재 시중에서 판매되는 카바이드에는 불순물이 포함되어 있기 때문에 230~280 L가 발생 된다.

나) 탄화 수소의 열 분해법

프로판 가스 등을 1200~2000℃로 가열하면 아세틸렌 가스가 발생한다.

$$C_3H_8 (프로판) ------> C_2H_2 \uparrow + CH_4 (메탄) \uparrow + H_2 \uparrow$$

다) 천연 가스의 부분 산화법

천연 가스의 완전 연소 화학 방정식은 혼합 가스로 발열량은 7120~10680kcal/m³ 불꽃 온도는 2537.8℃ 이다.

2) 용해 아세틸렌의 취급 주의 사항

가) 아세틸렌 용기는 반드시 똑바로 세워야 한다. 만약 옆으로 놓이게 되면 아세톤이 아세틸렌 가스와 같이 분출하게 된다.

나) 용기에 충격이나 타격을 주지 않도록 한다. 용기의 두께는 4.5mm로서 얇은 재료로 되어 있다.

다) 화기에 가깝거나 온도가 높은 장소에 두지 말 것.

라) 아세틸렌 가스가 새는 것은 폭발의 위험성이 있으므로 충분히 주의를 하고 누출 검사는 비눗물을 사용한다.

마) 용기 밸브를 열 때는 전용 핸들로 1/4~1/2 회전만 시키고 핸들을 밸브에 끼워 놓은 상태로 두어야 한다.

바) 사용 가스량 및 사용 압력은 각각 1000 L/h 이거나 1kg/cm² 이내로 하는 것이 작업 능률이나 가스를 경제적으로 사용하는데 적합하다.

사) 용기의 가용 안전 밸브는 70℃에서 녹게 되므로 끓는 물을 붓거나 증기를 씌우거나 난로 가까이에 두지 말아야 한다.

아) 용해 아세틸렌을 사용한 후는 반드시 약간의 잔압 0.1 kg/cm² 정도를 남겨서 밸브를 안전하게 닫고 밸브 보호캡을 덮어야 한다.

자) 용해 아세틸렌을 사용하는 경우에는 반드시 소화기를 설치하여야 한다.

2.2.7 산소

가. 산소(O₂)

산소 가스는 공기 중에 약 21%가 존재하므로 린데(Linde)법으로 액체 공기의 분류에 의해 제조 하든가 물의 전기 분해로 제조한다

나. 산소 용기(Oxygen Cylinder)

산소는 보통 산소병 혹은 산소 실린더라고 하는 고압 용기에 35℃에서 150 기압의 고압으로 압축되어 가득 차 있으며 산소 용기의 크기는 내용적 33.7 L, 40.7L, 46.7L가 가장 많이 사용된다. 이것은 보통 충전된 산소를 대기 중에서 환산한 호칭 용적으로 5000L, 6000L, 7000L 등으로 부르고 있다.

2.2.8 아세틸렌 가스 발생기

가. 주수식 발생기 (Water to Carbide Acetylene Generator)

나. 침수식 발생기 (Dipping Acetylene Generator)
　　1) 유기종 형 (Bell Type)
　　2) 무기종 형 (Non-Bell Type)

다. 투입식 발생기 (Carbide to Water Acetylene Generator)

라. 안전기 (Safety Device)

마. 청정기

2.2.9 압력 조정기

산소의 용기와 아세틸렌 용기 내의 압력은 고압이므로 실제로 작업을 할 때는 산소 3~4kg/cm² 이하 아세틸렌 0.1~0.2kg/cm² 정도로 감압해야 한다. 이와 같이 용기 내의 높은 압력 가스를 임의의 압력으로 감압하면 용기 내의 압력은 변할지라도 조정된 압력은 일정하게 필요한 양을 공급할 수 있게 하는 역할을 하는 것이 압력 조정기이다.

2.2.10 가스 호오스(Gas Hose)

가스 호오스는 경화되지 않는 직물이 들어 있는 좋은 고무관을 사용하고 고무관

의 안지름은 9.5mm, 7.9mm, 6.3mm의 3종류가 있으며 보통 토오치에는 7.9mm, 소형 토오치에는 6.3mm, 길이는 5m정도의 것을 사용한다.

2.2.11 용접 토오치와 팁

가. 용접 토오치

1) 저압식 토오치(Low Pressure Welding Torch).

2) 니들 벨브를 가지고 있지 않은 토오치.

3) 중압식 토오치(Medium Pressure Welding Torch).

나. 팁

토오치 선단에 팁이 있다. 이것은 일반적으로 번호로 표시하고 있다. 독일식 토오치의 팁 번호는 연강판의 용접 가능한 두께를 표시하는데 가령 10번은 10mm의 연강판이 용접 가능한 것을 표시하고 있다.

프랑스식 토오치는 산소 분출구에 니이들 벨브를 가지고 있으며 산소 분출구 의 크기를 팁에 맞추어서 어느 정도 조정 할 수 있게 되어있다.

2.2.12 가스 용접의 불꽃

가. 산소 아세틸렌 염(Flame)

산소와 아세틸렌을 1:1로 혼합하여 연소 시키면 아래 그림 2-3과 같이 3가지 부분으로 나누어 지는 불꽃이 발생한다.

①의 부분은 토오치 팁에서 나온 혼합 가스가 연소 화합되어 $C_2H_2 + O_2 = 2CO + H_2$ 2개 용적의 일산화 탄소와 1개 용적의 수소를 만들고 이것은 환원성의 불꽃인 흰색 부분이 된다. 일산화 탄소와 수소는 공기 중에서 산소를 끌어 결합하여 연소 되어 고열(3200~3500℃)을 발하는 ② 부분이 되며 무색에 가깝고 백색 불꽃을 둘러 싼다.

이 ②의 부분도 완전 연소 하려면 또 산소가 부족하므로 약간의 환원성을 띤다. 그러므로 이 부분의 불꽃으로 용접을 하면 용접부의 산화를 방지하게 된다.

③의 부분은 이 가스가 다시 그 주위에 퍼져 있는 공기 속의 산소와 화합하여 거의 완전 연소에 가까운 불꽃이 되어 2000℃ 정도 열을 내며 온도는 선단으로 갈수록 낮아진다.

①의 부분을 불꽃 흰색 부분 또는 백심(Cone), ②의 부분을 속 불꽃(Inner Flame), ③의 부분을 겉불꽃(Outer Flame)이라고 한다. 이상과 같이 1개 용적의 아세틸렌이 완전 연소하는 화학 반응은 다음 식과 같다.

$$C_2H_2 + 2.5O_2 = 2CO_2 + H_2O$$

이와 같은 불꽃을 중성염(Neutral Flame) 혹은 표준염 이라고 하여 용접부에 산화나 탄화의 해를 주지 않는다.

그리고 산소 용기에서 산소를 아세틸렌보다 많이 공급하면 백심이 짧게 되어 속 불꽃이 없어지고 바깥 불꽃만 되므로 이것을 산소가 과잉으로 된 불꽃인 산화염(Excess Oxygen Flame or Oxidizing Flame)이라 한다. 이 산화염은 금속을 산화하는 성질이 있으므로 황동, 청동, 납땜 등의 용접에 이용된다.

이와 반대로 산소를 아세틸렌보다 적게 공급하면 백심과 속 불꽃이 함께 길게 되어 아세틸렌이 과잉으로 된 불꽃을 아세틸렌 과잉염 혹은 탄화염(Excess Acetylene Flame or Carbonizing Flame)이라고 한다. 이 탄화염은 아세틸렌이 분해되어 생긴 활성 탄소를 가지고 있으므로 금속 표면에 침탄하는 작용을 일으키기 쉽다.

즉 산화 작용이 일어나지 않으므로 산화를 극도로 방지할 필요가 있는 스테인레스 강, 알루미늄, 모넬 메탈 등의 용접에 이용한다. 즉 산소 아세틸렌 불꽃의 중성염은 보통 용접에, 산화염은 고온이 필요한 금속에, 탄화염은 산화하기 쉬운 금속에 사용된다.

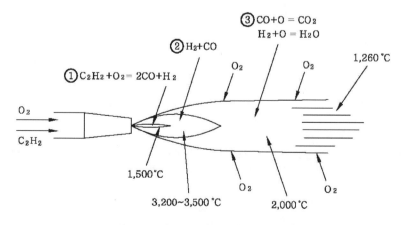

그림 2-3 산소 아세틸렌 불꽃의 구성

2.3 Shielded Metal-Arc Welding(SMAW)

2.3.1 원리

이 Process는 Plant내의 용접 방법으로 주로 많이 쓰이는 Process이다.

이 방법은 피복 용접봉과 모재 사이에 전기 Arc의 발생열에 의하여 모재 및 용접봉, Flux Coating을 녹여 모재 사이의 홈을 메우는 방법으로서, 용접 시 Slag 및 Gas는 용융 Pool 위의 표면에 도달되어 고체화 되며, 모재 사이에는 고체화된 용접 Bead가 나타난다. 용접기는 AC, DC 모두 사용 가능하다.

이 방법의 운전 원리는 다음 그림과 같다.

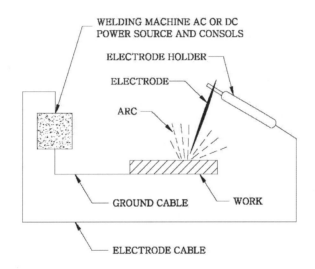

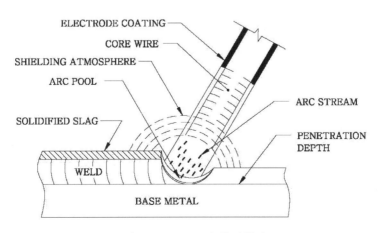

그림 2-4 SMAW의 운전원리

2.3.2 SMAW의 장점

가. 전자세 용접가능 하다.

나. 좁은 장소에서도 용접 가능하다.

다. 열 영향부가 적다 (비교적 높은 이동속도).

라. 용접봉의 교환에 의해 간단하게 계속 용접이 가능하다.

2.3.3 SMAW의 단점

가. 연기 및 가스 발생.

나. 용착 비율(Deposition Rate)이 반자동, 자동보다 낮다.

다. 숙련된 용접공이 필요하다.

라. 용접 효율면에서 Spatter Loss, 용접봉 낭비, 시동, 정지 및 Slag 제거에 낭비 시간이 많다.

2.3.4 적용 대상

가. 가용성이 크고 주로 Process 배관 용접이나 구조물 용접등에 많이 사용되며 보통 Root Pass 이외의 Remainder를 Fill-up 하는데 적용한다.

나. 이 SMAW Process는 Common Metal 이나 Alloy의 모든 Joint에 사용할 수 있다. 즉 Carbon Steel, Low Alloy Steel, Stainless Steel, Cast Iron, Copper, Nickel, Aluminum이나 그 합금의 용접에 사용할 수 있다. 또한 이 용접법은 이재(Dissimilar Material)간의 용접에도 적용할 수 있다.

2.3.5 용접기의 종류 및 특성

가. 직류 용접기(DC Arc Welding Machine)

직류 용접기는 안정된 아크를 필요로 하는 박판의 용접이나 경합금 및 스테인레스 강의 용접 등에 사용된다.

용접기의 종류는 다음 3가지로 대별된다.

1) 전동(Motor) 발전식 용접기(Motor Generator Arc Welding Machine)
2) 엔진 가동식 용접기(Engine Driven Arc Welding Machine)
3) 정류식 용접기(Rectifier Type Arc Welding Machine)

전동(Motor) 발전식 용접기는 3상 유도 전동기를 써서 직류 발전기를 구동하고 엔진 구동식 용접기는 가솔린 및 디젤 엔진으로 직류 발전기를 구동하며 정류식 용접기는 셀렌 정류기 등으로 교류에서 직류를 얻는다.

전동 발전식 및 엔진 구동식과 같은 회전형 용접기에서는 전류의 증가에 따라서 기전력이 감소하는 수하 특성을 이용하는데 부하가 급변하는 경우 자속의 변화가 즉각 대응하기 힘들어 아크가 불안정하게 되는 단점이 있고 계속 연구되어 개선되어지고 있다.

그러나 정류식 용접기는 회전 부분이 없고 교류를 직류로 직접 정류하므로 비교적 효율이 좋다. 정류 방법은 가포화 리액터형, 가동 철심형, 가동 코일형이 있다.

나. 교류 용접기(AC Arc Welding Machine)

교류 용접기는 일종의 변압기로서 구조가 간단하고 저렴하고 보수가 용이함으로서 널리 활용되고 있다. 교류 용접기는 그 전류 조정 방식에 따라서 다음 3가지로 대별된다.

1) 가동 철심형(Moving Core AC Arc Welding Machine)
2) 가동 코일형(Moving Coil AC Arc Welding Machine)
3) 가포화 리액터형(Saturable Reactor AC Arc Welding Machine)

가동 철심형은 국내에서 가장 많이 사용되는 것으로서 전류 조정은 변압기에 철심을 설치하고 이것을 가동하여 누설 자속의 크기를 변화시켜 용접 전류 크기를 조정한다.

가동 코일형은 가동 1차 코일을 교류 전원에 연결하고 핸들로 1차 코일을 상하로 움직여 2차 코일과의 간격으로 전류를 조절한다.

가포화 리액터형은 변압기와 가포화 리액터를 조합한 용접기로서 가포화 리액터에 감아 놓은 직류 여자 코일을 조정하여 전류를 조정한다.

이 밖에 탭 전환형이 있는데 현재 거의 사용되고 있지 않다.

2.3.6 용접 부속 장치

가. 전격 방지기

무부하 전압이 비교적 높은 교류(AC) 용접기는 전격(감전 사고)을 받기 쉬우므로 용접사를 보호하기 위해 전격 방지기를 사용한다. 전격 방지기의 기능은 작업을 하지 않을 때 보조 전압기에 의해 용접기의 무부하 전압을 20~30V 이하로 유지하고 용접봉을 모재에 접촉하는 순간에만 Relay가 작동하여 용접 작업이 가능하도록 되어 있다.

나. Hot Start Equipment(= Arc Booster)

Arc 발생 초기에는 용접봉이나 모재가 차가우므로 입열이 부족하여 Arc가 불안정해서 용접봉이 처음 모재에 접촉하는 순간의 1/4~1/5초 정도 순간적 대전류를 흘려서 가열을 세게 함으로 Arc 초기의 안정을 위한 장치로 일명 Arc Booster라고 한다.

다. 고주파 발생 장치

교류 Arc 용접기의 Arc 안정을 위하여 상용 주파의 Arc 전류 외에 고전압 (200~300V)의 고주파 전류(300~1000kc: 약 전류)를 중첩 시키는 방식이며 라디오나 TV 등에 방해를 주는 결점도 있다.

2.3.7 아크의 성질

용접봉과 모재 사이에 직류 전압을 걸어서 양쪽을 한번 접촉하였다가 약간 떼면 청백색의 강렬한 빛의 아크가 발생한다. 이 아크를 통하여 전류가 흐르는데 이 전류는 금속 증기와 그 주위에 각종 기체 분자가 해리하여 정전기를 가지는 양이온과 부전기를 가지는 전자(Electron)로 분리되어 이들이 정과 부의 전극으로 고속도로 이동하는 결과 아크의 전류가 발생하는 것이다.

아크열에 의하여 녹은 용접봉의 금속은 용적(Droplet)으로 되어 아크력에 의하여 비이드의 종단인 크레이터(Crater)의 용융지(Molten Pool)로 운반되고 피복제(Flux)는 아크열에 분해되며 이때 발생한 가스는 용융 금속을 덮어서 용융 금속 중에 산소와 질소가 침입하여 악영향을 미치지 않도록 보호하는 역할을 한다. 즉 용융 금속의 산화와 질화가 일어나지 않도록 보호 작용을 하는 것이다. 그리고 피복제의 용융은 슬랙이 만들어지고 탈산 작용을 하며 응고 중의 용착 금속을 산화와 질화를 방지하여 용착 금속의 급냉을 방지하는 역할을 한다.

2.3.8 극성(Polarity) 및 그 특성

가. 극성

1) 정극성(DCSP, DCEN): 모재가 +극, 용접봉 −극.

2) 역극성(DCRP, DCEP): 모재가 −극, 용접봉 +극.

나. 특성

1) 정극성

가) 모재의 용입이 깊다.

나) 용접봉의 용융이 느리다.

다) Bead 폭이 좁다.

라) 일반적으로 널리 사용한다.

2) 역극성

가) 모재의 용입이 얕다.

나) 용접봉의 용융이 빠르다.

다) Bead의 폭이 넓다.

라) 박판 주철 합금강 비철 금속에 주로 사용한다.

2.3.9 전원 특성과 아크 제어

가. 수하 특성

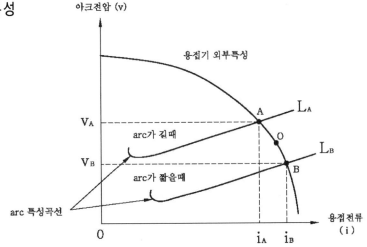

그림 2-5 수하 특성

수하 특성은 수동 용접에서 사용되는 입열량 제어 방식이다. 수동 용접은 사람의 손으로 용접 작업을 수행하기 때문에 아크의 길이를 일정하게 유지하기 어렵다.

물론 용접사 개인의 기량에 크게 좌우될 수 있지만 개인의 기량은 우수하다는 가정하에 약간의 아크 길이의 변화에 입열량의 변화가 없도록 하기 위한 제어 방법이 수하 특성이다.

위의 그림은 수하 특성 용접기의 외부 특성상에 아크 길이 특성 곡선을 도시한 것으로서 표준 "0"점에서 용접 토오치 끝이 용접 표면에서 약간 멀어진 경우가 "A" 점 이며 그 반대 경우가 "B" 점이다.

이때 용접 입열량은 iV가 되므로 원래(표준) 입열량 i_0V_0 점 A와 B의 입열량 i_AV_A 및 i_BV_B가 거의 동일한 면적을 이루게 된다. 따라서 아크 길이가 약간 변화되어도 전체 입열량은 일정하게 유지될 수 있게 된다.

나. 정전압 특성

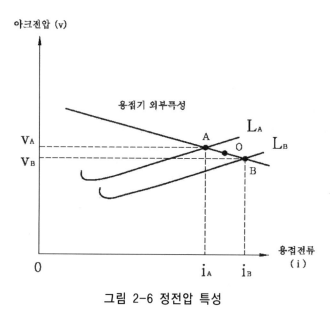

그림 2-6 정전압 특성

정전압 특성은 자동 용접(자동으로 Wire를 Feeding하는 GMAW, FCAW에서 매우 중요함)에서 사용되는 입열량 제어 방식으로 부하 전압이 변하여도 단자 전압은 거의 변하지 않는 특성이다.

자동 용접은 토오치의 움직임을 기계로 하기 때문에 토오치의 끝을 일정하게 유지하는 것이 매우 쉽지만 반대로 용접부 표면의 굴곡을 따라 변화되는 아크 길이에 대응하기 힘들다.

이러한 용접부 표면의 굴곡을 따라 변화되는 아크 길이를 용이하게 원래의 입열량과 아크 길이로 저절로 돌아오게 할 수 있는 제어 방식이 바로 정전압 특성이다.

그림 2-6은 정전압 용접기의 외부 특성상에 금속 표면에 따라 달라지는 아크 길이 특성 곡선을 합성한 것이다.

이 특성 곡선에서 점 "0"가 적정 용접점 이라면 길어지는 "A" 경우와 그 반대 "B" 경우로 나누어 생각해 보자.

"A" 경우에는 아크 길이가 길어져 특성 곡선상의 점 "0"에서 점 "A"로 옮겨가게 되고 입열량은 i_0V_0 --> i_AV_A로 작아짐에 따라 용가재의 녹는 속도가 순간적으로 느려 진다. 그러나 용가재의 공급 속도(Feeding Rate)는 일정하므로 순식간에 용가재의 길이가 길어져 원래의 적정 용접점으로 되돌아 가게 된다.

반대 "B" 경우 입열량이 i_0V_0 --> i_BV_B로 커짐에 따라 용가재의 녹는 속도가 훨씬 빨라지게 되고 여전히 용가재 공급 속도는 일정하므로 용가재(전극) 끝이 표면으로부터 멀어지게 되어 원래의 용접점 "0"로 돌아가게 된다.

다. 정전류/상승 특성

1) 정전류 특성

교류 용접기가 수하 특성을 갖게 되면 Arc 전압이 다소 변하여도 용접 전류의 변화량이 극히 적게 되는 현상이다.

2) 상승 특성

부하 전류가 증가되면 단자 전압이 약간 증가하는 특성으로 대 전류의 자동 및 반자동 용접에서 이용된다.

라. 아크의 자동 길이 제어법

아크 길이를 일정하게 유지하는 방법은 송급 속도를 아크 길이에 맞추어 변화시키거나 송급 속도를 일정하게 하고 용융 속도(용접 전류)를 변화 시키는 방법 등을 채용하고 있다.

1) 수하 특성 전원과 가변속 송급 방식(SAW, FCAW)

수하 특성 전원에서의 아크 길이 제어는 아크 전압에 따라 가변속 제어하고 있다. 즉 아크 길이가 길어져 아크 전압이 높아지면 Wire 송급 속도를 증대하고 반대로 아크 길이가 짧아져 아크 전압이 낮아지면 Wire 송급 속도를 감소 한다.

2) 정전압 특성 곡선과 정속 송급 방식(대 전류 Solid Wire)

정전압 특성 전원을 사용하여 Wire를 일정한 속도로 송급하고 아크 길이가 변동할 경우 용융 속도(용접 전류)를 변화시켜 아크 길이를 일정하게 유지하는 방식이다.

3) 정전류 전원과 정속 송급 방식(GMAW)

아크 전류가 일정할 때 아크 전압이 높아져 아크 길이가 길어 지면 Wire의 용융 속도가 늦어지고 아크 전압이 낮아져 아크 길이가 짧아지면 Wire의 용융 속도는 빨라져 항상 아크 길이를 일정하게 유지하는 특성을 자기제어 현상이라고 하는데 정전류 전원과 정속 송급 방식과의 조합으로 안정된 용접이 가능하게 된다.

2.3.10 자기 불림(Arc Blow)과 그 대책

가. 자기 불림

용접 중에 아크가 정 방향에서 측방으로 편향하는 일이 있다. 이것을 아크 블로우라고 한다. 특히 직류의 나봉(裸棒)의 경우에 많이 일어난다. 아크 블로우는 용접 전류가 아크 주위에 유기하는 자장이 아크에 대하여 비대칭의 경우에 일어나는 것이며 자기 쏠림(Magnetic Arc Blow)이라고도 한다.

나. 아크 블로의 방지 대책은 다음과 같은 방법이 유효하다.

1) 직류 용접을 하지 말고 교류 용접을 사용할 것.
2) 큰 판 용접부 또는 이미 용접이 끝난 용접부로 향하여 용접 할 것.
3) 장대한 용접에서는 후퇴 용접법(Back Step Welding)으로 용착할 것.
4) 접지점을 용접부에서 될 수 있는대로 멀리 할 것.
5) 소 용접물에서는 용접 시점에 접지를 취하고 가능하면 큰 판 용접부를 향하여 용접할 것.

6) 짧은 아크를 쓸 것. 피복제가 모재에 접촉할 정도로 접근시켜 봉 끝을 아크 브로우와 반대쪽으로 기울일 것.

7) 받침쇠. 긴 판 용접부, 시임의 시점과 종점의 엔드텝(End Tap) 등을 이용할 것.

2.3.11 아크 용접봉

아크 용접봉에는 피복 용접봉과 나용접봉(裸熔接棒)의 2 종류가 있으며 피복 용접봉은 피복제(Flux)와 심선(Core Wire) 부분으로 되어 있고 용접봉의 분류는 다음과 같다.

가. 용접봉의 종류

1) 철강 용접봉

가) 연강용 용접봉

나) 특수강용 용접봉

다) 주철용 용접봉

2) 비철 금속용 용접봉

가) 동과 동합금용 용접봉

나) 니켈 합금용 용접봉

다) 알루미늄 합금용 용접봉

나. 심선

심선은 용접을 하는데 있어서 중요한 역할을 하는 것이므로 용접봉을 선택할 때는 먼저 심선의 성분을 알아 보아야 한다. 심선은 대체로 모재와 동일한 재질의 것이 많이 쓰이고 있으며 될 수 있는 대로 불순물이 적은 것을 필요로 한다.

다. 피복제의 역할

심선의 주위에 피복되어 있는 피복제는 다음과 같은 역할을 한다.

1) 아크를 발생할 때 피복제가 연소하여 이 연소 가스(보호 가스라고도 한다)가 공기 중에서 용융 금속으로의 산소 질소의 침입을 방지한다.

2) 용융 금속에 대하여 탈산 작용(용융 금속 중의 산소를 제거하는 작용)을 하며 용착 금속의 기계적 성질을 좋게 한다.

3) 용융 금속 중에 필요한 원소를 보급하여 기계적 성질을 좋게 한다.

4) 아크의 발생과 아크의 안정을 좋게 한다.

5) 슬랙(Slag)을 만들어 용착 금속의 급냉을 방지한다.

라. 피복제의 성분

1) 피포 가스 발생 성분(Gas Forming Materials).

가) 용융된 강이 공기 중의 산소와 질소의 영향을 받아 산화철이나 질화철이 되지 않도록 보호 가스를 발생시켜 용융 금속을 공기와 차단 한다.

2) 아크 안정 성분(Arc Stabilizers)

가) 아크 열에 의하여 이온화되어 전압을 하강시켜 아크를 안정 시킨다.

나) 석회석, 탄산 바륨 등.

3) 슬랙 생성 성분(Slag-formers)

가) 용접부 표면을 덮어 산화 및 질화를 방지하고 냉각 속도를 느리게 한다.

나) 규사, 운모, 석면, 석회석, 일미나이트, 이산화 망간, 형석, 장석 등.

4) 탈산 성분(Deoxidizers)

가) 용융 금속 중에 침입한 산소를 제거한다.

나) 규소철(Fe-Si), 티탄철(Fe-Ti), 망간철(Fe-Mn).

5) 합금 성분(Alloying Elements)

가) 용융 금속 중에 합금 원소를 첨가하여 용접부의 재질을 개선한다.

나) 망간, 실리콘, 크롬, 구리, 니켈, 바나듐 등.

6) 고착 성분(Binding Agents)

가) 피복제를 단단하게 심선에 고착 시킨다.

나) 규산화나트륨(Na_2SiO_3), 규산칼슘(K_2SiO_3) 등의 수용액이 많이 사용된다.

7) 윤활 성분(Slipping Agents)

마. 연강용 피복 아크 용접봉의 계통별 분류

1) 일미나이트계(E4301)

가) 일미나이트(TiO_2 + FeO)를 30% 이상 함유한 용접봉이다.

나) 작업성 용접성이 우수하고 가격이 저렴하다. 조선, 철도, 차량, 일반 구조물은 물론 압력 용기의 제작 등 널리 이용된다.

다) 내균열성, 내피트성 및 기계적 성질이 양호하다.

라) 국내에서 가장 많이 생산되는 종류이다.

2) 저 수소계(E4316)

가) 장점

① 석회석이나 형석이 주성분이며 수소원이 되는 유기물이 없다.

② $CaCO_3$가 분해되어 아크에 탄산 가스 분위기 형성, 용착 금속의 수소 용해량을 적게 한다.

③ 탈산 작용으로 용착 금속에 산소 용해량을 적게 한다. 따라서 인성 및 강도가 좋고 균열 감수성이 적다.

④ 중요 강도 부재, 고압 용기, 후판 중 구조물, 구속이 큰 연강 구조물과 고장력강 용접에 사용된다.

나) 단점

① 아크가 불안정하고 작업성이 나쁘다.

② 비드 파형이 거칠어 운봉에 숙련이 필요하다.

③ 비드 시작점과 끝 부분에서 기공이 발생하기 쉽다. Tab Plate를 붙여 연장 용접을 하거나 Back-Step 방법을 사용하면 방지할 수 있다.

④ 흡습하기 쉬워 사용전 건조가 필요(250~350℃에서 1시간 이상 건조시킨다) 건조 효과는 보통 6시간 정도 이나 대기 중에 수분이 많은 우기에는 2시간 이내로 단축된다. 그러나 80℃로 유지된 항온기에 건조된 용접봉을 보관하면 재건조 시킬 필요가 없다.

3) 라임티탄계(E4303)

가) 산화티탄을 30% 이상 함유하고 그 밖에 석회석이 주성분이다.

나) 슬래그는 유동성이 좋고 다공성이어서 제거가 용이하다.

다) 비드 외관이 곱고 작업성이 양호하다.

라) 용입이 작아 박판 용접에 용이하다.

4) 고산화티탄계(E4313)

가) 산화티탄을 약 35% 정도 함유한다.

나) 아크는 안정되고 스패터도 적으며 슬래그 제거도 용이하다.

다) 비드이 겉 모양이 고우며 재 아크 발생도 용이하다.

라) 용입이 작아 박판 용접에 이용된다.

마) 연신율이 낮고 고온에서 균열 감수성이 커서 주요 부분에 사용하지 않는다.

5) 철분 산화티탄계(E4324)

가) 고산화티탄계에 약 50%의 철분을 가한 것이다. 즉 고산화티탄계의 우수한 작업성과 철분계의 고능률성을 겸비시킨 것이다.

나) 아크는 안정되고 스패터도 적으며 슬래그 제거도 용이하다.

다) 기계적인 성질은 E4313과 비슷하다.

라) 아래 보기 및 수평 필렛 용접에 국한된다.

6) 고셀룰로스계(E4311)

가) 셀룰로오스(유기물)를 30% 이상 함유. 셀룰로오스 연소 가스에 의해 용융 금속에 대기 중의 산소나 질소가 침입하는 것을 방지한다.

나) 가스 발생량이 대단히 많아 피복량은 얇고 슬래그 생성량은 적다.

다) 스프레이형의 아크를 발생하여 용입이 깊고 용융 속도가 빠르다. 그러나 수소 발생량이 많아 내균열성이 나쁘고 Bead 표면이 거칠며 스패터가 많이 발생한다.

라) 셀룰로오스는 흡습하기 쉬우므로 잘 건조하여 사용하여야 한다. 건조 불충분 시 기공 다량 발생(사용 전 70~100℃로 30~60분 건조).

바. 용접봉 사용 시 유의 사항

1) 용접봉의 건조 관리에 만전을 기한다.

가) 용접봉을 풀자 마자 Drying Oven에 넣어 건조.

나) 건조 후에는 즉시 Storage Oven에 100℃ 정도로 보관.

다) 현장 불출 시에는 미리 덮여 놓은 휴대용 Drying Oven에 넣어서 재빨리 현장으로 이동하여 이동 전원을 연결한다.

라) 작업 시간의 제한(보통 6시간 이내가 바람직).

마) 잔여 용접봉의 재 사용은 단 1회 제한(AWS D1.1)하며 재 사용 절차도 상기와 같다.

2) 용접 시작부에서는 CO_2 Gas 발생이 많아져 기공이 발생하기 쉬우므로 아크 시작점을 크레이터보다 조금 앞쪽에서 발생시켜 크레이트 쪽으로 되돌린다. 그리고 이중 피복을 한다. 용접기를 특수하게 아크 발생 시만 단시간 대전류를 사용하는 Hot Start법을 이용한다.

3) 기공 발생을 방지하기 위해 아크 길이를 가능하면 짧게 유지한다.

4) Weaving 폭을 용접봉 지름의 3배 이내로 한다. 위빙 폭이 너무 넓으면 기계적 성질이 나빠지고 기공 발생의 원인이 된다.

5) 용접 개시 전 개선면을 깨끗이 청소하여 용착 금속으로의 수소 유입을 방지한다. 수소의 유입은 수소 기인 균열 (Hydrogen Induced Micro-cracking)이 발생되기 쉬우며 이물질은 슬래그 혼입이나 기공의 원인이 되기도 한다.

6) 모재의 화학 조성, 균열 감수성, 모재 두께, 구속 정도, 경화능에 따라 적절한 예열을 실시한다.

2.3.12 아크 용접에 영향을 주는 요소

가. 용접 전류

통상 용접봉 지름 1mm당 40A의 전류를 사용하는데 전류의 조정은 모재의 재질, 두께, 용접봉 지름, 용접 자세, 용접부의 형상 등에 영향을 끼친다.

1) 전류가 너무 높으면 Under Cut 및 Spatter가 많이 발생 한다.

2) 너무 낮으면 아크의 유지가 힘들며 용접봉이 모재에 달라붙기 쉽고 용입이 얕으며 Overlap 및 Slag 혼입의 원인이 된다.

나. 용접 전압

용접 전압은 아크 길이를 결정하는 변수가 되며 적정 아크 길이는 심선의 길이와 대략 일치한다.

1) 아크 길이가 너무 길면 용입이 적고 표면이 거칠며 아크가 불안정해질 뿐만 아니라 스패터의 발생도 많아진다.

2) 반대로 짧아지면 용접봉이 자주 단락되고 슬래그 혼입의 우려가 있다.

다. 용접 속도

용접 속도는 용접선 방향으로 용접봉이 이동하는 운봉 속도를 말하며 용접 속
도는 비드의 외관이 손상되지 않을 정도에서 되도록 빠른 것이 좋다.

2.3.13 용접기 사용율(Duty Cycle)

가. 일반 사용율(정격 사용율)

$$\text{사용율} = [\text{아크 발생 시간} / (\text{아크 발생 시간} + \text{정지 시간})] \times 100\%.$$

나. 허용 사용율

$$\text{허용 사용율} = \text{정격 사용율} \times (\text{정격 2차 전류}^2 / \text{실제 용접 전류})\%$$

2.3.14 역율과 효율(Power Factor & Efficiency)

가. 역율

$$\text{역율} = \text{소비 전력} \times [(\text{아크로의 출력} + \text{2차측 내부 손실}) \text{Kw} / \text{전원 입력}(\text{2차 무부하 전압} \times \text{아크 전류}) \text{kVA}] \times 100.$$

나. 역율 개선법

1) 2차 무부하 전압이 낮고 전원 입력을 낮추는 방법.
2) 전력용 콘덴서를 용접기의 1차측에 병렬로 접속하는 방법.

다. 효율

$$\text{효율}(\%) = [\text{아크로의 출력} / (\text{아크로의 출력} + \text{2차측 내부 손실})] \times 100 = [\text{출력}(\text{kW}) / \text{입력}(\text{kW})] \times 100.$$

2.4 Gas Tungsten-Arc Welding(GTAW, TIG 용접)

2.4.1 원리

불활성 Gas 아크 용접은 특수한 토오치를 사용하여 전극의 주위에서 아르곤 (Ar), 헬륨(He)등과 같이 금속과 반응이 잘 일어나지 않는 불활성 가스(Inert Gas)를 보호 가스로서 유출시키면서 텅스텐 전극과 모재를 전극으로 하여 모재와 전극사이에서 아크를 발생시켜 이 아크 열에 의해서 모재와 별도의 Filler Metal 을 용융시켜 용접하는 방법이다.

GTAW의 Process는 아래 그림과 같다.

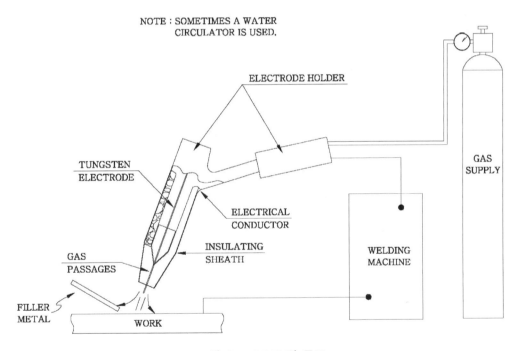

그림 2-7 GTAW의 구조

2.4.2 GTAW의 장점

가. 용접부가 불활성 가스로 둘러 싸여 있기 때문에 용용 금속과 대기와의 사이에 화학 반응이 없다.

나. 청정 효과 (Cleaning Action)에 의해 산화막이 견고한 금속이나 산화물이 생성되기 쉬운 금속이라도 용제를 사용치 않고 용접이 가능하다.

다. 용접 입열의 조정이 용이하기 때문에 박판 용접에 좋다.

라. Flux가 불필요하여 비철 금속의 용접이 가능하며 청정 작용(Cleaning Action)이 있다.

마. 용접부의 변형이 적고 Bead가 깨끗하다.

바. 용접 상태의 관찰이 용이하여 작업성이 양호하다.

사. Flux 및 Slag 없이 높은 질의 용접을 얻을 수 있다.

아. 역극성에서는 폭이 넓고 용입이 얕으나 정극성에서는 이와 반대이므로 모재에 따라서 역극성, 정극성을 선택할 수 있다.

2.4.3 GTAW의 단점

가. 용접 속도가 느리며 용접 비용 측면에서 고가이다.

나. 숙련된 용접공이 필요하다.

다. 취급 부주의로 Tungsten 전극봉이 용접부에 녹아 들어 가거나 오염될 경우 용접부가 취성을 갖게 된다.

라. 야외(바람이 부는 곳) 작업에 제한 조건이 따른다.

2.4.4 적용 대상

가. Carbon Steel의 Root Pass에는 거의 GTAW를 사용한다.
(단, Low Pressure의 Utility Line인 경우 SMAW도 사용한다.)

나. 양질의 용접을 요구하는 Stainless Steel 및 Monel, Alloy Steel등에 사용한다.

다. 내면이 Smooth 해야 할 Line의 Root Pass에 대체로 사용된다.

라. 고온, 고압 수소 배관, Furnace Coil의 Return Bend등 양질의 용접이 요구되는 경우에 사용된다.

마. 0.6 ~ 3 mm 박판에 적합하다.

2.4.5 용접 특성

가. 직류 용접

GTAW 극성 효과는 SMAW 극성 효과와 유사하나 GMAW 극성 효과와는 대조적이므로 각각의 극성 효과를 깊이 숙지하여 혼선되지 않도록 하여야 한다.

1) 직류 정극성

가) 모재가 (+)이고 전극이 (−)이다.

나) 고속도의 전자가 전극에서 모재 쪽으로 흐르므로 모재는 전자의 강한 충격을 받아 Bead의 폭의 좁고 용입이 깊어진다.

2) 직류 역극성

가) 모재가 (−)이고 전극이 (+)이다.

나) 전자가 전극에 충돌하여 전극 끝이 과열되어 용융되기 쉽다. 따라서 역극성에서는 정극성보다 더 큰 지름의 전극이 필요하게 된다.

다) 또한 역극성에서는 전자가 튀어 나오는 모재의 범위가 넓어 열의 집중이 정극성에 비해 불량 하므로 Bead 폭이 넓고 용입은 얕게 된다.

나. 교류 용접

1) 교류에서는 정극성 및 역극성의 중간 상태가 된다.

2) 즉 전극 직경은 비교적 작아도 되며 아르곤 가스를 쓰면 경합금 등의 표면 산화막이 크리닝되고 용입은 약간 폭이 넓고 깊게된다.

3) 교류에서는 나전극 이므로 아크가 끊어지기 쉽기 때문에 약전류의 고주파를 용접 전류에 겹쳐서 이에 의하여 가스 이온을 항상 발생 시키면서 아크가 끊어지는 것을 방지할 필요가 있다. 이와 같이 함으로써 아크가 매우 안정되게 되며 전극을 모재에 접촉하지 않아도 아크 스타트를 할 수 있으므로 전극이 더럽혀 지지 않고 항상 깨끗한 바이트가 얻어지고 전극의 수명이 길어짐과 동시에 아크를 길게 사용할 수 있으므로 용접이 쉽고 위보기 용접이 편하게 된다.

다. 교류 용접과 정류 작용

1) 교류 용접은 직류 정극성과 역극성 각각의 특성을 이용할 수 있어 전극의 지름이 비교적 작은 것을 사용할 수 있으며 모재 표면의 청정 작용이 있다. 그러나 교류 용접에서는 Tungsten 전극에 의한 정류 작용이 있어 이를 개선해야 한다.

2) 교류 용접의 반파에는 정극이고 나머지 반파는 역극이 된다. 그러나 실제 용접 시 모재의 표면에는 산화물, 수분, 스케일 등이 있기 때문에 모재가 (−)가 된 경우에는 전자 방출이 어렵고 전류가 흐르기도 어렵다.

3) 이에 반하여 전극이 (−)로 된 경우에는 전자 방출이 다량으로 이루어지고 전류도 흐르기 쉽게 되어 전류가 증가한다. 따라서 2차 전류는 부분적으로 정류되어 전류가 불평하게 된다. 이를 정류 작용이라고 한다.

4) 아래 그림 그림 2-8에서 전류의 불평형 부분을 직류 성분(DC Component)이라고 한다. 이 크기는 교류 성분의 1/3에 달하기도 하나 때로는 부분적으로 또는 완전히 반파가 없어져 아크가 불안정하게 된다.

5) 이와 같이 정류 작용에 의하여 불평형 전류가 흐르면(1차 전류가 증가되어) 용접기의 변압기가 과열되어 소손되므로 이를 방지하기 위하여 2차 회로에 콘덴서를 삽입하여 사용하는데 이를 평형형 교류 용접기라 한다.

6) 또한 아크를 안정시켜 불평형 부분을 작게 하기 위한 방안으로 고주파 전류를 사용하면 효과적이다. 일반적으로 고주파 전류는 전압 3000V, 주파 300~1000Kc 정도로서 모재 표면의 산화물을 파괴하고 용접 전류를 잘 흐르게 한다. 고주파 사용 시 장점은 아래와 같다.

가) 전극을 모재에 접촉시키지 않아도 아크가 발생됨으로 전극의 수명이 길다.

나) 아크가 대단히 안정되어 아크가 길어져도 잘 끊어지지 않는다.

다) 일정 지름의 전극으로 광범위한 전류의 사용이 가능하다.

라) 무부하 전압을 낮게 할 수 있어 역률을 개선하며 전격 위험을 방지할 수 있다.

마) 작업자가 감전되어도 표피 효과에 의해 다른 주변 자동화 장비를 사용하는 경우 영향을 줄 수 있으므로 주의가 요망된다.

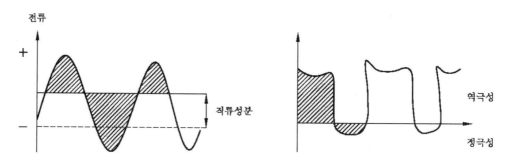

그림 2-8 교류 용접에서의 정류 작용

라. 청정 작용(Cleaning Action)

1) 아르곤 가스를 사용한 직류 역극성(DCRP)에서 아크가 그 주변의 모재 표면 산화막을 제거하는 청정 작용을 한다. 이 때문에 알루미늄이나 마그네

늄 등과 같이 강한 산화막이 있는 금속이라도 용접이 가능하게 된다.

2) 알루미늄 표면의 산화물(Al_2O_3)은 모재의 용융점 660℃보다 훨씬 높은 2050℃의 용융점을 갖기 때문에 가스 용접이나 기타의 아크 용접은 곤란하였으나 GTAW 역극성 용접으로는 상기의 아르곤 가스 이온이 모재 표면에 충돌하여 산화물을 제거하므로 용제없이 용접이 가능하며 용접 후 Bead 주변을 보면 흰색을 띤 부분이 나타나게 된다.

3) 그러나 불활성 가스 He를 쓰면 Ar보다 질량이 훨씬 적기 때문에 청적 작용이 나타나지 않는다. 또한 정극성에서도 산화막의 청정 작용이 없으므로 경금속의 용접에는 직류 정극성은 사용되지 않는다.

4) 한편 역극성은 전극이 과열되어 용융되고 용착 금속에 혼합되는 경우도 있으며 아크가 불안정하게 되므로 Al이나 Mg 및 그 합금의 용접에는 직류대신 교류 용접을 많이 사용하게 된다.

마. 재료의 종류와 GTAW의 특성

표 2-1 재료의 종류와 GTAW의 특성

No.	材料의 種類	高周波 付交流	直流 正極性	直流 逆極性
1	알루미늄 판 두께 2.4mm 이하	양호	불가	가능
2	알루미늄 판 두께 2.4mm 이상	양호	불가	불가
3	알루미늄 주물	양호	불가	불가
4	마그네슘 판 두께 3.2mm 이하	양호	불가	가능
5	마그네슘 판 두께 3.2mm 이상	양호	불가	불가
6	마그네슘 주물	양호	불가	가능
7	스테인레스 강	가능	양호	불가
8	황동	가능	양호	불가
9	脫酸銅	불가	양호	불가
10	실리콘 동	불가	양호	불가
11	은	가능	양호	불가
12	은 크래드	양호	불가	불가
13	Hastelloy Alloy	가능	양호	불가
14	표면 경화	양호	양호	불가
15	주철	가능	양호	불가

No.	材料의 種類	高周波 付交流	直流 正極性	直流 逆極性
16	티타늄, 지르코늄	가능	양호	불가
17	연강 판 두께 0.8mm 이하	가능	양호	불가
18	연강 판 두께 0.8mm 이상	불가	양호	불가
19	고탄소강 판 두께 0.8mm 이하	가능	양호	불가
20	고탄소강 판 두께 0.8mm 이상	가능	양호	불가

2.4.6 텅스텐 전극봉의 형태와 크기

텅스텐 전극봉의 형태와 크기에 대하여는 3.4 WPS 작성 및 검토를 참조 바람.

2.4.7 GTAW 작업 요령

가. 아크 발생법

1) 고주파에 의한 아크 발생법

가) GTAW에서 아크의 발생은 피복 아크 용접과 같이 전극을 모재에 접촉 시키지 않고 아크를 발생 시킨다. 이와 같이 아크를 발생시키는 방법은 용접 전원에 고주파를 같이 사용하기 때문이다.

나) 먼저 그림 2-9에 표시한 것과 같이 토오치를 모재의 위쪽에 약 50mm 정도의 거리로 하고 페달 스위치를 밟음과 동시에 전극봉 끝이 모재의 위쪽에서 10mm 이내의 거리가 되도록 재빨리 토오치의 끝을 낮춘다.

다) 페달 스위치를 밟으면 아르곤 가스가 방출되기 시작하고 냉각수도 순환 되며 용접 전원 및 고주파 스위치도 동시에 연결되어 전극과 모재 사이 에 고주파가 튀어 아크가 발생한다.

라) 아크 발생 후에는 아크 길이를 약 3~4mm로 유지되게 토오치를 빨리 내려 용접을 시작한다. 이 요령은 교류 요접과 직류 용접이 같다.

마) 또 전극 끝이 가열되어 있는 동안에 다시 아크를 발생시키는 경우는 토 오치가 모재로부터 소정의 위치에 오기 전에 아크가 발생되기 쉬우므로 동작을 신속히 해야 한다.

바) 한편 아크를 멈출 때는 재빨리 토오치를 모재로부터 멀리하면 된다. 만 일 동작이 느리면 아크가 꺼질 때 아크가 용접부 표면에 이동하여 모재 에 흔적의 남기는 경우가 있다.

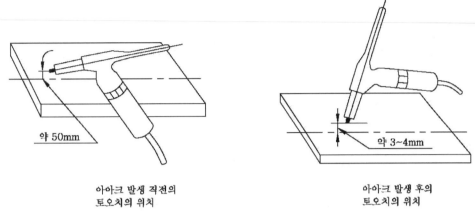

아아크 발생 직전의
토오치의 위치

아아크 발생 후의
토오치의 위치

그림 2-9 고주파에 의한 아크 발생 요령

2) 모재와 접촉에 의한 방법

가) 고주파 장치가 없는 직류 전원으로 아크를 발생시킬 때는 전극봉을 모재에 접촉 시켜야하는 데 이 때 모재에 직접 접촉 시키지 않고 별도의 알루미늄이나 동판에 전극봉을 접촉시켜 아크 발생 후 용접할 모재로 옮기면 된다.

나) 하지만 이 때 탄소 블록을 사용하면 안된다. 이렇게 아크가 발생되면 곧 전극봉을 모재 위 2~3mm 정도에 위치시켜 용융지에 전극봉의 오염이 일어나지 않도록 한다.

3) 고전압(High Voltage)에 의한 아크 발생

가) 이 방법은 전극봉이 모재 가까이 접근할 때 순간적으로 고전압을 사용하여 아크를 발생시키는 방법으로 아크가 발생되면 고전압은 꺼지고 정상적인 용접 전압으로 돌아오게 된다.

나. 토오치 겨누는 방법

1) 아크의 발생 후 모재에 용융 풀이 생길 때까지 토오치를 그림 2-10에 표시한 것과 같이 시작 위치에서 작은 원 운동으로 움직인다.

2) 이 때 전극과 모재와의 거리는 3~4mm 정도로 유지해야 한다. 모재가 충분히 용융되면 용접선을 따라 용접을 시작한다. 비이드의 폭이 일정하게 되도록 소정의 속도로 토오치를 진행한다. 토오치의 각도는 모재에 대한 진행 방향과 반대로 75도 정도가 되게 기울여 전진법으로 용접한다.

3) 용접봉을 사용하는 요령은 모재가 충분히 녹은 후 토오치를 용융 풀 뒤로 약간 후퇴시켜 용가봉을 모재에 대해 약 15도 정도의 각도로 기울여 용융 풀에 재빨리 접근시켜 녹여서 용융 풀에 첨거한 후 용가봉을 뒤로 빼낸다.

4) 다시 토오치를 용융 풀의 선단으로 이동시켜 용착 금속이 완전히 녹을 때 까지 그 위치에 머무른다. 이와 같이 반복하여 용접을 진행 한다.

그림 2-10 용융 풀의 형성

2.4.8 알루미늄 합금의 각종 GTAW 용접 특성에 대한 비교는 아래와 같다.

표 2-2 알루미늄 합금의 각종 GTAW 용접 특성

구 분	교 류(AC)	직류 정극성(DCSP)	직류 역극성(DCRP)
전류	교류	모재+, 전극-	모재-, 전극+
아크열 집중도	모재 50%, 전극 50%	모재 70%, 전극 30%	모재 30%, 전극 70%
용입	DCRP〈용입〈DCSP	비교적 작은 전극 필요 모재에 아크 집중 -〉 좁고 깊은 용입	비교적 큰 전극이 필요 -〉 넓고 얕은 용입 필요
용착 속도	중간(5fpm~30fpm)	빠르다(5fpm~120fpm)	DCSP보다 훨씬 느리다
아크 안정	고주파 AC 적용 시 안정	안정	안정
청정 작용	전극이 + 일 때	없다(화학 세척제로 산화물 제거 후 용접 가능)	연속 작용
텅스텐 크기	125A에서 $^3/_{32}$"	125A에서 $^1/_{11}$"	125A에서 $^1/_4$"
사용 전극봉	지르코니아 텅스텐 봉	순 텅스텐 또는 ThO_2를 1~2% 첨가한 텅스텐 봉	순 텅스텐 봉
최대 판 두께	3mm	6~15mm(자동, 후판)	1mm(박판이나 Pipe의 초층 용접)

2.4.9 아르곤 아크 점용접

가. 아르곤 아크 점용접(Argon Arc Spot Welding)은 그림 2-11과 같이 접합하는 2매의 판을 겹쳐서 그 편측에서 피스톨형의 토오치 선단의 강재 노즐로 눌러 붙이고 두 판을 밀착 시킨채로 가스 노즐내의 텅스텐 전극과 모재 사이에 0.5~5초 정도의 아크를 계속시켜 전극 직하 부분을 국부적으로 융합시키는 일종의 점 용접이다.

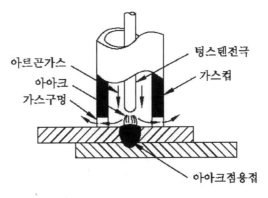

그림 2-11 아르곤 아크 점용접

나. 이 용접에서 사용하는 토오치는 피스톨형이나 구조 및 원리는 보통 토치와 같다. 또한 용접 장치로는 보통의 GTAW 용접 장치에 간단한 타이머를 붙이면 된다.

다. 아크는 고주파 스타트를 사용하여 발생시키거나 또는 토륨/텅스텐 전극을 순간적으로 모재에 접촉시켜 급속하게 끌어 올리는 Touch Start를 쓰고 있다.

라. GTAW 아크 점용접은 전기 저항식 점용접에 비하여 양측을 전극에 의한 가압이 불필요하고 인력으로 한쪽면을 가볍게 누르기만 하면 된다. 결점으로는 작업 속도가 늦고 강재에 쓰일 수 있으나 경합금에는 쓸 수 없다는 것이다. 알루미늄 등에서는 접속 표면의 산화막이 융점을 저해하여 목적이 달성되지 못한다.

2.4.10 텅스텐 아크 절단

가. 텅스텐 아크 절단(Tungsten Arc Cutting)은 특수의 GTAW 토오치를 사용하여 경합금, 동합금 등 비철 금속을 고속도로 깨끗하게 절단하는 방법이다. 이 방법은 그림 2-12와 같이 교축 노즐(Constricted Nozzle) 내에 수용된 텅스

텐 전극과 피 절단물 사이에 아크를 발생시켜 모재를 녹여 그것을 고속 가스의 기체로 불어 버려 절단한다.

나. 가스에는 아르곤과 수소의 혼합 가스(혼합비 80:20 또는 65:35)를 사용하고 아크열로 가열된 가스는 노즐에서 고속으로 분출된다. 또한 아크는 가늘고 길며 집중적이다.

다. 토오치는 가스 기류의 속도를 증가하기 위하여 구경을 3 mm로 죄이고 있다. 전원으로는 직류 600A, 개로 전압은 보통 아크 용접기의 약 2배 용접기면 된다. 또는 직류 용접기를 2대 직렬로 연결해도 된다 직류 정극성으로 사용하고 강력한 고주파에 의하여 아크를 스타트하나 절단 중에는 라디오 방해를 피하기 위하여 차단된다.

라. 수소 가스의 병용은 아크 전압을 증가시켜 열입력을 증대하는 것과 아크 주위의 수소가 강하게 팽창하여 분출 가스의 고속화를 기하기 위함이다.

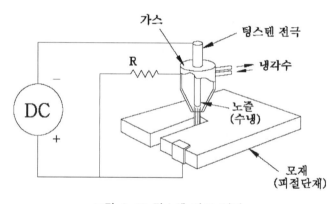

그림 2-12 텅스텐 아크 절단

2.5 Gas Metal-Arc Welding(GMAW, MIG 용접)

2.5.1 원리

GTAW 용접의 텅스텐 전극봉 대신에 비피복의 가는 금속 Wire인 용가재(Filler Metal)를 일정한 속도로 Torch에 자동 공급하여 모재와 Wire 사이에서

Arc를 발생시키고 그 주위에 Ar, He등 Shield 가스를 공급하여 Arc와 용융 Pool 을 보호하며 용접하는 방법이다.

보통 역극성 (DCRP)을 사용하며 Filler Metal은 0.8-3.2Φmm 의 Wire를 사용한다.

2.5.2 GMAW의 장점

가. 제거해야 할 Flux, Slag가 없다.

나. 용접 속도가 다른 Process 보다 매우 빠르다.

다. 열 및 용융금속의 이동 효율이 매우 높다.

　　즉, HAZ가 좁아 재질 변화가 적고 변형이 적다.

라. 전류 밀도가 높아 깊은 용입이 가능해 좁은 홈의 용접이 가능하다.

마. 전자세 용접이 가능하다.

바. 용접 가능한 판 두께의 범위가 넓다.

사. Arc 길이는 용접공이 아닌 전자 조절에 의거 일정하게 유지 된다.

　　(Arc의 자기 제어 현상이 있다.)

아. 용접 능률이 좋아 3mm 이상의 후판 용접에 적합하다.

2.5.3 GMAW의 단점

가. 설비비가 비싸고 용접 장비가 무겁다.

나. Fine Wire / Shielding Gas의 가격이 비싸다.

다. 공작물은 Coated Electrode Welding 보다 깨끗이 청소되어야 한다.

라. Gas Shielding은 풍속이 5 mile/hr 이상이 되면 Air Current에 의해 흩어 지므로 별도의 보호 조치가 필요하다.

마. Shield Gas가 다소 비싸다.

2.5.4 적용 대상

가. GTAW 용접보다 단위 시간당 용접처리 물량이 많다. (생산성 고려)

나. Plant 배관 용접에는 잘 사용치 않는다.

2.5.5 GMAW의 구조 및 용접장치

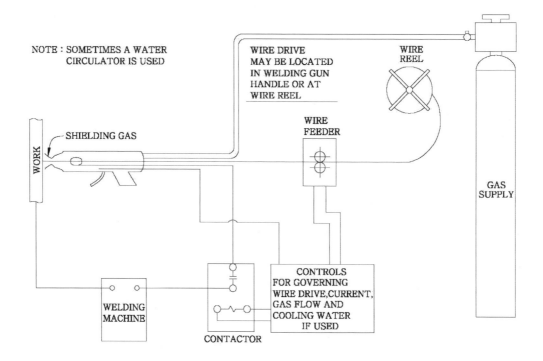

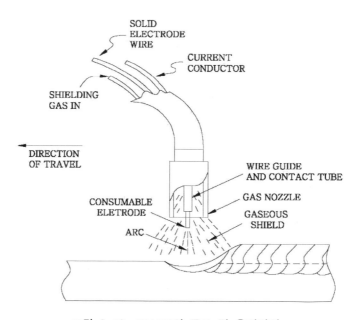

그림 2-13 GMAW의 구조 및 용접장치

2.5.6 GMAW의 특성

가. 극성 특성

1) 아르곤 가스를 이용한 GMAW의 용입은 직류에서 GTAW와 정 반대의 현상을 보여 준다. 정극성에는 금속의 정이온과 아르곤 가스의 정이온이 전극에 충돌하여 전극의 선단을 과열하므로 대립의 용적을 만들어 중력에 의하여 간헐적으로 낙하된다. 즉 단락형 금속 이행이 일어나므로 비드 폭은 넓고 용입은 얕게 된다.

2) 그러나 역극성에서는 스프레이형 금속 이행을 하여 정극의 금속 정이온과 아르곤의 정이온이 모재에 충돌하여 비드 폭은 좁고 깊은 용입이 생기게 된다. 따라서 GMAW는 직류 역극성(DCRP)을 이용한다.

나. 용적 이행과 임계 전류

1) GMAW에서 용접 전류가 작은 경우 SMAW와 같이 비교적 큰 용적이 되어 중력에 의하여 모재로 이행하는 입상 용적 이행(Globular Transfer)이 되어 비드 표면은 요철이 심하게된다.

2) 그러나 어느 크기의 전류 임계값 이상에서는 용적이 미세하게 되어 고속으로 이행하는 Spray 이행이 된다.

3) 임계 전류 이상에서는 용융 방울이 급격히 가늘게 되어 고속으로 투사되므로 비드가 아름답고 아크가 강한 지향성(Stiffness)을 갖게 되므로 전자세의 용접이 가능하게 된다.

4) 또한 SMAW에 비해 전류 밀도가 6~8배 크고 GTAW에 비해서도 약 2배 정도이며 주로 3~4mm 두께 이상의 용접에 사용된다.

다. Arc 자기 제어

1) SMAW의 용접봉 용융 속도는 아크 전류만으로 결정되나 GMAW에서는 전류와 전압의 영향을 받는다.

2) 동일 전류에서는 전압이 증가될수록 용융 속도가 저하된다. 실제 용접에서 아크가 길어지면 아크 전압이 크게되어 용융 속도가 감소되기 때문에 심선이 일정 속도로 공급될 때 아크의 길이가 다시 짧아지고 원래의 길이로 복원된다.

3) 반대로 아크가 짧아지면 아크 전압이 작게되고 심선의 용융 속도가 크게되기 때문에 아크 길이가 길어져서 원래의 길이로 복원된다. 이와 같은 것을 GMAW의 아크 자기 제어라고 한다.

2.5.7 Wire 송급 방식

Wire 송급 장치는 Wire를 Spool 또는 Reel에서 뽑아 Torch Cable을 통하여 용접부까지 공급하는 장치이다. 송급 방식에는 송급 장치의 배치에 따라 다음과 같이 4종류가 있다.

가. Push 방식

Wire Spool 바로 앞에 송급 장치를 부착하여 송급 튜브를 통하여 Wire가 용접 토오치에 송급되도록 하는 방식으로 용접 토오치가 가볍게 되기 때문에 반자동 용접에 적합하다.

나. Pull 방식

송급 장치를 용접 토오치에 직접 연결시켜 토오치와 송급 장치가 하나로 되어 있기 때문에 송급 시 마찰 저항을 작게 하여 Wire 송급을 원활하게 하는 방식으로 주로 지름이 작고 재질이 연한 Wire(Al 등)에 사용된다.

다. Push-Pull 방식

Wire Spool 과 용접 토오치 양측에 송급 장치를 부착하는 방식으로 송급 튜브가 길고 Wire 재질이 연한 경우에 적합하다. 이 방식은 송급성은 양호하지만 토오치에 송급 장치가 부착되어 있어 조작이 불편하다.

라. Double-Push 방식

Push 방식 송급 방식에 보조 송급 장치를 정착시켜 송급하는 방식으로 송급 튜브가 매우 긴 경우에 사용된다. 용접 토오치는 Push 방식을 사용할 수 있어 조작이 간편하다.

2.5.8 GMAW에서의 Spatter 발생

가. Spatter 발생 유형

Spatter 발생량은 이행이 혼재되어 있는 천이 이행 조건에서 가장 많이 발생하며 그 유형은 다음과 같다.

1) 아크 재생 순간에 발생하는 Spatter 현상.
2) 순간 단락에 의한 Spatter 현상.
3) 용적 가스의 폭발에 의한 Spatter 현상.
4) 용융 Pool의 가스 폭발에 의한 Spatter 현상.

나. Spatter 억제를 위한 제어법

1) 전류 상승 지연 제어법.
2) 단락 기간의 전류 상승 속도 제어.(Peak 전류 값을 낮게 유지)
3) 아크 재생 순간의 전류 값을 낮게 제어한다.
4) 아크 기간에 전류 제어.
5) Pulse 파형에 의한 전류 제어법.

다. 기타 방법

1) WPS 작성 시 천이 이행 영역을 피할 수 있는 최적의 용접 조건을 선정한다.(Solid Wire 보다 Flux Cored Wire가 Spatter 발생이 적다)
2) Spatter 발생이 적은 용접 재료를 사용한다.(Ti 첨가 용접 재료)
3) Ar Shield Gas를 사용하면 고전류 영역에서 Spray 이행을 하고 아크도 안정되며 아울러 Spatter 발생이 비교적 낮다.
4) 용접 전원의 출력 방식을 Inverter 제어하는 방법 등이 유효하다.

2.5.9 Narrow Gap 용접

가. 개요〈그림 2-14 참조〉

1) 화학 공장과 화력 발전 설비 및 원자력 발전에 사용되는 대형 후판의 Butt 용접에는 전통적으로 SAW나 Electro-slag 용접이 주로 사용되었다.
2) 그러나 이들 Process의 단점은 넓은 개선 가공으로 인한 재료의 손실이 많고 용접량이 증가함으로 인하여 용접 변경 및 결함 발생의 가능성이 증대

되고 많은 양의 용접이 이루어 지기 위해서는 용접 시간과 에너지의 소비가 커지는 단점이 있으며 넓은 용접부가 생김으로 열 영향부가 넓어지는 단점이 지적 되었다.

3) 이러한 문제점을 해결하기 위해서 보다 능률적이며 안정적인 용접 금속을 얻을 수 있는 용접 방법이 필요하게 되었다. 이에 가장 적합한 새로운 방법이 Electron Beam Welding(EBW)을 들 수 있으나 대형 용접물을 진공 상태로 유지해야 하는 현실적인 어려움으로 현장 적용이 극히 제한적으로 사용되었다.

4) 결국 기존의 용접 방법을 변형하여 보다 효율적인 용접 조건을 갖는 방향으로 시도가 이루어져 결국 그 대안으로 Narrow Gap 용접법이 나오게 되었다.

나. 적용 Process

1) 주로 적용되는 Process는 GMAW, SAW, FCAW이며 주로 GMAW가 사용된다.

2) SMAW는 상대적으로 용접 효율이 떨어지기 때문에 적용하는 경우가 드물고 FCAW는 Final Pass등에 GMAW를 적용할 경우 예상되는 Spatter의 위험성을 줄이기 위해 사용되기도 한다.

3) 그러나 FCAW는 용접 금속이 열처리 후에 급격하게 기계적인 특성이 저하되는 단점으로 인하여 사용이 제한되고 있다.

다. 용접 준비

1) Narrow Gap Welding에서 개선 각도는 통상 5~6도를 유지하고 있으며 Root Gap 은 적용되는 용접법에 따라 12~28mm 정도를 유지한다.

2) 적용되는 용접부의 두께는 약 150~300mm 정도이고 Root Gap은 GMAW일 경우 13mm SMAW일 경우에는 24mm 정도이다.

라. Wire Feeding 법

1) 용접봉은 자체 Weaving이 어려우므로 Oscillator을 사용하기 보다는 2개 또는 그 이상의 Wire를 꼬아서 사용하거나 Wire에 다음 그림과 같이 변형을 주어 Weaving 효과를 가지게 한다.

2) 좁고 깊은 용접부의 Wire Feeding 시에는 용접 개선부에서 미리 아크가 발생하지 않고 원하는 곳에서 아크가 발생하도록 Contact Tip을 사용하기도 한다.

마. 특징(타 용접법과 비교 장.단점)

1) Groove 단면적의 대폭적인 축소가 가능하게 되어 과대한 용접 입열이 필요 없는 능률적인 용접이 가능하게 된다.(NGW은 SAW나 ESW보다 입열량이 적다)

2) 경제적인 관점에서 우수하며 타 용접법보다 변형이 적다.

3) 차폐 가스로 Ar + 20% CO_2 가스를 사용할 때 용접부의 인장 강도가 우수하며 고품질의 용접 금속을 얻을 수 있다.

4) SAW나 ESW은 아래 보기 자세와 수평 필렛의 제한적인 자세만 가능하나 NGW는 전자세 용접이 가능하다.

5) Fume, Spatter의 발생이 거의 없다.

6) NGW로 인한 주요 용접 결함은 개선 면과의 용융 부족(Lack of Fusion)과 Slag 혼입이다. 그러나 용착 금속량이 적기 때문에 수소 함량이 적어 저온 균열 발생은 적다.

7) NGW의 단점은 용접기가 고가이며 각 조건에 따른 Arc 안정성 유지가 문제이다.

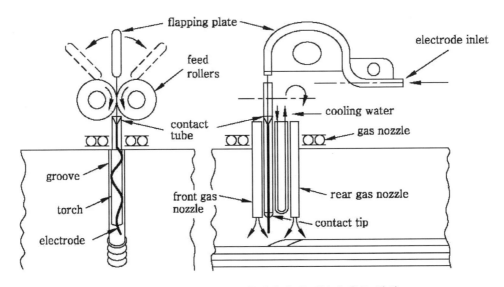

그림 2-14 Narrow Gap 용접에서 용접봉의 운동 방식

2.5.10 GMAW 점용접 및 아크 절단

1) GMAW 점용접

가) GMAW 토오치로도 역시 아크 점용접을 할 수 있다.단 토오치의 가는 노즐은 특수한 형상의 것을 쓰고 아크는 타이머를 이용하여 수초 동안만 지속시킨다.

나) 겹치기, 모서리 이음, 필렛 이음의 아크 점용접을 할 수있다.

다) 또한 이방법을 쓰면 겹치기 2매의 판사이에 작은 간극이 있어도 덧붙여진 용융 금속이 그 간극을 메워 주어서 용접이 완료되는 잇점이 있다. 린데사에서는 이것을 공간 용접(Space Welding)이라 하고 있다.

2) GMAW 아크 절단

가) GMAW 토오치로 강제 Wire를 써서 그보다 저융점의 알루미늄이나 동합금 등을 절단하는 아크 절단 방법이 이용되었으나 절단면이 불량하고 고전류 가 필요함으로 GTAW로 절단한 것에 비하여 훨씬 효율이 떨어진다.

2.6 Flux-Cored Arc Welding(FCAW)

2.6.1 원리

GMAW와 비슷한 용접법이나 그림 2-15처럼 Gas Shielded Method는 Arc주위나 용융풀 주위에 산소나 질소가 흡수되지 않도록 CO_2나 Argon+CO_2를 사용한다. 또 Self-Shielded Method(그림 2-16 참조)에서는 Vaporized Flux 성분이 Shielding 역할을 해준다. 그리고 이 용접법에서는 파이프에 플럭스를 충전하여 대에 플럭스 를 실어 여러 가지 형태로 말아서 신선하여 만든 판상의 용접봉을 사용한다.

2.6.2 FCAW의 장점

가. FCAW는 SAW, GMAW 혹은 SMAW보다 많은 장점을 가지고 있다. 즉 SMAW보다 적은 노력과 낮은 Cost로 양질의 용접부를 얻을 수 있다. 또 GMAW보다는 적용하기 쉽고, SAW보다도 사용하기에 훨씬 더 유동적이다.

나. 양질의 용착 금속.

다. 용접부 외관 양호.

라. 여러 가지 종류의 두께에 적용.

마. 높은 용착량.

바. 경제적인 Joint Design.

사. GMAW보다 적은 Pre-cleaning.

아. SMAW보다 Distortion 적음과 4배의 용착률.

자. Under-bead Cracking에 대한 방지.

차. 용접부 오염에 대한 저항성이 큼.

2.6.3 FCAW의 단점

가. FCAW의 용접봉이 Solid 용접봉보다 비싸다.

나. Nickel Base Alloy에 사용하는 것을 제한.

다. Slag를 생성.

라. SMAW보다 설비가 복잡하고 비싸다.

마. Wire Feeder와 Power Source가 보다 용접부 가까이 위치 시켜야 한다.

바. 설비에 대한 보다 많은 보수 필요.

사. 많은 Smoke와 Fume이 발생.

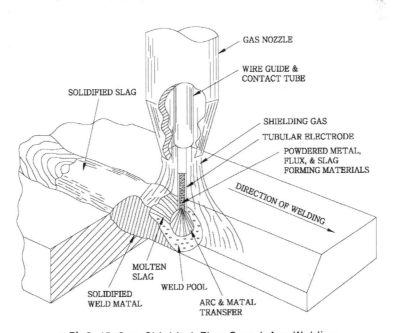

그림 2-15 Gas Shielded Flux Cored Arc Welding

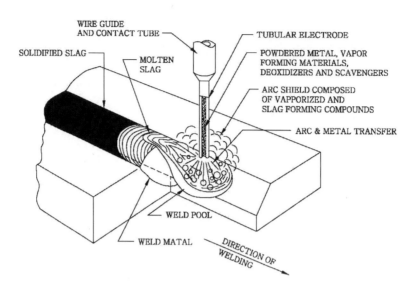

그림 2-16 Self-Shielded Flux Cored Arc Welding

2.6.4 FCAW의 적용

가. 아직까지 FCAW는 철계(Ferrous) 금속과 Nickel Base 합금에만 적용 가능하며 초기 기기 설치 비용의 과다와 관련 업계의 인식 부족에 기인한 거부감으로 인해 주로 조선 업계에 한정되어 적용되었으나 용착 속도가 빠르고(경제성) 전자세 용접(작업성)이 가능하다는 등의 장점으로 점차 산업계 전반으로 확산되어가고 있는 추세이다.

나. 그러나 용접부의(특히 열처리 후) 충격 강도가 낮기 때문에 석유 화학 및 발전 설비에서는 비압력부의 Carbon Steel 강종에 국한되어 사용된다.

다. 해외의 경우에는 Pressure Retaining Part의 Main 용접 Seam에서 직접적으로 적용하는 경우가 많으며 Lap Joint의 Spot 용접이나 표면 경화 용접(Surfacing Hard facing) 및 Cladding 작업에도 적용하고 있다.

2.6.5 Flux Cored Wire(FCW)의 단면 형상

가. FCW는 튜브 내부에 Flux가 충전되어 있는 형으로 기존의 피복 아크 용접봉과 Solid Wire(일반적으로 지칭하는 CO_2 Wire)의 장점을 따서 최근에 새로이 개발한 재료이다.

나. 피복 아크 용접봉은 외부 피복제(Flux)의 작용에 의해 Spatter 발생량이 적으며 아크가 안정되고 부드러운 등 용접 작업성은 우수하나 Reel에 감을 수 없

어 자동화가 불가능하며 Solid Wire는 자동화는 가능하나 Flux가 없어 전자
세 용접이 힘들고 Spatter 발생량이 많은 등 용접 작업성이 불량하다.

2.6.6 충전 Flux의 종류와 특징

가. FCW는 튜브의 내부에 충전된 Flux가 용접 작업성, 내크래크성 및 기계적 성
질 등의 제 특성을 향상 시키기 위한 역할을 맡고 있고 Slag 형성제, 아크 안
정제, 탈산제, 합금제 및 철분 등으로 구성되어 있다.

나. FCW는 Shield Gas로 CO_2나 Ar 등을 사용하는 Gas Shielded 아크 용접
FCW와 Shielded Gas를 사용하지 않는 Self-shielded(Non-gas) 아크 용접
봉용 FCW로 대별되며 Gas Shielded 아크 용접용 FCW는 Flux에 포함된
Slag 형성제의 유무(다소)에 따라 Slag계와 Metal계(금속분계)로 구분된다.

다. 또 Slag계는 다시 Slag의 염기도 등으로부터 Titania계(산성 슬래그), Lime-
titania계(중성 또는 염기성 슬래그), Lime계(염기성 슬래그)로 분류되고 있다.

라. 그리고 Self-shielded 아크 용접용 FCW는 Shield Gas를 사용하지 않기 때문
에 아크열에 의해 용융 분해되어 금속 증기, 가스 및 Slag를 형성하고 용착
금속을 외부 공기로부터 보호하는 Shield제를 포함하며 용착 금속에 침입하는
산소, 질소를 제거하기 위해 강력한 탈산제 및 질화물 생성제(Al, Ti, Zr 등)
을 포함하고 있다.

2.6.7 Flux Cored Wire의 장.단점 비교

여기서는 FCW의 주 용접법인 CO_2 아크 용접법, GMAW 용접을 중심으로 Solid
Wire와 대비하여 장점을 설명해 본다.

가. 용착 속도가 빠르다.

1) 하향, 횡향, 수평 필렛 용접에서는 Solid Wire에 비해 10% 이상 용착 속도
가 빠르며 특히 입향 상진, 상향 용접에서는 플럭스(슬래그)의 작용에 의해
고전류에서 용접이 가능하기 때문에 2배 이상의 차이가 있다.

2) FCW의 용착 속도는 용접 전류, 와이어 돌출 길이, 플럭스 충전율 등에 의
해 변화하나 솔리드 와이어에 비해 빠른 이유는 FCW의 경우 전류 경로가
외피 금속을 따라 지배적으로 흐르므로 전류 밀도가 상승하기 때문이다.

나. 전자세 용접이 가능하다.

솔리드 와이어에 의한 CO_2 용접은 입향 상진, 상향 용접의 경우 높은 용접 기량이 요구되고 용융물이 흘러내려 적용이 어려우며 또 입향 하진 용접은 박판용의 경우를 제외하고는 적용이 불가능하나 FCW는 입향 상진, 상향 용접은 물론이고 입향 하진 용접도 쉽게 할 수 있다.

다. 아크 타임률이 향상된다.

1.2Φ 와이어로서 용접 전류를 230~250A로 설정해 두면 작업 도중에 용접 조건을 변경할 필요가 없이 전자세 용접이 가능하게 되어 아크 타임률이 향상된다. 특히 용접 구조물이 큰 조선 등에서는 이 점이 매우 큰 의의를 가진다.

라. 용접 비드 외관 및 형상이 양호하다.

FCW는 솔리드 와이어에 비해 비드 표면이 고르고 언더컷, 오버랩, 사행(蛇行) 비드 형상이 생기지 않으므로 그라인더 수정 공수가 들지 않는다.

마. 슬래그 박리가 쉽다.

FCW는 얇은 슬래그가 용접 비드 표면을 골고루 덮기 때문에 아름다운 비드 표면을 얻음과 동시에 헴머로 가볍게 두들기면 슬래그가 일어난다. 그러나 솔리드 와이어 경우 드문드문 슬래그나 산화 피막이 입혀져 박리성이 나쁘다.

바. 스패터 발생량이 적다.

FCW는 솔리드 와이어에 비해 스패터 크기가 작고 발생량도 적어서 스패터 제거 공수가 적게 든다. 따라서 장시간 연속 아크를 발생시켜도 노즐이 막히지 않는다.

사. 용접 초보자라도 용접을 쉽게할 수 있다.

FCW는 용접 아크가 부드러워 피로감이 적고 용접 작업성이 양호하여 용접하기 쉽기 때문에 용접사가 쉽게 친숙해 진다. FCW는 솔리드 와이어나 피복 아크 용접봉에 비해 용접 재료 단가는 높으나,

1) 고능률성(고용착 특성)에 의한 용접 시간 단축.
2) 양호한 용접 작업성.

3) 저 스패터 발생에 의한 그라인딩 공수의 절감과 품질 향상에 의한 수정률 감소로 아크 타임률 향상.

4) 높은 용착 효율에 의한 용접 재료 사용량의 경감 등으로 어느 용접 자세에서의 시공에 있어서도 Total 용접 비용의 절감을 꾀할 수 있다.

아. FCW와 Solid Wire의 장.단점 비교

표 2-3 FCW와 Solid Wire의 장.단점

장.단점	Flux Cored Wire	Solid Wire
장점	· 와이어 경에 대한 전류 밀도가 높아 용착 속도가 매우 빠르다. · 스패터의 양이 작고 세립자이다. · 아크가 부드럽다. · 전자세 용접이 용이하다. · 비드의 외관이 고우며 대기의 불순물에 의해 발생되어질 수 있는 불량률이 감소된다. · 슬래그가 쉽게 떨어진다. · 전력비를 줄일 수 있다. · 공수면에서 유리하다. · 특수한 원소나 합금을 플럭스 내에 자유롭게 첨가할 수 있다. · 적정 용접 전류의 범위가 넓다.	· 가격이 저렴하다. · 피복아크 용접봉에 비해 용착 속도가 빠르다. · 용입이 깊다. · 송급성이 매우 좋다. · 수소 함유량이 적어 기계적 성질이 좋은 용접부를 얻을 수 있다. · 소구경 와이어로서 박판 용접이 가능하다. · 용착 효율이 높다. · Fume 발생량이 적다.
단점	· 용착 효율이 낮다.(솔리드 와이에 비해 88%) · Fume 발생량이 많다. · 가격이 피복봉 및 솔리드 와이어에 비해 비싸다.	· 스패터가 많다. · 비드 표면 형상이 거칠다. · 언더컷, 오버랩, 융합 불량이 생기기 쉽다. · 아크가 불안정하다. · 슬래그가 잘 떨어지지 않는다. · 전자세 용접이 불가능하다. · 적정 용접 전류 범위가 좁다.

2.6.8 Flux Cored Wire의 시공 요령

Flux Cored Wire의 각각의 특성을 충분히 발휘하기 위해서는 용접 시공 요령을 숙지해야 한다.

가. Shielding Gas의 유량 및 노즐 깊이

차폐 가스의 유량은 주위의 풍속과 Nozzle의 높이에 관계된다. 보통 풍속 2m/sec 이상에는 결함(특히 Blow Hole)발생하기 쉬우므로 이 이상의 풍속에서 결함을 방지하기 위해서는 방풍막이나 벽을 세우면서 또한 차폐를 보다 효과적으로 하기 위해 Tip과 모재 거리를 가능한 범위 내에서 가깝게 하거나 가스 유량을 증가시키는 것이 좋은 방법이다.

표 2-4 노즐 높이에 대한 가스의 적정 유량

Wire Dia.(mm)	노즐 높이(mm)	가스 유량(l/min)	전류(A)
1.2, 1.4	10~15	15~20	100
	15	20	200
	20~25	20	300
1.6	20	20	300
	20	20	350
	20~25	20~25	400

나. Wire의 돌출 길이

Wire의 돌출 길이는 아크의 안정성, 비드 형상, 용입, 작업 능률 등에 큰 영향을 미친다.

표 2-5 Wire의 돌출 길이

항 목	영 향
아크 안정성	길게하면 아크가 불안정하고 스패터가 많아진다.
용 입	길게하면 얕아진다.
기공	길게하면 자연 노즐 높이도 높아져서 차폐 효과가 나빠지므로 기공이 발생하기 쉽다.
용융 속도	동일 용접 전류에서 Wire 돌출 길이가 길수록 용융 속도가 크게된다.
기 타	돌출 길이를 짧게하면 노즐이 용접 전진 방향을 방해하므로 이음 홈 및 용융 상태가 보기 어렵게 되고 또 노즐 내 스패터가 다량 부착되어 차폐 효과가 나빠지고 Tip 및 노즐의 소모도 많아진다.

다. 용접 전압, 전류, 속도

CO_2 용접에 있어서 가장 중요한 인자들로서 용접 품질에 가장 큰 영향을 미친다.

1) 전압 과대 : Porosity, Spatter, Under-cut 발생
2) 전압 과소 : Convex Bead(볼록 비드), Over-lap 발생.

3) 적정 전압 범위

　가) 저전류역(200A 이하), V=((0.04*A)+15.5)±1.5.

　나) 고전류역(200A 이상), V=((0.05*A)+15.5)±2.0.

라. 용접 운봉 진행 방향.

전진법과 후진법이 있는데 서로 상반된 특징을 가지고 있어 용접 조건에 따라 다르게 사용한다.

표 2-6 FCAW에 있어서의 전진법과 후진법의 작업성 비교

전 진 법	후 진 법
1) 용접선을 볼 수가 있어 정확하게 용접을 실행할 수가 있다. 2) 여성고가 낮고 비드의 형상이 편평하다. 3) 안정된 용접 비드의 형상을 얻을 수 있다. 4) 스패터가 비교적 크고 전방으로 스패터가 튄다. 5) 용착 금속이 선행되어 용입이 얕다.	1) 노즐 때문에 용접선을 볼 수가 없어 정확한 용접 실행이 어렵다. 2) 여성고가 높고 비드의 폭이 좁다. 3) 안정된 용접 비드 형상을 얻기가 곤란하다. 4) 스패터의 발생이 적다. 5) 용착 금속이 선행되지 않으므로 용입이 깊다. 6) 비드 형상을 볼 수가 있어 여성량 제어가 가능하다.

2.6.9 Flux Cored Wire(FCW)를 이용한 CO_2 용접 특성

FCW를 이용한 CO_2 용접에서 탄산 가스로 아크를 피포하는 것은 Solid Wire를 이용한 CO_2 용접과 동일하나 FCW에서 형성된 슬래그가 용융지를 완전히 피포하는 것이 크게 다르다. FCW 내의 플러스 효과로 인하여 기존의 Solid Wire를 이용한 CO_2 용접에 비해 다음의 특징을 갖는다.

가. 아크가 안정되어 작업성이 좋고 비드 외관이 아름답다.

나. 용착 속도가 빠르다.(하향 및 횡향에서는 10% 이상, 입향 상진 및 상향 용접에서는 플럭스의 작용에 의해 고전류에서 용접이 가능하기 때문에 2배 이상의 차이가 있다)

다. 전자세 용접이 가능하고 Spatter 발생량이 적다.

라. Solid Wire는 정전압 특성이나 Flux Cored Wire는 수하 특성의 전원이 이용된다.

마. 합금 원소를 Flux에 첨가 시킬 수 있다.

일반적으로 FCW의 지름은 2.4~3.2mm의 큰 것과 1.2~2.0mm의 작은 것이 있는데 큰 지름의 FCW는 Solid Wire에 비해 Arc의 집중이 안 좋고 용입도 적게 되나 작은 지름의 FCW는 Wire 돌출 길이가 길면 Soild Wire에 비해 전류 밀도가 높아 용착 속도가 크게된다.

현재 FCW의 가격이 고가이기 때문에 Solid Wire CO_2 용접에 비해 용접 경비의 절감은 어려우나 고가의 제품 용접 시 상기의 특징에 대한 품질 향상을 기할 수 있다.

2.7 Submerged Arc Welding(SAW, 잠호 용접)

2.7.1 원리

모재 용접부에 미세한 가루 모양의 용제(Flux)를 쌓아 놓고 그 속에 전극 Wire (비 피복 용접봉)를 넣어 Wire 끝과 모재의 사이에서 Arc를 발생시켜 그 Arc 열에 의하여 모재, Wire 및 용제를 용해하여 용접하는 자동 Arc 용접법 이다.

금속과 용융 Slag의 반응은 다음과 같다.

$$SiO_2 + 2Fe \quad \longleftrightarrow \quad 2FeO + Si$$
$$MnO + Fe \quad \longleftrightarrow \quad FeO + Mn$$

2.7.2 SAW의 장점

가. 대 전류의 사용과 다전극 용접이 가능하고 용융 Slag의 단열성에 의해 용입이 깊고 (수동 Arc 용접의 2-3배), 용접 속도도 빨라 (수동 Arc 용접의 3-12배) 능률적인 용접을 할 수 있다.

나. 두꺼운 철판의 용접이 가능하다.

다. 용입이 깊어 용접 홈을 좁게 하므로 경제적이다.

라. 알맞는 용접조건, 알맞은 용제, Wire를 사용하면 용착 금속의 야금적 기계적 성질을 개선할 수 있다.

마. 대량 생산에 적합하다.

바. 용접 속도가 빨라 용접 후 변형이 적다.

사. 유해 광선이나 Fume의 발생이 적어 작업 환경이 깨끗하고 바람의 영향을 거
의 받지 않는다.

2.7.3 SAW의 단점

가. 용접선이 복잡하거나 용접부의 길이가 짧으면 기계 설치가 불가능하여 비 효
율적이다.

나. 대부분 아래보기 및 수평 필렛 용접에만 사용한다.

다. 용접홈 가공의 정밀도가 높아야 하며 Root 간격이 너무 넓으면 (0.8m/m이
상) 용락(Burn Through)의 가능성이 많다.

라. 용접 시설비가 고가 이다.

마. 모재의 재질, Wire, 용제의 선정이 어렵고 습기에 주의 하여야 한다.

바. 용접 입열량이 높아 HAZ의 결정립이 조대화되어 인성 저하가 생길 우려가 있다.

2.7.4 적용 대상

Piping Weld 보다는 Tank, Offshore Platform 등 대량의 물건이 있는 경우에
사용된다.

그리고 긴 용접선의 연속 용접이 가능한 두꺼운 물체에 매우 효과적이다.

2.7.5 잠호 용접의 구조

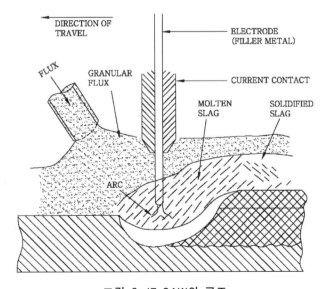

그림 2-17 SAW의 구조

2.7.6 용접 전류

가. 직류 용접

직류 용접은 교류 용접에 비해 비드 형상, 용입이 우수하다. 또한 아크 발생도 용이하다. 직류 역극성에서 용입이 최대가 되며 직류 정극성에서 용입은 최소가 된다. 직류 용접의 결점은 자기 불림이 일어나기 쉬운 점이다. 직류 용접이 요구되는 경우는 다음과 같다.

1) 신속한 아크 발생이 필요할 때(단속 용접을 효율 있게 할 때).
2) 아크 길이의 엄밀한 제어가 필요할 때(박판 고속 용접 시).
3) 복잡한 곡선 용접 시.

나. 교류 용접

교류 용접에서는 자기 불림 현상을 크게 감소 시킬 수 있기 때문에 고속도 용접에 적합하다. 교류 용접이 요구되는 경우는 다음과 같다.

1) 큰 용착부를 얻고 싶을 때.
2) 두꺼운 플러그 용접과 같이 길이가 짧은 용접.
3) 다전극 방식에서 교류의 특징이 나타난다. 즉, 동일 극성의 2개의 직류 아크는 서로 흡인하고 다른 극성인 때는 반발한다. 그러나 교류와 직류를 조합하면 이 현상이 크게 억제된다. 더욱이 양쪽 모두 교류이면 서로간의 영향은 더욱 감소된다. 따라서 AC-AC의 조합은 고속의 제관 용접에 이용한다.

다. 다전극 용접

다전극 용접 방식은 용착 속도를 증가하여 고속 용접을 하는데 그 목적이 있다. 이 방식에서는 용접 금속의 응고가 늦기 때문에 기공이 감소하는 장점이 있다. 다전극 연결 방식은 탠덤식, 횡 병렬식, 횡 직렬식의 3가지가 있다.

2.7.7 용접 재료

가. 심선(Wire)

SAW에 사용되는 Wire는 주로 Solid Wire 형태이지만 덧살 용접에는 Cored Wire도 사용된다. Solid Wire는 일반적으로 Cu 피막 처리가 되어 있다. Cu

피막은,

1) 녹 발생을 방지해 주고,
2) 접촉 Tip과 전기 전도도를 향상 시켜주며,
3) 송급 롤러와 미끄럼을 좋게 하기 위함이다.

나. 플럭스(Flux)

종래 SAW의 용제로는 용융형(Fused Flux) 및 집합형(Agglomerated Flux) 용제가 있었다. 이것들은 일반 탄소 강제의 잠호 용제에는 적당하였으나 저합금강 및 스테인레스 강의 용접에는 부적절 하였다. 상기의 잠호 용접용 용제가 저합금강 등에 부적합한 것은 다음과 같은 제조 과정에 문제가 있었기 때문이다. 즉 이러한 용제의 제조 온도는 탈산제인 페로망간, 페로실리콘을 변질시킬 만큼 높은 온도였다. 용융형은 각종 광물을 1300℃ 이상으로 가열하여 냉각시킨 후 유리 상태로 융합된 것을 미세하게 분쇄하여 제품화한 것이다.

또한 집합형은 요업용 결합제로서 굳혀서 800~1000℃로 가열하여 제품화 했기 때문에 용제의 탈산 원소는 대부분 상실된 상태였다. 그러나 이러한 단점을 보완하여 제조되는 본드(소결형) 용제는 원료를 혼합하여 고착제로 굳힌 다음 400~500℃의 낮은 온도로 제조한 것이다. 본드 용제는 4종의 Cr, Ni, Mo, V 용제에 중성 용제를 적절히 혼합하여 사용한다.

1) 본드(소결형) 용제의 특징

가) 오스테나이트 계열 스테인레스강 용접 시 손실되는 Cr 성분은 용제에서 보충하여 용착 금속의 화학 조성이 심선의 화학 조성과 거의 일치한다.

나) 저합금강 잠호 용접 시, 심선은 연강으로도 가능하다.

다) 용제에 Si, Mn이 첨가되어 강력한 탈산이 가능하며 Nb 등을 첨가하여 Slag의 박리성이 크게 개선되었다.

라) 용제의 입도가 일정해서 용접 전류가 일정하다.

마) 합금 성분의 첨가가 가능하여 용착 금속의 화학 성분이나 기계적 성질의 조절이 가능하다.

바) 600A 이상의 중.고 전류에서 작업성이 양호하다.

사) Flux의 소비량이 적다.

아) 강의 젖음(Wettability)이 좋게되어 좁은 홈 용접 시 Slag 혼입 등이 없게 되었다.

자) 본드 용제를 착색하여 용도에 따른 구별이 가능하다(녹색은 저합금강용, 회색은 스테인레스강 용 등).

차) 용융된 Slag에서 Gas의 방출이 있을 수 있다.

카) 본드 플럭스는 저온도에서 가열하여 고착한 것임으로 흡수되기 쉽다. 따라서 용접 전에 반드시 150~250℃로 2~3시간 건조 시킨 후 사용해야 한다.

2) 용융형 용제의 특징

가) 화학적으로 매우 균일하다.

나) 흡습성이 없어 보관과 취급이 용이하다.

다) 손쉽게 재활용이 가능하다.

라) 100A 이하의 저.중 전류 용접에 적합하다.

3) Flux의 특성 비교

표 2-7 SAW Flux의 특성 비교

구 분	용융형 플럭스(Fused Flux)	소결형 플럭스(Bond Flux)
합금 첨가	불가	가능
흡습성	거의 없음	강함
극성에 대한 감수성	비교적 민감	비교적 둔함
Slag 박리성	비교적 나쁨	비교적 좋음
Gas 발생	적음	많음
대입열 용접성	고전류 사용이 어려움	고전류 사용이 민감
용입	약간 깊음	약간 얕음
Tendem 용접성	부적합	적합
장기 보관성	안정	변질 우려가 있음
건조 온도	150~200℃로 1시간 이상 건조	200~250℃로 1시간 이상 건조
사용 강재	고장력강이나 저합금강의 충격값이 요구되는 강재의 사용이 곤란	비교적 넓은 범위의 강종에 사용 가능함
염기도	산성 및 중성	산성, 중성, 염기성, 고염기성
입도	전류에 따라 Flux의 입도가 다름. (고전류:세립, 저전류:대립)	사용 전류에 관계없이 1종류의 입도로 사용(작업 관리가 용이)
색상/외관	유리상의 고온 반응물로서 색상 차이 없음	색상 차이로 식별 가능
제조 방법	1300℃ 이상 가열 후 냉각 -> 유리 상태 -> 분쇄 -> 제품화 (탄산 원소 상실)	400~500℃의 낮은 온도에서 제조

다. 용접 변수

1) 용접 전류

전류의 변화에 따라 용접 와이어의 용융 속도, 용착률, 용입의 깊이 그리고 모재의 용융량이 결정되기 때문에 전류는 매우 중요한 용접 변수이다.

전류가 크면 동일한 용접 속도에서 용입이 깊어지고 용착 속도가 증가하지만 지나치게 과도한 전류는 아크의 파묻힘 현상이 일어나고 Under-cut이 발생하기 쉬우며 좁고 높은 Bead가 얻어진다. 반대로 전류가 너무 낮으면 아크의 안정성이 떨어진다.

2) 용접 전압

전압은 아크의 길이를 결정한다. 전압이 크면 아크의 길이가 길어진다. 전압은 용접 비드이 단면 형상과 외관에 영향을 미친다.

가) 전압이 높을수록,

① 편평하고 폭넓은 비드가 생성된다.

② Flux의 소비가 증가된다.

③ Steel의 Rust나 Scale로부터 발생되는 Porosity의 발생을 줄인다.

④ 부적절한 Joint 형상으로 인해 Root Gap이 넓은 용접 Joint의 용접에 적합하다.

⑤ Flux로부터 합금 원소를 Pick-up하는 능력이 커진다.

나) 과도한 전압 상승은,

① Crack을 일으키기 쉬울 정도로 과도하게 폭이 넓은 비드를 만든다.

② Groove 용접의 Slag를 제거하기 어렵다.

③ 오목한 용접 비드를 만들어 Crack의 발생이 쉽게 된다.

④ Fillet 용접부의 Edge에 Under-cut 발생이 생기기 쉽다.

전압을 낮추면 Arc Blow 에 대한 저항성이 있는 강한 아크를 만들고 용입이 깊어진다. 그러나 과도한 전압 강하는 높고 좁은 용접 비드를 만들어 Edge의 Slag 제거가 어려워 진다.

다) 용접 속도(Travel Speed)

용접 속도가 빨라지면 단위 용접 길이 당의 입열량이 줄어들고 용착되는 용접 와이어의 양이 줄어들고, 결과적으로 작은 용접 비드가 생긴다.

용접 속도는 전류와 함께 용입을 결정하는 가장 큰 인자의 하나이다. 아크의 용입력(Penetration Force)은 용탕을 누르게 되는데 용접 속도가 빠르면 이 힘이 강하게 전달되지 못하고 얕은 용입이 이루어진다. 용접 속도가 지나치게 빠르면 Under-cut, Arc Blow, Porosity와 불균일한 비드 형상을 만든다. 낮은 용접 속도는 용탕 내의 가스가 빠져나갈 수 있는 충분한 시간을 제공하여 Porosity의 발생을 줄이게 된다.

그러나 지나치게 낮은 용접 속도는 볼록한 용접 비드를 만들어 Crack이 쉽게 발생되며 작업 중에 아크가 눈에 보일 수 있어서 용접사의 피로를 증가 시키며 아크 주위에 과도한 용탕을 생성하게 되어 거칠고 Slag가 혼입되어 있는 비드를 만들게 된다.

라) 용접 Wire의 직경

용접 Wire의 크기는 정해진 전류에서 용접 비드의 형상 용입에 영향을 미친다. Wire의 직경이 클수록 용입이 얕아지고 폭 넓은 용접 비드가 얻어진다. 동일 전류에서 와이어의 직경이 작을수록 전류 밀도가 높아지고 용융과 용착 속도가 증가하며 용입도 깊어진다. 큰 직경의 와이어는 폭이 넓은 Joint의 Root를 용접하기에 적합하지만 더 높은 전류를 필요로 한다.

마) 용접봉의 Extension

전류 밀도가 $125A/mm^2$ 이상에서는 전극의 돌출된 양은 매우 중요한 용접 변수의 하나이다. 높은 전류 밀도에서는 용탕과 Contact Tube 사이의 저항열에 의해 용융 속도가 증가한다. Extension이 증가할수록 동일 전류를 사용하면서도 와이어에 전해지는 저항열이 커지고 와이어 용융 속도가 증가하게 된다. 그러나 전류가 동일한 용접 조건에서 용융 속도의 증가는 용입의 깊이를 얕게 하며 와이어의 선단을 정확한 용접부에 위치하도록 조절하기 어려운 단점이 있다. 일반적으로 2.0, 2.4, 3.2mm의 와이어 직경에는 75mm의 Extension이 적용되고 4.0, 4.8, 5.6mm 직경의 와이어에는 125mm의 Extension이 타당한 수준으로 적용된다.

바) Flux의 폭과 두께

Flux의 폭과 두께는 비드의 형상과 건전성에 영향을 미친다.

입상의 Flux층이 너무 두꺼우면 용접 중에 발생되는 가스의 방출이 어려워지고 비드 표면은 거칠며 불균일하게 된다.

반대로 너무 얇으면 아크를 충분하게 감싸지 못하게 되어 Spatter가 많아지고 거칠며 다공성인 비드가 생성되게 된다.

용접이 진행되면서 용융되지 않은 Flux는 용접부 후단에서 회수하는데 이때 너무 강제적으로 회수하거나 아직 응고가 진행 중인 1000℃ 이상의 비드에서 Flux를 제거하게 되면 건전한 용접부를 얻기 어려워 진다.

2.8 각종 용접법의 특성 비교

각 용접법의 특성은 다음 표와 같다.

표 2.8 용접법의 특성 비교

비교 사항	GTAW	GMAW	피복 아크	가스 용접
전원	DC 또는 AC	DCRP	DC 또는 AC	不要
가스	Ar or He	Ar or He	不要	산소 아세틸렌
Flux	不要	不要	필요	필요
유독 발생 가스	없음	없음	있음	적음
Flux 제거	不要	不要	필요	필요
전류 밀도 비율	3	6	1	–
아크 및 가스 온도(℃)	약 6000	약 6000	약 6000	약 3000
용접열 집중도	대	극대	중	소
용입	대	甚大	중	소
용접열 콘트롤	易	어렵다	어렵다	易
열효율	대	극대	중	소
용착율	중	대	소	소
합금 성분 이행율	대	극대	소	소
용접 속도	중	대	중	소
작업성	易	極易	어렵다	어렵다
기밀성	秀	秀	약간 劣	劣
강도와 연성	優	秀	良	可

(cont'd)

표 2.8 용접법의 특성 비교 (cont'd)

비교 사항	GTAW	GMAW	피복 아크	가스 용접
내식성	秀	秀	良	劣
변형	소	극소	중	대
열영향부 폭	소	극소	중	대
비드표면 평활도	優	秀	良	不可
Spatter	없음	적음	많음	없음
용가재	필요 또는 不要	필요	필요	필요 또는 不要
위보기 수직 용접	가능	易	難 또는 不可	不可
용접 비용	중	소	대	대(후판)
적용판 두께(수동식)	0.6mm 이상	3mm 이상	2.4mm 이상	0.5mm 이상
설비비용	약간 대	대	중	소
후판(3mm 이상)	適	最適	適	不適

2.9 각종 금속 재료에 대한 용접법 적용도

각종 금속재료에 대응하여 용접법은 아래 비교표를 참조한다.

표 2.9 각종 금속 재료에 대응하는 용접법의 용접성 비교

용접법 금속재료	피복 아크 용접	서브머지 드아크 용접	불활성 가스 아크 용접	산소 아세틸렌 용접	가스 압접	점.시임 용접	플래시 용접	테르밋 용접	납땜
순 철	◎	◎	▽	◎	◎	◎	◎	◎	◎
탄소강									
저탄소강	◎	◎	○	◎	◎	◎	◎	◎	◎
중탄소강	◎	◎	○	◎	◎	○	◎	◎	○
고탄소강	◎	○	○	○	◎	X	◎	○	○
공구강	○	○	○	◎	○	X	○	○	○
주 강									
탄소강	◎	◎	○	◎	○	○	◎	◎	○
고망간강	○	○	○	○	X	○	○	○	○

(주) ◎: 양호,　○: 보통,　▽ : 불량,　× : 불가

(cont'd)

표 2.9 각종 금속 재료에 대응하는 용접법의 용접성 비교   (cont'd)

용접법 금속재료	피복 아크 용접	서브머지 드아크 용접	불활성 가스 아크 용접	산소 아세틸렌 용접	가스 압접	점.시임 용접	플래시 용접	테르밋 용접	납땜
주 철									
회주철	○	X	○	◎	X	X	X	○	▽
가단주철	○	X	○	○	X	X	X	○	▽
합금주철	○	X	○	◎	X	X	X	◎	▽
저합금강									
니 켈 강	◎	◎	○	◎	◎	◎	◎	○	○
니켈크롬 몰리브덴강	○	◎	○	○	◎	X	○	○	○
망간강	◎	◎	○	◎	○	X	◎	○	○
스테인리스강									
크롬강(마르텐 사이트계)	◎	◎	◎	○	○	▽	○	X	▽
크롬강(페라이 트계)	◎	◎	◎	○	○	○	◎	X	▽
크롬니켈강(오 스테나이트계)	◎	◎	◎	◎	◎	◎	◎	X	○
내열초합금강	◎	◎	◎	◎	○	◎	◎	X	▽
고 니켈 합금	◎	◎	◎	◎	○	◎	◎	X	○
경금속									
순 알루미늄	○	X	◎	◎	▽	◎	◎	X	○
알루미늄합금(비열성처리)	○	X	◎	◎	▽	◎	◎	X	○
알루미늄합금(열성처리)	○	X	○	○	▽	◎	◎	X	▽
마그네슘합금	X	X	◎	○	▽	◎	◎	X	▽
티탄합금	X	X	◎	X	X	◎	X	X	X
동합금									
순 구리	○	▽	◎	○	▽	▽	▽	X	○
황동	○	X	◎	○	▽	▽	▽	X	○
인 청동	○	▽	◎	▽	▽	▽	▽	X	○
알루미늄청동	○	X	◎	X	▽	▽	▽	X	▽

(주) ◎: 양호,   ○: 보통,   ▽ : 불량,   × : 불가

제3장 WPS 작성 및 검토

3.1 WPS/PQR 양식(첨부 참조)

3.2 Welding Variables
(WPS: QW-252/252.1/253/253.1/254/254.1/255/255.1/
256/256.1) : 첨부 참조.

3.3 WPS 및 PQR 체계

3.4 WPS 작성 및 검토

용 접 절 차 사 양 서
WELDING PROCEDURE SPECIFICATION(WPS)

관련코드
Applicable Code
A.S.M.E

사양서번호		일자		개정번호		일자	
WPS No. A-M-0101-745		Date DWC. 29. 2017		Rev. No. N/A		Date N/A	

Supportion PQR No.(s)　QA-M-0101-014

용접방법
Welding Process(es)　SMAW

형태
Type

수동	반자동	자동	기계
■ Manual	□ Semi-Auto	□ Auto.	□ Machine

이음 JOINT (QW-402)

- 루트갭 Root Gap(mm)　Max 3.2　리테이너 Retainer None
- 백킹 Backing ■ 있음 YES Base/Weld Metal ■ 없음 No.

용접후 열처리 POSTWELD HEAT TREATMENT (QW-407)

온도 범위(℃)
Temp. Range　None

시간 범위
Temp. Range　N/A

기타
Other　N/A

가스 GAS (QW-408)

	가 스 GAS(es)	유 량 Flow Rate(1/mm)
차 폐 Shielding	N/A	N/A
백 킹 Backing	N/A	N/A
후 행 Trailing	N/A	N/A

모재 BASE METALS (QW-403)

P-No. 1 Gr-No. 1,2 to P-No. 1 Gr-No. 1,2

또는 사양 및 등급
or Spec. Type and GR. ASTM A516-70, A106B, A105-2

두 께 범 위 Thick Range(mm)

모 재
Base Metal　Groove 5-74　Fillet Unlimited

용 착 금 속
Deposited Weld Metal　Groove Max. 74
　　　　　　　　　　　　Fillet Unlimited

관 직경 범위
Pipe Dia. (mm)　Unlimited

패스당 최대 두께
Max. Thick Per Pass(mm) Max. One Pass Th'k : 12.7

자 세 POSITION (QW-405)

Position　Groove ALL　Fillet ALL

수직자세 진행 방향　상향　하향
Progression of Vertical Position ■ Up　□ Down

예 열 PREHEAT (QW-406)

최저 예열 온도(℃)
Preheat Temp.　T ≤ 25mm : Min. 16℃
　　　　　　　　T > 25mm : Min. 93℃

초대 패스간 온도(℃)
Interpass Temp. Max.　250℃

예열 유지
Preheat Maintenance　None

기술사항 TECHNIQUE (QW-410)

토치직경 혹은 가스컵 크기
Orifice or Gas Cup Size (mm)　N/A

콘텍트 튜브와 용접물간의 거리
Contact Tube to Work Distance(mm)　N/A

진 동
Oscillation　N/A

직선 혹은 위브 비드
Stringer or Weave Bead　직선 ■ Stringer　위브 ■ Weave

청정 방법
Method of cleaning　브러싱 ■ Brushing　치핑 ■ Chipping　그라인딩 ■ Grinding

다극 혹은 단극
Single or multi. Electrode　단극 ■ Single　다극 □ Multi

백가우징 방법(If Req'd)
Method of Back Gouine　아크에어가우징 ■ Arc Air Gouging　그라인딩 ■ Grinding

다중 혹은 단층(한면당)
Multi of Single Pass(Per Side) ■ Multi ■ Single

피 … 닝
Peening　있음 □ Yes　없음 ■ None

용가재/전기적특성 FILLER/ELECT. CHARACT.(QW-404,409)

GMAW의 금속 이행 형태
Metal Transfer Mode for GMAW/FCAW　N/A

텅스턴 적극봉 형태와 크기
Tungsten Electrode Type and Size　N/A

플럭스 형태
Flux Type　N/A

보조(분말) 용가재
Supp. (Powder) Filler　N/A

층번호 Layer No.	방법 Process	용 가 재 Filler Metal					전류 Current/Polarity		전압범위 Volt. Range	속도범위 Trv. Speed (cm/min)	기 타 Other
		F-No.	A-No.	SFA-No.	규격 AWS Class	크기 Size(mm)	형 태 Type	암페어 범위 Amp. Range			
1 & BAL.	SMAW	4	1	5.1	E7016	Φ 3.2	AC	80-130	22-28	－	
						Φ 4.0	or	110-180	22-28	－	
						Φ 5.0	DCRP	150-240	22-28	－	

주 NOTE : For root pass welding, the qualified GTAW may be applied to make full-penetrated welds.

Rev.No	Prepared By	Certified By	Approved By	Reviewed By
	WE Sect	WE Dept. Mgr	QES Chief	AI

PROCEDURE QUALIFICATION RECORD(PQR)

Procedure Qualification Record No. ___QA-M-0101-014___ Date ___NOV. 23, 2017___

WPS No. ___A-M-0101-745___ Rev. No. ___0___ Date ___JUL. 29, 2017___

Welding Process(es) ___SMAW___ Type ___Manual___

JOINTS Groove Design Used

BASE METALS

Material Spec. ___SA515___ to ___SA515___

Type or Gr. ___70___ to ___70___

P-No. ___1(G : 2)___ to P-No. ___1(G : 2)___

Thickness ___37 mm___

Diameter ___–___

Other ___–___

FILLER METALS

Weld Metal Analysis A-No. ___1___

Size of Electrode ___Φ 3.2, 4.0___

F-No. ___4___ SFA Spec. ___5.1___

AWS Class. ___E7016___

Flux Class. ___–___

Trade Name ___–___

Other ___–___

POSITION

Position of Groove ___Vertical___

Weld Progression ___Up-Hill___

Other ___–___

PREHEAT

Temp. : Preheat ___10 ℃___ Interpass ___Max. 250 ℃___

Other ___–___

POSTWELD HEAT TREATMENT

Temperature ___–___

Holding Time ___–___

Other ___–___

GAS

Type of Gas(es) ___–___

Composition of Gas Mixture ___–___

Other ___–___

ELECTRICAL CHARACTERISTICS

Current ___AC___

Polarity ___–___

Amps ___Φ 3.2 : 120, Φ 4.0 : 170-180___

Volts ___Φ 3.2 : 21, Φ 4.0 : 24___

Other ___–___

TECHNIQUE

Travel Speed ___14-16 Cm/Min.___

String or Weave Bead ___String___

Oscillation ___–___

Multi. or Single Pass(Per Side) ___Multiple___

Multi. or Single Electrode ___Single___

Other ___–___

TENSILE TEST

PQR No.: QA-M-0101-014

Specimen No.	Dimensions (mm)		Area (mm^2)	Ultimate Total Load(Kg)	Ultimate Unit Stress(Kg/mm^2)	Failure Location
	Width	Thickness				
QSM-1.1-106-T1	25.5	35.0	892.50	52200	58.5	Base Metal
" -T2	25.6	35.1	898.56	52300	58.3	"

GUIDED BEND TESTS

Type and Figure No.	Result	Type and Figure No.	Result
SIDE, QW-462.2 (a)	Good	SIDE, QW-462.2 (a)	Good
"	"	Specimen No.	QSM-1.1-106-B1-B4
"	"		

TOUGHNESS TESTS

Specimen No.	DWT Temp	Break	No. Break	Specimen No.	Notch Location	Notch Type	Test Temp	Impact Value	Lateral Exp.	
									%Shear	Mils

RT$_{NTD}$ _____ – _____

Other _____ – _____

CHEMICAL ANALYSIS

_____ – _____

FILLET WELD TEST

Result-Satisfactory : Yes _____ – _____ No. _____ – _____ Penetration Into Parent Metal : Yes _____ – _____ No. _____ – _____

OTHER TESTS

Type of Test _____ – _____

Welder : Name _____ Clerk No. _____ Stamp(I.D) No. _____ ARY

Tests Conducted by _____ Laboratory Test No. _____ PTL-11-126, 127

We certify that the statements in this record are correct and that the test welds were prepared, welded and tested in accordance with the requirements of Section IX of the ASME Code

Rev. No	Prepared By	Certified By	Approved By	Reviewed By
	WE Sect	WE Dept. Mgr	QES Chief	AI

용 접 절 차 사 양 서
WELDING PROCEDURE SPECIFICATION(WPS)

관련코드
Applicable Code
A.S.M.E

사양서번호 WPS No. A-M-0108-297	일자 Date DEC. 24, 2017	개정번호 Rev. No. N/A	일자 Date N/A

Supportion PQR No.(s) QA-M-0108-010

용접방법
Welding Process(es) SMAW 형태 Type | ■ 수동 Manual | □ 반자동 Semi-Auto | □ 자동 Auto. | □ 기계 Machine

이음 JOINT (QW-402)

• 루트갭 Root Gap(mm) Max 3.2 리테이너 Retainer None
• 백킹 Backing □ 있음 YES Base/Weld Metal □ 없음 No.

용접후 열처리 POSTWELD HEAT TREATMENT (QW-407)
온도 범위(℃)
Temp. Range _____ None
시간 범위
Temp. Range _____ N/A
기타
Other _____ N/A

가스 GAS (QW-408)

	가 스 GAS(es)	유 량 Flow Rate(1/mm)
차 폐 Shielding	N/A	N/A
백 킹 Backing	N/A	N/A
후 행 Trailing	N/A	N/A

모재 BASE METALS (QW-403)
P-No. 1 Gr-No. 1,2 to P-No. 8 Gr-No. –
또는 사양 및 등급
or Spec. Type and GR. ASTM A516-70+A240-TP304
두 께 범위 Thick Range(mm)

모 재
Base Metal Groove 5-33.4 Fillet Unlimited
용 착 금 속
Deposited Weld Metal Groove Max. 33.4
Fillet Unlimited

관 직경 범위
Pipe Dia. (mm) Unlimited
패스당 최대 두께
Max. Thick Per Pass(mm) Max. One Pass Th'k : 12.7

자 세 POSITION (QW-405)
Position Groove ALL Fillet ALL
수직자세 진행 방향 상향 하향
Progression of Vertical Position ■ Up □ Down

기술사항 TECHNIQUE (QW-410)
토치직경 혹은 가스컵 크기
Orifice or Gas Cup Size (mm) N/A
콘텍트 튜브와 용접물간의 거리
Contact Tube to Work Distance(mm) N/A
진 동
Oscillation N/A
직선 혹은 위브 비드 직선 위브
Stringer or Weave Bead ■ Stringer ■ Weave
청정 방법 브러싱 치핑 그라인딩
Method of cleaning ■ Brushing ■ Chipping ■ Grinding
다극 혹은 단극 단극 다극
Single or multi. Electrode ■ Single □ Multi
백가우징 방법(If Req'd) 아크에어가우징 그라인딩
Method of Back Gougine ■ Arc Air Gouging □ Grinding
다중 혹은 단층(한면당)
Multi of Single Pass(Per Side) ■ Multi □ Single
피 … 닝 있음 없음
Peening □ Yes ■ None

예 열 PREHEAT (QW-406)
최저 예열 온도(℃)
Preheat Temp. Min 10℃

초대 패스간 온도(℃)
Interpass Temp. Max. 176℃
예열 유지
Preheat Maintenance None

용가재/전기적특성 FILLER/ELECT. CHARACT.(QW-404,409)
GMAW의 금속 이행 형태
Metal Transfer Mode for GMAW/FCAW N/A
텅스텐 적극봉 형태와 크기
Tungsten Electrode Type and Size N/A
플럭스 형태
Flux Type N/A
보조(분말) 용가재
Supp. (Powder) Filler N/A

증번호 Layer No.	방법 Process	용 가 재 Filler Metal					전류 Current/Polarity		전압범위 Volt. Range	속도범위 Trv. Speed (cm/min)	기 타 Other
		F-No.	A-No.	SFA- No.	규격 AWS Class	크기 Size(mm)	형 태 Type	암페어 범위 Amp. Range			
1 & BAL.	SMAW	5	8	5.4	E309-16	Φ 3.2 Φ 4.0 Φ 5.0	AC or DCRP	65-120 85-150 130-200	22-28 22-28 22-28	– – –	

주 NOTE : For root pass welding, the qualified GTAW may be applied to make full-penetrated welds.

Rev. No	Prepared By	Certified By	Approved By	Reviewed By
	WE Sect	WE Dept. Mgr	QES Chief	AI

PROCEDURE QUALIFICATION RECORD(PQR)

Procedure Qualification Record No. ___QA-M-0108-010___ Date ___SEP. 16, 2017___

WPS No. ___A-M-0108-297___ Rev. No. ___0___ Date ___DEC. 24, 2016___

Welding Process(es) ___SMAW___ Type ___Manual___

JOINTS Groove Design Used

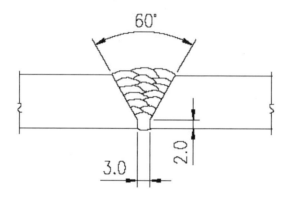

BASE METALS	POSTWELD HEAT TREATMENT

BASE METALS

Material Spec. ___SA515___ to ___SA240___

Type or Gr. ___70___ to ___304L___

P-No. ___1___ to P-No. ___8___

Thickness ___16.7 mm___

Diameter ___–___

Other ___–___

FILLER METALS

Weld Metal Analysis A-No. ___8___

Size of Electrode ___Φ 3.2.___

F-No. ___5___ SFA Spec. ___5.4___

AWS Class. ___E309-16___

Flux Class. ___–___

SMP:SS-8(C: .07, Mn: 1.40, Si: .60.

Trade Name P: .018, S: .008, CR: 25.0, NI: 13.0)

Other ___Delta ferrite content : 13%___

POSITION

Position of Groove ___IG___

Weld Progression ___–___

Other ___–___

PREHEAT

Temp. : Preheat ___10 ℃___ Interpass ___Max. 176 ℃___

Other ___–___

POSTWELD HEAT TREATMENT

Temperature ___–___

Holding Time ___–___

Other ___–___

GAS

Type of Gas(es) ___–___

Composition of Gas Mixture ___–___

Other ___–___

ELECTRICAL CHARACTERISTICS

Current ___AC___

Polarity ___–___

Amps ___80-110___

Volts ___23-25___

Other ___–___

TECHNIQUE

Travel Speed ___13 Cm/Min.___

String or Weave Bead ___String___

Oscillation ___–___

Multi, or Single Pass(Per Side) ___Multi___

Multi, or Single Electrode ___Single___

Other ___–___

TENSILE TEST

PQR No.: A-M-0108-010

Specimen No.	Dimensions (mm)		Area (mm²)	Ultimate Total Load(Kg)	Ultimate Unit Stress(Kg/mm²)	Failure Location
	Width	Thickness				
M18-T1	38.0	16.7	634.6	38600	60.8	Base Metal
M18-T2	38.4	16.7	641.3	39900	60.8	"

GUIDED BEND TESTS

Type and Figure No.	Result	Type and Figure No.	Result
SIDE, QW-462.2 (a)	Accept	SIDE, QW-462.2 (a)	Accept
"	"	•Specimen No.: M18-S	
"	"		

TOUGHNESS TESTS

Specimen No.	DWT Temp ℃	Break	No. Break	Specimen No.	Notch Location	Notch Type	Test Temp	Impact Value	Lateral Exp.	
									%Shear	Mils

RT_{NTD} _____ – _____

Other _____ – _____

CHEMICAL ANALYSIS

_____ – _____

FILLET WELD TEST

Result-Satisfactory : Yes _____ – _____ No. _____ – _____ Penetration Into Parent Metal : Yes _____ – _____ No. _____ – _____

OTHER TESTS

Type of Test _____ – _____

Welder : Name _____ Clerk No. ____ 1011 ____ Stamp(I.D) No. ____ AAG ____

Tests Conducted by _____ Laboratory Test No. ____ LAP-05-25, 16 ____

We certify that the statements in this record are correct and that the test welds were prepared, welded and tested in accordance with the requirements of Section IX of the ASME Code

Rev. No	Prepared By	Certified By	Approved By	Reviewed By
	WE Sect	WE Dept. Mgr	QES Chief	AI

용 접 절 차 사 양 서
WELDING PROCEDURE SPECIFICATION(WPS)

관련코드
Applicable Code
A.S.M.E

사양서번호 WPS No. A-T-0101-293	일자 Date JULY. 29. 2017	개정번호 Rev. No. N/A	일자 Date N/A
Supportion PQR No.(s) QA-T-0101-003			

용접방법
Welding Process(es) GTAW 형태 Type 수동 ■ Manual 반자동 ☐ Semi-Auto. 자동 ☐ Auto. 기계 ☐ Machine

이음 JOINT (QW-402)

- 루트갭 Root Gap(mm) Max 3.2 리테이너 Retainer None
- 백킹 Backing ■ 있음 YES Base/Weld Metal ■ 없음 No.

용접후 열처리 POSTWELD HEAT TREATMENT (QW-407)

온도 범위(℃) Temp. Range	None
시간 범위 Temp. Range	N/A
기타 Other	N/A

가스 GAS (QW-408)

	가 스 GAS(es)	유 량 Flow Rate(1/mm)
차 폐 Shielding	Argon 99.99%	8 - 15
백 킹 Backing	None	N/A
후 행 Trailing	None	N/A

모재 BASE METALS (QW-403)

P-No. 1 Gr-No. 1,2 to P-No. 1 Gr-No. 1,2
또는 사양 및 등급
or Spec. Type and GR. ASTM A516-70, A106-B, A105
두 께 범 위 Thick Range(mm)

모 재
Base Metal Groove 1.5-12.8 Fillet Unlimited
용 착 금 속
Deposited Weld Metal Groove Max. 12.8
 Fillet Unlimited
관 직경 범위
Pipe Dia. (mm) Unlimited
패스당 최대 두께
Max. Thick Per Pass(mm) Max. One Pass Th'k : 12.7

자 세 POSITION (QW-405)

Position Groove ALL Fillet ALL
수직자세 진행 방법 상향 하향
Progression of Vertical Position ■ Up ☐ Down

예 열 PREHEAT (QW-406)

최저 예열 온도(℃)
Preheat Temp. Min.: 16℃

초대 패스간 온도(℃)
Interpass Temp. Max. 250℃
예열 유지
Preheat Maintenance None

기술사항 TECHNIQUE (QW-410)

토치직경 혹은 가스컵 크기
Orifice or Gas Cup Size (mm) 6-15
콘텍트 튜브와 용접물간의 거리
Contact Tube to Work Distance(mm) N/A
진 동
Oscillation None
직선 혹은 위브 비드 직선 위브
Stringer or Weave Bead ■ Stringer ☐ Weave
청정 방법 브러싱 치핑 그라인딩
Method of cleaning ■ Brushing ☐ Chipping ■ Grinding
다극 혹은 단극 단극 다극
Single or multi. Electrode ■ Single ☐ Multi
백가우징 방법(If Req'd) 아크에어가우징 그라인딩
Method of Back Gouging ☐ Arc Air Gouging ■ Grinding
다중 혹은 단층(한면당)
Multi of Single Pass(Per Side) ■ Multi ☐ Single
피 … 닝 있음 없음
Peening ☐ Yes ■ None

용가재/전기적특성 FILLER/ELECT. CHARACT.(QW-404,409)

GMAW의 금속 이행 형태
Metal Transfer Mode for GMAW/FCAW N/A
텅스턴 적극봉 형태와 크기
Tungsten Electrode Type and Size EWTH-2, Φ2or2.4
플럭스 형태
Flux Type N/A
보조(분말) 용가재
Supp. (Powder) Filler None

증번호 Layer No.	방법 Process	용 가 재 Filler Metal					전류 Current/Polarity		전압범위 Volt. Range	속도범위 Trv. Speed (cm/min)	기 타 Other
		F-No.	A-No.	SFA-No.	규격 AWS Class	크기 Size(mm)	형 태 Type	암페어 범위 Amp. Range			
1 & Bal.	GTAW	6	1	5.18	ER70S-6 Or ER70S-G	Φ 2.0 Φ 2.4	AC or DCRP	80-40 90-150	12-16 12-16	– – –	

주 NOTE : N/A

Rev. No	Prepared By	Certified By	Approved By	Reviewed By
	WE Sect	WE Dept. Mgr	QES Chief	AI

PROCEDURE QUALIFICATION RECORD(PQR)

Procedure Qualification Record No. ___QA-T-0101-003___   Date _____May, 28, 2017_____

WPS No. _____A-T-0101-293_____   Rev. No. ___0___   Date _____JUL, 29, 2016_____

Welding Process(es) _____GTAW_____   Type _____Manual_____

JOINTS Groove Design Used

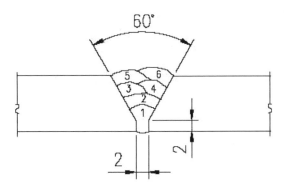

BASE METALS

Material Spec. ___A515___ to ___A515___

Type or Gr. ___70___ to ___70___

P-No. ___1___ to P-No. ___1___

Thickness _____6.4 mm_____

Diameter _____N/A_____

Other _____N/A_____

FILLER METALS

Weld Metal Analysis A-No. _____1_____

Size of Electrode _____Ø 2.4_____

F-No. ___6___ SFA Spec. ___5.18___

AWS Class. _____ER70S-6_____

Flux Class. _____N/A_____

Trade Name _____N/A_____

Other _____−_____

POSITION

Position of Groove _____Vertical_____

Weld Progression _____Up_____

Other _____N/A_____

PREHEAT

Temp. : Preheat ___20 ℃___ Interpass ___Max. 250 ℃___

Other _____N/A_____

POSTWELD HEAT TREATMENT

Temperature _____N/A_____

Holding Time _____N/A_____

Other _____N/A_____

GAS

Type of Gas(es) _____Argon_____

Composition of Gas Mixture ___99.99% Pure___

Other _____13L/Min_____

ELECTRICAL CHARACTERISTICS

Current _____Direct_____

Polarity _____straight_____

Amps _____115-130_____

Volts _____15-16_____

Other _____N/A_____

TECHNIQUE

Travel Speed _____9-13 Cm/Min._____

String or Weave Bead _____Stringer_____

Oscillation _____N/A_____

Multi. or Single Pass(Per Side) ____Multiple____

Multi. or Single Electrode _____Single_____

Other _____N/A_____

TENSILE TEST

PQR No.: QA-T-0101-003

Specimen No.	Dimensions (mm)		Area (mm²)	Ultimate Total Load(Kg)	Ultimate Unit Stress(Kg/mm²)	Failure Location
	Width	Thickness				
W1119−T1	25.0	6.2	155	9700	62.8	Base Metal
" −T2	25.0	6.2	155	9700	62.8	"

GUIDED BEND TESTS

Type and Figure No.	Result	Type and Figure No.	Result
Face, QW−462.3(a)	Good	Root, QW−462.3(a)	Good
Face, QW−462.3(a)	Good	Specimen No.: W119−F1	F2,R1,R2
Root, QW−462.3(a)	Good		

TOUGHNESS TESTS

Specimen No.	DWT Temp ℃	Break	No. Break	Specimen No.	Notch Location	Notch Type	Test Temp	Impact Value	Lateral Exp.	
									%Shear	Mils

RT~NTD~ _____ N/A

Other _____ N/A

CHEMICAL ANALYSIS   N/A

—

FILLET WELD TEST

Result−Satisfactory : Yes _____ −_____ No. _____ −_____ Penetration Into Parent Metal : Yes _____ −_____ No. _____ −

OTHER TESTS

Unit : Hv

Type of Test ___ Hardness Test : HAZ : 194−207,   W/M : 194−207,   B/M : 178−203,   MAL−84−05−0 _____

Welder : Name _____ Clerk No. _____ 504471 _____ Stamp(I.D) No. _____ CHO

Tests Conducted by _____ Laboratory Test No. _____ PTL−84−05−179

We certify that the statements in this record are correct and that the test welds were prepared, welded and tested in accordance with the requirements of Section IX of the ASME Code

Rev. No	Prepared By	Certified By	Approved By	Reviewed By
	WE Sect	WE Dept. Mgr	QES Chief	AI

용 접 절 차 사 양 서
WELDING PROCEDURE SPECIFICATION(WPS)

관련코드
Applicable Code
A.S.M.E

사양서번호	일자	개정번호	일자
WPS No. A-F-0101-404	Date JULY. 24. 2017	Rev. No. N/A	Date N/A

Supportion PQR No.(s) QA-F-0101-089

용접방법
Welding Process(es) FCAW

형태
Type

수동 □ Manual | 반자동 ■ Semi-Auto | 자동 □ Auto. | 기계 □ Machine

이음 JOINT (QW-402)

• 루트갭 Root Gap(mm) Max 3.2 리테이너 Retainer None
• 백킹 Backing ■ 있음 YES Base/Weld Metal ■ 없음 No.

용접후 열처리 POSTWELD HEAT TREATMENT (QW-407)
온도 범위(℃)
Temp. Range None
시간 범위
Temp. Range N/A
기타
Other N/A

가스 GAS (QW-408)

	가 스 GAS(es)	유 량 Flow Rate(1/mm)
차 폐 Shielding	CO_2 100%	20~25
백 킹 Backing	None	N/A
후 행 Trailing	None	N/A

모재 BASE METALS (QW-403)
P-No. 1 Gr-No. 1.2 to P-No. 1 Gr-No. 1.2
또는 사양 및 등급
or Spec. Type and GR. ASTM A516-70, A106-B, A105
두 께 범 위 Thick Range(mm)

모 재
Base Metal Groove 5-42 Fillet Unlimited
용 착 금 속
Deposited Weld Metal Groove Max. 42
Fillet Unlimited

관 직경 범위
Pipe Dia. (mm) Unlimited
패스당 최대 두께
Max. Thick Per Pass(mm) Max. One Pass Th'k : 12.7

자 세 POSITION (QW-405)
Position Groove ALL Fillet ALL
수직자세 진행 방향 상향 하향
Progression of Vertical Position ■ Up □ Down

기술사항 TECHNIQUE (QW-410)
토치직경 혹은 가스컵 크기
Orifice or Gas Cup Size (mm) 13.~25
콘텍트 튜브와 용접물간의 거리
Contact Tube to Work Distance(mm) 13~25
진 동
Oscillation None
직선 혹은 위브 비드 직선 위브
Stringer or Weave Bead ■ Stringer ■ Weave
청정 방법 브러싱 치핑 그라인딩
Method of cleaning ■ Brushing ■ Chipping ■ Grinding
다극 혹은 단극 단극 다극
Single or multi. Electrode ■ Single □ Multi
백가우징 방법(If Req'd) 아크에어가우징 그라인딩
Method of Back Gougine □ Arc Air Gouging ■ Grinding
다중 혹은 단층(한면당)
Multi of Single Pass(Per Side) ■ Multi □ Single
피 … 닝 있음 없음
Peening □ Yes ■ None

예 열 PREHEAT (QW-406)
최저 예열 온도(℃)
Preheat Temp. T≤25mm:Min. 16℃
T〉25mm:Min. 93℃
초대 패스간 온도(℃)
Interpass Temp. Max. 250℃
예열 유지
Preheat Maintenance None

용가재/전기적특성 FILLER/ELECT. CHARACT.(QW-404,409)
GMAW의 금속 이행 형태
Metal Transfer Mode for GMAW/FCAW Globular
텅스텐 적극봉 형태와 크기
Tungsten Electrode Type and Size N/A
플럭스 형태
Flux Type N/A
보조(분말) 용가재
Supp. (Powder) Filler None

증번호 Layer No.	방법 Process	용 가 재 Filler Metal				전류 Current/Polarity		전압범위 Volt. Range	속도범위 Trv. Speed (cm/min)	기 타 Other
		F-No.	A-No.	SFA-No.	규격 AWS Class	크기 Size(mm)	형 태 Type	암페어 범위 Amp. Range			
1 & Bal.	FCAW	6	1	5.20	E71T-1	Φ 1.6	DCRP	180~350	22~32	–	

주 NOTE : For root pass welding, the qualified GTAW may be applied to make full-penetrated welds.

Rev.No	Prepared By	Certified By	Approved By	Reviewed By
	WE Sect	WE Dept. Mgr	QES Chief	AI

PROCEDURE QUALIFICATION RECORD(PQR)

Procedure Qualification Record No. _____QA-F-0101-089_____ Date _____May, 25, 2017_____

WPS No. _____A-F-0101-404_____ Rev. No. ___0___ Date _____JUL, 24, 2016_____

Welding Process(es) _____FCAW_____ Type _____Semi-Auto_____

BASE METALS

Material Spec. Type or Gr. ___SA515-55___ to ___SA515-55___

P-NO. ___1___ Gr. No. ___1___ to P-No. ___1___ Gr. no. ___1___

Thickness (mm)

Base Metal _____21_____

Deposited Weld Metal _____21_____

Max. Thick. Per Pass: 4.2mm

Pipe-Diameter (mm) _____N/A_____

Other _____N/A_____

POSITION ___3G___ Weld Progression ___N/A___

GAS

Shielding gas(es) & Mix. _____CO_2, 100%_____

Gas Backing _____None_____ Flow(1/min) _____20-25_____

Other _____N/A_____

PREHEAT

Temp.(℃) : Preheat ___13___ Interpass _____MAX,173_____

Preheat Maintenance _____None_____

Other _____N/A_____

POSTWELD HEAT TREATMENT

Temperature(℃) ___None___ Holding Time _____None_____

Other _____N/A_____

Joint Design Used _____Single V-Groove_____

•Coupon Size : 21t × 150w × 600L - 2EA

•Coupon No. : W3653

TECHNIQUE

Mode of Metal Transfer for FCAW _____Globular_____

Oscillation _____N/A_____

Stringer or Weave Bead _____Both_____

Multiple or Single Electrode _____Single_____

Method of Back Gouging _____Arc Gouging & G/R_____

Multi. or Single Pass (Per Side) _____Multiple_____

Other _____Peening : None_____

Consumable Electrode : FLUX CORED

Layer No.	process	Filler Metal					Current/Polarity		Volt	Speed (cm/min)	Other
		F-No.	A-No.	SFA No.	AWS Class	Dia	Type	Amp.			
1	FCAW	6	1	5.20	E71T-1	1.6	DCRP	180-190	21-22	25	•DS-7100
2	"	"	"	"	"	1.6	DCRP	240-250	24-25	21	(Alloy
3	"	"	"	"	"	1.6	DCRP	250-270	24-25	20	Rod)
4	"	"	"	"	"	1.6	DCRP	240-250	24-25	18	
5	"	"	"	"	'	1.6	DCRP	200-220	22-23	20	
6	"	"	"	"	"	1.6	DCRP	200-220	22-23	27	
7	"	"	"	"	"	1.6	DCRP	200-220	22-23	21	

NOTES

•Max. Heat Input : 22.5 kj/cm

•Supplementary Filler Metal : None

•Supplementary Powedered Filler Metal : None

•Alloy Element : None

PQR No. QA-F-0101-089
Test Report No. Pt-93-11-19-06

TENSILE TEST

Specimen No.	Dimensions (mm)		Area (mm^2)	Ultimate Total Load(Kg)	Ultimate Unit Stress(Kg/mm^2)	Failure Location
	Width	Thickness				
W3653-T1	25.0	20.9	395.01	20700	52	Base Metal
" -T2	25.0	20.9	395.01	20700	52	"
						(Type of failure: Ductile)

GUIDED BEND TESTS   Test Report No. PT-93-11-19-06

Specimen No.	Type and Figure No		Result	Specimen No	Type and Figure No	Result
W3653-S1	Side,	W462.2	No open defect			
" -S2	"	"	"			
" -S3	"	"	"			
" -S4	"	"	"			

TOUGHNESS TESTS   Test Report No. CAL93-11-19-02

Specimen No.	DWT Temp ℃	Break	No. Break	Specimen No.	Notch Location	Notch Type	Test Temp	Impact Value	Lateral Exp.	
									%Shear	Mils

RT$_{NTD}$ _____ N/A _____
Other _____ N/A _____

CHEMICAL ANALYSIS

Test Report No. CAL93-11-03

Refer to Attachment "B"

NON DESTRUCTIVE TEST(RT. UT. .etc) _____ N/A _____   Test Report No. _____ N/A _____
FILET WELD TEST _____   Test Report No. _____ N/A _____

Specimen No.	Min.size Multiple Pass Macroetch(mm)	Specimen No.	Min.size Multiple Pass Macroetch(mm)

Result. Satisfactory: Yes __–__   No. __–__   Penetration into Parent Metal: Yes __–__   No. __–__
Visual Inspection Appearance __Good__   Undercut __–__   Piping Porosity __–__   Witnessed by __–__
OTHER TEST _____ Hardness Test (Report No. : NAL-93-11-54) _____ "HV"
_____ Base(Max.158, Min.146) _____ HAZ(Max.206, Min.178)
_____ Weld(Max.220, Min.191)

Welder : Name _____   Stamp(I.D)No. _____ BFII
Test conducted by _____
Welded and tested in accordance with the requirements of _____ ASME Sec. IX _____

Rev. No	Prepared By	Certified By	Approved By	Reviewed By
	WE Sect	WE Dept. Mgr	QES Chief	AI

ATTACHMENT "B"

PQR No. : QA-F-0101-089

TEST REPORT No. : CAL93-11-03

DIFFUSIBLE HYDROGEN TEST

I.D No.	H_2(ppm)	Weight(g)	I.D No.	H_2(ppm)	Weight(g)
1	0.75	1.248	13	0.47	1.520
2	0.40	1.414	14	0.46	1.534
3	0.61	1.357	15	0.10	1.491
4	0.38	1.50	16	0.60	1.598
5	0.62	1.475	17	0.15	1.453
6	0.15	1.569	18	0.36	1.570
7	0.56	1.524	19	0.28	1.709
8	0.34	1.320	20	0.19	1.348
9	0.19	1.350	21	0.96	1.398
10	0.57	1.332	22	0.56	1.800
11	0.06	1.340	23	0.22	1.302
12	0.44	1.424	24	0.63	1.497

용 접 절 차 사 양 서
WELDING PROCEDURE SPECIFICATION(WPS)

	관련코드 Applicable Code A.S.M.E

사양서번호 WPS No. A-A-0101-183	일자 Date JULY, 29, 2017	개정번호 Rev. No. N/A	일자 Date N/A

Supportion PQR No.(s) QA-A-0101-011

용접방법 Welding Process(es) SAW	형태 Type	수동 ☐ Manual	반자동 ☐ Semi-Auto	자동 ☐ Auto.	기계 ■ Machine

이음 JOINT (QW-402)

- 루트갭 Root Gap(mm) Max 3.2 리테이너 Retainer None
- 백킹 Backing ■ 있음 YES Base/Weld Metal ☐ 없음 No.

용접후 열처리 POSTWELD HEAT TREATMENT (QW-407)
온도 범위(℃)
Temp. Range _____ None _____
시간 범위
Temp. Range _____ N/A _____
기타
Other _____ N/A _____

가스 GAS (QW-408)

	가 스 GAS(es)	유 량 Flow Rate(1/mm)
차 폐 Shielding	N/A	N/A
백 킹 Backing	N/A	N/A
후 행 Trailing	N/A	N/A

모재 BASE METALS (QW-403)
P-No. 1 Gr-No. 1,2 to P-No. 1 Gr-No. 1,2
또는 사양 및 등급
or Spec. Type and GR. ASTM A516-70, A106B, A105-2
두 께 범 위 Thick Range(mm)

모 재
Base Metal   Groove 5-200   Fillet Unlimited
용 착 금 속
Deposited Weld Metal   Groove Max, 38.1
                        Fillet Unlimited

관 직경 범위
Pipe Dia. (mm) Unlimited
패스당 최대 두께
Max. Thick Per Pass(mm) Max, One Pass Th'k : 12.7

자 세 POSITION (QW-405)
Position   Groove FLAT   Fillet FLAT
수직자세 진행 방향   상향   하향
Progression of Vertical Position ☐ Up ☐ Down

예 열 PREHEAT (QW-406)
최저 예열 온도(℃)
Preheat Temp.   T ≤ 25mm : Min, 16℃
                T 〉 25mm : Min, 95℃
초대 패스간 온도(℃)
Interpass Temp. Max. 250℃
예열 유지
Preheat Maintenance None

기술사항 TECHNIQUE (QW-410)
토치직경 혹은 가스컵 크기
Orifice or Gas Cup Size (mm) N/A
콘텍트 튜브와 용접물간의 거리
Contact Tube to Work Distance(mm) 25-35
진 동
Oscillation None

직선 혹은 위브 비드 Stringer or Weave Bead	직선 ■ Stringer	위브 ☐ Weave
청정 방법 Method of cleaning	브러싱 ■ Brushing	치핑 ■ Chipping 그라인딩 ■ Grinding
다극 혹은 단극 Single or multi. Electrode	단극 ■ Single	다극 ☐ Multi
백가우징 방법(If Req'd) Method of Back Gougine	아크에어가우징 ■ Arc Air Gouging	그라인딩 ☐ Grinding
다중 혹은 단층(한면당) Multi of Single Pass(Per Side)	■ Multi	☐ Single
피 … 닝 Peening	있음 ☐ Yes	없음 ■ None

용가재/전기적특성 FILLER/ELECT. CHARACT.(QW-404,409)
GMAW의 금속 이행 형태
Metal Transfer Mode for GMAW/FCAW N/A
텅스텐 적극봉 형태와 크기
Tungsten Electrode Type and Size N/A
플럭스 형태
Flux Type Inactive type
보조(분말) 용가재
Supp. (Powder) Filler None

층번호 Layer No.	방법 Process	용 가 재 Filler Metal				전류 Current/Polarity		전압범위 Volt. Range	속도범위 Trv. Speed (cm/min)	기 타 Other
		F-No.	A-No.	SFA-No.	규격 AWS Class	크기 Size(mm)	형 태 Type	암페어 범위 Amp. Range			
1 & Bal.	SAW	6	1	5.17	F7A6-EH14	Φ 4.0	DCRP	500-600	28-35	–	

주 NOTE : For root pass welding(1or2 layer), the qualified FCAW or SMAW may be applied to prevent the burn-through.

Rev.No	Prepared By	Certified By	Approved By	Reviewed By
	WE Sect	WE Dept. Mgr	QES Chief	AI

PROCEDURE QUALIFICATION RECORD(PQR)

Procedure Qualification Record No. ___QA-A-0101-011___ Date ___Apr. 20, 2017___

WPS No. ___A-A-0101-183___ Rev. No. ___0___ Date ___JUL. 29, 2016___

Welding Process(es) ___SAW___ Type ___Automatic___

JOINTS Groove Design Used

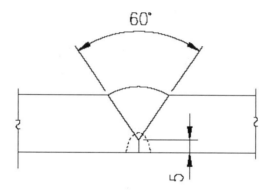

BASE METALS

Material Spec. ___SA516___ to ___SA516___

Type or Gr. ___60___ to ___70___

P-No. ___1Gr. 1___ to P-No. ___1Gr.___

Thickness ___50mm___

Diameter ___N/A___

Other ___N/A___

FILLER METALS

Weld Metal Analysis A-No. ___1___

Size of Electrode ___Φ4.0 mm___

F-No. ___6___ SFA Spec. ___5.17___

AWS Class. ___EH14 (CHOSUN UC36)___

Flux Class. ___F7A6-EH14___

Trade Name ___MF 38, KOBE___

Other ___Max. 1 Pass Th'k : 9.5mm___

POSITION

Position of Groove ___IG___

Weld Progression ___N/A___

Other ___N/A___

PREHEAT

Temp. : Preheat ___10 ℃___ Interpass ___Max. 250 ℃___

Other ___N/A___

POSTWELD HEAT TREATMENT

Temperature ___N/A___

Holding Time ___N/A___

Other ___N/A___

GAS

Type of Gas(es) ___N/A___

Composition of Gas Mixture ___N/A___

Other ___N/A___

ELECTRICAL CHARACTERISTICS

Current ___DC___

Polarity ___Reverse___

Amps ___650___

Volts ___35___

Other ___N/A___

TECHNIQUE

Travel Speed ___32 Cm/min___

String or Weave Bead ___String___

Oscillation ___None___

Multi. or Single Pass(Per Side) ___Multiple___

Multi. or Single Electrode ___Single___

Other ___Max. Heat Input : 42,660 J/cm___

TENSILE TEST

PQR No. QA-A-0101-011

Specimen No.	Dimensions (mm)		Area (mm^2)	Ultimate Total Load(Kg)	Ultimate Unit Stress(Kg/mm^2)	Failure Location
	Width	Thickness				
W1224-T1	29.9	25.0	747.5	38720	51.8	Base
" -T2	30.1	25.1	755.5	38750	51.3	Base
" -T3	30.1	25.0	752.5	38750	51.5	Base
" -T4	30.1	25.0	752.5	38220	50.8	Base

GUIDED BEND TESTS

Type and Figure No.	Result		Type and Figure No.	Result
Side Bend W1244-B1	Good		Side Bend W1244-B3	Good
" -B2	Good		" -B4	Good
ASME Sect. IX QW462.2				

TOUGHNESS TESTS

Test Report No. CAL93-11-19-06

Specimen No.	DWT Temp ℃	Break	No. Break	Specimen No.	Notch Location	Notch Type	Test Temp	Impact Value	Lateral Exp.	
									%Shear	Mils

– SEE THE ATTACHED SHEET –

RT$_{NTD}$ _____ N/A _____

Other _____ N/A _____

CHEMICAL ANALYSIS

N/A

Result-Satisfactory : Yes _____ – _____ No. _____ – _____ Penetration Into Parent Metal : Yes _____ – _____ No. _____ – _____

OTHER TESTS

Type of Test ____ Hardness Test (HR) : Base-Max.172, Weld-Max.169, HAZ-Max.202, _____
        (PTL-84-11-175)

Welder : Name _____ Clerk No. _____ 503506 _____ Stamp(I.D) No. _____

Tests Conducted by _____ Laboratory Test No. _____ PTL-84-11-086 & 85-01-112 _____

We certify that the statements in this record are correct and that the test welds were prepared, welded and tested in accordance with the requirements of Section IX of the ASME Code

Rev. No	Prepared By	Certified By	Approved By	Reviewed By
	WE Sect	WE Dept. Mgr	QES Chief	AI

QW-252
WELDING VARIABLES PROCEDURE SPECIFICATIONS (WPS)
Oxyfuel Gas Welding (OFW)

Paragraph			Brief of Variables	Essential	Supplementary Essential	Nonessential
QW-402 Joints	.1	∅	Groove design			X
	.2	±	Backing			X
	.3	∅	Backing comp.			X
	.10	∅	Root spacing			X
QW-403 Base Metals	.1	∅	P-Number	X		
	.2		Max. T qualified	X		
QW-404 Filler Metals	.3	∅	Size			X
	.4	∅	F-Number	X		
	.5	∅	A-Number	X		
	.12	∅	Classification	X		
QW-405 Positions	.1	+	Position			X
QW-406 Preheat	.1		Decrease > 100°F (55°C)			X
QW-407 PWHT	.1	∅	PWHT	X		
QW-408 Gas	.7	∅	Type fuel gas	X		
QW-410 Technique	.1	∅	String/weave			X
	.2	∅	Flame charateristics			X
	.4	∅	←→ Technique			X
	.5	∅	Method cleaning			X
	.26	±	Peening			X
	.64		Use of thermal processes	X		

Legend
+ Addtion   > Increase/greater than   ↑ Uphill   ← Forehand   ∅ Change
− Deletion   < Decrease/less than   ↓ Downhill   → Backhand

QW-252.1
WELDING VARIABLES PROCEDURE SPECIFICATIONS (WPS)
Oxyfuel Gas Welding (OFW)

Paragraph		Special Process Essential Variables			Hard-Facing Spray Fuse (QW-216)
		Hard-Facing Overlay (QW-216)	Corrosion-Resistant Overlay (QW-214)		
QW-402 Joints	.16	< Finished *t*			
	.17				> Finished *t*
QW-403 Base Metals	.20	∅ P-Number			∅ P-Number
	.23	∅ *T* Qualified	∅ *T* Qualified		∅ *T* Qualified
QW-404 Filler Metals	.12	∅ Classification			∅ Classification
	.42				> 5% Particle size range
	.46				∅ Powder feed rate
QW-405 Positions	.4	+ Position			+ Position
QW-406 Preheat	.4	Dec. > 100°F(55°C) preheat > Interpass			Dec. > 100°F(55°C) preheat > Interpass
	.5				∅ Preheat maint.
QW-407 PWHT	.6	∅ PWHT			∅ PWHT
	.7				∅ PWHT after fusing
QW-408 Gas	.7	∅ Type of fuel gas			
	.14	∅ Oxyfuel gas pressure			
	.16				∅ > 5% Powder feed rate
	.19				∅ Plasma/feed gas comp.
QW-410 Technique	.38	∅ Multi-to single-layer			∅ Multi-to single-layer
	.39	∅ Torch type, tip sizer			
	.44				∅ > 15% Torch to workpiece
	.45				∅ Surface prep.
	.46				∅ Spray torch
	.47				∅ > 10% Fusing temp. or method

Legend
+ Addition   > Increase/greater than   ↑ Uphill   ← Forehand   ∅ Change
− Deletion   < Decrease/less than   ↓ Downhill   → Backhand

QW−253
WELDING VARIABLES PROCEDURE SPECIFICATIONS (WPS)
Shielded Metal−Arc (SMAW)

Paragraph		Brief of variables	Essential	Supplementary Essential	Nonessential
QW−402 Joints	.1	∅ Groove design			X
	.4	− Backing			X
	.10	∅ Root spacing			X
	.11	± Retainers			X
QW−403 Base Metals	.5	∅ Group Number		X	
	.6	T Limits impact		X	
	.8	∅ T Qualified	X		
	.9	t pass > 1/2 in. (13mm)	X		
	.11	∅ P−No. Qualified	X		
QW−404 Filler Metals	.4	∅ F−Number	X		
	.5	∅ A−Number	X		
	.6	∅ Diameter			X
	.7	∅ Diameter > 1/4 in. (6mm)		X	
	.12	∅ Classification		X	
	.30	∅ t	X		
	.33	∅ Classification			X
QW−405 Positions	.1	+ Position			X
	.2	∅ Position		X	
	.3	∅ ↑↓Vertical welding			X
QW−406 Preheat	.1	Decrease > 100°F (55°C)	X		
	.2	∅ Preheat maint.			X
	.3	Increase > 100°F (55°C) (IP)		X	
QW−407 PWHT	.1	∅ PWHT	X		
	.2	∅ PWHT (T & T range)		X	
	.4	T Limits	X		
QW−409 Electrical Characteristics	.1	> Heat input		X	
	.4	∅ Current or polarity		X	X
	.8	∅ I & E range			X
QW−410 Technique	.1	∅ String/weave			X
	.5	∅ Method cleaning			X
	.6	∅ Method back gouge			X
	.9	∅ Multi to single pass/side		X	X
	.25	∅ Manual or automatic			X
	.26	± Peening			X
	.64	Use of thermal processes	X		

Legend
+ Addtion   > Increase/greater than   ↑ Uphill   ← Forehand   ∅ Change
− Deletion   < Decrease/less than   ↓ Downhill   → Backhand

QW-253.1
WELDING VARIABLES PROCEDURE SPECIFICATIONS (WPS)
Shielded Metal-Arc (SMAW)

Special Process Essential Variables

Paragraph		Hard-Facing Overlay (QW-216)	Corrosion-Resistant Overlay (QW-214)	Nonessential Variables for HFO and CRO
QW-402 Joints	.16	< Finished *t*	< Finished *t*	
QW-403 Base Metals	.20	∅ P-Number	∅ P-Number	
	.23	∅ *T* Qualified	∅ *T* Qualified	
QW-404 Filler Metals	.12	∅ Classification		
	.37		∅ A-Number	
	.38			∅ Diameter (1st layer)
QW-405 Positions	.4	+ Position	+ Position	
QW-406 Preheat	.4	Dec. > 100°F(55°C) preheat > Interpass	Dec. > 100°F(55°C) preheat > Interpass	
QW-407 PWHT	.6	∅ PWHT		
	.9		∅ PWHT	
QW-409 Electrical Characteristics	.4	∅ Current or polarity	∅ Current or polarity	
	.22	Inc. > 10% 1st layer	Inc. > 10% 1st layer	
QW-410 Technique	.1			∅ String/weave
	.5			∅ Method of cleaning
	.26			± Peening
	.38	∅ Multi-to single-layer	∅ Multi-to single-layer	

Legend
+ Addtion   > Increase/greater than   ↑ Uphill   ← Forehand   ∅ Change
− Deletion   < Decrease/less than   ↓ Downhill   ⇀ Backhand

QW-254
WELDING VARIABLES PROCEDURE SPECIFICATIONS (WPS)
Submerged-Arc Welding (SAW)

Paragraph		Brief of variables		Essential	Supplementary Essential	Nonessential
QW-402 Joints	.1	∅	Groove design			X
	.4	−	Backing			X
	.10	∅	Root spacing			X
	.11	±	Retainers			X
QW-403 Base Metals	.5	∅	Group Number		X	
	.6		T Limits		X	
	.8	∅	T Qualified	X		
	.9	t	pass > 1/2 in. (13mm)	X		
	.11	∅	P−No. Qualified	X		
QW-404 Filler Metals	.4	∅	F−Number	X		
	.5	∅	A−Number	X		
	.6	∅	Diameter			X
	.9	∅	Flux/wire class	X		
	.10	∅	Alloy flux	X		
	.24	± ∅	Supplemental	X		
	.27	∅	Alloy elements	X		
	.29	∅	Flux designation			X
	.30	∅	t	X		
	.33	∅	Classification			X
	.34	∅	Flux type	X		
	.35	∅	Flux/wire class.		X	X
	.36		Recrushed slag	X		
QW-405 Positions	.1	+	Position			X
QW-406 Preheat	.1		Decrease > 100°F (55°C)	X		
	.2	∅	Preheat maint.			X
	.3		Increase > 100°F (55°C) (IP)		X	
QW-407 PWHT	.1	∅	PWHT	X		
	.2	∅	PWHT (T & T range)		X	
	.4		T Limits	X		
QW-409 Electrical Characteristics	.1	>	Heat input		X	
	.4	∅	Current or polarity		X	X
	.8	∅	I & E range			X

QW-254
WELDING VARIABLES PROCEDURE SPECIFICATIONS (WPS)
Submerged-Arc Welding (SAW) (CONT'D)

Paragraph			Brief of variables	Essential	Supplementary Essential	Nonessential
QW-410 Technique	.1	∅	String/weave			X
	.5	∅	Method cleaning			X
	.6	∅	Method back gouge			X
	.7	∅	Oscillation			X
	.8	∅	Tube-work distance			X
	.9	∅	Multi to single pass/side		X	X
	.10	∅	Single to multi electrodes		X	X
	.15	∅	Electrode spacing			X
	.25	∅	Manual or automatic			X
	.26	±	peening			X
	.64		Use of thermal processes	X		

Legend

+ Addtion	> Increase/greater than	↑ Uphill	← Forehand	∅ Change
− Deletion	< Decrease/less than	↓ Downhill	→ Backhand	

QW-254.1
WELDING VARIABLES PROCEDURE SPECIFICATIONS (WPS)
Submerged-Arc Welding (SAW)

Paragraph		Special Process Variables		Nonessential Variables for HFO and CRO
		Essential Variables		
		Hard-Facing Overlay (QW-216)	Corrosion-Resistant Overlay (QW-214)	
QW-402 Joints	.16	< Finished t	< Finished t	
QW-403 Base Metals	.20	∅ P-Number	∅ P-Number	
	.23	∅ T Qualified	∅ T Qualified	
QW-404 Filler Metals	.6			∅ Norninal size of electrode
	.12	∅ Classification		
	.24	± or ∅ > 10% in supplemental filler metal	± or ∅ > 10% in supplemental filler metal	
	.27	∅ Alloy elements		
	.37		∅ A-Number	
	.39	∅ Nom. flux comp.	∅ Nom. flux comp.	
	.57	> strip thickness or width	> strip thickness or width	
QW-405 Positions	.4	+ Position	+ Position	
QW-406 Preheat	.4	Dec. > 100°F (55°C) preheat > Interpass	Dec. > 100°F (55°C) preheat > Interpass	
QW-407 PWHT	.6	∅ PWHT		
	.9		∅ PWHT	
QW-409 Electrical Characteristics	.4	∅ Current or polarity	∅ Current or polarity	
	.26	1st layer – Heat input > 10%	1st layer – Heat input > 10%	
QW-410 Technique	.1			∅ String/weave
	.5			∅ Method of cleaning
	.7			∅ Oscillation
	.8			∅ Tube to work distance
	.15			∅ Electrode spacing
	.25			∅ Manual or automatic
	.26			± Peening
	.38	∅ Multiple to single layer	∅ Multiple to single layer	
	.40		– Supplemental device	
	.50	± No. of electrodes	± No. of electrodes	

Legend
+ Addtion   > Increase/greater than   ↑ Uphill   ← Forehand   ∅ Change
– Deletion   < Decrease/less than   ↓ Downhill   → Backhand

QW-255
WELDING VARIABLES PROCEDURE SPECIFICATIONS (WPS)
Gas Metal-Arc Welding (GMAW and FCAW)

Paragraph		Brief of variables	Essential	Supplementary Essential	Nonessential
QW-402 Joints	.1	∅ Groove design			X
	.4	− Backing			X
	.10	∅ Root spacing			X
	.11	± Retainers			X
QW-403 Base Metals	.5	∅ Group Number		X	
	.6	*T* Limits		X	
	.8	∅ *T* Qualified	X		
	.9	*t* Pass > 1/2 in. (13mm)	X		
	.10	*T* limits (S. Cir. Arc)	X		
	.11	∅ P-No. Qualified	X		
QW-404 Filler Metals	.4	∅ F-Number	X		
	.5	∅ A-Number	X		
	.6	∅ Diameter			X
	.12	∅ Classification		X	
	.23	∅ Filler metal product form	X		
	.24	±∅ Supplemental	X		
	.27	∅ Alloy elements	X		
	.30	∅ *t*	X		
	.32	*t* Limit (S. Cir. Arc)	X		
	.33	∅ Classification			X
QW-405 Positions	.1	+ Position			X
	.2	∅ Position		X	
	.3	∅ ↕ Vertical welding			X
QW-406 Preheat	.1	Decrease > 100°F (55°C)	X		
	.2	∅ Preheat maint.			X
	.3	Increase > 100°F (55°C) (IP)		X	
QW-407 PWHT	.1	∅ PWHT	X		
	.2	∅ PWHT (T & T range)		X	
	.4	*T* Limits	X		

QW-255
WELDING VARIABLES PROCEDURE SPECIFICATIONS (WPS)
Gas Metal-Arc Welding (GMAW and FCAW) (CONT'D)

Paragraph		Brief of variables		Essential	Supplementary Essential	Nonessential
QW-408 Gas	.1	±	Trail or ∅ comp.			X
	.2	∅	Single, mixture, or %	X		
	.3	∅	Flow rate			X
	.5	± or ∅	Backing flow			X
	.9	−	Backing or ∅ comp.	X		
	.10	∅	Shielding or trailing	X		
QW-409 Electrical Characteristics	.1	>	Heat input		X	
	.2	∅	Transfer mode	X		
	.4	∅	Current or polarity		X	X
	.8	∅	I & E range			X
QW-410 Technique	.1	∅	String/weave			X
	.3	∅	Orifice, cup, or nozzle size			X
	.5	∅	Method cleaning			X
	.6	∅	Method back gouge			X
	.7	∅	Oscillation			X
	.8	∅	Tube-work distance			X
	.9	∅	Multi to single pass/side		X	X
	.10	∅	Single to multi electrodes		X	X
	.15	∅	Electrode spacing			X
	.25	∅	Manual or automatic			X
	.26	±	peening			X
	.64		Use of thermal processes	X		

Legend
+ Addtion	> Increase/greater than	↑ Uphill	← Forehand	∅ Change
− Deletion	< Decrease/less than	↓ Downhill	→ Backhand	

QW-255.1
WELDING VARIABLES PROCEDURE SPECIFICATIONS (WPS)
Gas Metal-Arc Welding (GMAW and FCAW)

Paragraph		Special Process Variables		Nonessential Variables for HFO and CRO
		Essential variabless		
		Hard-Facing Overlay (QW-216)	Corrosion-Resistant Overlay (QW-214)	
QW-402 Joints	.16	< Finished t	< Finished t	
QW-403 Base Metals	.20	∅ P-Number	∅ P-Number	
	.23	∅ T Qualified	∅ T Qualified	
QW-404 Filler Metals	.6			∅ Nominal size of electrode
	.12	∅ Classification		
	.23	∅ Filler metal product form	∅ Filler metal product form	
	.24	± or ∅ >10% to supplemental filler metal	± or ∅ >10% to supplemental filler metal	
	.27	∅ Alloy elements		
	.37		∅ A-Number	
QW-405 Positions	.4	+ Position	+ Position	
QW-406 Preheat	.4	Dec. > 100°F(55°C) preheat > Interpass	Dec. > 100°F(55°C) preheat > Interpass	
QW-407 PWHT	.6	∅ PWHT		
	.9		∅ PWHT	
QW-408 Gas	.2	∅ Single, mixture, or %	∅ Single, mixture, or %	
	.3			∅ Flow rate
QW-409 Electrical Characteristics	.4	∅ Current or polarity	∅ Current or polarity	
	.26	1 set layer − Heat input > 10%	1 set layer − Heat input > 10%	
QW-410 Technique	.1			∅ String/weave
	.3			∅ Orifice/cup or nozzle size
	.5			∅ Method of cleaning
	.7			∅ Oscillation
	.8			∅ Tube to work distance
	.25			∅ Manual or automatic
	.26			± Peening
	.38	∅ Multi-to single-layer	∅ Multi-to single-layer	
	.50	∅ No. of electrodes	∅ No. of electrodes	

Legend
+ Addtion   > Increase/greater than   ↑ Uphill   ← Forehand   ∅ Change
− Deletion   < Decrease/less than   ↓ Downhill   → Backhand

QW-256
WELDING VARIABLES PROCEDURE SPECIFICATIONS (WPS)
Gas Tungsten–Arc Welding (GTAW)

Paragraph		Brief of variables		Essential	Supplementary Essential	Nonessential
QW-402 Joints	.1	∅	Groove design			X
	.5	+	Backing			X
	.10	∅	Root spacing			X
	.11	±	Retainers			X
QW-403 Base Metals	.5	∅	Group Number		X	
	.6		T Limits		X	
	.8	∅	T Qualified	X		
	.11	∅	P–No. qualified	X		
QW-404 Filler Metals	.3	∅	Size			X
	.4	∅	F–Number	X		
	.5	∅	A–Number	X		
	.12	∅	Classification		X	
	.14	±	Filler	X		
	.22	±	Consum. insert			X
	.23	∅	Filler metal product form	X		
	.30	∅	t	X		
	.33	∅	Classification			X
	.50	±	Flux			X
QW-405 Positions	.1	+	Position			X
	.2	∅	Position		X	
	.3	∅	↿⇂ Vertical welding			X
QW-406 Preheat	.1		Decrease > 100°F (55°C)	X		
	.3		Increase > 100°F (55°C) (IP)		X	
QW-407 PWHT	.1	∅	PWHT	X		
	.2	∅	PWHT (T & T range)		X	
	.4		T Limits	X		
QW-408 Gas	.1	±	Trail or ∅ comp.			X
	.2	∅	Single, mixture, or %	X		
	.3	∅	Flow rate			X
	.5	± or ∅	Backing flow			X
	.9	−	Backing or ∅ comp.	X		
	.10	∅	Shielding or trailing	X		

QW-256
WELDING VARIABLES PROCEDURE SPECIFICATIONS (WPS)
Gas Tungsten-Arc Welding (GTAW) (CONT'D)

Paragraph		Brief of variables		Essential	Supplementary Essential	Nonessential
QW-409 Electrical Characteristics	.1	>	Heat input		X	
	.3	±	Pulsing I			X
	.4	∅	Current or polarity		X	X
	.8	∅	I & E range			X
	.12	∅	Tungsten electrode			X
QW-410 Technique	.1	∅	String/weave			X
	.3	∅	Orifice, cup, or nozzle size			X
	.5	∅	Method cleaning			X
	.6	∅	Method back gouge			X
	.7	∅	Oscillation			X
	.9	∅	Multi to single pass/side		X	X
	.10	∅	Single to multi electrodes		X	X
	.11	∅	Closed to out chamber	X		
	.15	∅	Electrode spacing			X
	.25	∅	Manual or automatic			X
	.26	±	peening			X
	.64		Use of thermal processes	X		

Legend

+ Addtion	> Increase/greater than	↑ Uphill	← Forehand	∅ Change
− Deletion	< Decrease/less than	↓ Downhill	→ Backhand	

QW-256.1
WELDING VARIABLES PROCEDURE SPECIFICATIONS (WPS)
Gas Tungsten-Arc Welding (GTAW)

Paragraph		Special Process Variables		Nonessential Variables for HFO and CRO
		Essential Variables		
		Hard-Facing Overlay (QW-216)	Corrosion-Resistant Overlay (QW-214)	
QW-402 Joints	.16	< Finished t	< Finished t	
QW-403 Base Metals	.20	∅ P−Number	∅ P−Number	
	.23	∅ T Qualified	∅ T Qualified	
QW-404 Filler Metals	.3			∅ Wire size
	.12	∅ Classification		
	.14	± Filler metal	± Filler metal	
	.23	∅ Filler metal product form	∅ Filler metal product form	
	.37		∅ A−Number	
QW-405 Positions	.4	+ Position	+ Position	
QW-406 Preheat	.4	Dec. > 100°F (55°C) preheat > Interpass	Dec. > 100°F (55°C) preheat > Interpass	
QW-407 PWHT	.6	∅ PWHT		
	.9		∅ PWHT	
QW-408 Gas	.2	∅ Single, mixture, or %	∅ Single, mixture, or %	
	.3			∅ Flow rate
QW-409 Electrical Characteristics	.4	∅ Current or polarity	∅ Current or polarity	
	.12			∅ Tungsten electrode
	.26	∅ 1st layer − Heat input > 10%	∅ 1st layer − Heat input > 10%	
QW-410 Technique	.1			∅ String/weave
	.3			∅ Orifice/cup or nozzle size
	.5			∅ Method of cleaning
	.7			∅ Oscillation
	.15			∅ Electrode speacing
	.25			∅ Manual or automatic
	.26			± Peening
	.38	∅ Multi−to single−layer	∅ Multi−to single−layer	
	.50	∅ No. of electrodes	∅ No. of electrodes	
	.52			∅ Filler metal delivery

Legend

+ Addtion	> Increase/greater than	↑ Uphill	← Forehand	∅ Change
− Deletion	< Decrease/less than	↓ Downhill	→ Backhand	

3.3 WPS 및 PQR체계

표 3-1 WPS 및 PQR체계

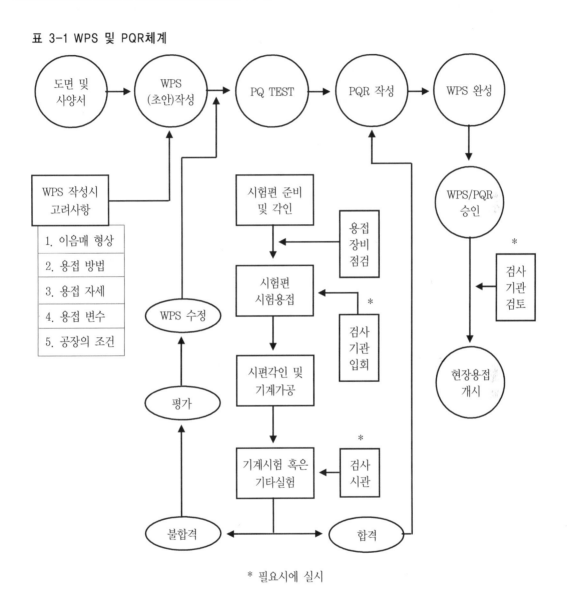

* 필요시에 실시

3.4 WPS 작성 및 검토

제3장의 앞부분에 첨부된 용접 절차 사양서(WELDING PROCEDURE SPECIFI-
CATION)에 열거된 각 변수들에 대하여 WPS 작성 방법을 그 이론적인 배경을 근

거로 하여 연구해 보면 아래와 같이 기술할 수 있다. 이 장에서는 미국 기계 학회 (ASME Sect.IX)의 기준에 따라서 제작하는 구조물에 가장 많이 적용되는 용접 기법인 SMAW/GTAW/GMAW(FCAW) /SAW에 대해서만 기술하는 것으로 한다. 기타 용접법에 대하여는 여기의 SMAW/GTAW/GMAW (FCAW)/SAW의 이론을 근 거로 응용하면 문제 없이 업무에 적용할 수 있을 것이다.

3.4.1 WPS No.

WPS No.는 WPS의 분류가 가능 하도록 각 제작사가 내부 규정에 의거 부여한 것이다. 대체적으로 제작사는 각 WPS에 대하여 고유 분류 체계를 가지고 있어서 이를 근거로 하여 필요한 용접 공정 때마다 편리하게 사용하고 있는 실정이다.

3.4.2 Date

PQR의 Manager Sign을 득한 이후로 WPS를 작성한 날짜를 기준으로 기록한 다. Non-Essential Variable 변경 시는 WPS를 수정한 날짜를 기록한다. Essential Variable과 Supplementary-Essential Variable이 변경되면 PQR을 다 시 작성해야 한다.

3.4.3 Rev. No. 및 Date

필수 변수 및 추가 필수변수의 변경이 없는 한 WPS가 Revision된 차수와 날짜 를 기록할 수 있다.

3.4.4 Supporting PQR No.

WPS에 대하여 행한 Procedure Qualification Record의 번호이다.

3.4.5 용접 방법

가. 〈WPS 작성 시〉 적용된 용접법을 약어로 기록한다. 복합 Process일 경우 "+" 로 연결한다(예: GTAW + SMAW). 참고로 잘 사용되는 용접법을 보면 아래 와 같다.

   1) SMAW : Shielded Metal Arc Welding.

2) SAW : Submerged Arc Welding.

3) GTAW : Gas Tungsten Arc Welding.

4) GMAW : Gas Metal Arc Welding.

5) FCAW : Flux Cored Arc Welding.

6) PAW : Plasma Arc Welding

나. 그림 3-1와 같이 산업 공장의 열교환기(Shell & Tube Heat Exchanger)의 Tubesheet용으로 Carbon Steel(SA516-60)에 Stainless Steel을 내부식용으로 Overlay할 때,

1) 제작자가 FCAW(GMAW) 등의 용접법으로 5mm 두께를 Overlay 요청하면 1~2 Pass는 작업 속도 등을 고려하여 FCAW(GMAW)로 허용 하고 3~4 Pass는 희석율(보통 SMAW: 20%, FCAW: 25~30%, SAW: 30~40%)이 적은 SMAW로 하도록 허용하는 것이 좋다.

2) 이때 표면으로부터 0.5~2.5mm에서 Chemical Composition을 Check하도록 한다.

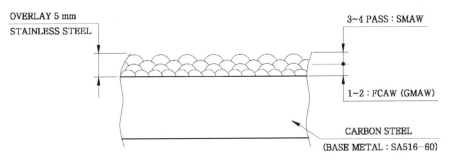

그림 3-1

3.4.6 TYPE

가. AUTOMATIC : 용접봉의 Feed 방법 및 이동 방법을 모두 기계 조작에 의해 자동으로 시행하는 경우.

나. SEMI-AUTOMATIC : 용접봉의 Feed 방법을 자동, 이동 방법은 수동으로 하는 경우 (FCAW, GMAW).

다. MANUAL : 용접봉의 Feed 방법 및 이동 방법을 모두 수동으로 시행하는 경우 (GTAW, SMAW).

라. MACHINE : 용접봉의 Feed 방법 및 이동 방법을 기계조작에 의해 하되 Welding Operator가 지속적으로 관찰 조절하는 경우.

3.4.7 이음(Joint)

가. 용접하고자 하는 모재의 개선 형상을 Sketch 하는 란으로 여기에는 모재 두께, Root Gap, Root Face 및 개선 각도 그리고 그들의 허용 공차까지도 표기되어야 하고 Backing Strip이 있는 경우 재질, 형상, Back Gouging 유.무등도 나타내어야 하며 가능하면 Bead의 형상도 Pass 순서를 매겨 표시하여야 한다.

나. 용접 이음 설계 시 주의 사항

용접 이음의 설계는 용접부 구조의 정적, 동적, 반복 하중에 대하여 충분히 검토하여야 한다. 설계 원칙은 다음과 같다.

1) 아래 보기 용접을 많이 한다(수직 등 다른 자세 용접보다 용접 결함이 적게 발생하여 작업 능률이 좋게 된다).

2) 용접 작업에 충분한 공간을 확보 한다(좁은 공간에서의 작업은 용접 자세가 불량하여 용접 결함이 많이 발생하게 되고 환기 문제, 감전 사고 등의 안전 재해 가능성이 높게 된다).

3) 용접 이음부가 국부적으로 집중되지 않게 하고, 될 수 있는 대로 용접량이 적은 홈 형상을 선택 한다(용접 결함 발생률이 높고, 변형이 크게 된다).

4) 용접 이음부 판 두께가 다를 때, 얇은 쪽에서 1/4 Taper를 준다(용접응력 집중 현상을 방지 한다).

5) 용접 구조물의 사용 조건에 따라서 충격, Low Cycle Fatigue,저온 등을 고려 하여야 한다(고온, 고압 사용 조건인 발전소 및 화학 설비의 기기에서 Low Cycle Fatigue에 의한 결함이 자주 보고되고 있으나, 종래에는 고려하지 않은 설계 인자 였다).

6) 용접부가 교차해야 되는 경우는 한쪽은 연속 비드를 만들고, 다른 한쪽은 둥근 아치형으로 가공하여 시공토록 한다(잔류 응력이 작게 되고, 용접 결함을 방지하게 된다).

7) 필렛 용접 이음은 가능하면 피하고 맞대기 이음으로 설계하는 것이 좋으며, 선택되는 홈의 형상에 유의한다.

8) 맞대기 용접인 경우 용입 부족 현상을 막기 위하여 이면 용접이 가능한 구조물이 되도록 설계하여야 한다.

9) 내식성을 요하는 경우에는 가능하면 이종 금속간 용접 설계를 피하도록 한다.

10) 기타 이음의 설계 시 유의 사항은 균열, 기공, 비금속 개재물, 변형과 잔류 응력, 경화와 취화(脆化), 제진능(制振能), 용접부 열용량의 균일화, 용접 시공상의 제한, 재료의 이방성(異方性) 등이 있다.

다. 용접 이음부의 형상별 특성

일반적으로 용접 이음부의 형상은 I형(Square Groove), V형(Vee Groove), U형(U Groove), Bevel Groove, J형(J Groove), X형(X Groove), H형(Double U Groove) A및 K형(Double Bevel Groove)으로 나눌 수 있다.

1) I형(Square Groove)

홈 가공이 쉽고 Root 간격을 좁게 하면 용착량이 적어져서 경제적인 면에서 유리하다. 그러나 판 두께가 두꺼워 지면 완전 용입을 얻을 수 없으며, 이 홈은 수동 용접에서는 판 두께 6mm 이하인 경우에 사용하며, 반복 하중에 의한 피로 강도를 요구하는 부재에는 사용하지 않는다.

2) V형(Vee Groove)

V형 홈은 한쪽 면에서 완전 용입을 얻으려고 할 때 사용되며, 판 두께가 두꺼워지면 용착량이 증대하고, 각 변형이 생기기 쉬워 후판에 사용하는 것은 비 경제적이다. 보통 6~20mm 두께에 사용한다.

3) U형(U Groove)

U형 홈은 후판을 한쪽 면에서 용접을 행하여 충분한 용입을 얻고자 할 때 사용되어지며, 후판의 용접에서는 Bead의 너비가 좁고 용착량도 줄일 수 있으나 Groove의 가공이 어려운 단점도 있다.

4) Bevel Groove.

Bevel형은 제품의 주 부재에 부 부재를 붙이는 경우에 주로 사용하며, 즉 T형 이음에서 충분한 용입을 얻기 위해 사용하며, 개선면의 가공이나 맞대기 용접의 경우에는 수평 용접에만 사용된다.

5) J형(J Groove)

Bevel이나 K형보다 두꺼운 판에 사용되며, 용착량 및 변형을 감소시키기 위해 사용하나 가공이 어렵다.

6) X형(X Groove)

X형 홈은 완전 용입을 얻는데 적합하며, V형에 비해 각변형도 적고 용착량도 적으므로 후판의 용접에 적합하다. 용접 변형을 방지하기 위해서 6:4 도는 7:3의 비대칭 X형이 많이 사용된다.

7) H형(Double U Groove)

매우 두꺼운 판 용접에 가장 적합하다. Root 간격의 최대값은 사용 용접봉 경을 한도로 한다.

7) K형(Double Bevel Groove)

Bevel형과 마찬가지로 주 부재에 부 부재를 붙이는 경우에 주로 사용하며, 밑면 따내기가 매우 곤란하지만 V형에 비하여 용접 변형이 적은 이점이 있다.

라. 용접 이음부의 형상들은 모두가 완전 용입이라는 가정 하에서는 강도상으로 동일하다. 이러한 형상들은 상호 필요에 따라 현장 여건에 맞게 경제성과 용접저부의 건전성이라는 측면을 고려하여 선택해야 할 것이다.

맞대기 용접이외에 필렛 용접과 랩(Lap) 용접이 있는데, 필렛 용접은 실제 필렛 용접 강도의 60% 이상을 강도 설계에 반영하지 않으며, 원칙적으로 압력이 걸리는 부위에는 필렛 용접을 하지 않는다.

또한, 랩(Lap) 용접 방법은 강도 용접이 아니며 액체나 기체가 새어 나가지 않게 하기 위한 기밀 용접(Seal Weld)에 국한하여 사용한다.

마. 루트갭(Root Gap)

Root Opening이라고도 말하며 용접 이음부에서 홈 아래 부분의 간격을 말한다. 용접법이나 이음의 형상에 따라서 그 값이 다르며 대체로 3~6mm 가량 정도가 적당하다.

바. Retainers(Consumable Insert)

Fusible 혹은 Non-fusible이 있으며 주로 Pipe 용접에 많이 사용된다.

사. 받침(Backing)

맞대기 용접을 한면으로만 실시하는 경우, 동종 또는 이종의 금속판이나 입상 플럭스 등을 루트 뒷면에 받치는 것을 말한다.

맞대기 용접은 표면과 뒷면 모두 실시하는 것이 이상적이지만 어쩔 수 없이 한쪽만 용접하는 경우, 충분한 용입을 확보하고 또한 용융 금속의 용락(Burn Through)을 방지할 목적으로 받침을 사용한다. 이 경우 같은 종류의 금속을 사용하여 동시에 용접하는 방법, 강에 대하여 Ceramic을 사용하거나 구리와 같이 열 전도율이 높은 금속을 이용하여 모재만 용접하는 방법, 서브머지드 아크 용접으로 플럭스를 이용하는 방법, 특수한 경우에는 불활성 가스를 이용하는 방법 등이 있다. 특히 파이프 내측에 사용되는 것을 받침 링이라 한다.

1) 모재와 동일 재질이 가장 좋다.

　가) 그 다음이 Ceramic.

　나) 그 다음이 Copper.

　다) 그 다음이 Ni이다.

2) Stainless Steel(열전도도가 Carbon Steel의 1/2배 정도)에 Backing 재료를 Copper(수냉과 함께 사용: 열전도도가 Carbon Steel의 4~5배 정도)를 사용하는 이유는 $Cr_{23}C_6$ 형성 방지를 해준다. 또 Copper를 Backing 재질로 사용할 경우 Cu가 혼입되어 열간 균열의 위험이 크므로 초층 용접 후 PT를 실시하는 것이 좋다.

3) 〈WPS 작성 시〉 이음 형태가 Groove인 경우

　가) FCAW & GMAW

　　① Ceramic Backing을 사용하는 경우
　　Backing 유,무란 YES에 ∨표, Backing 재질에 Ceramic으로 기록한다.

　　② Ceramic Backing을 사용하지 않는 경우.
　　Backing 유,무란 NO에 ∨표, Backing 재질란에 None으로 기록한다. Double Welded Groove Weld의 2차 Welding 작업은 Weld Metal이 Backing이 되는 것으로 간주 한다. 그리고 GTAW+SMAW의 경우처럼 Combination의 경우, SMAW는 GTAW Weld를 Backing으로 생각한다.

③ Ceramic Backing을 사용하거나 사용하지 않는 경우.

Backing 유,무란과 Backing 재질란에 (*)표를 하고 특기 사항란에 No Backing or Ceramic Backing으로 기록한다.

나) 기타 Process

Backing 유,무란 No.에 ∨표, Backing 재질란에 None으로 기록한다.

4) 〈WPS 작성 시〉 이음형태가 Fillet인 경우와 Overlay인 경우.

Process에 관계없이 Backing 유,무란 Yes에 ∨표, Backing 재질란에 Base Metal로 기록한다.

5) 〈WPS 작성 시〉 이음 형태가 Groove, Fillet인 경우,

가) FCAW & GMAW

① Ceramic Backing을 사용하는 경우

Backing 유,무란 Yes에 ∨표, Backing 재질란에 (*)표로 하고, 특기 사항란에 Ceramic Backing for Groove, Base Metal Backing for Fillet으로 기록한다.

② Ceramic Backing을 사용하지 않는 경우

Backing 유.무란과 Backing 재질란에 (*)표로 하고, 특기 사항란에 No Backing for Groove, Base Metal Backing for Fillet으로 기록한다.

③ Ceramic Backing을 사용하거나 사용하지 않을 경우

Backing 유,무란과 Backing 재질란에 (*)표로 하고, 특기 사항란에 No Backing or Ceramic Backing for Groove, Base Metal Backing for Fillet으로 기록한다.

나) 기타 Process

Backing 유,무란과 Backing 재질란에 (*)표를 하고 특기 사항란에 No Backing for Groove, Base Metal Backing for Fillet으로 기록한다.

3.4.8 모재(Base Metal)

가. 재료에 대한 용접의 난이를 나타내는 용접성은 그 재료를 특정한 용접법으로 용접할 때 결함이 없는 만족한 접합부가 어는 정도 얻어지며, 또한 완성된 접합부가 그 구조물의 사용 목적에 어느 만큼 만족하는가 하는 정도를 나타낸다.

또 모재의 용접성은 재질, 판 두께, 형상에 의해서도 변화한다. 용접성에 영향을 미치는 변수는 다음과 같다.

1) 공작상의 용접성(적합성)

가) 모재 및 용접 금속의 열적 성질.

나) 용접 결함.

2) 사용 성능상의 용접성

가) 모재 및 용접부의 기계적 성질.

나) 모재의 노치 인성.

다) 용접부의 노치 인성.

라) 모재 및 용접부의 물리적, 화학적 성질.

마) 변형과 잔류 응력.

3) 탄소 당량(Ceq. = Carbon Equivalent)

가) 탄소의 역할

강을 구성하는 가장 대표적인 원소는 철(Fe)과 탄소라고 할 수 있으며 이 탄소는 Fe 원자 3개와 Carbon 원자 1개가 Fe_3C의 Cementite란 화합물을 만든다. 이것은 매우 좋은 화합물이 되어 강의 강도를 향상 시키며 변형도를 감소시킨다.

철 중의 탄소량이 많아 질수록 Fe_3C의 양이 많아져서 경도와 강도가 높아지게 된다. 탄소는 강에서 보다 주철 내에 많이 존재하고 있으며 이 탄소는 Cementite를 만드는 이외에 탄소가 단독으로 존재하여 흑연으로 존재하는 수가 많다. 이 흑연은 강의 이로운 특성을 저하 시키는 취성의 물질로 구별될 수 있으며 대부분 편상으로 되어 주철 중에 존재하기 때문에 주철은 강보다 탄소량이 많은데도 일반적으로 사용되는 탄소강 보다 취약한 것이다.

강 중의 탄소량은 적을수록 용접성이 양호하다.

나) 탄소 당량

철강에 있어서 Carbon을 비롯한 합금 원소는 강의 경화능이나 내식성 및 내열성을 증대하기 위해 첨가될 수 있다. 이들은 임계 냉각 속도와 변태 속도를 낮추기 때문에 Martensite로의 변태를 용이하게 하여 경화능을 높이게 된다. 이러한 원소들의 경화능을 탄소 함유량의 효과로 환산한 것이 탄소 당량이다. 강재의 용접 시 예열, 층간 온도 조절로서 Under Bead Cracking을 피할 수 있으며 용접에서의 탄소 당량은 바로 예열 및 층간 온도 설정의 기준이 된다. 가장 널리 사용되는 주철과 탄소강의 탄소 당량은 다음의 식에 따르며 통상적으로 용접 구조물에 적용되는 탄소강의 당량은 0.43~0.45정도를 상한치로 설정하여 관리한다.

① 주철의 탄소 당량

　　$Ceq. = C + (Si + P) / 3$

② 탄소의 탄소 당량

　－ BS 2642 및 IIW(국제 용접 협회) 기준.

　　$Ceq. = C + Mn/6 + (Cr + Mo + V)/5 + (Ni + Cu)/15$

　－ AWS(미국 용접 학회).

　　$Ceq. = C + Mn/4 + Ni/20 + Cr/10 + Cu/40 + Mo/50 + V/10$

　－ JIS G3106, 3115 & WES(일본 용접 협회 규격) 3001 기준.

　　$Ceq. = C + Mn/6 + Si/24 + Ni/40 + Cr/5 + Mo/4 + V/14$

4) 용접 균열 지수(Pc)와 용접 균열 감수성 지수(Pcm)

탄소 당량은 모재 또는 용접봉의 화학 조성에만 의존하므로 균열 감수성에 대한 정확한 판단을 하기에는 부족한 점이 있다. 균열은 화학 조성 뿐만 아니라 대기 또는 용접 부재의 흡성 상태, 부재 크기 등에도 민감하므로 이들까지 고려할 때 더욱 정확한 균열 감수성을 예측할 수 있다.

가) 용접 균열 감수성 지수(Pcm)

용접 균열 감수성 지수는 Carbon Equivalent와 마찬가지로 단지 화학 성분의 조성에 의존하여 용접부의 균열 발생 가능성을 평가하는 방법이다.

$$Pcm = C + Si/30 + (Mn + Cu + Cr)/20 +$$
$$Ni/60 + Mo/15 + V/10 + 5B$$

나) 용접 균열 지수(Pc)

단순하게 화학 조성에 따른 균열 발생 가능성을 평가하는 용접 균열 감수성 지수(Pcm)에 용접부의 크기나 구속도 및 용접 부재의 흡습 상태에 따른 용접 조건까지를 고려하여 용접부의 균열 발생 가능성을 평가하는 방법이 용접 균열 지수(Pc)이다. 용접 균열 지수(Pc)는 특히 용접부에 존재하는 수소에 대하여 고려하고 있으며 예열 온도를 설정하는 중요한 기준이 된다.

$$Pc = Pcm + H/60 + T/600$$
$$= Pcm + H/60 + K/40000$$

Where,　H : 확산성 수소(cc/100g).
　　　　　　　* JIS Z3113의 Glycerin법에 의한 확산성 수소량.
　　　　T : 판의 두께(mm).
　　　　K : 구속도(kg/㎟)

구속 계수로 호칭되는 E/L항에 판 두께를 곱하면 구속도가 되고 이음 구속도의 크기를 표시하는 Parameter로 사용된다. 구속도가 커지면 용접부의 뒤틀림, 응력 상태가 높고, 저온 균열이 생기기 쉽다. 또한 두꺼운 판이면 구속도가 크고 저온 균열이 생기기 쉽다. 이러한 이유로 구속도가 큰 시험편으로 구한 예열 온도는 안정하다고 판단된다.

구속도 K는 다음의 식으로 평가된다.

$$K = E/L * T$$

Where,　E : 종탄성 계수(kg/㎡).
　　　　L : 구속 거리(mm).
　　　　T : 판의 두께(mm).

구속도를 이용한 강재의 균열 방지 예열 온도(To)는 다음과 같은 추정식으로 구한다.

$$To = 1440\ Pc - 392℃$$

나. 재료의 열적 성질로서, 융점이 낮고, 열 전도도나 온도 확산율이 작고 또한 판 두께가 작을수록 용접 중의 가열은 용이하다. 또한 융점이 낮고 팽창 계수가 작으면 용접 변형량은 작게 되고 용접하기 쉬워진다.

다. 모재의 노치 인성은 용접 결합이나 구조상의 노치로 부터 발생하는 취성 균열의 발생 가능성과 이의 전파를 저지하는 능력을 나타내는 지표로서 중요한 의미를 갖는다.

라. 모재의 물리적 화학적 성질로서 내식성(耐蝕性), 내산화성(耐酸化性)이 요구되는 경우가 있다. 고온에서 사용되는 구조물, 부식성 분위기에서 이용되는 경우가 여기에 해당된다.

마. 모재의 열적 성질, 고온의 기계적 성질, 구속, 시공법 등은 용접부의 변형 및 잔류 응력에 영향을 미친다.

바. 대표적인 P-No.를 보면 아래와 같다.

1) P3 : 0.5% Mo.
2) P4 : 0.75% Cr, 1% Cr, 1.25% Cr, 2% Cr.
3) P5A : 2.25% Cr, 3% Cr.
   P5B : 2.25% Cr, 5% Cr, 7% Cr, 9% Cr.
   P5C : 2.25% Cr, 3% Cr, 9%Cr.
4) P6 : 12% Cr, 13% Cr.
5) P7 : 11% Cr, 12% Cr, 17% Cr, 18% Cr.
6) P8 : Stainless Steel.
7) P9A,B,C : Nickel Alloy.
8) P10 : 조질강.
9) P2X : Aluminum and Aluminum-base Alloy.
10) P3X : Copper and Copper-base Alloy.

사. 〈WPS 작성 시〉 P-No.가 있는 경우

ASME SECT. IX QW/QB-422에 준한다. Spec. and Grade 란에 Spec 및 Grade를 기록한다. 추가 필수 변수(Supplementary Essential Variable)이 적용되는 경우에는 특히 모재의 Grade No.를 필히 적어야 한다.

아. 〈WPS 작성 시〉 P-No.가 없는 경우

Spec. and Grade 란에 재질명을 기록한다.

자. 〈WPS 작성 시〉 Clad인 경우

Clad 재 P. No.를 앞에 적고 Slash(/) 하고 모재 P. No.를 뒤에 적어야 된다.

차. 〈WPS 작성 시〉 검정된 PQR에 대하여 WPS작성 시 검토 하여야 할 사항은 아래와 같다.

1) 추가 필수 변수가 적용될 경우, PQR에서 SA516-60(Any P No.1/Gr. No.1) 과 SA516-60으로 검정되고 SA516-70(Any P No.1/Gr. No.2) 과 SA516-70으로 추가 검정 되었다면, WPS에서는 필수 변수가 같은 한 SA516-60(Any P No.1/Gr. No.1) 과 SA516-70(Any P No.1/Gr No.2)의 용접이 자격 부여 되지 않는다(QW-403.5).

2) 추가 필수 변수가 적용될 경우, PQR에서 SA516-60(Any P No.1/Gr. No.1) 과 SA516-60으로 검정 되었다면, WPS에서 SA516-60(Any P No.1/Gr. No.1) 과 SA516-70(Any P No.1/Gr No.2)의 용접이 자격 부여 되지 않고 SA516-60(Any P No.1/Gr. No.1) 과 SA516-70(Any P No.1/Gr No.2)의 조합으로 재 자격 부여 해야 한다(QW-403.5).

3) 부분 용입 홈 용접인 경우, PQR에서 두께 38mm 이상의 SA516-70(Any P No.)으로 검정 받았다면, WPS에서는 SA516-70(Any P No.)의 재질 5mm부터 200mm 까지 자격 부여된다(QW-202.2(b) 참조).

4) Clad Metal 인 SA516-70(P No.1)+SA240-304L(P No.8, Any Clad Metal)의 WPS는 Clad된 어느 두께가 응력 계산 시 포함될 경우, PQR은 똑 같은 P-No.를 가진 모재와 크래드 재질을 사용하여 같은 용접법/용가 재를 사용하여 검정 되어야 한다. 즉 SA516-70(P No.1)+SA240-304L(P

No.8)과 같은 Clad Metal의 용접은 용접 기능 검정(PQ) 시 같은 용접법/용가재를 사용하여 Any P No.1+Any P No.8의 크래드 재질을 사용하여 검정 받아야 한다(QW-217(a) 참조).

5) 그러나 Clad 된 어느 두께가 응력 계산에 포함되지 않을 경우, Clad Metal 인 SA516-70(P No.1)+SA240-304L(P No.8)의 WPS는, 아래 가), 나) 중 하나의 방법으로 PQR을 검정해야 한다(QW-217 참조).

가) 똑 같은 P-No.를 가진 모재와 크래드 재질을 사용하여 같은 용접법/용가재를 사용하여 검정 되어야 한다. 즉 SA516-70(P No.1)+SA240-304L(P No.8)의 용접일 경우, 같은 용접법/용가재로 Any P No.1+Any P No.8의 크래드 재질을 사용하여 검정 받거나(QW-217(a) 참조).

나) SA516-70(P No.1)에 SA240-304L에 상당하는 화학 성분을 가진 용가재를 사용하여 내식용 덧살 붙임 용접(그림 3-2 참조)을 실시하고 QW-453의 NOTES (4), (5), (9)에 의거 검사를 실시하여 PQR을 검정 받는다(QW-217(b) 참조).

Unit : mm

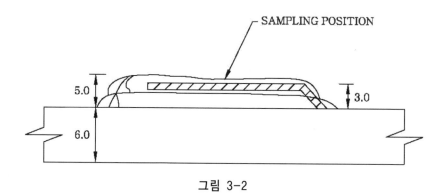

그림 3-2

3.4.9 두께 범위(Thickness Range)

가. 이 두께 범위는 PQR 및 용접사 기량 Test의 시편에 영향을 미치므로 ASME SECT. IX의 QW-451 및 QW-452를 참조한다.

나. 〈WPS 작성 시〉 모재의 두께 범위에 대한 각종 사례를 보면 아래와 같다.

1) SMAW/GTAW/GMAW(FCAW)/SAW에서 필수 변수(Essential Variable)만 적용되고 각 재질별 예외 조항을 제외할 경우, PQR에서 아래 그림 3-3의

시험편 두께가(QW-451.1 참조).

가) 1.4mm(1.5mm미만)로 검정 되었다면, WPS에서 자격 부여되는 두께는 1.4mm~2.8mm(T-2T)가 된다.

나) 10mm(1.5mm이상~10mm까지)로 검정 되었다면, WPS에서 자격 부여되는 두께는 1.5mm~20mm(1.5~2T)가 된다.

다) 15mm(10mm초과 19mm미만)로 검정 되었다면, WPS에서 자격 부여되는 두께는 5mm~30mm(5~2T)가 된다.

라) 25mm(19mm이상 38mm미만)로 검정 되었다면, WPS에서 자격 부여되는 두께는 5mm~50mm(5~2T)가 된다.

마) 40mm(38mm이상 150mm까지)로 검정 되었다면, WPS에서 자격 부여되는 두께는 5mm~200mm가 된다.

바) 160mm(150mm초과)로 검정 되었다면, WPS에서 자격 부여되는 두께는 5mm~213mm(5~1.33T)가 된다.

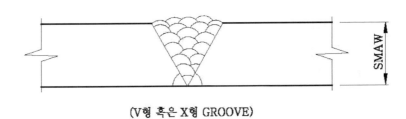

(V형 혹은 X형 GROOVE)

그림 3-3

2) SMAW/GTAW/GMAW(FCAW)/SAW에서 필수 변수(Essential Variable)만 적용되고 두께가 서로 다른 모재가 용접 될 경우(QW-202.4 참조),

가) P-No.가 8/41/42/43/44/45/46/49/51/52/53/61/62로 구성된 모재가 얇은 쪽은 14mm이고 두꺼운 쪽이 25mm(6mm이상)의 시험편으로 절차 검정 되었다면 본 용접(WPS)에서 자격 부여되는 두께는 QW-451에 따라서 얇은 쪽 모재는 5mm이상이고, 두꺼운 쪽은 최대 허용 두께 상한선 없이 자격 부여된다. 즉 P-No.가 8/41/42/43/44/45/46/49/51/52/53/61/62로 구성된 모재를 두꺼운 쪽이 6mm이상으로 절차 검정 받았다면 두께 상한선 없이 본 용접에서 자격 부여 될 수 있고 6mm 미만으로 절차 검정 받았다면 본 용접에서의 자격 부여되는 두께 상한

선은 QW-451에 따른다.(QW-202.4(b)(1) 및 그림 3-4 참조)

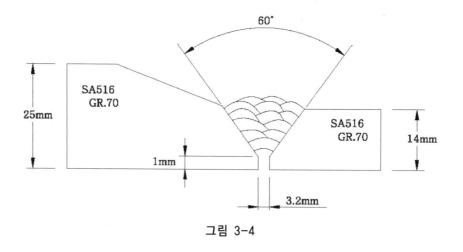

그림 3-4

나) P-No.가 8/41/42/43/44/45/46/49/51/52/53/61/62외의 다른 모재로 얇은 쪽이 14mm이고 두꺼운 쪽이 40mm(38mm이상)의 시험편으로 절차 검정 되었다면 본 용접(WPS)에서 자격 부여되는 두께는 얇은 쪽 모재는 5mm이상, 두꺼운 쪽은 두께 상한선 없이 자격 부여된다. 즉 P-No.가 8/41/42/43/44/45/46/49/51/52/53/61/62외의 두께가 서로 다른 모재의 조합 용접은 아래와 같이 본 용접에서 두께 자격 부여된다.

① 얇은 쪽의 자격 부여 두께는 얇은 쪽 시편의 두께를 기준으로 QW-451에 따른다. 두꺼운 쪽은 두꺼운 쪽의 시편이 38mm 이상 으로 절차 검정 받았으면 본 용접에서 두께 상한선이 없고 38mm 미만으로 절차 검정 받았다면 QW-451에 따르면 된다.

3) SMAW/GTAW/GMAW(FCAW)/SAW에서 추가 필수 변수(Supplementary Essential Variable)이 적용될 때(QW-403.6 참조),

가) PQR에서 5mm(6mm미만)으로 검정 되었다면, WPS에서는 2.5mm (1/2T)~10mm(2T) 까지만 자격 부여된다. 필수 변수만 적용될 경우 에는 1.5mm~10mm(2T)까지 자격 부여되는 것과 다르게 추가 필수 변수가 적용되는 경우는 최소 자격 부여 두께 범위가 훨씬 제한된다.

나) PQR에서 20mm(16mm이상)로 검정 되었다면, WPS에서의 최소 자격

부여되는 두께는 20mm(T)과 16mm 중 적은 값인 16mm가 되고, 최대 자격 부여 두께는 40mm(2T)가되어 최종 자격 부여되는 두께 범위는 16~40mm가 될 것이다. 필수 변수만 적용될 경우에는 5mm~40mm(2T) 까지 자격 부여되는 것과 다르게 추가 필수 변수가 적용되는 경우는 최소 자격 부여 두께 범위가 훨씬 제한된다.

4) 필수 변수만 적용되는 단락 이행형 GMAW(FCAW)에서, WPS에서 자격 부여될 두께가 12mm(13mm미만)이면 PQR에서 최소한 10.9mm(T/1.1)이상으로 검정해야 한다(QW-404.32).

5) 한 개의 PQR에서는 1.5~5mm, 또 다른 한 개의 PQR에서는 5~32mm로 검정 되었다면, WPS에서는 1.5~32mm까지 자격 부여된다(QW-200.2 (f) 참조).

6) 용접 절차서의 복합인 경우는 아래와 같다 (QW-200.4 참조).

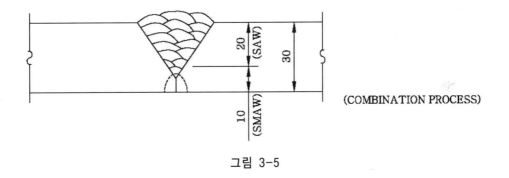

(COMBINATION PROCESS)

그림 3-5

가) PQR에서 위와 같이 시행 했을 때,
① Base Metal Thickness Qualified는
SMAW : 5 ~ 2T (= 2 x 30 = 60 mm).
SAW : 상 동.
② Weld Metal Thickness Qualified는
SMAW = 2t = 2 x 10 = 20 mm Max.
SAW = 2T = 2 x 30 = 60 mm Max. 이다.

7) 내식용 덧살 붙임 용접(Corrosion Resistant Overlay)일 경우, 아래 그림 3-6에서처럼 금속의 화학 조성 시험(Chemical Analysis)의 부위에 따라서 세 가지 두께 범위를 본 용접 시 자격 부여 받을 수 있다.

가) 첫째, 금속의 화학 조성 시험(Chemical Analysis)을 그림의 Note(1)처럼 용접 부위 상단(As welded Surface)의 시편을 채취하여 하였을 경우, 본 용접에서 자격 부여되는 내식용 덧살 붙임 용접의 최소 두께는 모재와의 용접 경계면으로부터 용접 부위 상단까지이다.

나) 둘째, 금속의 화학 조성 시험(Chemical Analysis)을 그림의 Note(2)처럼 연마된 용접 부위 상단(Prepared Surface)의 시편을 채취하여 하였을 경우, 본 용접에서 자격 부여되는 내식용 덧살 붙임 용접의 최소 두께는 모재와의 용접 경계면으로부터 연마된 용접 부위 상단 (Prepared Surface)까지 이다.

다) 셋째, 금속의 화학 조성 시험(Chemical Analysis)을 그림의 Note(3)처럼 수평으로 파낸 용접 부위(Horizontal Drilled Surface)의 시편을 채취하여 하였을 경우, 본 용접에서 자격 부여되는 내식용 덧살 붙임 용접의 최소 두께는 모재와의 용접 경계면으로부터 수평으로 파낸 용접 부위(Horizontal Drilled Surface)까지 이다.

라) 이때 최대 자격 부여되는 모재의 두께는 QW-453에 나와 있듯이 25mm 미만의 시편으로 절차 검정 시험(PQR)하였을 경우, 본 용접 (WPS)에서는 절차 검정된 시편의 두께 이상의 모재에 모두 자격 부여되고 25mm 이상의 시편으로 절차 검정 시험(PQR)하였을 경우는 본 용접(WPS)에서 25mm이상의 모든 두께 모재에 자격이 부여된다.

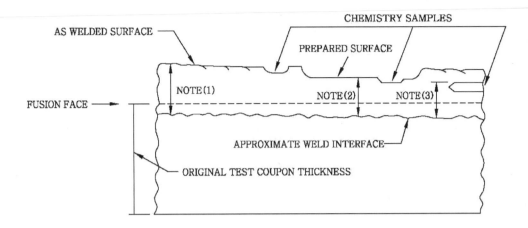

NOTES :

(1) When a chemical analysis or hardness test is conducted on the as welded surface, the distance from the approximate weld interface to the final as welded surface shall become the minimum qualified overlay thickness. The chemical analysis may be performed directly on the as welded surface or on chips of material taken from the as welded surface.

(2) When a chemical analysis or hardness test is conducted after material has been removed from the as welded surface, the distance from the approximate weld interface to the prepared surface shall become the minimum qualified overlay thickness. The chemical analysis may be made directly on the prepared surface or from chips removed from the prepared surface.

(3) When a chemical analysis test is conducted on material removed by a horizontal drilled sample, the distance from the approximate weld interface to the uppermost side of the drilled cavity shall become the minimum qualified overlay thickness. The chemical analysis shall be performed on chips of material removed from the drilled cavity.

그림 3-6 Chemical Analysis and Hardness Specimen Corrosion-
Resistant and Hard-Facing Weld Metal Overlay

8) Clad Metal 인 SA516-70(P No.1)+SA240-304L(P No.8, Any Clad Metal)의 홈 맞대기 이음 본 용접(WPS)에서의 두께에 대한 자격 부여는 Clad부(SA240-304L)는 내식용 덧살 붙임 용접의 기준(QW-462.5(a) 참조)으로 자격 부여하면 되고, 모재는(SA516-70) QW-451에 준하여 자격 부여하면 된다.

다. 〈WPS 작성 시〉 Dissimilar Joint인 경우 재질별로 구분하여 기록한다.

1) 예를 들면 P1: 5~200mm, P8: 1.5~19mm 그러나 두 재질의 두께가 같은 경우에는 하나의 두께만 기록해도 된다.

라. 〈WPS 작성 시〉 Groove Welding만 PQT에서 OK이면 Fillet Weld는 두께에 상관없이 Qualified 된다 (QW-451.4 참조).

3.4.10 용접 금속 두께(Deposited Weld Metal)

가. 용접 금속이란 용접 중에 용융하여 응고한 금속을 말한다. SMAW, SAW, GMAW, GTAW등과 같이 용가재(용착 금속을 만들기 위하여 녹여 가하는 금속, Filler Metal)를 사용하는 용접법에서는 용접 금속은 용가재가 용융한 용착 금속(Deposited Metal)과 모재(용접 또는 절단되는 재료, Parent Metal/Base Metal)가 용융한 용융부(Fusion Zone)로 구성되어 있지만, 용가재를 사용하지 않는 저항 용접이나 가스 용접, 전자 빔 용접이나 GTAW 등에서는 용접 금속은 용융부로만 구성된다.

용접 금속은 잘 용융한 금속을 주형으로 흘려 넣은 것과 마찬가지로 주조 조직 또는 기술상 조직(Dendrite Structure)으로 되어 있으며, 용접 금속의 용접 균열에 대한 감수성이나 기계적 성질 등은 수지상 조직의 크기나 발달 상황에 따라서 변하기 쉽다. 또 용접은 일반적으로 다층 용접으로 이루어 지므로 이미 형성된 용접 금속은 이어서 이루어 지는 용접에 의해 재용융 또는 재 가열 된다. 이 경우 어떤 일정한 온도 이상으로 재 가열된 부분은 처음의 수지상 조직이 소실하여 결정이 세립화하고 기계적 성질이 향상된다.

나. 〈WPS 작성 시〉 QW-451.1에 의거 용접 금속의 두께를 기록한다. 정수인 경우에는 정수로 기록하고 소수인 경우에는 소수점이하 두 자리에서 반올림하여 1자리까지 기록한다. 혼합 용접법일 경우에는 용접법 별로 기록한다.(예, GTAW: Max.8.6mm, SMAW: Max.30mm)

3.4.11 관 직경 범위(Pipe Dia.)

극히 예외적인 경우를 제외하고 "ALL"이라고 기록한다.

3.4.12 패스 당 최대 두께(Max. Thickness Per Pass)

Max. One Pass당 13mm를 원칙으로 한다. SMAW/SAW/GMAW/FCAW/ GTAW에서는 One Pass당 13mm를 초과하면 용접 입열이 과다하게 되어 WPS를 새로 자격 부여 요구한다. 즉 One Pass당 Filler Metal 두께가 13mm 초과하면 본 용접에서 모재의 두께가 자격 부여 받은 두께보다 10% 초과하여도 재자격 부여 받아야 한다 (QW-403.9 참조).

3.4.13 자세(Position)

가. AWS(American Welding Society)에서 구분되는 용접 자세의 종류는 아래와 같다.

1) Plate Welds(판 용접): QW-121/131 참조

가) Groove Welds

① 1G: Flat Position(아래 보기 용접): 모재를 수평하게 놓고 위로부터 아래보기 용접.

② 2G: Horizontal Position(수평 용접): 모재를 수직하게 놓고 수평 방향으로 용접.

③ 3G: Vertical Position(수직 용접): 모재를 수직하게 놓고 수직 방향으로 용접.

④ 4G: Overhead Position(위보기 용접): 모재를 수평하게 놓고 아래로부터 위 보기 용접.

나) Fillet Welds

① 1F: Flat Position: 모재를 수직선 상으로부터 각각 45°기울게 놓고 수직방향으로 아래보기 용접.

② 2F: Horizontal Position: 모재를 각각 수직선 및 수평선 상에 놓고 용접봉을 45°기울게 하여 수평으로 아래 보기 용접.

③ 3F: Vertical Position: 모재를 수직하게 놓고 수직 방향으로 용접.

④ 4F: Overhead Position: Pipe를 고정으로 수직하게 놓고 용접봉을 45°기울게 하여 모재 주위를 돌면서 위 보기 용접.

2) Pipe Welds(배관 용접): QW-122/132 참조

가) Groove Welds

① 1G: Horizontal Rolled Position(Flat): 모재를 수평하게 놓고 회전시키면서 위에서 아래 보기 용접.

② 2G: Horizontal Position: 모재를 고정으로 수직하게 놓고 수평 방향으로 모재 주위를 돌면서 용접.

③ 5G: Multiple Position: 모재를 고정으로 수평하게 놓고 모재 주위를 돌면서 용접.

④ 6G: Multiple Position: 모재를 고정으로 수평 선상으로부터 45°
기울게 놓고 모재 주위를 돌면서 용접.

나) Fillet Welds

① 1F : Flat Position: Pipe를 수평 선상으로부터 45°기울게 놓고,
회전 시켜가며 수직 방향으로 아래 보기 용접.

② 2F & 2FR : Horizontal Position: Pipe를 고정으로 수직하게 세우
고 용접봉을 45°기울게 하여 모재 주위를 돌면서 아래 보기 용접
(2F), Pipe를 수직하게 세우고 회전시켜가며 용접봉을 45°기울게
하여 아래 보기 용접(2FR).

③ 4F : Overhead Position: Pipe를 고정으로 수직하게 놓고 용접봉
을 45°기울게 하여 모재 주위를 돌면서 위 보기 용접.

④ 5F : Multiple Position: Pipe를 고정으로 수평하게 놓고 모재 주위
를 돌며 용접.

나. 〈WPS 작성 시〉 Groove 자세

1) 이음 형태에 Groove가 있는 경우, SAW는 1G로 기록하고, 나머지 Process
는 ALL로 기록 하는 것을 원칙으로 하고, 특별히 자세를 규정하여야 할
경우는 예외로 한다.

2) 이음 형태에 Groove가 없는 경우는 N/A로 한다.

다. 〈WPS 작성 시〉 Fillet 자세

1) 이음형태에 Fillet이 있는 경우 SAW는 1F, 2F로 기록하고, 나머지
Process는 ALL로 기록하는 것을 원칙으로 하고, 특별히 자세를 규정하여
야 할 경우는 예외로 한다.

2) 이음형태에 Fillet이 없는 경우는 N/A로 한다.

라. 〈WPS 작성 시〉 SMAW/GMAW/FCAW/GTAW에서 Supplementary Essential Variable가 적용되면(QW-405.2 참조),

1) Vertical-uphill Progression(3G, 5G, 6G)으로 용접 기능 검정 받아야 본
용접할 때 모든 자세로 자격 부여된다. 즉 Vertical-uphill Progression

(3G, 5G, 6G)이 아닌 자세로 절차 검정 받고, 본 용접에서 Vertical-uphill Progression(3G, 5G, 6G) 자세로 용접하려고 한다면 절차 검정을 다시 받아야 한다.

2) 또 Uphill Progression자세에서 절차 검정 때는 Stringer 비드로 자격 부여 받았으나 본 용접에서 Weave 비드로 수행 하려고 한다면 검정을 다시 받아야 한다. 같은 조건에서 Weave 비드가 Stringer 비드보다 용접 입열이 크기 때문에 충격치가 낮아질 우려가 있기 때문이다.

3.4.14 진행 방향(Weld Progression)

가. 3G, 5G 및 3F, 5F 일 경우 기재하는 것으로 용접의 진행 방향을 지시하는 것으로 다음과 같다.

1) Upward : 밑에서부터 위로 용접을 진행.

2) Downward : 위에서부터 밑으로 용접을 진행.

나. 〈WPS 작성 시〉 일반적으로 Downward는 용접 금속이 흘러내릴 우려가 있으므로 사용하지 않고 Upward를 채택한다.

3.4.15 예열(Preheat)

가. 예열의 목적

주된 예열의 목적은 용접 금속 및 HAZ(heat Affected Zone)의 균열 방지에 있으며 다음과 같은 효과가 있다.

1) 용접부 냉각 속도를 늦추어 HAZ의 조직 경화(Martensite or Bainite 조직 생성)를 막아 Cold Crack을 방지한다.

2) 용접부 확산성 수소의 방출을 용이하게 하여 수소 취성(Hydrogen Embrittlement) 및 저온 균열을 방지한다.

3) 용접부의 기계적인 성질을 향상 시키고 경화 조직의 석출을 방지 시킨다.

4) 용접부의 온도 구배를 낮추므로 용접 변형과 잔류 응력을 완화 시킨다.

5) 제작 과정에서 취성 파괴가 일어날 수 있는 온도 이상으로 강의 온도 조건을 제공한다. 즉 취성 파괴를 예방한다.

나. (참고) 용접부에 미치는 수소의 영향

용접 금속 내에는 일반 강재에 비해 수소량이 10~104배로 존재하고 이들 수소는 여러 가지 문제점들을 만들어 낸다.

1) 수소 취성

철이 수소를 용해하면 취화하여 연성이 저하되고 단면 수축율의 감소 등을 일으켜 그 기계적 성질을 저하한다. 그러나 극저온 혹은 급속 부하의 경우에는 수소의 확산 속도가 늦기 때문에 취성이 나타나지 않는 경우도 있다. 용접 금속 중의 수소는 시간이 경과 함에 따라 수소의 고용도가 높고 상대적인 수소 농도가 낮은 쪽으로 확산하여 간다.

이러한 특성으로 인해 용융선상의 HAZ부가 가장 경화도가 높고 수소 취화를 일으키므로 파단 강도는 저하하고 용접부에 가해지는 인장 잔류 응력에 따라 어느 정도의 잠복 기간을 거쳐 일어난다.

이 수소 취화는 아래와 같은 특성을 보인다.

- 약 −150~150℃ 사이에서 일어나며 실온보다 약간 낮은 온도에서 취화의 정도가 제일 현저하다.
- 견고하고 강한 재질일수록 취화의 정도가 현저하다.
- 잠복 기간을 거쳐서 용접 균열이 일어난다.

이러한 수소 취성은 전기 도금을 실시한 고장력 강재의 경우에도 심각한 문제를 일으킬 수 있다. 도금 과정에서 피 도금 금속은 전원의 음극에 연결되어 전해액 속에 있는 도금 금속의 표면에 달라 붙도록 유도한다. 그런데 이 과정에서 원하는 금속 이온 외에 전해액 속의 수소가 피 도금 금속 표면에 함께 달라 붙게 된다. 도금 과정에서 침입된 수소는 금속에 수소 취성을 유발하게 되고 심한 경우 강재의 파단 강도가 약 1/5정도로 약화 되기도 한다. 이러한 이유로 고장력강 Bolt등의 구조용 강재에는 부식 방지 목적으로 적용되는 전기 아연 도금을 기피하는 경우가 많이 있다.

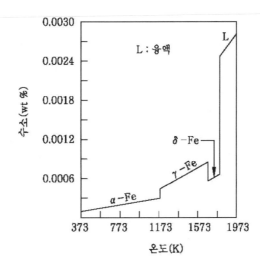

그림 3-7 강 중의 수소 용해도(1atm, H₂)

가) Under Bead Cracking

용접 비드 직하의 열 영향부에서 발생되는 균열로 이것은 용접 금속으로부터 확산된 수소가 주요 원인이다. 급냉 상태의 용접 조직에서 수소가 외부로 방출되지 못하고 모재 쪽으로 향한 수소는 Bond 인접부까지 확산하여 Bond 부분에서 수소가 집중하게 된다. 집중된 수소는 수소 취화를 일으키고 내부 응력과의 상호 작용에 의해 균열을 발생 시킨다.

이 균열은 열영향부가 경화된 경우 쉽게 발생하며 용접부의 Martensite 변태 시작 온도인 Ms점 금방의 냉각 속도에 영향을 크게 받는다. 이와 같은 수소 취성을 방지하기 위해서는 기본적으로 수소의 방출 시간을 가능한 길게 하고 수소의 용해량을 작게 해야 한다. 즉 Arc 용접에서 입열을 크게 하여 용융 금속의 고온 유지 시간을 길게 함으로서 수소의 방출을 촉진 시킬 수 있으며 수소 균열을 일으킬 수 있는 Martensite 조직의 석출을 저지할 수 있다. 또한 용접 전후에 예열과 후열을 실시하여 같은 효과를 기대한다.

나) Fish Eye(銀点)

용접부를 파단한 경우 파단면의 형상에 따른 구분이라고 할 수 있다.

위의 Under Bead Cracking과 마찬가지로 수소가 용접부 내에 집적 되므로 인해 발생되는 취화 파면의 양상이다. 이것은 수소가 용접 금속내의 공공 및 비금속 개재물 주변에 집중되어 취화를 일으켜 시험편을 파단하면 국부적인 취화 파면으로 관찰된다. 파단면에 고기의 눈과 같이 원형으로 수소가 집적되어 있기 때문에 Fish Eye라고 불린다.

다) 미소 균열(Micro-Fissuring)

수소를 많이 함유한 용접 금속 내부에는 0.01~0.1mm 정도의 미소 균열이 다수 발생하여 용접 금속의 굽힘 강도를 저하하는 경우가 있다.

이 미소 균열은 비 금속 개재물의 주변 및 결정 입계의 열간 미소 균열 등에 수소가 집적되어 발생된다. 이로 인해 용착 금속의 연성이 저하되고 피로 강도 및 굽힘 강도가 저하한다.

라) 선상 조직(Ice Flow Like Structure)

이것도 수소가 국부적으로 집중하여 존재하는 현상으로 Fish Eye에 비해 가늘고 긴 선상으로 석출하여 용착 금속 중의 SiO_2 등의 개재물 및 기포 주변에 많이 집중 됨으로써 앞서 설명한 각 현상과 마찬가지로 용접 금속의 연성을 저하시켜 취성 파괴의 원인이 된다.

2) 확산성 수소의 발생

용접부의 결함 특히 Cold Cracking을 일으키는 주요 원인은 용착 금속 중에서 확산되어 방출되는 확산성 수소가 아니라 용착 금속 내에 잔류하는 비확산성 수소이다.

하지만 이처럼 조직 내에 잔류하게 되어 문제를 야기 시키는 비 확산성 수소의 양은 측정상의 어려움으로 인해 쉽게 수치화 할 수 없다. 이에 대한 대안으로 용접부에서 빠져 나오는 확산성 수소를 측정함으로써 이에 따라 비례 증감하는 비 확산성 수소를 상대적으로 측정한다.

이 확산성 수소의 양을 통해 용접부에서 발생되는 결함을 예측하고 해당 Process와 용접 재료의 조합의 건전성을 평가하는 방법으로 사용하고 있다.

가) 용착 금속 수소 이행 기구

용착 금속 중의 수소는 아크 용접 시 4000~6000℃의 고온 아크 열에 의해 용접봉에서의 피복제, 결정수, 흡수된 수분, 대기로 부터의 수증기 및 모재 중의 수소를 포함한 물질 등이 분해되어 용융 금속 중에서 수소 가스가 원자 혹은 분자 상태로 용해되어 침투하게 된다.

이 과정에서 용융 금속에 대한 수소 가스의 용해도는 용접 시 발생하는 가스 중의 수소 분압(Hydrogen Partial Pressure)에 비례하게 되고 강 중의 수소 용해도에 따라 수소의 고용도가 결정 된다.

나) 수소 발생 영향 요인

① 피복제 중의 결정수(Chemically Bonded Water) 요인

피복제는 광물질, 유기물, Binder로 구성되는데 이들 구성 물질 고유의 결정수(Crystallized Water)가 용접 시 고온에서 분해하여 용착 금속 중으로 확산되어 침투하게 된다. 일본 Hiral 연구팀의 염기성 용접봉에 대한 아래의 확산성 수소량(HD, Diffusible Hydrogen) 산출식에 따르면 피복제 중의 결정수 Factor가 확산성 수소량에 가장 큰 영향을 미치는 것을 할 수 있다.

$$HD = (260\ a1 + 30\ a2 + 0.9\ b - 10)*{}^{1}/_{2}\ (ml/용착\ 금속\ 100g)$$

Where,

HD: 확산성 수소 발생량.

a1: 피복제 중 결정수.

a2: 피복제 흡습 수분.

b: 주위 대기의 수증기 분압(mmHg)

이 결정수는 용접봉 건조 시의 온도가 증가함에 따라 감소하므로 건조 온도를 높여 염기성 용접봉의 용착 금속 수소 함량을 감소 시킬 수 있다.

② 피복제에 흡수된 수분의 요인

저수소계의 경우 피복제 중의 결정수(a1)가 0.125%인 반면 피복제 중의 흡습 수분(a2)은 최대 3% 정도로 사실상 a2가 용착 금속 수소 함량에 가장 큰 요인으로 작용하게 된다.

피복제 흡습 수분의 양은 노출 대기의 습도와 노출 시간에 의해 직접적 영향을 받게 된다. 흡습된 수분량은 일정한 상대 습도 하에서 노출 시 노출 시간의 경과에 따라 포화 흡습도에 이를 때까지 비례적으로 증가하게 된다.

③ 주위 대기의 수증기 분포압 요인

용착 금속의 수소 함량에 미치는 영향 Factor중 주위 대기의 수증기 분포압에 의한 영향은 미약하게 작용하는데 이는 염기성 용접봉 피복제 중 상당량 함유된 탄산염이 분해할 때 발생되는 다량의 CO_2 가스로 인한 Shield 효과 때문이다. 주위 대기의 수증기 분포압에 의한 용착 금속 중의 수소 함량에 대한 영향은 하절기와 동절기의 수소 실험 결과로 느낄 수 있는데 여러 실험 결과의 의하면 주위 대기의 수증기 분포압이 높은 하절기가 동절기 보다 용착 금속 확산성 수소 함량에 있어 약 10~15% 정도 높은 것으로 나타나고 있다.

④ Arc Energy 요인

Arc Energy의 Metal Transfer Driving Force와 용접부에 가해지는 Heat Input에 의한 용착 금속 수소 함량에 대한 영향 Factor는 용접 시 발생하는 가스의 전체 압력에 좌우하게 된다. Arc Energy 증가에 따라 수소 분압이 상승함으로써 용융 금속에 대한 수소의 용해도가 증가하는데 기인 한다.

다) 수소 침입 경로의 특성

용접부의 수소 집적은 국부 응력과 냉각 조건에 따라서 다르다. 즉 동일한 조건에서 구속시킨 맞대기 이음의 다층 용접에서 Root 부에 생기는 구속 응력은 평균 구속 응력(구속도)과 Root부의 응력 집중률에 의하여 다르게 나타난다. Root부의 응력 집중률이 높은 홈 형상에서는 그 밖의 조건이 동일하더라도 Root부 부근에 큰 수소 집적을 생기게 한다.

용접 금속의 강도가 모재에 비하여 낮으면 Root부에 집중하는 국부 응력이 완화되기 때문에 국부 수소 집적량이 적게 된다.

50~200℃ 정도의 예열 혹은 후열을 하고서 용접부의 냉각 시간을 크게 하면 국부 수소 집적량은 현저하게 적게된다. 용접 과정에서 수소가 발생하고 용접부로 침투해 들어가는 과정은 다음과 같다.

- 수소가 발생되기 쉬운 용접봉으로 용접하거나, 습기가 많은 상태에서 용접하면 용접봉으로부터 혹은 주변의 습기로부터 아크 분위기를 통과한 용융 금속 입자가 수소를 흡수하므로 용접 금속은 수소를 다량으로 함유하게 된다.

- 용접 금속이 응고할 때 온도가 저하함에 따라 수소의 용해도가 급속히 감소하므로 남은 수소는 용융 금속으로부터 이탈하고자 하지만 그 일부가 용착 금속 중에 남게 되며 또한 일부는 가열에 의하여 Austenite로 된 열영향부 내에 확산한다. 이것은 Austenite가 다른 조직에 비해 수소를 다량으로 흡수하는 능력을 가지고 있기 때문이다.
- 냉각이 이루어 지면서 용착 금속의 수소 용해도는 점차 감소하고 일부는 가스로 되어 표면에서 대기 중으로 빠져 나가지만 일부는 근접하는 영향부 내로 확산을 계속하여 열 영향부의 수소량은 더욱 증가한다.
- 한편 열영향부도 냉각 됨에 따라 Austenite 상태로부터 변태가 이루어 지고 이에 따라 수소의 흡수 능력이 감소한다.
- 잔류 Austenite는 수소로 과포화되어 있기 때문에 Martensite로 변태할 때에 새로 생긴 조직 중에 미세한 균열이 생기는 일이 있다.

라) 용착 금속 수소 함량과 Cold Crack 과의 관계

① Cold Crack 발생 기구(Mechanism)

Cold Crack의 직접적인 영향은 앞서 설명한 바와 같이 확산성 수소가 아니라 용착 금속 내부에 내재하고 있는 비 확산성 수소에 기인한다.

아직 확실히 규명되고 있지는 않지만 용착 금속 중에서 외부로 방출되지 않고 잔류하는 수소가 금속 조직의 결정 격자 사이에서 용융, 응고 과정 중에서 공극을 형성함으로써 Notch Effect를 유발하여 용접 부위의 냉각 시간 경과에 따른 잔류 수소의 응축 현상과 이 때 생성되는 용접 응력을 용접 금속이 감당하지 못해 발생되는 것으로 설명된다.

따라서 Cold Cracking은 모재의 금속 조직적 특성, 용착 금속의 수소 함량 및 Hardness, 용접 시공상의 변화성 그리고 용접 균열 등의 복합적인 요인에 의한 것으로 설명될 수 있다.

② 수소에 기인한 용접부 Crack 방지 대책

- 용접 재료의 선택

일반적으로 고장력강, 저온용강 등 고급 강재는 용착 금속이 수소에 대해 민감하여 Cold Crack을 유발하기 쉬우므로 용접 재료의 선택에 신중을 기해야 한다. 대개 이런 강은 저수소계 계통이지만 극 저수소계, 고온 다습한 환경 하에서의 흡습을 저하시킨 비흡습성 저수소계, Fume 발생량을 감소시킨 Low Fume 저수소계 피복 아크 용접봉의 선택이 바람직하다. 따라서 강재의 종류, 형상의 구속도 및 작업 환경에 적합한 용접봉의 선택이 필요하다.

- 용착 금속 내의 잔류 수소를 제거하기 위한 방법으로 용접 완료 후 100~200℃ 정도의 온도로 1~5 시간 동안 저온 후열 처리를 한다. 일반적으로 후열은 확산성 수소의 발산을 촉진하고 저온 균열의 방지에 유효하다.

- 옥외 작업의 경우 우천 시에는 수증기의 분압이 상당히 높고 피복제의 막대한 흡습에 의한 용착 금속 수소 함량의 증가를 가져올 수 있으므로 주의가 요구된다.

- 특히 수중 용접의 경우에는 많은 주의가 필요하다. 수중 용접에는 Chamber를 이용한 건식법, 용접부만 국부적으로 물을 배제한 국부 건식법 이외에 수중에서 직접 아크를 발생시켜서 사용하는 간편한 습식법이 있다. 이 중에서 습식 수중 용접에는 용접 부재가 물에 직접 접해 있기 때문에 급냉되어 경화되기 쉽고 아크 Energy에 의해 물이 분해되어 확산성 수소량도 많게 되고 저온 균열이 발생하기 쉽다.

- 용접부의 수분, Oil, 녹 , Paint 등을 완전히 제거하여 항상 청결을 유지한다. 용접부에 잔류하는 수분과 녹은 반드시 제거한 상태로 깨끗한 용접부를 확보하여야 한다. 표면에 붙어 있는 녹은 많은 수분을 함유하고 있을 수 있으며 Painting한 상태에서 용접을 하면 용접 과정에서 유기물의 연소 분해에 의해 수소가 발생하고 이 수소에 의해 저온 균열이 발생하는 경우가 있다.

다. 〈WPS 작성 시〉 사업주의 특별한 요구 사항이 Project Specification에 없을 경우에는 ASME SECT.Ⅷ DIV.1 APPENDIX. R에 준한다.

1) P-No.1 Gr. No.1,2,3

가) 최대 탄소 함유량이 0.30%를 초과하고 두께가 1 in.(25mm)를 초과할 때: 175°F(79℃).

나) 기타 모든 재질: 50°F(10℃).

2) P-No.3 Gr. No.1,2,3

가) 최소 인장 강도가 70000Psi(49.21Kg/mm^2)를 초과하거나, 두께가 ⅝ in.(16mm)를 초과할 경우: 175°F(79℃).

나) 기타 모든 재질: 50°F(10℃).

3) P-No.4 Gr. No.1,2

가) 최소 인장 강도가 60000Psi(42.18Kg/mm^2)를 초과하거나, 두께가 ½ in.(13mm)를 초과할 경우: 250°F(121℃).

나) 기타 모든 재질: 50°F(10℃).

4) P-NO.5A/5B Gr. No.1

가) 최소 인장 강도가 60000Psi(42.18Kg/mm^2)를 초과하거나, 최소 Cr6.0% 초과하고 두께가 ½in.(13mm)를 초과하는 경우: 400°F(204℃).

나) 기타 모든 재질: 300°F(149℃).

5) P-No.6 Gr. No.1,2,3

: 400°F(204℃).

6) P-No.7 Gr. No.1,2 및 P-No.8, Gr. No.1,2

: 필요 없음.

7) P-No.9

가) P-No.9A Gr.1: 250°F(121℃).

나) P-No.9B Gr.1: 300°F (149℃).

8) P-No.10

가) P-No.10A Gr.1: 175°F(79℃).

나) P-No.10B Gr.2: 250°F(121℃).

다) P-No.10C Gr.3: 175°F(79℃).

라) P-No.10F Gr.6: 250°F(121℃).

(*.P-No.10D Gr.4 및 P-No.10I Gr.1 재질은 예열은 300°F(149℃)로

하고 Interpass 온도는 350°F(177℃)와 450°F(232℃)사이를 유지해야
한다.).

9) P-NO.11(Note를 참조 할 것).

가) P-No.11A

① Gr.No.1: 필요 없음.

② Gr.No.2,3: P-NO.5와 같음.

③ Gr.No.4: 250°F(121℃).

나) P-No.11B

① Gr.No.1,2,3,4,5: P-NO.3과 같음.

② Gr.No.6,7: P-NO.5와 같음.

(Note : 두께에 따라 Interpass Temperature의 한계가 반드시 주
어져야 한다. 열처리된 재질의 기계적 성질에 유해한 영향을 주는
것을 방지하기 위함)

라. 〈WPS 작성 시〉 SMAW/SAW/FCAW/GMAW/GTAW일 경우 PQ Test(=PQR
온도)의 예열 온도보다 56℃(100°F) 이상 감소 시킬 수 없다.

3.4.16 최대 패스간 온도(Max. Interpass Temp.)

가. 여러 Pass를 통해 완성되는 용접부는 앞 Pass의 잔존 열원에 대한 영향을 받
게 된다. 층간 온도란 다층(Multi-pass) 용접에서 Arc를 발생하기 바로 이전
Pass 용접 열원에 의해 데워져 있는 용접부 모재의 온도를 말한다. 층간 온도
가 규정보다 높으면 입열량의 과다로 강도 및 충격치가 저하할 수 있고 스테
인레스강에서는 Weld Decay등을 유발하게 되므로 층간 온도는 적정 온도 이
하로 맞추어야 한다. 따라서 층간 온도는 최대 온도로 제시되나 반드시 최소
예열 온도도 함께 지켜져야 하며 이는 가접 용접, 조립 금형구의 가접 용접,
보수 용접 및 가우징(Gauging)할 때도 본 용접의 조건과 동일하게 적용해야
한다.

나. 스테인레스강은 온도에 재료가 민감하기 때문에 층간 온도를 잘 유지해야 한
다. 즉, 스테인레스강은 대략 425~870℃ 사이에서는 크롬 탄화물이 석출하여
Stainless 성질의 주 역할을 하는 Cr이 제 기능을 못하므로(부식 방지를 위한
최소 Cr 함량은 12%임) 부식이 일어나기 쉽다.

또한, 고장력강의 경우는 거듭되는 용접의 층수에 따라서 용접 부위가 계속 높은 온도로 가열되는 결과가 되어 고장력강에서 요구되는 물리적 성질을 얻기 어렵게 된다.

한편, API 5LX 재료 같은 것을 용접하는 경우에 급속한 냉각을 피하고자 한다. 따라서 층간 온도가 일정 온도 이상 되게끔 유지함으로써 급냉에 의한 균열의 예방을 기하고 있다.

다. 〈WPS 작성 시〉 위와 같은 이유로 추가 필수 변수가 적용될 경우에 층간 온도를 PQR보다 55℃ 초과하여 본 용접에 적용하면 재 기능 검정을 실시해야 한다.

라. 각 재질별 최대치는 다음의 표 3-2 을 참고로 한다.

표 3-2 Maximum Interpass Temperatures

Material Type	Combined Thickness (a)	Maximum Interpass Temperature ℃
Carbon Steel (Up to 450 N/mm² UTS) (b)	Up to 30	300
	Up to 40	300
	Up to 50	300
	Up to 60	300
	Over 60	300
Carbon Steel (Up to 450 N/mm² UTS) (b)	Up to 20	300
	Up to 30	300
	Up to 40	300
	Up to 50	300
	Up to 60	300
	Over 60	300
1.25%Cr-0.5%Mo	Up to 35	350
	Up to 50	350
	Over 50	350
2.25%Cr-1%Mo or 5%Cr-0.5%Mo or 9%Cr-1%Mo	All	350
3.5%Ni	Up to 25	350
	Over 25	350
Other	All	150

Notes

(a) Combined thickness is the sum of material thickness which provide a heat conductive path away from the weld or cut (Re. BS5135 for guidance).

(b) For carbon steels, alternative preheats may be used according to BS5135, providing the WPS indicates all factors limiting maximum carbon equivalents, minimum heat inputs and maximum weld metal H contents.

3.4.17 예열 유지(Preheat Maintenance)

가. 용접후 열처리가 요구되는 경우 용접이 끝나고 열처리 들어가기 까지의 기간 동안 예열을 계속 유지해서 급냉으로 인한 Crack의 발생을 방지할 수 있다. 그 예열을 유지하는 수단으로는 Gas, Burner 혹은 Electric Heating Coil등 이 있다.

나. 〈참고〉 후열(Post-heating)

1) 용접 직후 용착 금속의 온도가 200~300℃ 이하(Cold Crack 방지 온도)로 저하되기 전에 200~350℃의 온도로 $C_2H_2 + O_2$ Gas Torch를 이용하여 Heating을 실시하며 비확산성 수소 (H_2)를 확산성 수소(H+)로 변화시켜 대기로 수소 일탈 시키는 Degassing Treatment로써 Cold Crack 방지에 대단히 유효하다.

2) Post-heating은 주로 Mild Steel의 경우 60mm 두께 이상, High Strength Low Alloy Steel의 경우는 25mm 이상에서 실시한다.

3) 이 Post-heating은 실시 시기가 대단히 중요하며 용접부가 상온으로 냉 각된 후에 실시하면 효과가 저하하므로 주의하여야 한다.

3.4.18 용접후 열처리(Post Weld Heat Treatment: PWHT)

가. 용접후 열처리의 목적

1) 용접 잔류 응력의 저감

2) 용접부의 파괴 인성의 변화: 용접부의 파괴 인성은 PWHT에 의해 향상되 는 경우(연강, HT50)와 후열에 의한 템퍼 취성(Temper Embrittlement)에 의해 열화하는 경우(HT80,Cr-Mo-V계 저합금강)가 있다. 후자와 같은 인

성 열화를 가져오는 재료에서는 PWHT에 의해 잔류 응력은 저감되는 데도 불구하고 강도의 저하를 초래할 우려가 있으므로, 불안정 파괴 방지의 입장에서는 후열처리를 하지 않는 쪽이 좋은 경우도 있다.

3) 용접 열 영향부의 경화 조직의 연화: 경화 조직(Martensite 조직이나 Lower Bainite 조직)을 Tempering 함으로써 Notch Toughness가 우수한 Tempered Martensite 조직이나 Softened Structure(연화 조직)을 생성하여 Hardness를 저하시킨다.

4) 잔류 수소량의 방출: 가열에 의하여 용접부부터 유해한 수소 가스의 방출이 일어나 용접부의 연성 증가를 가져 온다.

5) Cr-Mo강 등에서는 PWHT로 Creep 특성이 개선된다. 과도한 온도로 PWHT를 하면 오히려 역효과가 발생 할 수 있다. 용접 구조물의 사용 조건에 따라서, 즉 고온 사용 조건에서 Creep 특성, 고온 부식, 고온 산화 등의 어떠한 성질을 개선할 것인지에 따라 PWHT를 하여야 한다.

6) 반복 하중에 의한 Fatigue Strength를 증대 시킨다.

7) 변형 제어: 형상 및 치수의 안정.

8) 부식에 대한 저항성 향상.

나. 잔류 응력(Residual Stress)

모든 금속의 용접부에는 용접이 완료된 후에 잔류 응력이 발생하게 된다.

이러한 잔류 응력은 해당 구조물을 변형 시키거나 주어진 응력에 견딜 수 없게 만들거나, 과도한 잔류 응력이 용접부에 남아 쉽게 부식 피로 현상을 겪게 되고 부식 환경에 먼저 노출되어 용접부가 선택적으로 부식되는 위험성을 나타내게 된다.

1) 잔류 응력의 발생

금속은 응고 상태보다 용융 상태에 있을 때 부피의 팽창을 가지게 된다. 용접은 금속의 용융과 응고 과정을 거치게 되며, 용융된 금속이 모재와 접하게 되고 냉각되어 응고되는 과정에 부피의 수축으로 인한 용접 금속 자체의 응고 응력이 발생된다.

다음의 그림 3-8를 통해 용접 과정에서 발생되는 응력의 발생에 대해 설명한다.

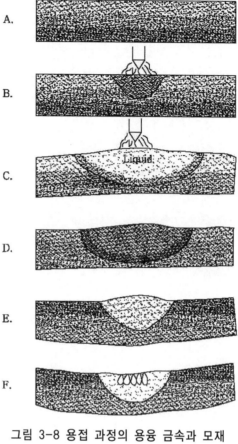

**그림 3-8 용접 과정의 용융 금속과 모재
사이의 팽창과 수축 모형**

가) 용접 개시

그림 3-8에서 A와 B에 해당 된다. 용접 초기에 Electric Arc 혹은 기타의 열원에 의해 용접부에 열 에너지가 전달된다.

이 열 에너지로 인해 용접부가 약간의 부피 팽창을 가지게 된다.

나) 용융 금속의 적층

그림 3-8에서 C에 해당 된다. 용융된 용접 금속이 용접 Joint를 채워 나가면서 용접 Joint 모재와 용접 금속 사이에는 힘이 작용한다.

이 때 작용하는 힘은 새로운 용융 금속이 비어 있는 용접 Joint를 채우면서 발생하는 압축 응력(Compressive Stress) 이다.

용접 초기에는 열과 용융 금속의 적층에 의한 압축 응력으로 인해 용접부의 부피 팽창이 일어난다.

다) 응고와 열 전달

그림 3-8에서 D에 해당 한다. 용융된 용접 금속이 용접 Joint를 채우고 더 이상 입열이 없는 상황에서 용접 금속은 서서히 냉각하기 시작한다.

냉각이 진행되면서 부피의 수축이 발생하고 모재로의 급속한 열전달이 발생 하면서 점차 팽창 되었던 용접부가 수축한다. 이러한 수축은 용접 금속이 응고하면서 발생되는 용융 금속 자체의 응고 수축 인장 응력(Tensile Stress)에 의해 더욱 촉진된다.

라) 잔류 응력의 생성

그림3-8의 E와 F에 해당한다. 모재가 용접 전의 Position으로 회복되면서 응고는 계속 진행된다. 하지만 용융 금속의 응고 수축 응력이 모재의 복원량을 초과할 정도로 강하게 되면 모재의 변형이 일어나게 된다. 이 모재의 변형량 만큼 용접 금속의 잔류 응력은 감소된 것이다.

하지만 모재가 고정되어 있거나 너무 큰 모재에 지나치게 작은 용접 금속이라면 이러한 변형이 자유스럽게 이루어 지지 못하게 된다.

이 경우에는 모든 잔류 응력을 오직 용접 금속이 스스로 감당하게 되며 그 만큼 높은 잔류 응력이 형성하게 된다.

마) 잔류 응력의 측정

현실적으로 직접 강 용접부의 잔류 응력을 측정하는 것은 많은 어려움이 따른다. 강 용접부의 잔류 응력은 용접부의 경도(Hardness)를 통해 간접적으로 측정된다. Aluminum 등의 일부 강종을 제외하고는 대부분의 강이 용접부의 경화를 나타내며 이 크기는 잔류 응력의 크기에 비례하게 된다.

따라서 잔류 응력의 제거가 충분히 이루어져 있는지를 확인하는 가장 좋은 방법은 용접부 경도를 측정하는 것이다.

잔류 응력을 제거할 수 있는 여러 가지 방법들이 제시되고 있으나 가장 좋은 방법은 역시 응력 제거를 위한 열처리를 실시하는 것이다.

그러나 열처리를 통해 변형된 구조물의 변형을 완전하게 회복할 수는 없다.

다. 용접후 열처리의 문제점

1) 모재 성능 저하

가) 조질 고장력강: 모재에 실시한 Tempering 온도 이상의 고온 PWHT시 조질 효과 상실로 강도 및 인성 저하.

나) 극후 판재: 중간 및 최종 PWHT등 수차의 열처리 중첩 효과로 기계적 성질 파괴, 인성 Creep 특성 저하.

다) $2\frac{1}{4}$Cr-1Mo: 고온으로 장시간 열처리시 용접 금속 내에 조립 Ferrite 가 형성하여 강도 저하.

라) 저온용 Ni강: PWHT에 의해 파괴 인성이 떨어짐(2.5Ni/3.5Ni/1Ni).

마) 저 합금강의 경우 석출 경화형 원소(V, Nb) 혹은 잔류 원소(Sb, P, As, B)의 편석이 생길 수 있다.

2) 재열 균열 발생(Reheating Crack)

가) 발생 재질

Ni-Cr-Mo-V-B강/Cr-Mo-V-B강/Cr-Mo-B강/Cr-Mo-V강/2Cr-1Mo강 등은 PWHT시 HAZ에 재열 균열 또는 응력 제거 Annealing (S.R 균열)이라 부르는 고온 균열 발생.

나) 발생 기구

내부 응력의 완화 과정 중 미세 석출물이 석출하게 됨으로서 결정립내 와 결정립계에 비틀림이 일어나며 결정립이 조대화 될수록 입계 면적율 이 감소하고 비틀림 양이 커지면서 입계에 균열 발생. 이 균열은 500~600℃ PWHT에서 주로 발생하고 응력 집중부나 노치가 있는 후 판 용접부의 Toe부에서 발생하기 쉽다.

다) 재열 균열에 대한 대책

① 균열을 촉진하는 원소, 농도가 큰 강재를 피할 것.
② 구조 및 Joint 설계 시 외적 구속을 줄일 것.
③ Al, N등을 첨가하여 HAZ의 조대화를 억제할 것.
④ Temper Bead법 사용 및 입열 감소로 HAZ 결정립 조대화를 억제.
⑤ Undercut등 응력 집중 요소 줄임.

⑥ 용접 덧살 높이가 적절하도록 Grinding: 판 두께 25t에 대하여 Max.2.4mm 높이.

⑦ PWHT시 최고 가열 온도는 모재의 Tempering 온도 이하.

라. 용접후 열처리(PWHT) 조건별 검토 항목

안정적인 열처리를 실시하기 위해서는 무엇보다도 구조물 재료의 금속적인 특성을 충분하게 이해해야 한다. 열처리 과정에서 금속의 특성을 저해할 만한 요소가 없는지 구조물을 고온에서 지지하고 형상을 유지할 수 있는 버팀재의 선정은 올바른지, 고온에서 구조물의 변형은 고려 되었는지 등에 대한 폭 넓은 검토가 반드시 이루어 져야 한다.

또한 용접 구조물의 제작 과정에서 구조물의 크기와 열처리 노의 크기 등을 고려한 작업 순서의 조정과 결정이 합리적으로 이루어 져야 한다. 경우에 따라서는 전체 구조물을 통째로 노에 넣고 열처리 하는 것 보다 필요한 부분만을 국부적으로 열처리 하는 것이 구조물의 안정성과 경제적인 면에서 유리할 수 있다.

1) 가열 온도(Heating Temperature)

가) 가열 온도는 상위 변태점 이하로 유지한다.

나) 특히 조질강의 경우에는 Tempering 온도 이하로 유지해야 한다.

다) 용접 금속에 잔존하는 수소의 충분한 방출이 이루어 질 수 있는 온도 이상이어야 한다.

라) 경화된 용접부의 연화가 일어날 수 있는 온도 이상이어야 한다.

마) 기타 모재 및 용접 금속의 사용상 필요한 성능이 실용적으로 열화하지 않는 범위에서 실시해야 한다

2) 가열 속도(Heating Rate)

가) 균일한 가열을 실시하여 국부적인 온도 불균일로 인한 형상, 치수 변화 등이 발생하지 않도록 가열 속도를 제한해야 한다.

나) 특히 두꺼운 후판의 경우에는 균일한 온도가 이루어 지면서 가열되도록 노내 환경을 조절해야 한다.

다) 가열 속도가 너무 느리면 균일한 가열은 되지만 에너지 소비가 많아 비용이 크고 전체적인 열처리 시간이 너무 오래 걸린다.

3) 유지 시간(Holding Time)

가) 적절한 온도까지 가열하고 조직의 연화가 알맞게 일어나기 까지 시간을 유지해야 한다.

나) 모재 및 용접부의 사용상 필요한 성능이 실용적으로 열화하지 않는 범위 내에서 열처리가 이루어 져야 한다.

다) 수소의 방출이 일어날 수 있도록 시간을 유지해야 한다.

라) 응력 완화가 이루어 질 수 있는 최소 시간을 유지해야 한다.

마) 너무 오래 열처리를 하면 에너지 소비가 크고 제조 시간이 오래 걸린다.

4) 냉각 속도(Cooling Time)

가) 냉각 속도가 너무 빠르면 불균일한 온도로 인해 형상, 치수의 변화가 발생할 수 있다.

나) 너무 빠른 냉각 속도는 도리어 강의 경화를 유발할 수 있다.

다) 너무 느린 냉각 속도는 지나친 용접부 연화를 유발하고 해로운 상의 출현으로 인해 열처리 후 균열을 야기할 수 있다.

라) 너무 느리면 에너지의 소비가 많고 시간이 많이 걸린다.

5) 열처리 노(Furnace) 내 출입 온도 상한

가) 노내 장입 온도가 너무 높으면 모재의 갑작스러운 가열이 발생하여 형상과 치수의 급격한 변형을 유발할 수 있다.

나) 노에서 용접물을 꺼내는 온도가 너무 높으면 급격한 냉각으로 오히려 잔류 응력을 증가 시킬 수 있다.

마. 〈WPS 작성 시〉 Carbon Steel(A285GrC, A516Gr60, A516Gr70등)에 Stainless Steel 316L, 304L, 321, 347등을 Clad한 재질인 경우, Low Carbon이거나 안정화 된 재질이어서 크롬 탄화물이 석출되지 않기 때문에 Carbon Steel의 두께를 기준으로 열처리 해도 문제가 생기지 않는다.

바. 〈WPS 작성 시〉 Stainless Steel 304L, 316L 자체가 그대로 Carbon Steel(A285GrC, A516Gr60, A516Gr70등)에 Clad된 경우, PWHT때 발생할 수 있는 Stainless Steel의 입계 예민화 현상을 최소화할 수 있도록 약 500℃±35℃에서 통상의 온도보다 더 장시간 유지하여 Base Metal(Carbon Steel)을 기준으로 열처리를 실시하는 방법도 있다.

사. 〈WPS 작성 시〉 사업(Project) 수행 시 특별한 사업주의 요건이 없을 경우는, 아래와 같이 용접후 열처리 온도, 방법 및 시간을 결정한다.

1) ASME SECT.Ⅷ DIV.1, UCS-56 과 UHA-32 기준에 의한다.

2) Impact Test가 있는 경우는 ASME SECT. Ⅸ. QW-407.2에 따라서 Min. 과 Max. Holding Time을 기록해야 한다.

3) 참고로 Detail 한 Heating/Cooling Rate를 알려면 ASME SECT.Ⅷ DIV.1, UCS-56 Para.(d)를 본다.

4) PWHT에 대한 Procedure는 UW-40을 참고로 한다.

5) PQR과의 상관관계는 ASME SECT.Ⅸ.QW-407.1, QW-407.2, 407.4을 참고한다.

아. 〈WPS 작성 시〉 조질강(Quenching & Tempered Steel)일 경우 용접 후열처리(PWHT)온도를 Mill에서 Tempering한 온도보다 낮게 해야 한다.(Mill에서의 Tempering 온도보다 약 30℃ 낮은 온도에서 PWHT하는 것이 바람직함) 만약에 Mill에서의 Tempering 온도보다 높게 PWHT하면 Mill에서의 Tempering 효과가 사라지게 되는 점을 유의하여야 한다.

자. 〈WPS 작성 시〉 다음의 각 경우는 재 자격 검정을 받아야 한다.

1) P-No.1~6,9~15F 재질을 PQR에서 PWHT하여 자격 부여 받았는데 본 용접(WPS)에서 PWHT하지 않을 경우(QW-407.1 (a) (1) 참조).

2) P-No.1~6,9~15F 재질을 PQR에서 변태 온도가 아닌 정상 용접 후열처리 온도에서 PWHT를 실시하여 자격 부여 받았는데 본 용접에서 상.하위 변태점 미만이나 높은 온도에서 PWHT 할 경우(QW-407.1 (a) (2), (3) 참조).

3) P-No.1~6,9~15F 재질을 PQR에서 변태 온도가 아닌 정상 용접 후열처리 온도에서 PWHT를 실시하여 자격 부여 받았는데 본 용접에서 하위 변태 온도 미만에서 열처리 한 다음 상위 변태 온도를 넘어서 PWHT 한 경우, 예를 들면 본 용접한 다음 템퍼링 이후에 노말라이징 혹은 퀜칭하는 경우 (QW-407.1 (a) (4) 참조).

4) P-No.1~6,9~15F 재질을 PQR에서 변태 온도가 아닌 정상 용접 후열처리 온도에서 PWHT를 실시하여 자격 부여 받았는데 본 용접에서 상.하위 변태 온도 사이에서 PWHT 할 경우(QW-407.1 (a) (5) 참조).

5) P-No.1~6,9~15F 재질은 PQR에서 PWHT하여 자격 부여 받았는데 본 용접(WPS)에서 PWHT하지 않을 경우나 정해진 PWHT 온도를 벗어나서 PWHT하는 경우(QW-407.1 (b) (1), (2) 참조).

6) 추가 필수 변수가 적용되는 본 용접(SMAW/SAW/GMAW/FCAW/GTAW)후에 610±10℃에서 5시간 PWHT하는 경우에 PQ는 같은 온도로 4시간(WPS PWHT 시간의 최소 80% 이상) 이상 PWHT 하여야 한다(QW-407.2 참조).

차. P-No.7, 8, 45가 아닌 금속재 모재에 대하여는, 시편을 상위 변태 온도보다 높은 온도에서 PWHT하여 절차 검정 시험할 때, P-No.10H 경우는 시편을 용체화 열처리할 때, 실제 용접에서 자격 부여되는 최대 두께는 시편 두께의 1.1배 이다(QW-407.4 참조).

카. 〈참고〉 각 강종 별로 금속적인 특성에 따라 잔류 응력 제거를 위한 열처리 기준이 다르게 적용된다. 각종 용접 관련 규정에서는 이에 관하여 많은 기준을 제시하고 있다.

표 3-3 Requirement for Heat Treatment(ANSI B 31.3 1993Ed)

Base metal P-No. (Note 1)	Weld Metal A-No. (Note 2)	Base metal Group	Metal. Wall Thk	Tensile Strength Base Metal	Metal Temp.Range	Holding Time	
			mm	ksi	℃	Min. Hr	Hr/ in.
1	1	Carbon Steel	≤19	All	None	–	–
			〉19	All	593~649	1	1
3	2.11	Alloy Steels, Cr≤½%	≤19	≤71	None	–	–
			〉19	All	593~718	1	1
			All	〉71	593~718	1	1
4	3	Alloy Steels, ½%〈Cr〈2%	≤12.7	≤71	None	–	–
			〉12.7	All	704~746	2	1
			All	〉71	740~746	2	1
5	4.5	Alloy Steel(2¼≤Cr≤10%)					
		≤3% Cr and ≤0.15% C and 〉3% Cr or 〉0.15% C	≤2.7 〉12.7	All All	None 704~760	– 2	– 1

(cont'd)

표 3-3 Requirement for Heat Treatment(ANSI B 31.3 1993Ed) (cont'd)

Base metal P-No. (Note 1)	Weld Metal A-No. (Note 2)	Base metal Group	Metal. Wall Thk	Tensile Strength Base Metal	Metal Temp.Range	Holding Time	
			mm	ksi	℃	Min. Hr	Hr/ in.
6	6	High Alloy Steels Martensitic	All	All	723~783	2	1
		A240Gr.429	All	All	621~663	2	1
7	7	High Alloy Steels Ferritic	All	All	None	–	–
8	8,9	High Alloy Steel Austenitic	All	All	None	–	–
9A, 9B	10	Nickel Alloy Steels	≤19	All	None	–	–
			>19	All	593~635	1	–
10	–	Cr-Cu Steel	All	All	760~816	–	–
10A	–	Mn-V Steel	≤19	≤71	None	–	–
			>19	All	593~704	1	1
			All	>71	593~704	1	1
10E	–	27Cr Steel	All	All	663~704	1	1
10R	–	Duplex Stainless Steel	All	All	None(7)	–	–
11A SG 1	–	8Ni, 9Ni Steel	≤51	All	None	–	–
			>51	All	552~585	–	1
11A SG 2	–	5Ni Steel	>51	All	552~585	1	1
62	–	Zr R60705	All	All	530~595	1	1(Note 9)

Notes:
(1) P-Numbers from BPV Code, Section IX, Table QW/QB-422, Special P-Numbers(SP-1, SP-2, SP-4 and SP-5) require special consideration. The required thermal treatment for Special P-Numbers shall be established by the engineering design and demonstrated by the welding procedure qualification.
(2) A-Number for BPV Code, Section IX, Table QW/QB-442.
(3) For SI equivalent, h/mm, divide hr/in. by 25.
(4) Deleted.
(5) Cool as rapidly as possible after the hold period.
(6) Cooling rate to 649℃ shall be less than 56℃/hr, thereafter, the cooling rate shall be fast enough to prevent embrittlement.
(7) Postweld heat treatment is neither required nor prohibited, but any heat treatment applied shall be as required in the material specification.
(8) Cooling rate shall be >167℃/hr to 316℃.
(9) Heat treat within 14days after welding. Holding time shall be increased by 1/2 hr for each over 1in. thickness. Cool to 427℃ at rate ≤278℃/hr.in nominal thickness, 278℃ max. Cooling in still air from 427℃.

표 3-4 탄소강(Carbon Steel)과 저합금강(Low Alloy Steel)의 열처리 기준표(UCS-56)

Material	Normal Hold Temp.(℉) Min.	Min. Holding Time at Normal Temp. for Nominal Thickness(See UW-40(f))		
		Up to 2in	Over 2 in to 5in.	Over 5in
P-No.1 Gr. Nos. 1,2,3	1100	1hr/in, 15min. Minimum	2hr plus 15min. for each additional inch over 2in.	
P-No.1 Gr. Nos. 4	NA	None	None	None
P-No.3 Gr. Nos. 1,2,3	1100		2hr plus 15min. for each additional inch over 2in.	
P-No.4 Gr. Nos. 1,2	1200	1hr/in, 15min. Minimum	1hr/in	5hr plus 15min. for each additional inch over 5in.
P-No.5A, 5B Gr. Nos. 1	1250			
P-No.5C Gr. Nos. 1	1250			
P-No.9A Gr. Nos. 1	1100			
P-No.9B Gr. Nos. 1	1100			
P-No.10A Gr. Nos. 1	1100	1hr minimum plus 15min. for each additional inch over 1in.		
P-No.10B Gr. Nos. 1	1100			
P-No.10C Gr. Nos. 1	1000			
P-No.10F Gr. Nos. 1	1000			
P-No.15E Gr. Nos. 1	1350	1hr/in. 30min. minimum up to 5in., 5hr plus 15min. foreach additional inch over 5in.		

Notes: 상기 표에 제시된 기준은 Supplementary Note 사항을 제외한 상태에서 간략하게 정리한 것으로 참고용으로만 사용.

표 3-5 고합금강(High Alloy Steel)의 열처리 기준표(UHA-32)

Material	Normal Hold Temp.(℉) Min.	Min. Holding Time at Normal Temp. for Nominal Thickness(See UW-40(f))		
		Up to 2in	Over 2 in to 5in,	Over 5in
P-No.6 Gr. Nos. 1,2,3	1400	1hr/in, 15min. Minimum	2hr plus 15min. for each additional inch over 2in.	
P-No.7 Gr. Nos. 1,2	1350	1hr/in, 15min. Minimum	2hr plus 15min. for each additional inch over 2in.	
P-No.8 Gr. Nos. 1,2,3,4	PWHT is neither required nor prohibited for joints between austenitic stainless steel of the P-No.8 group.			
P-No.10E Gr. Nos. 1	1250	1hr/in 15min. Minimum	1hr/in	1hr/in
P-No.10G Gr. Nos. 1	PWHT is neither required nor prohibited.			
P-No.10H Gr. Nos. 1	For austenitic-ferritic wrought or cast duplex stainless steels listed below, PWHT is neither required nor prohibited, but any heat treatment applied shall be performed as listed below and followed by liquid quenching or rapid cooling by other means. Allow — PWHT Temp.(℉) J93345 — 2050min S31200, S31803, 32550 — 1900min S31260 — 1870-2010 S31500 — 1785-1875 S32202 — 1800-1975 S32304 — 1800min S32750 — 1880-2060 S32760 — 2010-2085 S32900(0.08max.C) — 1725-1775 S32950 — 1825-1875 S39274 — 1925-2100			
P-No.10I Gr. Nos. 1	1350	1hr/in, 15mim. Minimum	1hr/in	1hr/in
P-No.10K Gr. Nos. 1	For alloy S44660, the rules for ferritic chromium stainless steel shall apply, expect that post weld heat treatment is neither required nor prohibited. If heat treatment is performed after forming or welding, it shall be performed at 1500℉ to 1950℉ for a period not to exceed 10min.followed by rapid cooling.			

Note: 상기 표에 제시된 기준은 Supplementary Note 사항을 제외한 상태에서 간략하게 정리한 것으로 참고 용으로만 사용한다. 이들 고합금강의 경우에는 일반 Carbon Steel이나 저합금강의 경우 보다 세부적인 주의 사항들이 많이 적용된다.

표 3-6 ASME Sect.VIII Div.1의 UHT-56에 제시된 열처리 기준

Spec. No.	Grade or Type	P/Gr. No.	Nom. Thk. Requiring PWHT, in	Notes	PWHT Temp. °F	Holding Time	
						Hr/in	Min
Plate Steels							
SA-353	9Ni	11A/1	Over 2	–	1025~1085	1	2
SA-517	Grade A	11B/1	Over 0.58	(1)	1000~1100	1	$\frac{1}{4}$
SA-517	Grade B	11B/4	Over 0.58	(1)	1000~1100	1	$\frac{1}{4}$
SA-517	Grade E	11B/2	Over 0.58	(1)	1000~1100	1	$\frac{1}{4}$
SA-517	Grade F	11B/3	Over 0.58	(1)	1000~1100	1	$\frac{1}{4}$
SA-517	Grade J	11B/6	Over 0.58	(1)	1000~1100	1	$\frac{1}{4}$
SA-517	Grade P	11B/8	Over 0.58	(1)	1000~1100	1	$\frac{1}{4}$
SA-533	Type B,D,Cl.3	11A/4	Over 0.58	–	1000~1050	$\frac{1}{2}$	$\frac{1}{4}$
SA-543	Type B,C,Cl.1	11B/5	–	(2)	1000~1050	1	1
SA-543	Type B,C,Cl.2	11B/10	–	(2)	1000~1050	1	1
SA-543	Type B,C,Cl.3	11A/5	–	(2)	1000~1050	1	1
SA-553	Type I,II	11A/1	Over 2	–	1025~1085	1	2
SA-645	Grade A	11A/2	Over 2	–	1025~1085	1	2
SA-724	Grade A,B	1/4	None	–	N/A	N/A	N/A
SA-724	Grade C	1/4	Over $1\frac{1}{2}$	–	1050~1150	1	$\frac{1}{2}$
Castings							
SA-487	Class 4B	11A/3	Over 0.58	–	1000~1050	1	$\frac{1}{4}$
SA-487	Class 4E	11A/3	Over 0.58	–	1000~1050	1	$\frac{1}{4}$
SA-487	Class CA 6NM	6/4	Over 0.58	–	1025~1110	1	$\frac{1}{4}$
Pipes and Tubes							
SA-333	Grade 8	11A/1	Over 2	–	1000~1085	1	2
SA-334	Grade 8	11A/1	Over 2	–	1000~1085	1	2
Forgings							
SA-508	Grade 4N Cl.1	11A/5	–	(2)	1000~1050	1	1
SA-508	Grade 4N Cl.2	11B/5	–	(2)	1000~1050	1	1
SA-522	Type I	11A/1	Over 2	–	1025~1085	1	2
SA-592	Grade A	11B/1	Over 0.58	(1)	1000~1100	1	$\frac{1}{4}$
SA-592	Grade E	11B/2	Over 0.58	(1)	1000~1100	1	$\frac{1}{4}$
SA-592	Grade F	11B/3	Over 0.58	(1)	1000~1100	1	$\frac{1}{4}$

Notes:

(1) See UHT-82(g).

(2) PWHT is neither required nor prohibited, Consideration should be given to the possibility of temper embrittlement. The cooling rate from PWHT, when used, shall not be slower than that obtained by cooling in still air.

3.4.19 가스(Gas)

가. Shield Gas의 목적

Shield Gas의 일차적인 목적은 용융 금속을 대기로부터 차단하여 산화 및 질화를 방지하는 역할 이외에 다음과 같은 영향을 준다. 그리고 각 가스의 특성을 이용한 혼합 가스를 사용하기도 하는데, 불활성 가스에 활성 가스를 혼합하여 사용하는 이유는 안정된 Arc를 얻기 위함이다.

1) Arc 특성 및 용적 이행 Mode.
2) 용입 깊이 및 Bead 형상.
3) 용접 속도 및 Under-cut 결함 발생 정도.
4) 청정 작용(Cleaning Action).
5) 용착 금속의 기계적 성질 및 용접 비용 등.

나. Shield Gas of GTAW

Ar 과 He 혹은 이 두 Gas의 혼합을 보통 사용한다. Ar 과 H_2 의 혼합 Gas도 사용할 수 있다.

1) Argon

　가) 순도가 Min. 99.95% 이다. (Relative and Refractory Metal 에는 99.997%)

　나) Ar은 다음과 같은 이유로 He 보다 많이 사용되어진다.

　　① 부드럽고 조용한 Arc.

　　② 적은 용입 (Reduced Penetration).

　　③ Al 혹은 Mg 와 같은 Material 에서의 청정작용.

　　④ 염가이며 적용성이 좋다.

　　⑤ 적은 유량으로 좋은 차폐유지.

　　⑥ 쉬운 Arc-starting.

　다) Ar을 사용 함으로서 적은 용입을 얻을 수 있어서 얇은 Material의 수동 용접을 할 때 용이하다.

2) He

　가) 순도 : 99.9%

　나) 동일 전류 및 Arc 길이에서 He은 Ar보다 용접물에 더 많은 열을 전달

한다.

다) He의 Heating Power가 크기 때문에 높은 속도의 자동 용접이나 열전도율이 큰 Metal의 용접에 He Gas가 많이 사용된다.

라) He은 Ar보다 두꺼운 Plate (Heavy Plate)의 용접에 많이 사용한다.

3) He 과 Ar 의 성질

가) Ar은 공기보다 1.4배 무겁고 그리고 He 보다는 10배 무거워서 Weld Area에 차폐를 잘 형성한다.

나) 같은 차폐 효과를 위해서 He의 유량을 Ar의 2~3배로 해야한다.

다) Ar과 He 차폐경우 전류, 전압 관계를 보면 그림 3-9와 같다.

라) 똑같은 Arc Power를 얻기 위하여는 He보다는 Ar을 사용할 때가 더 높은 전류를 써야 한다.

마) He 나 Ar 둘 다 직류를 사용할 때 Arc가 안정하다.

Al이나 Mg의 용접에 사용하는 교류는 Ar이나 He보다 Arc가 안정하고 청정작용이 크다.

바) Ar & He Shield Gas 비교표

표 3-7 Ar & He Shield Gas 비교

비교 항목	아르곤(Ar) 가스	헬륨(He) 가스
(1) Arc 안정성	좋다	나쁘다
(2) 입열	낮다	높다
(3) Arc 발생	쉽다	어렵다
(4) 가스 소모량	Shield 효과가 좋아 적게 소모	많이 소모
(5) Fume 발생 정도	적다	많다
(6) 청정 작용	있다(DCRP, AC)	없다
(7) 판두께 적용	박판에 좋다	후판에 좋다
(8) 이종 금속 용접	우수	보통
(9) 기타	수동 용접에 적합	자동 용접에 적합
(10) 무게(공기에 비해)	약 1.4배 무겁다	약 0.14배 정도 가볍다

Ar과 He를 혼합하여 사용하는 경우는 He을 써서 큰 용입 효과가 필요하고 Ar의 Arc를 부드럽게 하는 작용이 필요한 용접으로서 He80%, Ar20%가 가장 효과적이다.

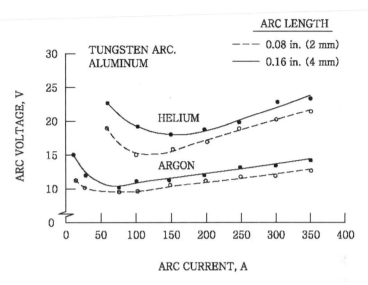

그림 3-9 Voltage-Current Relationship with Argon and
Helium Shielding

4) Ar과 H₂의 혼합(Argon-Hydrogen Mixtures)

가) H_2가 Hydrogen-Induced Cracking이나 Porosity와 같은 금속학적 결함에 영향을 주지 않는 얇은 Stainless Steel Tube의 자동용접에 Ar과 H_2의 혼합가스를 사용한다.

나) 지나친 H_2 첨가는 Porosity의 원인이며 Root Gap이 0.25~ 0.5mm인 Stainless Steel 용접에 35%의 H_2가 첨가된 혼합 Gas를 사용한다.

다) Ar과 H_2의 혼합 가스는 Stainless Steel, Nickel-Copper 그리고 Nickel Alloy에 사용한다.

라) 대개에 15%의 H_2를 포함한 Ar-H_2 혼합 Gas를 사용하며 이 혼합 Gas는 1.6mm 이하의 Stainless Steel 맞대기 용접에 사용한다. 이 경우 용접 속도는 Ar Gas 단독으로 사용시 보다 50% 빠르다.

마) 또 이 15%의 H_2를 포함한 Ar-H_2 혼합 Gas는 Stainless Steel 이나 Nickel Alloy의 Tube 와 Tubesheet 용접이나 Stainless Steel 통(Barrel) 용접에 사용된다.

바) 수동 용접에는 Clean Weld를 얻기 위하여 5%의 H_2를 포함한 Ar-H_2 혼합 Gas를 사용 한다.

5) Shielding Gas의 선택

가) 수동 용접의 얇은 Material 작업 시 100% Ar을 사용하는 것 외에 Ar, He, 혹은 Ar이나 He의 혼합 Gas 어느것이든 사용할 수 있다.

나) Ar은 He보다 빠르고 부드럽게 Arc를 작동할 수 있고 용입도 적다. 또 Flow Rate가 작고 Cost가 적다는 것도 Ar을 사용하는 잇점이다.

다) Al이나 Cu와 같은 열 전도도가 높은 두꺼운 금속의 용접에 높은 입열을 발생하는 He을 사용하고 그 외에는 Ar이 더 유효하게 사용된다.

라) Shielding Gas 선택 Guide를 표 3-8에 열거 한다.

표 3-8 Recommended Type of Current, Tungsten Electrodes and Shielding Gases for Welding Different Metals

TYPE OF METAL	THICKNESS	TYPE OF CURRENT	ELECTRODE *	SHIELDING GAS
Aluminum	All	Alternating current	Pure or zirconium	Argon or argon-helium
	over 1/8 in.	DCEN	Thoriated	Argon-helium or argon
	under 1/8 in.	DCEP	Thoriated or zirconium	Argon
Copper, copper alloys	All	DCEN	Thoriated	Helium
	under 1/8 in.	Alternating current	Pure or zirconium	Argon
Magnesium alloys	All	Alternating current	Pure or zirconium	Argon
	under 1/8 in.	DCEP	Zirconium or thoriated	Argon
Nickel, nickel alloys	All	DCEN	Thoriated	Argon
Plain carbon, low-alloy steels	All	DCEN	Thoriated	Argon or argon-helium
	under 1/8 in.	Alternating current	Pure or zirconium	Argon
Stainless steel	All	DCEN	Thoriated	Argon or argon-helium
	under 1/8 in.	Alternating current	Pure or zirconium	Argon
Titanium	All	DCEN	Thoriated	Argon

* Where thoriated electrodes are recommended, ceriated or lanthanated electrodes may also be used.

다. Shielding Gas of GMAW

Ar이나 He의 특성에 대하여는 다음 사항 외에는 앞 절에서 언급한 Shielding Gas of GTAW를 참조 바람.

1) General

가) He에 의한 차폐는 어느 전류 조건하에서도 Spray Transfer를 얻지 못한다.

나) 최소한 80%의 Ar Gas를 포함한 경우 천이전류(Transition Current) 이상 일 때 Spray Transfer를 얻을 수 있다.

다) GMAW에서의 Shielding Gas에 대하여 표 3-9와 표 3-10을 참고 바람.

표 3-9 GMAW Shielding Gases for Spray Transfer

Metal	Shielding Gas	Thickness	Advantages
Aluminum	100% Argon	0 to 1 in. (0 to 25 mm)	Best metal transfer and arc stability; least spatter.
	35% argon -65% helium	1 to 3 in. (25 to 76 mm)	Higher heat input than straight argon; improved fusion characteristics with 5XXX series Al–Mg alloys.
	25% argon -75% helium	Over 3 in. (76 mm)	Highest heat input; minimizes porosity
Magnesium	100% Argon	–	Excellent cleaning action.
Steel carbon	95% Argon +35% oxygen	–	Improves arc stability; produces a more fluid and controllable weld puddle; good coalescence and bead contour; minimizes undercutting; permits higher speeds than pure argon.
	90% Argon +8/10% carbon dioxide	–	High-speed mechanized welding; low-cost manual welding.
Steel low-alloy	98% Argon -2% oxygen	–	Minimizes undercutting; provides good toughness.
Steel stainless	99% Argon -1% oxygen	–	Improves arc stability; produces a more fluid and controllable weld puddle; good coalescence and bead contour; minimizes undercutting on heavier stainless steel.
	98% Argon -2% oxygen	–	Provides better arc stability, coalescence, and welding speed than 1 percent oxygen mixture for thinner stainless steel materials.
Nickel, copper, and their alloys	100% Argon	Up to 1/8 in. (3.2 mm)	Provides good wetting; decreases fluidity of weld metal.
	Argon -helium	–	Higher heat inputs of 50 & 75 percent helium mixtures offset high heat dissipation of heavier gages.
Titanium	100% Argon	–	Good arc stability; minimum weld contamination; inert gas backing is required to prevent air contamination on back of weld area.

표 3-10 GMAW Shielding Gases for Short Circuiting Transfer.

Metal	Shielding Gas	Thickness	Advantages
Carbon steel	75% argon +25% CO_2	Less than 1/8 in. (3.2 mm)	High welding speeds without burn-through; minimum distortion and spatter.
	75% argon +25% CO_2	More than 1/8 in. (3.2 mm)	Minimum spatter; clean weld appearance; good puddle control in vertical and overhead positions.
	Argon with 5–10% CO_2	–	Deeper penetration; faster welding speeds.
Steel stainless	90% helium + 7.5% argon+2.5% CO_2	–	No effect on corrosion resistance; small heat-affected zone; no undercutting; minimum distortion.
Low alloy steel	60–70% helium +25–35% argon +4.5% CO_2	–	Minimum reactivity; excellent toughness; excellent arc stability, wetting characteristics, and bead contour; little spatter.
	75% argon +25% CO_2	–	Fair toughness; excellent arc stability, wetting characteristics, and bead contour; little spatter.
Aluminum, copper, magnesium, nickel, and their alloys	Argon & argon + helium	Over 1/8 in. (3.2 mm)	Argon satisfactory on sheet metal; argon–helium preferred base material.

2) Ar과 He의 혼합 Gas

가) Pure Ar이 통상 비철금속에 사용되고 He은 Arc의 안정에 제한되어서 극히 전문적인 부분에만 사용된다.

나) Short Circuiting Transfer시 60~90%의 He을 포함한 Ar-He 혼합 Gas가 모재에 높은 입열을 가하기 위해 사용된다.

다) Stainless Steel이나 Low Alloy Steel에서 CO_2를 첨가하면 용접부의 기계적인 성질에 역효과를 가져오기 때문에 CO_2 대신 He을 첨가한다.

라) 여러 가지 Shielding Gas 사용 시 용입 및 Bead 형태를 그림 3-10에 소개한다.

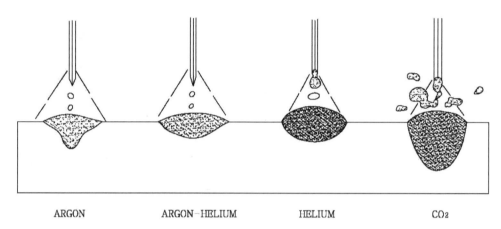

ARGON   ARGON-HELIUM   HELIUM   CO₂

그림 3-10 Bead Contour and Penetration Patterns for Various Shielding Gases.

3) Ar이나 He에 O_2나 CO_2의 혼합

가) Ferrous Alloy 용접 시 순수 Ar은 불규칙한 Arc나 Undercut을 일으킬 수 있으므로 Ar에 1~5%의 산소나 3~25%의 CO_2를 혼합하면 Cathode Sputtering 때문에 생기는 Arc 분산을 제거하여 Undercut을 방지하고 Arc를 안정시키는데 좋은 효과가 있다.

나) Ar에 CO_2를 혼합하여도 부드럽고 풍부한 Bead 형상을 나타낸다.

다) Gas에 1~9%의 O_2를 혼합하면 Weld Pool의 유동성 증가, Arc 안정성 및 용입을 좋게 한다.

라) Ar과 CO_2 혼합 Gas가 Stainless Steel 보다도 Carbon이나 Low Alloy Steel에 많이 사용된다.

CO₂를 25%까지 첨가하면 Arc 안정성이 줄어들며 깊은 용입으로 Spatter가 줄어들어 최소 천이 전류를 증가시킨다. 이 Ar-CO_2 혼합

Gas는 Short Circuiting Transfer에 사용되나 Spray Transfer나 Pulse Arc Welding에는 사용치 않는다.

마) Ar에 5%의 CO_2를 첨가한 혼합 Gas가 Solid C/S Wire를 사용하는 Pulsed Arc Welding에 널리 사용된다. 그리고 Ar-He-CO_2의 혼합 Gas는 Solid Stainless Steel Wire를 사용하는 Pulsed Arc Welding 에 잘 사용한다.

4) Multiple Shielding Gas Mixture

가) Ar-O_2-CO_2.

Ar에 Max. 20%의 CO_2와 3~5%의 O_2 혼합 Gas가 널리 쓰인다. 이 혼합 Gas는 Spray, Short Circuiting 그리고 Pulse Mode Welding에 있어서 좋은 차폐 효과와 바람직한 Arc 특성을 제공해 준다.

나) Ar-He-CO_2.

Stainless Steel, Low Alloy, 혹은 C/S의 Short Circuiting이나 Pulse Arc Welding에 많이 사용된다.

다) Ar-He-CO_2-O_2.

높은 전류 밀도의 금속 Arc 이행 형태 (High-Current Density Metal Transfer Type Arc)를 사용하는 대용융 GMAW에 사용된다. Low Alloy나 고강도 강의 용접에 주로 사용되나 고능률 용접을 위한 Mild Steel에도 사용되어 왔다.

5) CO_2(Carbon Dioxide)

가) CO_2는 Carbon이나 Low Alloy Steel의 GMAW에서 Pure CO_2를 주로 사용한다. 높은 용접 속도, 큰 용입 그리고 저렴하기 때문에 이 CO_2를 많이 사용한다.

나) Short Circuiting이나 Globular Transfer에 CO_2를 사용할 수 있고 Axial Spray Transfer는 Ar Gas로는 가능하나 CO_2 Gas로는 불가능 하다.

다) Ar을 많이 섞은 차폐 가스보다도 CO_2 차폐 가스를 사용하면 거친 형상의 양호한 용입의 Bead를 얻을수 있다.

라) 매우 양호한 용접물을 얻을 수 있으나 Arc의 산화성 때문에 기계적인 성질은 역효과일 수 있다. 결함을 발생하지 않는 용접봉을 사용하면 이 역효과를 방지할 수 있다.

라. Shielding Gas of FCAW

1) CO₂(Carbon Dioxide)

가) 저렴하고 깊은 용입이 된다.

나) FCAW에서 Porosity가 생기기 쉬운 이유

용접 금속의 Carbon 함량이 0.05% 미만이면 용융부는 CO_2 차폐 가스로부터 Carbon을 흡수한다. 반대로 용접금속의 Carbon 함량이 0.1% 이상이면 용융부는 Carbon을 잃는다. 이 잃는 Carbon이 높은 온도에서 CO_2 차폐 가스의 산화 현상 때문에 CO의 형성을 돕는다. 이 반응이 일어나면 용접 금속에 Porosity를 생기게 할 수 있다.

2) Gas 혼합

가) CO_2와 O_2에 혼합된 불활성 Gas의 Percentage가 높을수록 Core에 포함된 탈산제의 전달률이 높다.

즉, 100%의 CO_2 Gas보다 차폐 Gas에 충분한 양의 Ar을 혼합하면 보다 적은 산화가 일어난다.

나) 주로 FCAW에서는 75% Ar+25% CO_2가 잘 사용된다. 이렇게 혼합한 용접 금속의 인장이나 항복 강도가 100% CO_2 차폐 Gas때 보다 높아진다. 이 Ar+CO_2 혼합 Gas의 경우에 Spray Transfer-Type Arc를 얻을 수 있다.

다) CO_2 차폐 가스를 위해 만들어진 봉에 높은 Percentage의 비활성 가스를 사용 시 용접 금속에 탈탄 원소나 Mn 혹은 Si의 축적을 가져올 수도 있다. 이것이 기계적인 성질을 변화 시키기 때문에 전극봉 제작자와 협의해야 한다.

마. 〈WPS 작성 시〉 GMAW/FCAW/GTAW의 절차 검정에 비하여 본 용접에서 다음의 경우가 변경되면 재검정을 받아야 한다.

1) 차폐 가스를 절차 검정 때와 다른 것을 사용 시(QW-408.2).

2) 단일 차폐 가스로 검정 받았으나 혼합 가스를 본 용접에 적용할 경우 혹은 그 반대(QW-408.2).

3) 혼합 차폐 가스의 성분을 절차 검정 때 보다 변경 시(QW-408.2).

4) 검정 할 때는 차폐 가스를 사용 하였으나 본 용접에서 차폐 가스를 사용 않을 경우 혹은 그 반대 일 경우(QW-408.2).

3.4.20 Flow Rate of Shielding Gas

가. Recommended Gas Flow Rates for GTAW

1) Gas Flow Rate는 Cup 혹은 Nozzle Size, Weld Pool Size 또는 공기의 흐름 등에 관계 있다. 그러나 일반적으로 Nozzle의 단면적에 정비례한다.

2) 통상적으로 사용하는 Torch의 차폐 가스의 Flow Rate는 Ar의 경우 7~16 L/min, He의 경우 14~24 L/min이다. 지나치게 큰 Flow Rate는 Gas 흐름에 와류를 형성하고 Weld Pool에 대기 오염을 일으킨다.

나. Gas Flow Rates for FCAW

1) 정확한 Gas Flow는 Nozzle의 Type와 Diameter나 용접물로 부터의 Nozzle까지 거리 그리고 대기의 흐름과 관계 있다.

다. 기타 자세한 사항은 전류 혹은 전압에 언급한 Typical Condition 표를 참조 바람.

3.4.21 Backing

가. Root Pass의 용접을 할 때 용접 후면의 공기에 의해서 용접부가 오염될 수 있다. 이것을 피하기 위하여 이 부분에 Backing을 실시해야 한다. Ar과 He 이 모든 Material의 용접 Backing에 유효하다. Austenite S/S, Cu Alloy에 는 N_2를 쓸 수도 있다.

나. GTAW에서 사용되는 Backing 방법은 아래와 같은 것들이 있다.

1) 금속제의 뒷받침(Metal Backing).

2) 용접부의 뒤쪽에 불활성 가스를 흐르게 하는 방법(Inert Gas Backing).

3) 위의 누름쇠를 조합한 방법.

4) 용접부의 뒤쪽에 물이나 알코올을 혼합한 분말제 또는 용제를 녹여 도포하는 방법(Flux Backing).

다. Gas Flow Rate는 Purge되는 Volume에 따라 결정되는데 0.5~42 L/min 정도이다.

라. 내식용 덧살 붙임 용접인 경우는 Base Metal 이나 Weld Metal이 Backing을 대신 할 수 있다.

마. 그림 3-11는 Backing 방법의 하나인 Purge Gas Channel을 보여주는 것이다.

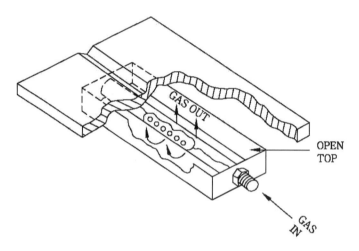

그림 3-11 Backup Purge Gas Channel.

바. 〈WPS 작성 시〉 GMAW/FCAW/GTAW로 P No.41~49의 홈 용접과 P No. 10I/10J/10K, P No.51~53, P No.61/62의 모든 용접 시, 절차 검정 때는 백 킹 가스를 사용하였으나 본 용접에서 사용하지 않거나, 검정 때는 불활성 가 스를 사용 하였으나 본 용접 할 때 활성 가스를 혼합하여 사용하면 재 절차 검정 받아야 한다(QW-408.9 참조).

3.4.22 후행 가스(Trailing Gas)

가. Titanium과 같은 금속은 Chamber나 다른 차폐 기술을 적용하기 곤란 할 경 우 Trailing Shield를 해야 한다. Trailing을 하면 용융 금속이 대기와 작용 하지 않을 온도까지 냉각될 동안 용접부를 비활성 가스로 보호해준다. 일반적

으로 용접 폭이 넓은 경우, 용접봉이 지나간 후 채 응고되지 않은 Bead의 산화방지를 위해 뒤이어 Shielding Gas를 흘려보내는 방법으로 필요한 경우 값싼 CO_2를 사용한다.

나. Trailing Shield 방법을 그림 3-12 와 3-13에 소개한다.

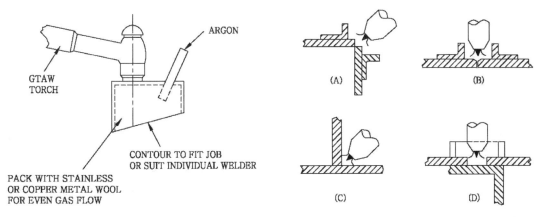

그림 3-12 Trailing Shield for Manual Torch.

그림 3-13 Barriers Used to Contain the Shielding Gas near the Joint to be welded.

다. 〈WPS 작성 시〉 GMAW/FCAW/GTAW로 P No. 10I/10J/10K, P No.51~53, P No.61/62의 금속 용접 시, 검정 때는 후행 가스를 사용하였으나 본 용접에서 사용하지 않거나, 검정 때는 불활성 가스를 사용 하였으나 본 용접 할 때 활성 가스를 혼합하여 사용하면 재 검정 받아야 한다. 또 후행 가스의 유속을 검정 때 보다 본 용접에서 10% 이상 감소 시켜도 재 검정 받아야 한다 (QW-408.10 참조).

3.4.23 토치 직경 혹은 Gas Cup 크기(Orifice or Gas Cup Size)

가. 토치의 끝에 부착되어 보호 가스를 용접부에 안정적으로 보내 주는 역할을 하는 Gas Cup은 열에 견딜 수 있는 여러 가지 재질로 만든다.

1) Ceramic Gas Cup: 싸고 가장 널리 사용된다. 그러나 부러지기 쉽고 자주 교체해야 한다.

2) 석영(Quartz)으로 만든 Gas Cup: 투명하고 용접 시 아크와 전극봉을 잘 볼 수 있다. 그러나 용접부에서 나오는 금속 입자로 오염이 되고 결과적으로 불투명해 지며 취약해 진다.

나. Gas Cup의 크기는 용융부나 모재를 감쌀 수 있도록 충분히 커야 하며 직경은 보호 가스의 견고성을 유지할 수 있는 충분한 양을 감당할 수 있는 것으로 선택 한다. 난류가 없는 많은 양의 보호 가스를 보내려면 큰 직경의 Gas Cup이 요구된다.

다. 〈WPS 작성 시〉 GMAW, FCAW, GTAW에 해당되며 GMAW 와 FCAW는 주로 1/2 " ~ 3/4"를 사용하며 GTAW 경우는 아래 표 3-11을 참고로 한다.

표 3-11 Typical Current Ratings for Gas-and Water-Cooled GTAW Torches

Torch Characteristic	Torch Size		
	Small	Medium	Large
Maximum Current (Continuous Duty) (A)	200	200~300	500
Cooling Method	Gas	Water	Water
Electrode Diameters Accommodated. (in)	0.02~3/32	0.04~5/32	0.04~1/4
Gas Cup Diameters Accommodated. (in)	1/4~5/8	1/4~3/4	3/8~3/4

3.4.24 콘택트 튜브와 용접물간 거리(Contact Tube to Work Distance)

가. SAW, GMAW, FCAW에 해당된다. GMAW에서의 콘택트 튜브와 용접물간 거리(Contact Tube to Work Distance)에 대한 그림을 보면 아래와 같다 (그림 3-14 참조).

나. 이 거리가 크면 Joule 열이 커져서 용접속도가 빠르다. 예를 들면 콘택트 튜브와 용접물간의 거리가 증가하면 전기 저항이 증가하고 결국에는 전극의 용융이 증가하게된다.

다. 〈WPS 작성 시〉 용접을 행할 때에 변하는 아크 길이 때문에 콘택트 튜브의 끝에서 전극봉의 끝까지의 거리를 의미하는 Electrode Extension을 기준으로 하여 작업을 한다. 용접 조건에 따라서 다르겠지만 각 용접법 별로 권장하는 Electrode Extension은 아래와 같다.(Welding Hnadbook Vol.2, AWS)

표 3-12 Electrode Extension

Weld Process	Condition	Electrode Extension Suggested
1. SAW	1) Solid Steel 전극봉 2, 2.4 & 3.2mm	Max. 75mm
	2) Solid Steel 전극봉 4, 4.8 & 5.6mm	Max. 125mm
2. GMAW	1) Short Circuiting Transfer	6~13mm
	2) Other Type of Metal Transfer	13~25mm
3. FCAW	1) Gas Shielded Electrode	19~38mm
	2) Self Shielded Type	19~95mm

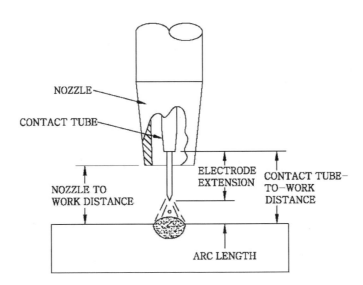

그림 3-14 Contact Tube to Work distance in GMAW

3.4.25 진동(Oscillation)

가. 용접물에 진동을 주면 기공이 감소하고 결정립이 미세화된다. 한편 정련 작용
　도 한다.

나. 진동을 주는 방법에는 자기적인 방법, 기계적인 방법, 초음파를 이용한 방법
　등이 있다.

다. 진동장치를 사용하는 경우는 폭, 횟수, 정지 시간을 WPS에 나타낸다.

3.4.26 직선 혹은 위브 비드

가. Stringer는 주로 초층 용접 시 사용한다.

나. Stringer나 Weave 둘 다 사용할 때는 모두 적용되는 것으로 한다.
(Impact Test가 있는 경우나 상향 용접 시 PQR에서 Stringer 용접으로 했다면 WPS에서는 Weave용접을 불허하는 것이 좋다. Weave Bead는 Stringer Bead보다 입열이 높아지기 때문이다.)

다. SMAW 경우 Weave Bead를 채택할 때 Max. Weave Pass shall not exceed 3 times the electrode core diameter(ASME Section III 참조)를 지켜야 한다.

라. Weaving 폭이 너무 크면 Heat Input이 많아진다.

3.4.27 청정 방법(Method of Cleaning)

청정 방법에는 Brushing, Chipping, Grinding등이 있다.

3.4.28 단극 혹은 다극(Single or Multi. Electrode)

가. 용접의 능률을 증진 시키기 위하여 단전극 아크 용접에서 과대 전류를 이용하면 와이어의 전류 밀도의 증대에 따라서 언더컷이 생성, 또는 배의 씨 모양 용접 금속의 생성에 의해 고온 균열을 발생하는 등 부적합한 문제가 생긴다. 그러므로 다전극(Multi-Electrode)법을 채용하여 1회의 펄스로 대전류를 분할하여 공급한 후 용접을 하면 전류 밀도의 문제가 해결 됨과 동시에 열원의 형태가 점에서 분산형으로 변하므로 응고 시간의 연장 등 용접 결과에 좋은 영향을 미친다. 그 대표적인 예로 SAW에서 다전극법의 용접을 보면 아래(그림 3-15 참조)와 같다.

1) SAW에서의 다전극 용접 방식은 용착 속도를 증가하여 고속 용접을 하는데 그 목적이 있다. 이 방식에서는 용접 금속의 응고가 늦기 때문에 기공의 발생이 감소하는 장점이 있다. 다전극 연결 방식은 텐덤식, 횡병렬식, 횡직렬식의 세가지가 있다.

   가) 텐덤식: 2개의 심선을 독립의 전원에 연결하는 방식이다. Bead 폭은 좁고 용입은 깊다. 양극을 동일하게 DC로 연결하면 Arc 불림이 생기므로 DC-AC(이경우 DC가 전방 전극) 또는 AC-AC 연결이 활용된다.

　나) 횡병렬식: 2개의 심선을 공동 전원에 연결한 방식이다. Bead의 폭은 넓고 용입은 깊다. 따라서 비교적 각도가 큰 홈을 용접하거나 아래 보기 자세로 큰 필렛 용접을 하는 경우에 이용된다.

　다) 횡직렬식: 2개의 심선을 독립 전원에 연결하고 모재에는 연결하지 않는다. Bead 폭은 넓으나 용입은 얇다. 따라서 스테인레스강을 탄소강 등에 덧붙여 용접할 때 이용되는 방식이다. 용입은 10% 이하로 할 수 있다..

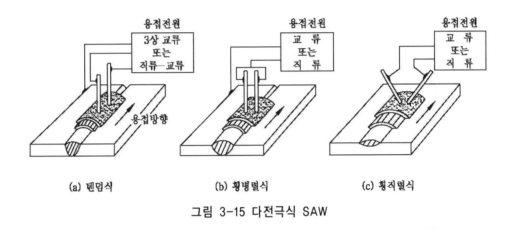

그림 3-15 다전극식 SAW

나. 〈WPS 작성 시〉

1) 단극인 경우는 Single로 하고 2 Pole 이상인 경우는 X-Pole로 기록한다.
2) SAW/GMAW/GTAW에서 추가 필수 변수가 적용될 경우, 단극에서 검정받고, 본용접에서 다극으로 용접하면 새로 검정 받아야 한다. 그 반대도 마찬 가지다(QW-410.10 참조).

3.4.29 백 가우징 방법(Method of Back Gouging)

가. 다층 용접 시 먼저 용접한 부위의 결함 제거나 주철의 균열 보수, 좁은 홈을 파내는 것을 가우징이라고 한다. 특히 다층 용접 시 완전 용입을 얻기 위하여 먼저 용접한 부위를 뒷면에서 파내는 것을 백 가우징이라고 한다. 그 대표적인 방법은 아크 에어 가우징, 가스 가우징 및 그라인딩이 있다.

1) 아크 에어 가우징(Arc Air Gouging)

탄소봉을 전극으로 하여 아크를 발생시켜 용융된 금속을 홀더(Holder)의 구멍으로부터 탄소봉과 평행으로 분출하는 압축 공기($7\sim8$ Kg/Cm^2)로써 계속 불어내서 홈을 파는 방법을 말한다.

카본 전극과 모재 금속 사이에 발생시킨 아크 열로 용융한 금속을 전극에 평행하게 분사하는 고속 공기류에 의해 불어내어 금속 표면에 홈을 파는 방법이다. 종래의 Pneumatic한 방법의 경우 삭제 속도가 크고, 쏘임이 작으며, 용접결함을 수반하지 않고, 판별이 용이한 등의 이점을 가지고 있으나 반면, 다량의 분진이 발생하는 결점이 있다.

카본 전극의 단면은 원형, 중공 원형, 반환형, 장방형 등이 있으며, 홈 파기의 종류에 따라서 나누어 사용한다. 중공 원형 단면의 전극은 홈 저부를 넓게 하는데 효과가 있다. 이 방법에는 직류 아크, 교류 아크 어느 것도 이용된다. 전류에서는 연속한 제트음, 교류에서는 단속음이 발생한다. 일반적으로 교류의 경우는 직류의 경우에 비하여 작업 능률은 나쁘지만, 홈의 단면은 저부가 넓은 U자형으로 되므로 용접의 뒤는 Back Chipping으로서 직류 보다 양호하다. 또한 주철에 대해서는 직류에서의 홈 가공은 불가능하지만, 교류에서는 아크 단속 작용에 의해 작업이 가능해지는 이점도 있다. 표는 연강판으로의 적용 예를 나타낸 것이다.

표 3-13 연강판으로의 적용조건

	전극 직경(mm)	전 류(A)	홈폭X홈 깊이(mm)	가우징 길이(a:mm)	적극 소모 길이(b:mm)	a/b	소요 시간(sec)
직 류	6.5	250	8X4	347	255	13.6	165
	8.0	450	12X8	1520	151	10.1	142
교 류	6.5	300	8X8	2100	260	8.1	207
	8.0	375	10X4	2330	260	9.1	210
	9.5	450	12X5	3100	260	11.9	332

2) 가스 가우징(Gas Gouging)

가우징 토치의 예열 염으로 가열한 부분에 저속의 산소를 불어대서 홈을 파는 것이다.

3) 그라인딩(Grinding)

Grinder를 이용하여 용접 이음 홈면의 끝 손질이나 비드의 다듬질을 하여 완전 용입을 얻기 위한 작업이다.

나. 특기사항은 다음을 참고로 한다.

표 3-14 Back Gouging의 특기 사항

Process	이음 형태		Ceramic Backing 유.무	특기 사항 기록 내용
	Groove	Fillet		
GMAW FCAW	O	O	O, X	Back Gauging is not necessary in case of using the Ceramic Backing and Fillet
	O	X	O, X	Back Gauging is not necessary in case of using the Ceramic Backing and Fillet
	O	O	X	Back Gauging is not necessary in Fillet
SMAW	O	O	X	Back Gauging is not necessary in Fillet

3.4.30 다층 혹은 단층 패스(Multi. or Single Pass)

가. 모재 두께 6mm 이상의 재료를 용접할 때에는 다층 용접을 하여야 하고 필요한 층수는 피 용접물의 두께 및 형상 등에 따른다. 제1층은 루트 용접으로 홈의 일부분을 완전히 용융하여 이면까지 충분히 용입하도록 하여야 한다. 이 루트 용접은 뒷받침 역할을 하므로 제2층 이상은 높은 전류를 사용하여 용접할 수 있다. 다층 용접은 각 층의 사이에 불순물이 존재하지 않도록 주의하는 것이 제일 중요하다.

나. 다층 용접의 목적은 용접 금속 조직의 결정립 미세화, 인성 값 향상, 잔류 응력 감소 등의 효과를 얻을 수 있다.

다. 다층 용접의 효과

1) 전층 용접부의 결정립을 미세화 하거나 Normalizing처리하여 인성이 향상된다.
2) 각 층 용접 시 입열량을 적게 함으로써 결정립 성장을 억제한다.

3) 예열 효과를 주고 후열처리(PWHT)의 효과로 잔류 응력을 감소 시킨다.

4) 용접 열 영향부의 재가열로 조직을 미세화 시킨다.

5) 기타 불순물의 편석을 방지하여 높은 인성을 확보할 수 있다.

따라서 다층 용접으로 시공 시에는 입열량을 적게 함으로써 결정립이 미세화되는 효과가 있어 인성 확보에 유리하다.

라. 각 Joint에 용접을 행할 때 Pass가 단층 용접이냐 다층 용접이냐를 판단한다.

특히 Tensile Stress 70000psi 이상의 금속을 다층으로 용접할 경우는 앞서 용접한 층이 후속 층에 의해서 Tempering 취화되는 일이 있으며 또한 600℃ 부근의 응력 제거 Annealing에 의해서 현저하게 취화되는 경우도 있으니 유의하여야 한다.

마. 〈WPS 작성 시〉 다층에서 단층 Pass로 변화는 Essential Variable이 아니고 Supplementary Essential Variable이다(QW-410.9 참조). Single Electrode에서 다전극(Multi-Electrode)으로나 Multi-Electrode에서 Single Electrode로의 변경도 Essential Variable이 아니고 Supplementary Essential Variable이다 (QW-410.10 참조).

3.4.31 피닝(Peening)

가. 피닝은 용접부를 구면상의 선단을 갖는 특수 해머로 연속적으로 타격하여 표면층에 소성 변형을 주는 작업이며 용착부의 잔류 응력을 완화하는 효과가 있다. 피닝은 잔류 응력의 완화 외에 용접 변형의 경감이나 용착 금속의 균열 방지 등을 위하여도 가끔 쓰인다.

나. 피닝으로 잔류 응력을 완화시키는 데는 고온에서 하는 것보다 실온으로 냉각한 다음 하는 것이 효과가 있는 것은 당연하며 또한 다층 용접에서는 최종층에 대해서만 하면 충분하다.

다. 잔류 응력 제거의 목적에서 보면 피닝을 용착 금속부 뿐만 아니라 그 좌우의 모재 부분에도 어느 정도 하는 것이 효과적이다. 그러나 피닝의 효과는 판 표면 근처밖에 미치지 못하므로 판 두께가 두꺼운 것은 내부 응력이 완화되기 힘들며 또한 용접부를 가공 경화 시켜 연성을 해치는 결점이 있다.

라. 연강에서는 피닝에 의하여 인성이 저하하고 또한 변형 시효를 일으켜 취약하게 됨으로 무조건 피닝을 하는 것은 좋지않다.

마. 그러나 가공 경화한 알루미늄 합금의 아크 용접부는 용접 금속과 인접하는 모재의 소부분이 연화되므로 이 부분을 피닝하여 강도를 증가시킨 예가 있다.

바. 또한 최종층을 제외하고 층간에 피닝을 하면 후판의 용접 변형을 경감시키고 용접 터짐을 방지하는데 유효하다.

사. 〈WPS 작성 시〉 ASME Code Sect.IX상에는 Non-Essential Variable 이나 Job Specification에 금지되었는지 확인한다.

3.4.32 GMAW/FCAW의 용접 금속 이행 형태 (Metal Transfer Mode for GMAW/FCAW)

가. Short Circuit Transfer

1) Short Circuit Transfer: Metal transfer in which molten metal from a consumable electrode is deposited during repeated short circuits. Short Circuit 이행은 아래 그림같이 전극 선단의 용융 부분이 모재와 접하여 이행하는 것이다. 때문에 저전류에서 주로 행해지며 보통 1초 사이에 수십 회 단락을 시켜 (전류 및 Pinch력) 박판의 전자세를 가능하게 한다.

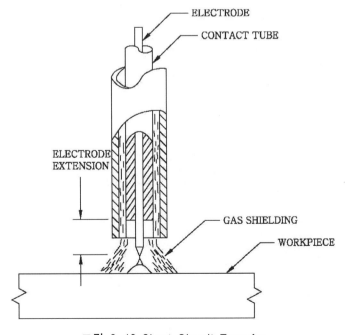

그림 3-16 Short Circuit Transfer

2) 이 이행 형태는 적고 빨리 응고되는 용융 Pool을 만들어서 박판의 용접이나 큰 Root Opening의 용접에 적용된다.

3) Shield Gas의 성분이나 Gas를 바꾸는 것은 Arc의 성질이나 모재의 용입에 대단한 영향을 미친다.
이 때 CO_2 Shielding Gas는 많은 Spatter를 발생시키나 용입이 깊다.

4) Spatter를 적게 하고 용입을 좋게 하기 위하여 Carbon 이나 Low Alloy에는 CO_2와 Ar의 혼합 가스를 차폐 Gas로 사용한다. 그리고 비철 금속 용접에는 Ar에 He를 첨가 시켜 용입을 증가시킨다.

5) 단락 전류는 와이어 직경 1.2mm이면 250A 이하, 2.0mm이면 350A이며 단락 회수는 매초 100회 정도 이다.

나. Globular Transfer

1) Globular Transfer: The transfer of molten metal in large drops from a consumable electrode across the arc. See the Figure below.

Consumable 전극봉을 사용하는 용접(GMAW, FCAW등)에서 용접봉이 용융된 금속덩어리로 이행되는 형태.

아래 그림을 참조할 것.

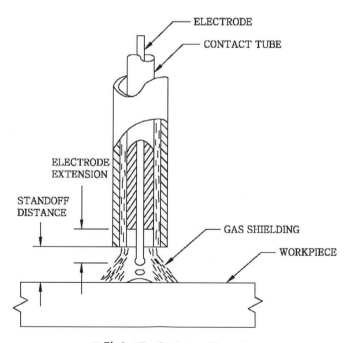

그림 3-17 Globular Transfer

2) 차폐 Gas에 상관없이 전류가 낮을 때 DCEP(DCRP)에서 Globular 이행이 나타난다. 그러나 CO_2 나 He의 차폐 Gas 사용 시 모든 가용 전류에서 이 이행 형태가 일어난다.

3) Short Circuit Transfer에서의 전류보다 약간 높은 통상 전류에서 차폐 가스가 충분하면 축 방향의 Globular 이행 (Globular Axially-Directed Transfer)을 얻을 수 있다.

4) 만약 Arc 길이가 너무 짧으면 너무 큰 금속 덩어리가 용접물에 떨어지고 과열되어 상당한 Spatter를 발생한다.

따라서 Arc가 단락 될 수 있을 만큼 충분히 길어야 하나 너무 높은 전압을 사용하는 용접은 용융 부족, 용입 불량, 지나친 여성고등 때문에 바람직하지 못하다.

5) CO_2 차폐 Gas를 사용 시 전압 및 전류가 Short Circuit Transfer 때 보다 약간 상향일 때 Directed Globular Transfer를 얻을 수 있다.

다. Spray Transfer

1) Spray Transfer: Metal transfer in which molten metal from a consumable electrode is propelled axially across the arc small droplets.

다음 그림에서 처럼 용적의 크기가 봉경 이하(세립)이며 Consumable 전극봉 선단이 뾰족하고 매초 수십 내지 수백개의 미세한 용적이 일직선으로 떨어진다.

이 때문에 스패터의 발생이 거의 없고, 아아크가 부드러우며, 안정되고 소음(아아크음)이 발생하지 않는다.

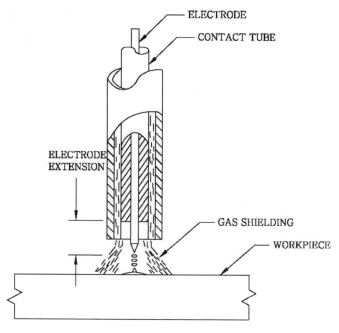

그림 3-18 Spray Transfer.

2) Ar 차폐 Gas 사용 시 안정하고 Spatter가 없는 Spray Transfer를 얻을 수 있다.

3) DCEP(DCRP)와 천이 전류(Transition Current) 이상의 전류를 요구한다. 이 천이전류 이하에서는 분당 몇 개의 단락만 생기는 Globular 이행이 일어난다.

4) 천이 전류는 용융 금속의 표면 장력에 따라 달라지는데 전극봉의 지름과 전극봉의 길이(Extension)에 역비례한다.

5) Globular에서 Spray 이행으로의 천이전류는 표 3-15와 같다.

표 3-15 Globular-to-Spray Transition Currents for a Variety of Electrodes

| Wire Electrode Type | Wire Electrode Diameter | | Shielding Gas | Minimum Spray Arc Current, A |
	in.	mm		
Mild Steel	0.030	0.8	98% argon – 2% oxygen	150
Mild Steel	0.035	0.9	98% argon – 2% oxygen	165
Mild Steel	0.045	1.1	98% argon – 2% oxygen	220
Mild Steel	0.062	1.6	98% argon – 2% oxygen	275
Stainless Steel	0.035	0.9	98% argon – 2% oxygen	170
Stainless Steel	0.045	1.1	98% argon – 2% oxygen	225
Stainless Steel	0.062	1.6	98% argon – 2% oxygen	285
Aluminum	0.030	0.8	Argon	95
Aluminum	0.045	1.1	Argon	135
Aluminum	0.062	1.6	Argon	180
Deoxidized Copper	0.035	0.9	Argon	180
Deoxidized Copper	0.045	1.1	Argon	210
Deoxidized Copper	0.062	1.6	Argon	310
Silicon Bronze	0.035	0.9	Argon	165
Silicon Bronze	0.045	1.1	Argon	205
Silicon Bronze	0.062	1.6	Argon	270

6) Ar 차폐 Gas를 사용하기 때문에 어느 금속이나 Alloy에 이 Spray Transfer 이행을 사용할 수 있으나 Spray Arc를 얻어내는데 고 전류를 필요로 하기때문에 박판에 적용하기는 어렵다.

라. 〈WPS 작성 시〉 GMAW/FCAW에서 분말 이행, 입상 이행, 맥동 아크 이행으로 PQR을 자격 부여 받았을 경우 본 용접에서 단락 이행으로 용접 하면 재 자격 부여 받아야 한다. 그 반대의 경우도 마찬 가지다.(QW-409.2 참조)

3.4.33 텅스텐 전극봉 형태와 크기 (Tungsten Electrode Type and Size)

GTAW의 경우 전극으로 사용되는 Tungsten봉의 Type 및 Size를 기재하는 란으로 ASME SECT. Ⅱ PART C(SFA 5.12)에 따라 적용한다.

가. Electrodes의 Chemical Requirement나 Standard Sizes and Length에 대하여는 ASME SECT. Ⅱ, PART C(SFA 5.12)의 Table 1과 Table 2를 참고바람.

나. 텅스텐 전극봉 크기와 전류 범위를 표 3-16에 Gas Cup 직경과 같이 표시하니 참고바람.

1) 주어진 전극봉의 크기에 비하여 더 높은 전류를 사용하면 Tungsten이 녹슬게 되고 녹아 버린다. 그리고 Tungsten의 입자가 용융부에 녹아 떨어져서 결함을 일으킬 수 있다. 반면에 너무 작은 전류를 사용하면 Arc가 불안정 해 진다.

2) 직류 역극성에서는 직경이 큰 전극봉이 필요하다. 그것은 팁이 전자의 흐름에 의해서 냉각되기 보다는 가열되기 때문이다.

표 3-16 Recommended Tungsten Electrodesa and Gas Cups for Various Welding Currents

ELECTRODE DIAMETER		USE GAS CUP I.D.	DIRECT CURRENT, A		ALTERNATING CURRENT, A	
			STRAIGHT POLARITY [b]	REVERSE POLARITY [b]	UNBALANCED WAVE [c]	BALANCED WAVE [c]
in.	mm	in.	DCEN	DCEP		
0.010	0.25	1/4	UP TO 15		UP TO 15	UP TO 15
0.020	0.50	1/4	5-20		5-15	10-20
0.040	1.00	3/8	15-80		10-60	20-30
1/16	1.6	3/8	70-150	10-20	50-100	30-80
3/32	2.4	1/2	150-250	15-30	100-160	60-130
1/8	3.2	1/2	250-400	25-40	150-210	100-180
5/32	4.0	1/2	400-500	40-55	200-275	160-240
3/16	4.8	5/8	500-750	55-80	250-350	190-300
1/4	6.4	3/4	750-1100	80-125	325-450	325-450

a. All values are based on the use of argon as the shielding gas.
b. Use EWTh-2 electrodes.
c. Use EWP electrodes.

다. 표 3-15에서 보다 높은 전류를 사용할 경우 Tungsten이 녹아서 그 입자가 용융풀 속으로 들어가 결함이 생기게 되고 주어진 전극봉 직경에 비하여 너무 낮은 전류를 사용하면 Arc 불안정의 원인이 된다.

라. DCEP(DCRP)때 전자 증발에 의한 봉의 냉각이 없고 전자 충격에 의한 가열 때문에 주어진 전류에 보다 더 큰 직경의 봉이 사용된다.

DCEP의 경우 DCEN의 10% 전류가 사용됨을 유의하라. 그리고 AC를 사용할 경우 EN(Electrode Negative) Cycle의 냉각 때문에 DCEN의 약 50% 전류를 사용한다.

마. 전극봉의 특성

1) EWP Electrode

가) 99.5% Tungsten.

나) Mn과 Al의 교류 용접에 사용.

다) 직류를 사용할 수 있으나 Arc 안정성은 없다.

2) EWTh Electrode

가) 98.5% Tungsten + 0.8 ~ 1.2% Thorium.

나) EWTh-1(1% Thorium)와 EWTh-2(2% Thorium)가 있다.

다) 순수 Tungsten 봉보다도 20% 높은 전류까지 사용할 수 있으며 일반적으로 긴 수명과 오염에 대한 저항성이 크다. Arc 시작이 쉽고 안정적이다.

라) 둥근 끝(Balled End)을 얻기 어렵기 때문에 교류로 잘 사용하지 않는다.

마) EWTh-3는 더 이상 사용치 않는다.(분말 야금과 공정 개발상의 문제 때문임).

3) EWCe Electrode

가) Ceriated Tungsten 전극봉은 1980년 미국 시자에서 처음으로 도입되었다.

나) 세륨은 토륨과 달리 방사선 원소가 아니므로 토륨 전극봉의 대용으로 개발 되었다.

다) EWCe-2 전극봉은 2%의 CeO_2 를 포함한 Tungsten 전극봉이다.

라) EWCe-2 전극봉은 직류나 교류에서 양호한 용접이 가능하다.

4) EWLa 전극봉

가) EWLa-1 전극봉은 Lanthanum이 세륨처럼 방사선 원소가 아니기 때문에 세륨 전극봉과 비슷한 시기에 개발되어 졌다.

나) 1%의 Lanthanum Oxide(La_2O_3)를 포함하고 있다.

다) 이 전극봉의 장점과 성질은 세륨 전극봉과 비슷하다.

5) EWZr Electrode

가) 적은 양의 ZrO_2를 포함하고 있다.

나) 이 전극봉은 순수 전극봉과 토륨 전극봉의 중간 성질이다.

다) Arc 안정성 때문에 교류와 함께 주로 사용한다.

라) 이 전극봉은 순수 Tungsten 전극봉보다 오염에 대한 저항이 높기 때문에 용접부에 Tungsten 오염을 최소화하여 방사선 사진 조사에서 품질을 우수하게 확보 할 필요가 있을 때 자주 사용한다. 우수한 Arc 안정성 때문에 교류와 함께 주로 사용 한다.

6) EWG 전극봉

가) 위의 분류에 포함되지 않는 합금 전극봉이다. 규정되지 않은 산화물 및 산화 혼합물을 포함한다.

나) 이 때 원소 추가의 목적은 제작자가 규정한 아크의 성질이나 특성에 영향을 주기 위한 것이다.

다) 이 첨가 원소는 Yttrium이나 Magnesium이 될 수 있다.

라) 세륨이나 란타늄 전극봉에 전극봉에 추가로 다른 양의 산화물이나 산화 혼합물을 첨가하여 다시 분류하기도 한다.

3.4.34 플럭스 형태(Flux Type)

플럭스는 용융 슬래그로 금속을 덮어서 용융부를 대기로부터 보호한다. 플럭스는 용융부를 깨끗하게 하고 용접 금속의 화학 성분을 변경시키며 용접 비드의 모양을 변경시켜서 기계적 성질을 변화시키는데 영향을 준다. 플럭스는 여러 가지 형태의 분말로된 광물 혼합물이다. SAW를 위해서 여러 가지의 제작 과정에 따라서 Fused Flux, Bonded Flux, Mechanically Mixed된 플럭스가 생산된다.

가. Fused Flux

1) 좋은 화학적인 동질성을 가진다.
2) 취급과 보관이 쉽다.
3) 입자의 크기나 성분에 영향을 주지 않고 주입이나 회수 장치를 사용하여 쉽게 회수 할 수 있다.

나. Bonded Flux

1) 합금 성분이나 산화제를 쉽게 첨가할 수 있다.
2) 용접 시 두꺼운 Flux층을 유지하며 사용 가능.
3) 색으로 구분할 수 있게 해 두었다.

4) SMAW의 용접봉에 Coating을 하는 것처럼 습기를 함유할 수 있다.

5) 용융 Slag로부터 가스가 증발될 수 있다.

6) 작은 입자를 제거하거나 석출 때문에 Flux의 성분이 바뀔 우려가 있다.

다. Mechanically Mixed Flux

1) 선적, 보관, 취급하는 동안 합성된 Flux가 분리될 수 있다.

2) 용접하는 동안 주입이나 회수 장치에서 분리가 일어날 수 있다.

3) Flux를 섞을 때 일정하게 성분을 섞지 못할 우려가 있다.

라. 〈WPS 작성 시〉 SAW에서 다음의 변경이 있으면 WPS를 재자격 부여 받아야 된다.

1) Electrode와 Flux의 조합이 F7A2-EM12K(여기서 7은 최소 인장 강도, A는 열처리 없이 As Welded 상태, 2는 용접 금속의 Impact Temp. EM12K는 Electrode)인 경우 F7을 변경하는 것은 재자격 부여를 요구한다 (QW-404.9(a) 참조).

2) 플럭스나 와이어가 Section II, Part C에 분류되어 있지 않은 경우는 상표를 변경하여 플럭스나 와이어를 사용하면 재자격 부여해야 한다 (QW-404.9(b) 참조).

   예를 들면 PQR할 때 모 용접봉 회사 제품인 SAW용 Flux/Wire "S-705EF X H-14"(연강 및 50킬로급 고장력강 일면 용접용: AWS에 분류되지 않은 Flux/Wire임)를 사용하였다면 본 용접(WPS)에서도 "S-705EF X H-14"를 사용하여야 되며 다른 회사의 상표를 사용하려면 재자격 부여 받아야 된다.

3) 와이어는 Section II, Part C에 분류되어 있으나 Flux는 분류되어 있지 않을 시, 플럭스의 상표를 변경하여 사용하면 재자격 부여 받아야 한다. QW-404.5의 범위 내에서 와이어의 분류를 변경해서 사용하면 재자격 부여하지 않아도 된다(QW-404.9(c) 참조).

4) A-No.8(Chrome-Nickel Deposit)에서 Flux의 상호를 변경하면 재자격 부여 받아야 한다(QW-404.9(d) 참조).

5) P-No.1 재질에서 다층 용착부의 플럭스 타입(예, 중성에서 활성으로 혹은 그 반대)이 변경되면 재자격 부여 받아야 된다(QW-404.34 참조).

6) SAW에서 추가 필수 변수가 적용될 경우, 플럭스/봉의 분류가 변경되거나 SFA 시방서에 분류되어 있지 않는 전극봉이나 플럭스의 상표가 변경되면 재자격 부여 받아야 한다(QW-404.35 참조).

7) 와이어와 플럭스는 자격 부여 시와 같고 확산성 수소의 등급만 바뀌면 재자격 부여가 필요 없다(예, F7A2-EA1-A1H4로 자격 부여 받고 F7A2-EA1-A1H16을 사용하여 용접할 경우)(QW-404.35 (a) 참조).

8) 회수한 슬래그를 플럭스로 사용할 때, 제작자나 사용자가 SFA-5.01에 기술된 대로, 각 배치 별, 상호 별로 Section II Part C에 따라서 제작자나 사용자가 시험 하거나 혹은 QW-404.9에 의거 분류되지 않은 플럭스로 시험해야 한다(QW-404.36 참조).

3.4.35 용가재(Filler Metal)

가. 용가재란 용접에 있어서 열원에 의해 용착 금속이 되는 금속을 말한다.

1) 아크 용접의 용가재인 용접봉은 피복 용접봉과 나용접봉(裸熔接棒)의 두 종류가 있으며 피복 용접봉은 피복제(Flux)와 심선(Core Wire) 부분으로 되어 있다.

가) 심선

심선은 용접을 하는데 있어서 가장 중요한 역할을 하는 것이므로 용접봉을 선택할 때에는 먼저 심선의 성분을 알아 보아야 한다. 심선은 대체로 모재와 동일한 재질의 것이 많이 쓰이며 될 수 있는 데로 불순물이 적은 것을 필요로 한다. 특히 심선은 용착 금속의 균열을 방지하기 위해서 저탄소로 황, 인, 구리 등의 불순물을 적게 하도록 되어 있다.

나) 피복제의 역할

① 아크를 발생할 때 피복제가 연소하여 이 연소 가스가 공기 중에서 용융 금속으로의 산소, 질소의 침입을 방지 한다.

② 용융 금속에 대하여 탈산 작용을 하며, 용착 금속의 기계적 성질을 좋게 한다.

③ 용융 금속 중에 필요한 원소를 보급하여 기계적인 성질을 좋게 한다.

④ 아크의 발생과 아크의 안정을 좋게 한다.

⑤ 슬래그를 만들어 용착 금속의 급냉을 방지 한다.

다) 피복제의 성분

용접봉의 피복제는 용접 시에 대부분이 용융 슬래그로 되며 대부분은 산화물인 것이다. 이들의 주요 성분을 보면 다음과 같다.

① 피포 가스 발생 성분: 용융된 강이 공기 중의 산소와 질소의 영향을 받아 산화철이나 질화철이 되지 않도록 보호 가스를 발생시켜 용융 금속을 공기와 차단 한다.

② 아크 안정 성분: 아크의 발생과 지속을 쉽게 하는 것에는 탄산 바륨($BaCO_3$), 산화 티탄(TiO_2), 철분 등이 있다.

③ 슬래그 생성 성분: 용접부의 표면을 덮어 산화와 질화를 방지하고 탈산 등의 작용을 하며 용착 금속의 냉각 속도를 느리게 한다.

④ 탈산 성분: 용융 금속 중에 침입한 산소와 그 밖의 불순 가스를 제거하는 것으로서 페로망간(FeMn), 페로실리콘(FeSi) 등이 있다.

⑤ 합금 성분: 용융된 강 중에 필요한 원소를 보급하여 좋은 용착 금속을 만들며, 페로크롬(FeCr), 페로몰리브덴(FeMo), FeSi, FeMn 등이 있다.

⑥ 고착 성분: 피복제에 혼합시켜 심선의 주위를 고착시키는 규산나트륨(Na_2SiO_3 = K) 등이 있다.

⑦ 윤활 성분: Slipping Agent 8~12%.

2) Filler Metal 선정 시 고려사항

Filler Metal 선정 시 Arc의 안정성, Metal Transfer 형태, 응고 특징 외에 아래 사항도 고려해야 한다. 그러나 아래에 열거한 것보다 모재와 Filler Metal과의 야금학적인 조화가 가장 중요하다.

가) Base Metal

나) 용접금속의 기계적인 성질.

다) 모재의 조건 및 청결도.

라) 적용 Spec.의 요구사항 및 사용처.

마) 용접자세.

바) 취성.

사) 인성.

아) 부식, 열처리.

3) Prefix Letters of Filler Metal

Prefix letters used to indicate a product form, the joining process of both are as follows.

E – Indicates an arc welding electrode, which, by definition, carries the arc welding current.

R – Indicates a welding rod which is heated by means other than by carrying the arc welding current.

ER – Indicates a filler metal which may be used either as an arc welding electrode or as a welding rod.

EC – Indicates a composite electrode.

EW – Indicates a(Consumable) tungsten electrode.

B – Indicates a brazing filler metal.

RB – Indicates a filler metal which may be used as a welding rod or as a brazing filler metal or both.

RG – Indicates a welding rod to be used in oxyfuel gas welding.

F – Indicates a flux for use in submerged arc welding.

IN – Indicates a consumable insert.

나. F-No.

용접봉의 용접성에 따른 분류 번호로서 어떤 F-No의 용접봉을 사용한 WPS에 대하여 자격 부여된 PQR 및 Welder는 동일한 F-No이면서 종류가 다른 용접봉을 사용하는 WPS에 대해서는 PQR 및 용접 기량 Test를 다시 할 필요 없이 그대로 인정 받을 수 있다(QW-432 참조).

1) 〈WPS 작성 시〉 PQR에서 자격 부여 받은 Filler Metal의 F-Number와 다른 Filler Metal을 본 용접에 사용할 경우는 재자격 부여 받아야 된다. 예를 들면 PQR에서 F-Number:6으로 자격 부여 받은 뒤 WPS를 F-Number:5로 작성하여 본 용접하려면 재자격 부여 받아야 한다(QW-404.4 참조).

2) 〈WPS 작성 시〉 추가 필수 변수가 적용될 경우, SMAW에서 PQR에서 자격 부여 받은 Filler Metal의 직경보다도 6mm 초과하여 본 용접에 사용할 시에는 재자격 부여 받아야 한다(QW-404.7 참조).

3) 〈WPS 작성 시〉 Filler Metal이 SFA 시방서의 요건을 만족 시키고 추가 필수 변수가 적용되는 SMAW/GMAW/GTAW에서 SFA 시방서 내에서 용가재 분류의 변경하거나 SFA 시방서에 적용되지 않는 용가재와 SFA 시방서의"G" 첨자로 분류되는 용가재는 용가재의 상호를 변경하면 PQR을 재자격 부여 받아야 된다.

"G"첨자로 분류되는 것을 제외하고, 용가재가 SFA시방서의 분류로 확인될 때 다음 중 어느 하나가 변경되어도 재 자격 부여 요구되지 않는다 (QW-404.12 참조).

가) 습기 방지용으로 지정된 용가재로부터 습기 방지용으로 지정되지 않은 용가재로의 변경 그리고 그 반대로의 변경(예, E7018R로부터 E7018로 변경).

나) 확산성 수소 등급의 변경(예, E7018-H8에서 E7018-H16으로 변경).

다) 똑 같은 최소 인장 강도와 화학 성분을 가진 탄소강, 합금강 및 스테인레스강의 용가재에서 한 개의 저수소계 코팅 형태에서 다른 한 개의 코팅 형태로 변경(예, EXX15, 16, 18이나 EXXX15, 16, 17 분류간의 변경).

라) 플럭스 코어드 용접봉에서 한 개의 용접 자세로부터 다른 용접 자세로 지정하는 경우(예, E70T-1에서 E71T-1으로 변경하거나 그 반대).

마) 충격 시험을 요구할 때, 본 용접에서 절차서 자격을 인증하는 동안에 사용한 분류와 비교하여, 충격 시험이 보다 더 낮은 온도에서 시행 되었다든지 필요한 온도에서 더 높은 충격치를 나타내는 첨자를 가지는 같은 분류로 변경, 혹은 본 용접에서 절차서 자격을 인증하는 동안에 사용한 분류와 비교하여 충격 시험이 보다 더 낮은 온도에서 시행 되었으면서 필요한 온도에서 더 높은 충격치를 나타내는 첨자를 가지는 같은 분류로 변경(예, E7018에서 E7018-1으로의 변경).

바) 코드의 다른 조항에 의해서 용접 금속의 충격 시험이 면제 되었을 때, 자격 부여 받은 분류에서 자격 부여 받은 것과 같은 SFA 분류에 속하는 다른 용가재로 변경(이 면제 사항은 표면 경화 덧살 붙임 용접이나 부식 방지용 덧살 붙임 용접에는 적용되지 않는다).

4) 〈WPS 작성 시〉 SAW에서 용접 금속의 합금 성분이 사용된 프럭스의 성분에 주로 좌우될 때(Active Flux 사용시), WPS에 있는 화학 성분의 범위를 벗어나서, 용접 금속의 중요한 합금 성분에 영향을 줄 수 있는 WPS의 어

느 부분이 변경되면 재자격 부여 해야 한다. 만약 실제 용접이 절차서 사양에 따라서 만들어지지 않았다는 증거가 있다면 권한을 보유한 검사관은 그 용접 금속의 화학 성분의 조사를 요구할 수 있다. 그러한 조사는 실제 용접에 적용하는 것이 좋다(QW-404.10참조).

5) 〈WPS 작성 시〉 GTAW에서 용가재의 추가나 삭제에 대하여는 재자격 부여 받아야 한다(QW-404.14).

6) 〈WPS 작성 시〉 SAW와 GMAW에서 보조 용가재의 부피를 10% 초과하여 변경, 삭제 추가 할 경우는 재자격 부여 받아야 한다(QW-404.24).

7) 〈WPS 작성 시〉 SAW와 GMAW에서 용접 금속의 합금 성분이, 추가 용가재의 성분에 주로 좌우될 때, WPS에 주어진 화학적인 범위를 초과하여, 용접 금속의 중요한 합금 성분에 영향을 줄 수 있는 WPS의 어느 부분이 변경되면 재자격 부여 받아야 된다(QW-404.27).

8) 〈WPS 작성 시〉 SMAW/SAW/GMAW/GTAW에서 QW-303.1과 QW-303.2에 별도로 허용한 경우를 제외하고, 절차서 자격 부여를 위한 QW-451과 기능 자격 검정을 위한 QW-452에서 부여된 범위를 벗어나서 용착되는 용접 금속의 두께를 변경 시는 재자격 부여 받아야 한다. 용접사가 방사선을 사용하여 자격 부여될 경우 QW-452.1의 두께 범위가 적용된다.

9) 〈WPS 작성 시〉 GMAW에서 용착된 용접 금속의 두께가 13mm보다 작은 저 전류 단락 이행인 경우, 용착된 용접 금속의 두께가 자격 부여된 두께의 1.1 배를 초과하여 증가될 때는 재자격 부여 받아야 한다. 용착된 용접 금속의 두께가 13mm이상일 경우는 QW-451.1, QW-451.2, QW-452.1(a), (b) 중 적용되는 것을 사용한다(QW-404.32 참조).

다. A-No.

용접금속의 화학적 성분에 따른 분류번호로서 표 3-17를 참고로 한다.

표 3-17 A-Numbers
Classification of Ferrous Weld Metal Analysis for Procedure Qualification

A-NO.	Types of Weld Deposit	Analysis, % [Note (1)]					
		C	Cr	Mo	Ni	Mn	Si
1	Mild Steel	0.20	· · ·	· · ·	· · ·	1.60	1.00
2	Carbon-Molybdenum	0.15	0.50	0.40-0.65	· · ·	1.60	1.00
3	Chrome (0.4% to 2%)-Molybdenum	0.15	0.40-2.00	0.40-0.65	· · ·	1.60	1.00
4	Chrome (2% to 6%)-Molybdenum	0.15	2.00-6.00	0.40-1.50	· · ·	1.60	2.00
5	Chrome (6% to 10.5%)-Molybdenum	0.15	6.00-10.50	0.40-1.50	· · ·	1.20	2.00
6	Chrome-Martensitic	0.15	11.00-15.00	0.70	· · ·	2.00	1.00
7	Chrome-Ferritic	0.15	11.00-30.00	1.00	· · ·	1.00	3.00
8	Chromium-Nickel	0.15	14.50-30.00	4.00	7.50-15.00	2.50	1.00
9	Chromium-Nickel	0.30	19.00-30.00	6.00	15.00-37.00	2.50	1.00
10	Nickel to 4%	0.15	· · ·	0.55	0.80-4.00	1.70	1.00
11	Manganese-Molybdenum	0.17	· · ·	0.25-0.75	0.85	1.25-2.25	1.00
12	Nickel-Chrome-Molybdenum	0.15	1.50	0.25-0.80	1.25-2.80	0.75-2.25	1.00

NOTE :
(1) Single values shown above are maximum.

1) 〈WPS 작성 시〉 SMAW/SAW/GMAW/GTAW(철 금속의 경우만 적용)에서 용착부의 화학 성분이 QW-442의 한 A-No.로 부터 어떤 다른 A-No.로 변경되면 재자격 부여 받아야 된다(QW-404.5 참조).

라. SFA-No.

AWS 규격의 A 분류와 동일한 것으로서 용접 방법별로 용접봉을 분류한 것으로 표 3-18를 참조바람.

표 3-18

SFA-5.1	Carbon Steel Electrodes for Shielded Metal Arc Welding.
SFA-5.2	Carbon and Low Alloy Steel Rods for Oxyfuel Gas Welding.
SFA-5.3	Aluminum and Aluminum-Alloy Electrodes for Shielded Metal Arc Welding.
SFA-5.4	Stainless steel Electrodes for Shielded Metal Arc Welding.
SFA-5.5	Low Alloy Steel Electrodes for Shielded Metal Arc Welding.
SFA-5.6	Covered Copper and Copper Alloy Arc Welding Electrodes.
SFA-5.7	Copper and Copper Alloy Bare Welding Rods and Electrodes.

SFA-5.8	Filler Metals for Brazing and Braze Welding.
SFA-5.9	Bare Stainless Welding Electrodes and Rods.
SFA-5.10	Bare Aluminum and Aluminum-Alloy Welding Electrodes and Rods.
SFA-5.11	Nickel and Nickel Alloy Welding Electrodes for Shielded Metal Arc Welding.
SFA-5.12	Tungsten and Tungsten-alloy Electrodes for Arc Welding and Cutting.
SFA-5.13	Surface Electrodes for Shielded Metal Welding.
SFA-5.14	Nickel and Nickel Alloy Bare Welding Electrodes and Rods.
SFA-5.15	Welding Electrodes and Rods for Cast Iron.
SFA-5.16	Titanium and Titanium Alloy Welding Rods and Electrodes.
SFA-5.17	Carbon Steel Electrodes and Fluxes for Submerged Arc Welding.
SFA-5.18	Carbon Steel Electrodes and Rods for Gas Shielded Metal Arc Welding.
SFA-5.20	Carbon Steel Electrodes for Flux Cored Arc Welding.
SFA-5.21	Bare Electrodes and Rods for Surfacing.
SFA-5.22	Stainless Steel Electrodes for Flux Cored Arc Welding and Stainless Steel Flux Cored Rods for Gas Tungsten Arc Welding.
SFA-5.23	Low Alloy Steel Electrodes and Fluxes for Submerged Arc Welding.
SFA-5.24	Zirconium and Zirconium Alloy Welding Electrodes and Rods.
SFA-5.25	Carbon and Low Alloy Steel Electrodes and Fluxes for Electroslag Welding.
SFA-5.26	Carbon and Low-Alloy Steel Electrodes Electroslag Welding.
SFA-5.28	Low Alloy Steel Electrodes and Rods for Gas Shielded Arc Welding.
SFA-5.29	Low Alloy Electrodes for Flux Cored Arc Welding.
SFA-5.30	Consumable Inserts.
SFA-5.31	Fluxes for Brazing and Braze Welding.
SFA-5.32	Welding Shielding Gases.
SFA-5.01	Filler Metal Procurement Guides.

마. 규격(AWS Class)

각 용접봉별로 용접봉의 인장강도 및 적용 용접자세 및 피복제의 종류 화학적인 성분등에 따라 분류한 것이다.

1) Identification System and Selection of Electrodes

가) SMAW

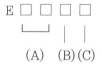

E : Electrode의 머리글자.
(A) : 용접 후 용접금속의 최소 인장강도.
(B) : 적용 가능한 용접자세.
　　　0, 1 : 전 자세.
　　　　2 : 아래보기, 수평 FILLET.

4 : 수직 하향 자세.

(C) 피복제의 종류.

0 : High - Cellulose Sodium , DCRP.
  (B의 항이 1인 경우).
 High - Iron Oxide, DC.
  (B의 항이 2인 경우).

1 : High - Cellulose Potassium, AC or DCRP.

2 : High - Titanina Sodium, AC or DCSP.

3 : High - Titanina Potassium, AC or DC.

4 : Iron Power Titanina, AC or DC.

5 : Low - Hydrogen Sodium, DCRP.

6 : Low - Hydrogen Potassium, AC or DCRP.

7 : Iron Power, Iron Oxide, AC or DC.

8 : Iron Power, Low - Hydrogen, AC or DCRP.

나) SAW

표 3-19 Classification System for Carbon Steel Electrodes and Fluxs for SAW
Mandatory Classification Designator[a]

Indicates a submerged arc welding flux.

Indicates that the welding flux being classified is made solely from crushed slag or is a blend of crushed slag with unused (virgin) flux. Omission of the "S" indicates that the flux being classified is virgin flux.

Indicates the minimum tensile strength (in increments of 10000 psi) of weld metal deposited with the flux and some specific classification of electrode under the welding conditions specified in Figure 3. For example, when the designator is 7, the tensile requirement is 70000 to 95000 psi (see Table 5U).

Designates the condition of heat treatment in which the tests were conducted: "A" for as-welded and "P" for postweld heat treated. The time and temperature of the PWHT are specified in 9.4.

Indicates a temperature in °F at or above which the impact strength of the weld metal referred to above meets or exceeds 20 ft · lbf (See Table 6U).

Classification of the electrode used in producing the weld metal referred to above.The letter "E" in the first position indicates electrode.The letter "C", when present in the second position, indicates that the electrode is a composite electrode (refer to Table 2 for classifications). Omission of the "C" indicates that the electrode is a solid electrode (refer to Table 1 for classifications).

FSXXX- ECXXX- HX

OPTIONAL SUPPLEMENTAL DESIGNATORS[b]

Optional supplemental diffusible hydrogen designator (see Table 7).

Notes :
(a) The combination of these designators constitutes the flux−electrode classification.
(b) These designators are optional and do not constitute a part of the flux−electrode classification.

Examples

F7A6−EM12K is a complete designation for a flux−electrode combination. It refers to a flux that will produce weld metal which, in the as−welded condition, will have a tensile strength of 70000 to 95000 psi and Charpy V−notch impact strength of at least 20 ft · lbf at −60℉ when produced with an EM12K electrode under the conditions called for in this specification. The absence of an "S" in the second position indicates that the flux being classified is a virgin flux.

F7P4−EC1 is a complete designation for a flux−composite electrode combination when the trade name of the electrode used in the classification is indicated as well [see 17.4.1(3)]. It refers to a virgin flux that will produce weld metal with that electrode which, in the postweld heat treated condition, will have a tensile strength of 70000 to 95000 psi and Charpy V−notch energy of at least 20 ft · lbf at −40℉ under the conditions called for in this specification.

---

① NOTES

Electrode 분류 중 M12K나 EH14 등은 다음을 나타낸다.

L : 저망간(0.25 ~ 0.6%).

M : 중간 망간(0.8 ~ 1.5%).

H : 고망간(1.3 ~ 2.2%).

그리고 숫자 12나 14는 평균 탄소 Content를 나타낸다.

8 : 0.08%.

12 : 0.12%.

13 : 0.13%.

14 : 0.14%.

K가 끝에 붙을 경우 Silicon Killed Steel을 의미한다.

② 참고로 AWS A5.17의 Carbon Steel Consumables와 Solid Electrodes의 Mechanical Properties와 Chemical Composition을 표 3−20과 표 3−21에 나타낸다.

표 3-20 Minimum Mechanical Properties with Carbon Steel Consumables Covered by AWS A5.17

AWS Classification	Welding Condition	Tensile Strength		Yield Strength		% Elongation in 2 inches	(Ft-Lbs)	Charpy Impact Values (Joules)	Test Temp.
		KSI	MPA	KSI	MPA				
F6A2-EL12	AW	60	414	48	331	22	20	27	-20°F(-29°C)
F6A6-EL12	AW	60	414	48	331	22	20	27	-60°F(-51°C)
F7A2-EL12	AW	70	483	58	400	22	20	27	-20°F(-29°C)
F6P4-EM12K	SR	60	414	48	331	22	20	27	-40°F(-40°C)
F7A2-EM12K	AW	70	483	58	400	22	20	27	-20°F(-29°C)
F7A6-EM12K	AW	70	483	58	400	22	20	27	-60°F(-51°C)
F7A2-EH14	AW	70	483	58	400	22	20	27	-20°F(-29°C)

1. Actual mechanical properties obtained may significantly exceed minimum values shown.
2. Type of welding flux (manufacture) greatly influences CVN impact properties of the weld metal.
3. Caution should be used when these weld deposits are stress relieved, they may fall below base metal strengths.
4. Test data on 1 inch thick plate (ASTM A36 plate)
5. Stress relieved condition [1150°F (621°C)] for 1 hour.

표 3-21 Chemical Composition Requirements for Solid Electrodes

Electrode Classification	UNS Number[3]	wt. percent [1] [2]					
		C	Mn	Si	S	P	Cu[4]
Low Manganese Electrode							
EL8	K01008	0.10	0.25/0.60	0.07	0.030	0.030	0.35
EL8K	K01009	0.10	0.25/0.60	0.10/0.25	0.030	0.030	0.35
EL12	K01012	0.04/0.14	0.25/0.60	0.10	0.030	0.030	0.35
Medium Manganese Electrode							
EM12	K01112	0.06/0.15	0.80/1.25	0.10	0.030	0.030	0.35
EM12K	K01113	0.05/0.15	0.80/1.25	0.10/0.35	0.030	0.030	0.35
EM13K	K01313	0.06/0.16	0.90/1.40	0.35/0.75	0.030	0.030	0.35
EM14K	K01314	0.06/0.19	0.90/1.40	0.35/0.75	0.025	0.025	0.35
			(Ti 0.03/0.17)				
EM15K	K01515	0.10/0.20	0.80/1.25	0.10/0.35	0.030	0.030	0.35
High Manganese Electrode							
EH11K	K11140	0.07/0.15	1.40/1.85	0.80/1.15	0.030	0.030	0.35
EH12K	K01213	0.06/0.15	1.50/2.00	0.25/0.65	0.025	0.025	0.35
EH14	K11505	0.10/0.20	1.70/2.20	0.10	0.030	0.030	0.35

NOTES :

(1) The filler metal shall be analyzed for the specific elements for which values are shown in this table. If the presence of other elements is indicated, in the course of this work, the amount of those elements shall be determined to ensure that their total (excluding iron) does not exceed 0.50 percent.
(2) Single values are minimum.
(3) SAE/ASTM Unified Numbering System for Metals and Alloys.
(4) The copper limits includes any copper coating that may be applied to the electrode.

표 3-20은 Flux와 Electrode의 Combination Type이고 표 3-21의 Solid Electrode와 특정한 Flux를 사용할 경우 혹은 Electrode Maker와 Flux Maker가 다를 경우는 Weld Metal에 대하여 Test를 실시하여 CMTR(Certificate of Material Test Results)을 보관하고 Client의 요구가 있을 경우 제출할 수 있도록 한다.

③ Standard Electrode Sizes and Tolerances.

표 3-22 Standard Electrode Sizes and Tolerances [1]

Size(Diameter)		Tolerance			
		Solid (E)		Composite (EC)	
In	mm	±in	±mm	±in	±mm
1/16 (0.0625)	1.6	0.002	0.05	0.005	0.13
5/64 (0.078)	2.0	0.002	0.05	0.006	0.15
3/32 (0.094)	2.4	0.002	0.05	0.006	0.15
1/8 (0.125)	3.2	0.003	0.08	0.007	0.18
5/32 (0.156)	4.0	0.004	0.10	0.008	0.20
3/16 (0.188)	4.8	0.004	0.10	0.008	0.20
7/32 (0.219)	5.6	0.004	0.10	0.008	0.20
1/4 (0.250)	6.4	0.004	0.10	0.008	0.20

Notes.
(1) Other sizes and tolerances may be supplied as agreed between purchaser and supplier.

다) GTAW & GMAW

① 대표적으로 SFA-5.18 Carbon Steel Electrodes and Rods for Gas Shielded Arc Welding을 살펴보면 다음과 같다.

- ER 70S-2는

E : Electrode의 머리글자.

R : Rod의 머리글자.

만약, ER로 시작하면 Bare Filler Metal이 Electrodes나 Welding Rods로 사용될 수 있다.

70 : Min. Tensile Strength of Weld Metal.

S : 나선.(Bare, Solid Electrode or Rod)

2 : 특정한 화학성분에 따른 분류이다.

② Recommended Filler Metal for GTAW

표 3-23 AWS Specifications for Filler Metals Suitable for Gas Tungsten Arc Welding

Spec. No.	Title
A 5.2	Carbon and Low Alloy Steel Rods for Oxyfuel Gas Welding
A 5.7	Copper and Copper Alloy Bare Welding Rods and Electrodes
A 5.9	Bare Stainless Welding Electrodes and Rods
A 5.10	Bare Aluminum and Aluminum-Alloy Welding Electrodes and Rods
A 5.13	Surface Electrodes for Shielded Metal Welding
A 5.14	Nickel and Nickel Alloy Bare Welding Electrodes and Rods
A 5.16	Titanium and Titanium Alloy Welding Rods and Electrodes
A 5.18	Carbon Steel Electrodes and Rods for Gas Shielded Metal Arc Welding
A 5.24	Zirconium and Zirconium Alloy Welding Electrodes and Rods

③ Recommended Electrodes for GMAW

표 3-24 Recommended Electrodes for GMAW

Base Material		Electrode Classification	AWS Electrode Specification (Use latest edition)
Type	Classification		
Copper and copper alloys (ASTM Standards Volume 2.01)	Commercially pure Brass Cu-Ni alloys Manganese bronze Aluminum bronze Bronze	ERCu ERCuSi-A, ERCuSn-A ERCuNi ERCuAl-A2 ERCuAl-A2 ERCUSn-A	A5.7
Nickel and nickel alloys (ASTM Standards Volume 2.04)	Commercially pure Ni-Cu alloys Ni-Cr-Fe alloys	ERNi ERNiCu-7 ERNiCrFe-5	A5.14
Titanium and titanium alloys (ASTM Standards Volume 2.04)	Commercially pure Ti-6 Al-4V Ti-0.15Pd Ti-5Al-2.5Sn Ti-13V-11Cr-3AL	ERTi-1,-2,-3,-4 ERTi-6Al-4V ERTi-0.2Pd ERTi-5Al-2.5Sn ERTi-13V-11Cr-3AL	A5.16
Austenitic stainless steels (ASTM Standards Volume 1.04)	Type 201 Types 301, 302, 304 & 308 Type 304L Type 310 Type 316 Type 321 Type 347	ER308 ER308 ER308L ER310 ER316 ER321 ER347	A5.9
Carbon steels	Hot and cold rolled plain carbon steels	E70S-3, or E70S-1 E70S-2, E70S-4 E70S-5, E70S-6	A5.18

라) FCAW

① Mild Steel Electrodes

표 3-25 및 표 3-26 참조 (보다 더 상세 사항은 SFA-5.20 참조).

표 3-25 Classification System for Carbon Steel Flux Cored Electrodes

<u>Mandatory Classification Designators</u>*

Designates an electrode.

This designator is either 6 or 7. It indicates the minimum tensile strength (in psi x 10,000) of the weld metal when the weld is made in the manner prescribed by this specification.

This designator is either 0 or 1. It indicates the positions of welding for which the electrode is intended.

0 is for flat and horizontal position only.

1 is for all positions.

This designator indicates that the electrode is a flux cored electrode.

This designator is some number from 1 through 14 or the letter "G" with or without an "S" following. The number refers to the usability of the electrode (see Section A7 in the Annex). The "G" indicates that the external shielding, polarity, and impact properties are not specified. The "S" indicates that the electrode is suitable for a weld consisting of a single pass. Such an electrode is not suitable for a multiple-pass weld.

An "M" designator in this position indicates that the electrode is classified using 75-80% argon/balance CO_2 shielding gas. When the "M" designator does not appear, it signifies that either the shielding gas used for classification is CO_2 or that the product is a self-shielded product.

EXXT-XMJ HZ

<u>Optional Supplemental Designators</u>

Designates that the electrode meets the requirements of the diffusible hydrogen test (an optional supplemental test of the weld metal with an average value not exceeding "Z" mL of H_2 per 100g of deposited metal where "Z" is 4, 8, or 16). See Table 8, and Annex A8.2.

Designates that the electrode meets the requirements for improved toughness by meeting a requirement of 20 ft · lbf at -40°F (27J at -40°C). Absence of the "J" indicates normal impact requirements as given in Table 1.

*The combination of these constitutes the electrode classification.

표 3-26 Shielding and Polarity Requirements for Mild Steel FCAW Electrodes

AWS Classification	External Shielding Medium	Current and Polarity
EXT-1 (Multiple-Pass)	CO_2	DC, Electrode Positive
EXT-2 (Single-Pass)	CO_2	DC, Electrode Positive
EXT-3 (Single-Pass)	None	DC, Electrode Positive
EXT-4 (Multiple-Pass)	None	DC, Electrode Positive
EXT-5 (Multiple-Pass)	CO_2	DC, Electrode Positive
EXT-6 (Multiple-Pass)	None	DC, Electrode Positive
EXT-7 (Multiple-Pass)	None	DC, Electrode Negative
EXT-8 (Multiple-Pass)	None	DC, Electrode Negative
EXT-10 (Single-Pass)	None	DC, Electrode Negative
EXT-11 (Multiple-Pass)	None	DC, Electrode Negative
EXTT-G (Multiple-Pass)	*	*
EXXT-GS (Single-Pass)	*	*

* As agreed upon between supplier and user.

② Low Alloy Steel Electrodes

표 3-27 및 ASME SECT II, SFA-5.29 참조.

표 3-27 Classification System for Low Alloy Steel Flux Cored Electrodes

Mandatory Classification Designators *

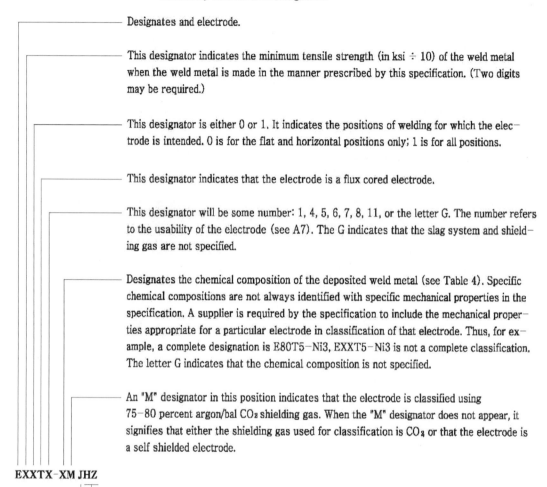

Designates and electrode.

This designator indicates the minimum tensile strength (in ksi ÷ 10) of the weld metal when the weld metal is made in the manner prescribed by this specification. (Two digits may be required.)

This designator is either 0 or 1. It indicates the positions of welding for which the elec-trode is intended. 0 is for the flat and horizontal positions only; 1 is for all positions.

This designator indicates that the electrode is a flux cored electrode.

This designator will be some number: 1, 4, 5, 6, 7, 8, 11, or the letter G. The number refers to the usability of the electrode (see A7). The G indicates that the slag system and shield-ing gas are not specified.

Designates the chemical composition of the deposited weld metal (see Table 4). Specific chemical compositions are not always identified with specific mechanical properties in the specification. A supplier is required by the specification to include the mechanical proper-ties appropriate for a particular electrode in classification of that electrode. Thus, for ex-ample, a complete designation is E80T5-Ni3, EXXT5-Ni3 is not a complete classification. The letter G indicates that the chemical composition is not specified.

An "M" designator in this position indicates that the electrode is classified using 75-80 percent argon/bal CO_2 shielding gas. When the "M" designator does not appear, it signifies that either the shielding gas used for classification is CO_2 or that the electrode is a self shielded electrode.

EXXTX-XM JHZ

Optional Supplemental Designators

Designates that the electrode meets the requirements of the diffusible hydrogen test (an optional supplemental test of the weld metal with an average value not exceeding "Z" mL of H_2 per 100g of deposited metal where "Z" is 4, 8, or 16). See Table 10 and A8.2.

Designates that the electrode meets the requirements for improved toughness by meeting a requirement of 20 ft · lbf [27J] at a test temperature of 20°F [11°C] lower than the temper-ature shown for that classification in Table 2. Absence of the "J" indicates normal impact requirements as given in Table 2.

*The combination of these constitutes the electrode classification.

③ Standard Sizes and Tolerances for Mild Steel Electrodes

표 3-28 Standard sizes and tolerances of Electrodes[a]

All Classifications	Type of Package[b]	Electrode size, diam.		Diameter tolerance	
		in	mm	±in*	±mm*
All Classifications	CS, S, D	0.045	1.2	0.002	0.05
		0.052	1.4		
		1/16	1.6		
All Classifications	C, CS, S, D	5/64	2.0	0.003	0.08
		3/32	2.4		
		7/64	2.8		
		0.120	3.0		
		1/8	3.2		
		5/32	4.0		

a. Electrodes produced in sizes other than those shown may be classified by using similar tolerances as shown.
b. Package designations are as follows;
　C = Coils without support.
　CS = Coils with support.
　S = Spools.
　D = Drums.
* See Note in the Scope

④ Stainless Steel Electrodes.
　분류 및 Standard Size는 ASME Sect. Ⅱ Part C. SFA-5.22를 참조바람.

바. Filler Metal Comparison Chart

Filler Metal의 Comparison Chart는 AWS A5.1을 Sample(표 3-29)로 첨부하니 상세한 사항은 AWS A5.1을 참조 하시기 바란다.

표 3-29 Carbon Steel Covered Arc Welding Electrodes

Manufacturers	AWS Classification	E6010	E6011	E6012	E6013	E6020	E6022	E6027
Age de Mexico. S.A.		AGA C10 C12	AGA C11	AGA R12	AGA R10 R11	–	–	–
Airco Welding Products		AIRCO 6010	AIRCO 6010 6011C 6011LOC	AIRCO 6012 6012C	AIRCO 6013 6013C 6013D	AIRCO 6020	–	EASY ARC 6027
Air Products and Chemicals, Inc.		AP6010W	AP6011W	AP6012W	AP6013W	–	–	–
A-L Welding Products, Inc.		AL6010	AL6011	AL6012	AL6013	–	–	–
Alloy Rods. Allegheny International, Inc.		AP100 SW610	SW14	SW612	SW15	–	–	–
Applied Power, Inc.		–	No. 130 Red-Rod	–	No. 140 Production Rod	–	–	–
Arcweld Products Limited		Easyarc 10	Arcweld 230 Easyarc 11	Arcweld 387	Arcweld 90 Satinarc	–	–	–
Bohler Bros. of America, Inc.		Fox CEL	–	–	Fox OHV Fox ETI	Fox UMZ	–	–
Brite-Weld		Brite-Weld E6010	Brite-Weld E6011	Brite-Weld E6012	Brite-Weld E6013	–	–	Brite-Weld E6027
Canadian Liquid Air Ltd.		LA6010	LA6011P	LA6012P	LA6013 LA6013P	–	–	–
Canadian Rockweld Ltd.		R60	R61	R62	R63 R63A	R620	–	R627
C-E Power Systems. Combustion Engineering, Inc.		–	–	–	–	–	–	–
Century Mfg. Co.		–	331 324	–	331 313	–	–	–
Champion Hobart. S.A. de C.V.		6010	6011	6012 Ducto P60	6013 Versa-T	–	–	–
CONARCO. Alambresy Soldaduras. S.A.		CONARCO 10 CONARCO 10P	CONARCO 11	CONARCO 12 CONARCO 120	CONARCO 13A CONARCO 13	–	–	–
Cronatron Welding Systems, Inc.		–	Cronatron 6011	–	Cronatron 6013	–	–	–

사. 크기(Size)

1) SMAW

가) 적당한 전류와 봉의 이동 속도에서 정확한 봉 Size를 사용하는 것이 적은 시간에 필요한 크기의 용접을 할 수 있다.

나) 봉 Size의 크기는 모재의 두께, 자세, Joint Type에 따라 선정한다.

다) 통상 Flat Position에서 큰 용융을 얻기 위해서나 두꺼운 재료를 용접할 때 큰 봉 Size를 선정한다.

라) 2G, 3G & 4G 자세에서 용접할 때는 용융 금속이 Joint 밖으로 새어나올 가능성이 있어서 Weld Pool Size를 줄이기 위해서 적은 봉을 사용할 수 있다. 통상 처음 몇 Pass까지는 적은 봉을 사용한다.

마) V-Groove에서 첫 Pass는 Bead 형태와 용락 현상을 방지키 위해 적은 봉을 사용한다.

바) 입열 제한이나 용착 금속 제한을 넘지 않는 범위 내에서 될 수 있는 한 큰 봉을 사용한다.

2) GMAW & GTAW

Electrode 직경은 Weld Bead 형태에 큰 영향을 미친다. 똑같은 금속 이행 형태에서 큰 직경의 Electrode는 작은 직경의 Electrode 보다 높은 전류를 필요로 한다. 또한 높은 전류는 용융과 용입을 많고 깊게 한다. 한편 수직과 위 보기 자세에서는 통상 적은 직경의 Electrode와 낮은 전류를 사용한다. 많이 사용되는 Electrode인 Carbon Steel Electrode에 대해서는 SFA-5.18 Carbon Steel Electrodes and Rods for Gas Shielded Arc Welding을 참고바람.

3) FCAW

SAF-5.20 Carbon Steel Electrodes for Flux Cored Arc Welding을 참조바람.

4) SAW

움직임에 대한 Flexibility를 주기 위해서 작은 직경의 Electrode를 반자동 용접과 다극(多極)용접에 사용한다.

Root Opening이 커서 Fit-up하기 곤란할 경우 직경이 큰 Electrode를 사용한다. 전류가 일정할 때 직경이 적은 Electrode가 큰 Electrode 보다 많은 용융과 큰 전류 밀도를 가진다. 만약에 가용한 Electrode의 송급 속도가 Feed Motor가 송급하는 속도보다 크게 요구될 경우 바람직한 용융 속도를 위해서 직경이 큰 Electrode로 바꾸어 줄 수 있다.

3.4.36 전류(Current/Polarity)와 용접 입열량(Heat Input)

가. SMAW

1) 직류

직류는 항상 교류보다 안정성이 있는 Arc와 부드러운 금속 이행을 제공한다.

대부분의 Covered Electrodes는 역극성으로 많이 사용된다. 역극성은 용입이 큰 반면 정극성은 Electrode Melting Rate가 높다. 또 직류는 낮은 전류에서 고른 용접 Bead를 얻을 수 있기 때문에 박판의 용접에 잘 쓰인다. 직류는 Vertical이나 Overhead Welding에 잘 쓰인다. Arc Blow를 막으려면 교류로 사용하면 된다.

2) 교류

교류를 사용하면 Arc Blow가 없어지고 Power Source의 가격이 저렴하다.

3) 전류

용융은 전류가 증가할수록 커진다. 주어진 Electrode Size에서 전류의 크기는 Electrode의 종류에 따라서 달라진다. Recommended Range 보다 큰 전류를 사용하면 Spatter 과다, Arc Blow, Under Cut이나 Crack의 원인이 된다.

4) 정극성과 역극성의 비교

표 3-30 정극성과 역극성의 비교

구 분	정극성(DCSP, DCEN)	역극성(DCRP, DCEP)
전극 연결	모재가 +극, 용접봉-극	모재가 -극, 용접봉+극
특 성	모재의 용입이 깊다	모재의 용입이 얇다
	용접봉의 용융이 느리다	용접봉의 용융이 빠르다
	Bead 폭이 좁다	Bead의 폭이 넓다
	일반적으로 널리 사용한다	박판, 주철, 합금강, 비철 금속에 주로 사용한다
용접 적용	후판 적용	박판 적용
용입 깊이	깊다	넓고 얇다
극성 판별법	Bead가 흉하다	Spatter가 심하다
	Arc가 순하고 조용하다	Carbon이 달아오르고 부러진다

나. 아크 용접에 있어서의 직류 용접과 교류 용접의 비교

표 3-31 직류 용접과 교류 용접의 비교

비교 항목	직류(DC) 용접기	교류(AC) 용접기
아크 안정	우 수	약간 불안
극성 이용	가 능	불가능
비피복 용접봉 사용	가 능	불가능
무부하(개로) 전압	약간 낮음(60V가 상한)	높음(70~90V가 상한)
전격의 위험	적 다	많다(무부하 전압이 높기 때문)
구 조	복 잡	간 단
고장률	회전기에 많다	적 다
역 률	매우 양호	불 량

다. GTAW

1) 직류

정극성(DCEN)의 경우 모재에 큰 입열을 가하고 일정한 전류 하에서 역극성보다 깊은 용입이 된다. 통상 GTAW에서는 이 정극성을 많이 사용한다.

특히, Al이나 Mg 용접 시는 표면 청정 효과 때문에 역극성을 사용한다. 또 역극성을 사용할 때는 Tip이 가열되는 것을 막고 열전달을 증가시키기 위하여 큰 직경의 Electrode를 사용한다.

2) 교류

역극성일 때 금속 표면 청정 효과와 정극성 일때 깊은 용입을 얻을 수 있는 전류의 형태이다. 또, 정극성 일때 Arc를 유지하는데 필요한 전자를 공급하기 쉽기 때문에 전압을 작게 사용하여도 된다. 역극성보다 정극성이 보다 높은 전류를 요구한다.

라. GMAW

1) GMAW에서 대부분 역극성을 사용한다. 이는 Arc가 안정하고 Spatter가 적으며 넓은 전류 범위에서 Bead 형상이 좋고 용입이 깊기 때문이다. 또 Spray Transfer가 불가능하기 때문에 정극성은 좀체로 사용치 않는다.

이 GMAW에서 교류를 사용하는 것을 이제까지 성공적으로 적용하지 못했다.

여러 가지 Material에 대해 적정 전류 및 전압에 대한 예는 아래와 같다.

표 3-32 Typical Conditions for Gas Metal Arc Welding of Carbon and Low Alloy Steel in the Flat Position

Material Thickness		Type of Weld	Wire Diameter		Current Voltage[1]		Wire Feed Speed		Shielding Gas[2]	Gas Flow	
In	mm		in	mm	amp	volt	IPM	mm/s		CFH	LPM
.062	1.6	Butt[3]	.035	0.9	95	18	150	64	Ar 75%, CO_2 25%	25	12
.125	3.2	Butt[3]	.035	0.9	140	20	250	106	Ar 75%, CO_2 25%	25	12
.187	4.7	Butt[3]	.035	0.9	150	20	265	112	Ar 75%, CO_2 25%	25	12
.250	6.4	Butt[3]	.035	0.9	150	21	265	112	Ar 75%, CO_2 25%	25	12
.250	6.4	Butt[4]	.045	1.1	200	22	250	106	Ar 75%, CO_2 25%	25	12

1. Direct current electrode positive.
2. Welding grade CO_2 may also be used.
3. Root opening of 0.03 in. (0.8mm).
4. Root opening of 0.062 in. (1.6mm).

표 3-33 Typical Conditions for Gas Metal Arc Welding of Aluminum in the Flat Position

Material Thickness		Type of Weld	Wire Diameter		Current Voltage*		Wire Feed Speed		Shielding Gas	Gas Flow	
In	mm		in	mm	amp	volt	IPM	mm/s		CFH	LPM
.062	1.6	Butt	.030	0.9	90	18	365	155	Argon	30	14
.125	3.2	Butt	.030	0.9	125	20	440	186	Argon	30	14
.187	4.7	Butt	.045	1.1	160	23	275	116	Argon	35	16
.250	6.4	Butt	.045	1.1	205	24	335	142	Argon	35	16
.375	9.5	Butt	.063	1.6	240	26	210	91	Argon	40	19

* Direct current electrode positive.

표 3-34 Typical Conditions for Gas Metal Arc Welding of Austenitic Stainless Steel Using a Spray Arc in the Flat Position

Material Thickness		Type of Weld	Wire Diameter		Current Voltage[1]		Wire Feed Speed		Shielding Gas	Gas Flow	
In	mm		in	mm	amp	volt	IPM	mm/s		CFH	LPM
.125	1.6	Butt Joint w/ Backing	.062	1.6	225	24	130	55	Ar98%,$O_2$2%	30	14
.25 (2)	6.4	V-Butt Joint 60ΦInc. Angle	.062	1.6	275	26	175	74	Ar98%,$O_2$2%	35	16
.375 (2)	9.5	V-Butt Joint 60ΦInc. Angle	.062	1.6	300	28	240	102	Ar98%,$O_2$2%	35	16

1. Direct current electrode positive.
2. Two passes required.

표 3-35 Typical Conditions for Gas Metal Arc Welding of Austenitic Stainless Steel using a Short Circuiting Arc

Material Thickness		Type of Weld	Wire Diameter		Current Voltage*		Wire Feed Speed		Shielding Gas	Gas Flow	
in	mm		in	mm	amp	volt	IPM	mm/s		CFH	LPM
.062	1.6	Butt Joint	.030	0.8	85	21	185	78	He90%, Ar7.5%, $CO_2$2.5%	30	14
.093	2.4	Butt Joint	.030	0.8	105	23	230	97	He90%, Ar7.5%, $CO_2$2.5%	30	14
.125	3.2	Butt Joint	.030	0.8	125	24	280	118	He90%, Ar7.5%, $CO_2$2.5%	30	14

* Direct current electrode positive.

마. FCAW.

적정 전류 및 전압에 대한 예는 표 3-36나 표 3-37과 같다.

표 3-36 Typical Gas Shielded Flux Cored Arc Welding Procedures for Carbon and Low Alloy Steel Electrodes (EXXT-1 Types)

Joint Design	Thickness T in.	mm	Root Opening R in.	mm	Total Passes	Electrode Diameter in.	mm	Welding Power dcrp (ep) V	A	Wire Feed Speed in./min	mm/s
	Flat position groove welds (semiautomatic)										
	1/4	6	1/8	3	1	5/64	2.0	30	425	275	116
	1/2	13	1/4	6	2	3/32	2.4	32	450	195	80
	1/2	13	0	0	2	3/32	2.4	30	480	225	95
	1	25	0	0	6	3/32	2.4	32	480	225	95
	5/8	16	3/16	5	3	3/32	2.4	32	480	225	95
	1	25	3/16	5	6	3/32	2.4	32	480	225	95
	1	25	0	0	6	3/32	2.4	32	450	195	80
	2	51	0	0	14	3/32	2.4	32	450	195	80
	1	25	0	0	4	3/32	2.4	32	450	195	80
	2	51	0	0	10	3/32	2.4	32	450	195	80
	Horizontal position groove welds (semiautomatic)										
	1/2	13	1/8	3	6	5/64	2.0	28	350	175	75
	1	25	1/8	3	18	5/64	2.0	28	350	175	75
	Vertical position groove welds (semiautomatic)										
	3/8	10	0	0	2	1/16	1.6	23	220	165	70
	1/2	13	0	0	3	1/16	1.6	23	220	165	70
	Flat position groove welds (automatic)										
	1/4	6	1/8	3	1	3/32	2.4	30	450	195	83
	1/2	13	1/4	6	1	3/32	2.4	30	450	195	83

표 3-37 Typical Self-Shielded Flux Cored Arc Welding Procedures for Carbon and Low Alloy Steel Electrodes

Joint Design	Plate Thickness T		Root Opening		Total Passes	Electrode Diameter		Welding Power, dc		Wire Feed Speed		Electrode Extension	
	in.	mm	in.	mm		in.	mm	A	V(P)	in./min	mm/s	in.	mm
Flat position groove welds (semiautomatic)													
	0.14	3.4	5/32	4	1	3/32	2.4	300	29	150	65	2-3/4	70
	3/8	10	3/8	10	2	1/8	3.2	500	33	200	85	2-3/4	70
	1/2	13	3/8	10	3	1/8	3.2	500	32	200	85	2-3/4	70
	1	25	3/8	10	6	1/8	3.2	550	36	300	125	3-3/4	95
	1/2	13	3/32	2	2	3/32	2.4	350	29	190	80	2-3/4	70
Weld by SMAW	3	76	3/32	2	26	1/8	3.2	550	36	300	125	3-3/4	95
	3/8	10	3/8	10	2	1/8	3.2	500	32	200	85	2-3/4	70
	1-1/4	32	3/8	10	7	1/8	3.2	550	36	300	125	3-3/4	95
Vertical position groove welds (semiautomatic)													
	0.105	2.7	1/8	3	1	5/64	2.0	250	20	110	55	1	25
Vertical down	1/4	6	7/32	5	3	5/64	2.0	350	25	230	100	1	25
Vertical position groove welds (semiautomatic)													
	5/16	8	3/32	2	1	1/16	1.6	150	18	90	40	1	25
SMAW (1/16 in.) Vertical Up	1	25	3/32	2	1	1/16	1.6	195	21	120	50	1	25
	3/8	10	3/16	5	2	1/16	1.6	170	19	105	45	1	25
Vertical Up	1	25	3/16	5	6	5/64	2.0	190	19	110	45	1	25
	3/8	10	1/4	6	1	1/16	1.6	170	19	105	45	1	25
Vertical Up	1-1/2	38	1/4	6	4	5/64	2.0	190	19	110	45	1	25

바. SAW

1) 직류 정전압

반자동은 전류 300 ~ 600A, 1.6, 2, 2.4Φmm Electrode에 사용한다.
자동 용접은 2.4 ~ 6.4Φ의 Electrode, 300 ~ 1000A에서 행하여진다.
Power Supply가 안정되어서 Wire 공급 속도를 일정하게 할 수 있다.
Wire의 공급 속도와 직경이 Arc의 흐름을 조정하고 Power Supply가 Arc
전압을 조정한다. SAW에서 이 직류 정전압을 가장 많이 사용한다.

2) 직류 정전류

Power Supply가 불안정하여 Wire 공급 속도를 조정해야 한다.

3) 교류

800 ~ 1500 Ampere 까지 사용 가능

사. 용접 입열량(Heat Input)

1) 용융 용접에서는 우선 용접부가 용융되어야 하고 또 응고 과정에서 모재와
   충분한 금속간 화합물을 만들 수 있는 서냉이 필요하다. 이 과정에 필요한
   전기적 에너지를 용접 입열량으로 정의한다. 이 에너지는 모두가 용접 열
   원으로 사용되지는 않으며 대개 다음과 같은 에너지 분포를 가진다.

   가) 용접봉 용융: 15%.
   나) 용착 금속의 생성: 20~40%.
   다) 모재의 가열, 피복제의 용해, 복사, Spatter의 발생: 60~85%.

2) 이 입열량은 예열이나 층간 온도에 의해 Arc 발생 이전에 모재가 흡수한
   에너지는 고려되지 않은 것이다. 용접 입열의 크기는 용접부의 냉각 속도
   및 용접 Pass 수에 영향을 미친다. 용접선의 단위 길이에 가해지는 용접
   입열이 클수록 용접부의 냉각 속도가 늦어지고 Bead가 두껍게 되고 조직
   이 조대하게 된다.

3) 아크 길이가 길어져서 전압이 높아지게 되면 용접부에 가해지는 전체 입열
   량은 증가하게 되지만 동시에 길어진 아크의 길이 만큼 복사에 의한 에너지
   손실이 커지므로 실제로 용접부에 전해지는 유효 열량이 감소하게 된다.

4) 이러한 이유로 아크 전압의 변화에 의한 입열량의 변화는 거의 무시할 수 있으며 입열에 미치는 영향은 주로 전류와 용접 속도에 의해 지배를 받는다. 용접 금속의 강도 특히 항복점의 저하, 용접 재료와 모재와 경계부 및 용접 금속의 충격치 저하를 방지하기 위해서는 과대한 입열을 피해야 한다.

5) 그러나 용접 입열이 적으면 냉각 속도가 빠르고 모재 열영향부와 용접 금속의 경화로 인해 용접 균열의 발생을 초래하게 된다.

비드의 개시점과 종료점 및 Arc Strike에서는 입열이 작으므로 냉각 속도가 빨라진다. 따라서 용접 균열을 방지하고 양호한 용접 금속을 얻기 위해서는 적당한 용접 입열과 예열 조건을 선택할 필요가 있다.

6) 용접 입열량(Heat Input) 계산(QW-409.1 참조).

파형제어: Heat Input = (Voltage * Amperage * 60) / (Travel Speed(in./mim or mm/min). 단위(Unit): J/in., J/mm.

파형제어가 아닌 경우:

① 순간 에너지로 측정 시 입열(J/mm) = 에너지(J)/용접 비드 길이(mm)

② 순간 힘으로 측정 시 입열(J/mm) = 힘(W) X 아크 시간(s)/용접 비드 길이(mm)

7) 입열량이 적은 용접법으로 부터 큰 용접법을 차례로 살펴 보면 아래와 같다.

가) GTAW(2Φ, 90~130A).

나) SMAW(3.2Φ, 80~110A): 직류 용입이 깊다. 교류는 중간 정도이다.

다) GMAW/FCAW Short Circuit(1.2Φ, 80~130A).

라) GMAW/FCAW Globular, Spray(2Φ, 250~350A).

마) SAW(4Φ, 450~550A).

바) EGW(600~800A).

사) ESW(1000~1200A).

아. 〈WPS 작성 시〉

1) SMAW/SAW/GMAW/GTAW에서 추가 필수 변수가 적용될 경우 본 용접에서 PQR에 기재된 각 용접법에 대하여, 입열의 증가, 혹은 자격 부여된 부피에 비하여 용접 단위 길이 당 용착되는 용접 금속의 용착율 증가하면 부여 받아야 한다(QW-409.1 참조).

2) GMAW의 분말 이행, 입상 이행, 맥동 이행 방식에서 단락 이행 방식으로의 변경이나 그 반대(QW-409.2 참조).

3) SMAW/SAW/GMAW/GTAW에서 추가 필수 변수가 적용될 경우 PQR에 비하여 본 용접에서 다음 사항의 변경이 있으면 재자격 부여 받아야 한다 (QW-409.4 참조).

가) 교류에서 직류로의 변경 혹 은 그 반대.
나) 교류 용접에서 정극성에서 역극성으로의 변경이나 그 반대.

자. 전압 범위(Volt Range)

1) SMAW

보통 17 ~ 40V 사이이며 Arc가 길면 전압이 증가하고 전류가 줄어든다.

2) GTAW

Arc 전압은 다음과 같은 인자에 의해서 변화된다.

가) Arc 전류
나) Tungsten Electrode Tip의 형상
다) Electrode와 작업물과의 거리
라) 보호 가스 종류

3) GMAW & FCAW

GMAW에서 Arc Length는 조절되어야 할 필수 변수다. Arc Voltage는 Arc 길이, Electrode 성분이나 크기, 보호 Gas 종류나 용접 기법에 따라 달라진다.

Arc Voltage가 너무 높으면 기공, Spatter 혹은 Undercut의 원인이 될 수 있고 Arc Voltage를 줄이면 깊은 용입과 좁은 Bead를 얻을 수 있다. 그러나 지나치게 Arc 전압이 작으면 Arc가 불안정하여 꺼진다. 재질에 따른 대표적인 Arc 전압은 아래와 같다.

표 3-38 Typical Arc Voltages for Gas Metal Arc Welding of Various Metals[a]

Metal	Spray[b] Globular Transfer 1/16 in. (1.6mm) Diameter Electrode					Short Circuiting Transfer Diameter Electrode			
	Argon	Helium	25% Ar– 75% He	Ar–O$_2$ (1–5% O$_2$)	CO$_2$	Argon	Ar–O$_2$ (1–5% O$_2$)	75% Ar– 25% CO$_2$	CO$_2$
Aluminum	25	30	29	–	–	19	–	–	–
Magnesium	26	–	28	–	–	16	–	–	–
Carbon steel	–	–	–	28	30	17	18	19	20
Low alloy steels	–	–	–	28	30	17	18	19	20
Stainless steel	24	–	–	26	–	18	19	21	–
Nickel	26	30	28	–	–	22	–	–	–
Nickel–copper alloy	26	30	28	–	–	22	–	–	–
Nickel–chromium–iron alloy	26	30	28	–	–	22	–	–	–
Copper	30	36	33	–	–	24	22	–	–
Copper–nickel alloy	28	32	30	–	–	23	–	–	–
Silicon bronze	28	32	30	28	–	23	–	–	–
Aluminum bronze	28	32	30	–	–	23	–	–	–
Phosphor bronze	28	32	30	23	–	23	–	–	–

a. Plus or minus approximately ten percent. The lower voltages are normally used on light material and at low amperage; the higher voltages are used on heavy material at high amperage.

b. For the pulsed variation of spray transfer the arc voltage would be from 18–28 volts depending on the amperage range used.

4) SAW

PARA. 3.2.36 바. SAW 참조

대표적인 용접조건을 아래 표 3-39과 3-40에 기술하니 참조바람.

표 3-39 Typical Welding Conditions for Single Electrode, Machine Submerged Arc Welding of Steel Plate Using One Pass (Square Groove)

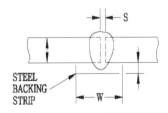

Plate Thickness T		Root Opening S		Current	DCEP Voltage	Travel Speed		Electrode Diameter		Electrode Consumption		t. min		W. min	
in.	mm	in.	mm	A	V	in./min.	mm/s	in.	mm	lb/ft	kg/m	in.	mm	in.	mm
10 ga.	3.6	0–1/16	1.6	650	28	48	20	1/8	3.2	0.070	0.104	1/8	3.2	5/8	15.9
3/16	4.8	1/16	1.6	850	32	36	15	3/16	4.8	0.13	0.194	3/16	4.8	3/4	19.0
1/4	6.4	1/8	3.2	900	33	26	11	3/16	4.8	0.20	0.248	1/4	6.4	1	25.4
3/8	9.5	1/8	3.2	950	33	24	10	7/32	5.6	0.24	0.357	1/4	6.4	1	25.4
1/2	12.7	3/16	4.8	1100	34	18	8	7/32	5.6	0.46	0.685	3/8	9.5	1	25.4

표 3-40 Typical Welding Conditions for Single Electrode, Two Pass Submerged Arc Welding of Steel Plate (Square Groove)

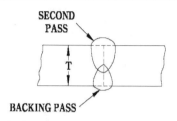

Plate Thickness T		DCEP Current	Second Pass DCEP Voltage	Travel Speed		Electrode Diameter		DCEP Current	Voltage	Backing Pass Travel Speed		Electrode Diameter		Electrode Consumption	
in.	mm	A	V	in./min.	mm/s	in.	mm	A	V	in./min.	mm/s	in.	mm	lb/ft	kg/m
Semiautomatic Welding															
10 ga.	3.6	325	27	50	21	1/16	1.6	250	25	50	21	1/16	1.6	0.070	0.104
3/16	4.8	350	32	46	19	1/16	1.6	300	29	46	19	1/16	1.6	0.088	0.131
1/4	6.4	375	33	42	18	1/16	1.6	325	34	42	18	1/16	1.6	0.106	0.158
3/8	9.5	475	35	28	12	5/64	2.0	425	33	28	12	5/64	2.0	0.18	0.268
1/2	12.7	500	36	21	9	5/64	2.0	475	34	21	9	5/64	2.0	0.28	0.417
5/8	15.9	500	37	16	7	5/64	2.0	500	35	16	7	5/64	2.0	0.43	0.640
Machine Welding															
1/4	6.4	575	32	48	20	5/32	4.0	475	29	48	20	5/32	4.0	0.11	0.164
3/8	9.5	850	35	32	14	5/32	4.0	500	33	32	14	5/32	4.0	0.23	0.343
1/2	12.7	950	36	27	11	3/16	4.8	700	35	27	11	3/16	4.8	0.34	0.506
5/8	15.9	950	36	22	9	3/16	4.8	900	36	22	9	3/16	4.8	0.50	0.745

차. 속도 범위(Travel Speed)

1) SMAW

가) 용접 속도는 다음과 같은 인자에 의하여 좌,우된다.

① 용접 전류, 극성의 형태.

② 용접 자세.

③ Electrode의 용융량.

④ 모재 두께.

⑤ 모재의 표면상태.

⑥ Joint Type.

⑦ Electrode 조작.

나) 용접 속도가 늦으면 입열이 증가하고 HAZ의 Size가 커진다. 또 냉각 속도가 줄어든다. 반면 용접 속도가 빠르면 HAZ의 Size가 줄어들고 냉각 속도가 증가한다.

적당하게 예열을 하지 않는 한 냉각 속도를 증가하면 강도와 경도가 증가한다.(그림 3-19 참조)

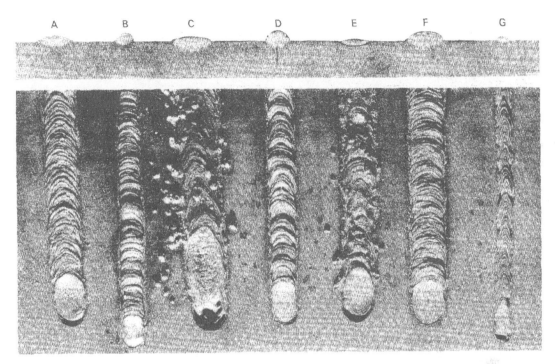

그림 3-19 The Effect of Welding Amperage, Arc Length and Travel Speed; (A) Proper Amperage, Arc Length, and Travel Speed; (B) Amperage Too Low; (C) Amperage Too High;(D) Arc Length Too Short; (E) Arc Length Too Long; (F) Travel Speed Too Slow; (G)Travel Speed Too Fast

2) GTAW

용접 속도가 Bead 넓이와 깊이에 영향을 주나 넓이에 주는 영향이 더 크다. 자동 용접일 시 전류와 전압만 변화 시키고 용접 속도는 일반적으로 고정이다.

3) GMAW

다른 용접 조건이 고정된 이상 용입은 중간 용접 속도에서 최고이다. 용접 속도가 줄어들 때 단위 길이당 Filler Metal의 용융 속도는 증가한다. 매우 낮은 용접 속도에서는 Arc가 용융 Pool을 침해하기 때문에 용입이 줄어들고 넓은 Bead가 형성된다. 용접 속도가 너무 높으면 Bead의 가장자리에 Undercut이 생긴다.

4) FCAW

다른 용접 조건이 고정된 이상 저 용접 속도에 있어서의 용입이 고 용접 속도에 있어서의 용입보다 크다. 높은 전류에서 저 용접 속도로 용접하면 모재가 과열된다. 이것은 용락이나 거치른 외관의 원인이 될 수 있다.

5) SAW

용접 속도가 증가되면 단위 길이당 입열이 감소되고 Filler Metal이 적게 녹아서 작은 여성고가 형성된다. 지나치게 높은 용접 속도는 Undercut, Arc Blow, 기공 혹은 고르지 못한 Bead의 원인이 된다. 또한 상대적으로 느린 속도로 용접하면 용융 Pool로부터 Gas가 빠져나갈 여유를 주어 기공을 없애준다. 그리고 Crack이 일어나기 쉬운 볼록한 Bead를 만들거나 거치른 Bead나 Slag 혼합의 원인이 되는 큰 용융 Pool을 형성한다.

제4장 PQR 작성 및 검토

 본 PQR 작성 및 검토에서는 제3장에서처럼 우리가 주로 사용하는 SMAW, SAW, GMAW, FCAW 및 GTAW에 대하여 기술하고(FCAW는 GMAW의 조건에 포함되는 것으로 본다) 또 본 Chapter 4에서 사용되는 모든 Paragraph 및 용어들은 특별한 언급이 없는 한 ASME Sect.IX을 그대로 인용한다.

 그리고 "제3장의 WPS 작성 및 검토"에서 이미 각 용접 Process의 필수 변수 및 추가 필수 변수에 대하여 본 용접 시 재 자격 부여 하는 경우를 집중적으로 살펴보았기 때문에 이 장에서는 내용의 중복을 피하기 위하여 ASME Sect.IX의 QW-250과 QW-400에 열거되어 있는 각 변수에 대한 설명 및 자세한 기술보다는 어떤 Variable이 변경 적용되면 PQR을 다시 만들어야 하는지에 역점에 두고 정리를 하여 두었다.

4.1 PQR의 생성

 어떤 Project(사업)가 사업주로부터 발주되어 계약된 후 그 Project에 소요되는 각 철 및 비철 구조물이 제작된다. 이때 제작자는 사업주의 시방서(Specification)와 규정/기준(Code/Standard)에 따라서 구조물의 상세 도면(Detail Drawing)을 만들어서 사업주 혹은 사업주를 대신한 감리 회사(Project Consultant Company: PMC)에 승인을 득하게 된다. 이 상세 도면에는 구조물을 제작할 때 용접하게 된 부위의 이음부 형상(Joint Detail)을 포함하여야 한다. 이 이음부의 각 형상에 대하여 용접 이음으로 제작을 하기 위해서는 WPS(용접 절차 사양서)가 있어야 되고 이 WPS를 만들기 위해서는 사전에 PQ(Performance Qualification: 용접 기능 검정)를 행하여 검정을 하고 용접부의 건전성을 확보한 뒤 PQR(Procedure Qualification Record: 절차 검정 기록서)을 작성한다. 아래는 이런 일련의 과정을 독자들의 이해를 돕기 위하여 순서대로 나열해 둔 것이다.

4.1.1 PQR의 생성 과정

가. Project의 계약.

나. 계약자(Contractor)에 의한 Project에 소요되는 구조물의 제작자 선정.

다. 제작자에 의한 각 구조물에 대한 이음부 형상을 포함한 Shop Drawing 생성.

라. 제작자의 설계부에서 이음부 형상을 포함한 Shop Drawing을 생산부 혹은 생산 기술부, 용접 연구소(실)이 있는 경우는 용접 연구소(실)로 전달.

마. 제작자의 생산부에서는 각각의 구조물 이음부에 대한 용접법/재료/용접 변수별로 분류.

바. 이 분류된 이음부의 형상에 따라서 선정된 용접법으로 용접사를 선정하여 Shop에서 PQ Test실시.

사. 이 경우 계약의 조건에 따라서 사업주 또는 PMC가 참석한 가운데 각 용접사는 등에 Number를 착용한 상태에서 Shop에서 용접 실시.

아. 용접 완료된 시험편을 각 해당 Specification/Code/Standard에 따라서 Test 실시.

자. 최종 Test에 합격된 용접법인 경우 용접 시 적용된 변수들을 PQR에 기입하여 사업주 또는 PMC에 서명을 받아서 공식 서류(Document)로 제출.

차. 이 승인된 PQR에 따라서 변수의 한계 내에서 필요한 WPS 생성.

카. 현장 용접 시행.

4.2 PQR의 내용(QW-200.2(b) 참조)

용접하는 동안에 각 용접 Process 별로 요구되는 QW-250부터 QW-290의 필수 변수, 추가 필수 변수 등이 완성된 PQR에 나타나 있어야 한다. 비필수 변수나 다른 관리 변수는 용접 중에 제작자나 계약자의 의도에 따라 나타낼 수 있다. 한 개 이상의 용접 방법이나 Filler Metal을 시편 용접 시 사용했을 때는 각 용접 방법 및 Filler Metal로 행한 용접 금속의 대략적인 두께를 표시해야 한다.

4.3 PQR의 변경(QW-200.2(c) 참조)

PQR에 대한 편집상의 수정이나 부록의 발행이 허용된다. 편집 수정에 대한 예로서는 특정한 모재나 용가재에 부여되는 부정확한 P-Number, F-Number 혹은 A-Number 등이다. 부록에 대한 예는 Code의 변경에 기인한 것이다. 예를 들어 Section IX에 따라 용가재에 새로운 F-Number를 부여 하거나, 이미 설정된 F-Number에 새로운 용가재를 받아 들이는 것이다. 이에 따르면, Code가 변경되기 전에 제작자나 하청업자가 검정하는 동안 특수한 분류에 속하는 전극봉을 사용하는데 제한을 받아서, 특정한 F-Number 내의 다른 용가재를 사용할 때 제작 Code의 특수한 요건으로 판단하여서 허용할 수 있다. 추가 자료가 실험 기록이나 유사한 자료에 의해서 본래의 자격 부여 여건의 일부이었던 것으로서 구체화가 된다면, 추후에 PQR에 반영할 수 있다.

4.4 PQR 양식(QW-200.2(d) 참조)

Code에서 요구하는 모든 필수 변수(Essential Variables), 추가 필수 변수(Supplementary Essential Variables) 그리고 시험 결과가 포함되는 한 제조업자 또는 계약자의 필요성에만 부합한다면 어떤 양식이라도 사용 가능하다.

4.5 용접 기법의 복합(QW-200.4 참조)

4.5.1 각기 다른 필수 변수이나 비필수 변수를 갖고 있는 한 개 이상의 용접법을 한 개소의 용접에 적용할 수 있다. 각 용접 절차는 1개 이상의 용접법, Filler Metal 혹은 다른 변수를 포함할 수 있다.

즉 "A" Process PQR과 "B" Process PQR이 별도 있을 때 (A+B)를 Process 사용하는 Joint 용접에 사용 가능하다.

1개소의 용접에 용접법과 필수 변수가 다른 두개 이상의 용접 절차를 적용할 때, QW-200.4(b)에 따른 Root Deposit를 제외하고는 각 용접법과 절차에 대한 육성된(Deposited) 용접 금속 및 모재의 인증 두께 범위는 QW-451에 따른다.

한 개 이상의 용접법, 용가재 혹은 한 세트의 변수를 사용하는 용접 절차서(WPS)를 아래 (가), (나)항을 준수하면, 각 용접법, 용가재 혹은 각 세트의 변수를 개별적으로나 서로 다른 조합으로 사용할 수 있다.

가. 관련된 용접법, 용가재 혹은 한 조의 변수들에 관련된 필수, 비 필수, 필요 추가 필수 변수가 적용될 것.

나. 용접법, 용가재 혹은 한 조의 변수들에 관련된 QW-451의 모재, 용접 금속의 두께 제한이 적용될 것.

4.6 제작자의 의무(QW-201 참조)

조직은 각 WPS를 자격 부여했고, 절차서 자격 부여 시험을 수행 했으며 그 결과를 관련 PQR에 서류화 했다는 것을 증명해야 한다.

4.7 요구되는 시험의 종류(QW-202 참조)

4.7.1 기계적 시험(QW-202.1 참조)

홈 용접 절차서를 자격 부여하기 위하여 시험할 시험편의 숫자와 형태는 QW-451에 따르고 QW-463.1(a)~QW-463.1(f)에서 보인 바와 비슷한 방법으로 채취 하여야 한다. 만약 QW-451에서 요구한 어떤 시험편이라도 규정된 합격 기준을 만족 시키지 못하면 그 시험 시편은 불합격으로 간주해야 한다.

불합격이 용접 변수와 관계 없다고 판단할 수 있을 때는 동일한 용접 변수를 사용하여 다른 시편을 용접할 수 있다.

대안으로, 만약 처음 시편에 적절한 부분이 남아 있다면 처음 시험편이 위치해 있는 곳으로부터 작업상 가능한 가까운 곳에서 불합격한 시험편 대신에 추가 시험 편을 채취할 수 있다.

시험 불합격이 필수 혹은 추가 필수 변수 때문이라고 판단되었다면, 시험 불합 격의 원인이라고 판단되는 변수를 적절히 변경하여 새로운 시편을 용접할 수 있 다. 새로운 시험이 합격되면 필수와 추가 필수 변수를 PQR상에 서류화 해야 된 다.

시험 불합격이 필수 혹은 추가 필수 변수가 아닌 한 개 이상의 용접 관련 요소 에 의한 것으로 판단되었다면 시험 불합격의 원인이라고 판단되는 용접 관련 요소 를 적절히 변경하여 새로운 시편을 용접할 수 있다. 만약 새로운 시험이 합격되 면, 전에 시험 불합격의 원인이라고 판단된 용접 요소의 필요한 성질이 실제 용접 에서 해결되었다고 확신할 수 있는 조직이 조치해야 한다.

4.7.2 홈 및 필렛 용접부(QW-202.2 참조)

가. 완전 용입된 홈 용접부의 자격 부여

홈 용접 시험 시편은 실제 제작에 사용할 모재와 용착부의 두께 범위를 자격 부여해야 하며 자격 부여에 대한 제한은 QW-451에 따라야 한다. 홈 용접의 용접 절차서 자격 부여는 인장과 유도 굽힘 시험편을 사용하여 홈 용접부에 실시한다. 이 Code(ASME Sect. Ⅸ) 이외에서 요구할 시 파괴 인성 시험을 실시해야 한다. WPS는 열거된 필수 변수 범위 내의 홈 용접을 위해서 검정 된다.

나. 부분 용입 홈 용접부의 자격 부여

시험편 모재의 두께가 38mm 이상으로 자격 부여 받으면 실제 모재 두께 제 한의 상한선이 없고 부분 용입 홈 용접부에 대한 모재 및 용착 금속의 두께는 QW-451에 있는 요건대로 자격 부여 받아야 된다.

다. 필렛 용접부의 자격 부여

필렛 용접부의 WPS자격 부여는 위의 (a) (b)에서 언급한 시험편을 사용하여 홈 용접 시험 시편으로 할 수 있다. 그렇게 하여 자격 부여된 필렛 용접 절차 서는 모든 두께의 모재에 어떤 크기로 필렛 용접하거나, QW-451.4에 따라 모든 직경의 파이프 혹은 튜브를 용접하는데 사용할 수 있다. Code의 다른 Section에서 언급 하였듯이 비압력부의 필렛 용접은 부가적으로 필렛 용접만 자격 부여할 수 있다. 시험은 QW-180에 따라서 해야 한다. 자격 부여의 제한은 QW-451.3에 따라서 해야 한다.

4.7.3 용접 보수와 덧살 붙임(QW-202.3 참조)

홈 용접으로 자격 부여된 WPS는 홈 용접과 필렛 용접의 보수,그리고 다음 조건 하에서 덧살 붙임 용접을 위해 사용될 수 있다.

가. 필렛 용접부의 모재나 용착 금속의 두께 제한은 없다.
나. 필렛 용접이 아니면, 시험편 모재의 두께가 38mm 이상으로 자격 부여 받으면 실제 모재 두께 제한의 상한선이 없고, 그 외는 각 용접 기법의 모재와 용착 금속의 두께 범위는 QW-451에 따른다.

4.8 절차서에서 자세의 자격 부여된 자세에 대한 제한(QW-203 참조)

QW-250의 용접 변수들에서 특별한 다른 요구 사항이 없다면 어느 자세로 자격 부여를 받더라도 절차서는 모든 자세에 적용된다. 용접 기법은 모순되지 않아야 하며, Section Ⅱ Part C에 정의된 Welding Rods, Electrodes, Filler Metal 등은 지정된 자세에서 사용하기가 적당해야만 한다. 용접사 혹은 자동 용접기 조작자는 그들이 용접한 WPS 자격 부여 시험이 합격 되었을 때, 시험할 때의 용접 자세에 대해서는 자격 부여되어진다.

4.9 시험 Coupon의 준비(QW-210 참조)

4.9.1 모재(QW-211 참조)

시험 시편의 치수는 요구되는 시험편을 준비하는데 충분하여야 한다. 모재는 철판, 파이프 혹은 다른 제작품으로 이루어질 수 있다. 철판에 대한 자격 부여는 파이프에 대해서도 역시 자격 부여되고 역으로도 성립된다.

4.9.2 Groove 용접부의 모양과 칫수(QW-212 참조)

QW-250에 주어진 것을 제외하고는 용접 홈의 모양과 칫수는 필수 변수는 아니다.

4.9.3 부식 방지 용접 금속의 덧깔기
(Corrosion-Resistant Weld Metal Overlay: QW-214 참조)

가. 시편의 크기, 자격 부여의 제한, 필요한 시험 및 검사는 QW-453에 의한다.

나. 필수 변수는 QW-250에 따른다.

4.9.4 표면 경화 용접 금속의 덧깔기(Hard-Facing Overlay: QW-216 참조)

가. 시편의 크기, 자격 부여의 제한, 필요한 시험 및 검사는 QW-453에 의한다.

나. 필수 변수는 QW-250에 따른다.

다. Spray Fuse Method에 의한 표면 경화(예를 들면, 산소 가스 용접(OFW)과 프라스마 아크 용접)가 사용될 경우, QW-216.1과 QW-216.2에 따라 각각 시편 준비와 용접 변수를 적용해야 한다.

라. 표면 경화 덧살 붙임 용접을 용착으로 한다면 PQR을 자격 부여 받기 위하여 모재의 P-No.와 용착 금속의 화학 분석과 명목상으로 맞는 화학적 성질을 제출하여야 한다.

4.10 크래드(Clad)재질의 결합(QW-217 참조)

4.10.1 크래드된 두께의 어느 부위가 관련 Code에서 허용 함으로서 계산 시 두께에 포함될 경우는 아래 기술된 QW-217(a)에 따라서 자격 부여해야 된다.

가. 절차서 자격 인정 시험 시편을 실제 제작부 용접 시 사용하는 것과
똑같은 P-Number의 모재, 크래드 재질, 용접법 그리고 용가재의
복합으로 만들어야 한다.

나. QW/QB-422에 포함되어 있지 않은 금속의 자격 시험을 위하여는,
성분 시험용 철판으로 사용할 금속은 제작부에 사용할 금속과 똑 같
은 화학적 성분의 범위 내에 있어야 한다.

다. 모재와 용가재의 자격 부여되는 두께는 QW-451에서 적용된 것 처
럼, 각각의(모재 및 용가재) 실제 시험 시편 두께를 기준으로 정해
야 한다.

라. 이때 예외 사항으로 용접부의 크래드 부분에 결합되는 용가재의 최
소 자격 부여 두께는 QW-453에 따라 수행되는 화학적인 분석에 기
준을 두어 정한다.

마. QW-451에서 요구하는 홈 용접부의 인장과 굽힘 시험을 해야 하고,
이 시험은 시험편의 축소 단면을 관통하는 크래드부의 전체 두께를
포함하여야 한다.

4.10.2 크래드된 두께의 어느 부위가 두께 계산 시 포함되지 않을 경우는
QW-217(a)나 QW-217(b)중 하나만을 만족 시키면 자격 부여된다.

가. 즉,똑 같은 P-Number의 모재, 크래드 재질 및 용접법을 사용하여
복합으로 PQ하거나 내식용 덧살 붓임 용접으로 QW-251.4의 필수
요 변수를 적용하여 PQ를 수행할 수 있다.

나. 내식용 덧살 붓임 용접으로 QW-251.4의 필수 변수를 적용하여
PQ를 수행할 경우 시험 시편과 시험은 QW-453에 따라서 해야 한
다. WPS에서는, 모재의 용접부 강도 증가를 보장하기 위해 내식용
덧살 붓임을 하는 홈의 깊이를 제한한다.

4.11 용접 변수(Welding Variables)

4.11.1 WPS에 의한 변수의 종류 QW-252에서 QW-282에 걸쳐 열거된 각 용접
기법별 변수들은 필수 변수, 추가 필수 변수, 비필수 변수들로 세분된다.

4.11.2 필수 변수(Essential Variables): Procedure

필수 변수의 변경은 자세히 기술된 변수들의 내용처럼 용접부의 기계적인 성질에 영향을 끼친다고 생각되는 변화들이며 WPS의 재 자격 부여를 요구한다.

추가적인 필수 변수는 특별한 Notch Toughness 시험을 요구하는 금속에 적용된다.

4.11.3 비필수 변수(Nonessential Variables): Procedure

비필수 변수의 변경은 자세히 기술된 변수들의 내용처럼 재 자격 부여 없이 WPS를 사용할 수 있다. 절차서는 이러한 변화 사항을 나타내기 위해 개정되어야 한다.

4.12 P-Number

용접 절차서에 대한 자격부여 숫자를 줄이기 위해서 P-Number를 설정해 두었다. 충격 시험이 언급된 금속(Ferrus)에 대하여 같은 P-Number 속에 Group-Number도 구분되어 있다. 이것은 야금학적 성질, 후열처리, 설계, 기계적인 성질, 그리고 사용처 등을 고려하지 않고 자격 부여시 사용했던 모재를 같은 P-Number 내에서 교체해도 된다는 것을 나타내는 것이 아니다.

4.13 F-Number

Weld Rod나 Electrode의 분류 Number이다.

이 F-Number는 절차서나 용접사 자격 심사의 수를 최소화 하기 위해 만들었다. 그러나 야금학적 성질, 후열처리, 설계, 사용처 및 기계적인 성질을 고려하지 않고 자격부여 시 사용했던 Filler Metal이나 모재를 같은 F-Number 내에서 교체해도 된다는 것을 나타내는 것이 아니다.

4.14 A-Number

PQR 이나 WPS에 나타난 Weld Metal의 화학적인 조성에 대한 구분이다.

4.15 Base Metal Check Guide

4.15.1 QW-403.5 용접 절차 시방서는 아래 중의 하나를 사용하여 자격 부여 받아야 한다.

가. 실제 용접에서 사용할 똑 같은 모재(같은 종류와 등급).

나. 금속 재질에서, 실제 용접할 모재와 표 QW/QB-422의 P-No.와 Group Number가 같아야 한다.

다. 비금속 재질에 대하여, 실제 용접할 모재와 표 QW/QB-422의 P-No.와 UNS Number가 같아야 한다.

표 QW/QB-422의 금속 재질에 대하여, 절차서 자격 부여는 각각 두 개의 모재에 대해 같은 그룹끼리 절차서 자격 부여가 되어 있다 하더라도 적용되는 각기 같은 P-No.와 Group Number 모재의 조합으로 만들어야 한다. 그러나 두 개 이상의 검정 기록이 모재는 같은 P-No.내의 다른 Group Number이고, 똑 같은 필수, 추가 필수 변수를 가지고 있다면, 두 개 모재의 조합은 자격 부여된다. 추가로, 서로 다른 P-No.와 Group Number의 조합으로 모재가 한 개의 시편으로 자격 부여되었다면, 그 시편은 사용한 변수범위 내에서 두 개의 같은 P-No. Group Number끼리 뿐 아니라 사로 다른 같은 P-No. Group Number끼리 자격 부여한다(예, SA516-60(P-No.1. Group Number 1)/SA516-70(P-No.1. Group Number 2)의 한 개 시편이 자격 부여 되면 SA516-60(P-No.1. Group Number 1)/SA516-60(P-No.1. Group Number 1), SA516-70(P-No.1. Group Number 2)/SA516-70(P-No.1. Group Number 2) 및

SA516-60(P-No.1. Group Number 1)/SA516-70(P-No.1. Group Number 2) 모두 자격 부여된다)

이 변수는 다른 권에서 용접 열 영향부에 충격 시험은 요구하지 않을 때는 사용하지 않는다.

▶ 위의 사항에서 Material Group Number Change는 추가 필수 변수가 된다 (SMAW, SAW, GMAW, GTAW 경우).

예) SA516 Gr.60 과 SA516 Gr.60 (P-No.1, Gr-No.1)용접으로 자격부여 되었다 하더라도 Notch Toughness가 요구되어지는 경우 SA516 Gr.60 과 SA516 Gr.70(P-No.1, Gr-No. 2)으로 용접하는 WPS에 대하어는 재자격 부여 해야 한다(SMAW, SAW, GMAW, GTAW 경우).

반대로 SA516 Gr.60 (P-No.1, Gr-No.1) 과 SA516 Gr.70 (P-No.1, Gr-No.2) 으로 자격부여 받으면, SA516 Gr.60 (P-No.1, Gr-No.1) 과 SA516 Gr.70 (P-No.1, Gr-No.2)뿐 아니라 SA516 Gr.60 과 SA516 Gr.60 의 용접 및 SA516 Gr.70 과 SA516 Gr.70 이 자격 부여된다.

4.15.2 QW-403.6(자격 부여되는 모재의 최소 두께)

자격 부여되는 모재의 최소 두께는 T 나 16mm중에서 작은 쪽이다. 그러나 T가 6mm보다 적은 경우 자격 부여되는 최소 두께는 $^1/_2$T이다. WPS가 상위 변태 온도 이상에서 자격 부여되거나 오오스테 나이트 재질 혹은 P-No.10H 재질이 용접 후 용체화 처리될 때 이 제한 조건은 적용되지 않는다.

▶ 위에서 최소한 자격이 부여되는 두께 범위를 벗어나서 본 용접을 실시하는 SMAW, SAW, GMAW, GTAW 경우는 추가 필수 변수가 된다.

4.15.3 QW-403.8(자격 부여되는 모재의 두께 범위를 초과할 때)

QW-202.4(b)에서 허용 한 것을 제외하고, QW-451에서 자격 부여된 범위를 넘을 때.

▶ SMAW, SAW, GMAW 및 GTAW에서 필수 변수다.

4.15.4 QW-403.9(한 패스의 두께가 13mm보다 큰 경우)

한 패스의 두께가 13mm보다 큰 한 패스 혹은 여러 패스 용접에서, 모재의 두께가 자격 부여된 두께보다 1.1배 넘게 증가한 경우.

▶ SMAW, SAW 및 GMAW에서 필수 변수다.

4.15.5 QW-403.10(GMAW의 단락 이행형 용접에서 T가 13mm미만일 때)

GMAW의 단락 이행형 용접에서 자격 부여 시편의 두께가 13mm미만일 때 모재 두께가 자격 부여 시편 두께의 1.1배보다 넘게 증가한 경우, 자격 부여 시편의 두께가 13mm보다 클 때는 QW-451.1과 QW-451.2중에서 적용되는 것을 사용한다.

▶ GMAW에서 필수 변수다.

4.15.6 WPS의 모재는 QW-424의 모재를 사용한 절차서 자격 시험에 의하여 자격 부여된다(QW-403.11참조).

4.15.7 용접 기능 검정에 사용된 모재(QW-424참조)

가. 모재는 QW/QB-422의 P-Number에 지정된다. 같은 UNS-Number를 가지는 모재에 대하여 정의된 것을 제외하고 QW/QB-422에 지정되지 않은 모재는 지정되지 않은 금속이라고 본다. 지정되지 않은 금속은 시방서, 타입과 Grade 혹은 화학적 및 기계적 성분에 의해서 WPS나 PQR에 식별된다. 최소 인장 강도는, 만약 그 금속의 인장 강도가 재질의 시방서에 기록되어 있지 않다면 지정되지 않은 금속을 규정한 기관에 의해서 기록되어야 한다.

나. 모재에 용접 금속을 육성 혹은 부식 방지용 덧살 붙임한 용접부, 육성이나 덧살 붙임 부분의 결합부는 육성이나 덧살 붙임과 통상 화학 분석이 상응되는 어떤 P-No.의 모재로도 시편을 대체할 수 있다.

Base Metal(s) used for Procedure Qualification Coupon.	Base Metals Qualified.
같은 P-Number끼리의 용접.(One P-Number to same P-Number)	동일 P-Number 내의 모든 재질
One P-Number to any other P-Number	첫째 P-No.와 다른 P-No.로 용접되는 모든 금속
P-No.15E와 P-No.15E에 속하는 다른 모재	P-No.15E or 15B와 P-No.15E or 15B에 속하는 다른 금속
P-No.15E와 P-No.15E가 아닌 다른 다른모재(2nd)	P-No.15E or 15B와 P-No.15E 가 아닌 다른 금속(2nd)
P-No.3끼리의 용접	P-No.3와 P-No.3 혹은 P-No.3와 P-No.1로 용접되는 금속
P-No.4끼리의 용접	P-No.4와 P-No.4/No.3/No.1로 용접되는 금속
P-No.5A와 P-No.5A 의 용접	P-No.5A와 P-No.5A/No.4/No.3/No.1로 용접되는 금속
P-No.5A와 P-No.4/No.3/No.1로 용접되는 금속	P-No.5A와 P-No.4/No.3/No.1에 속하는모든 금속
P-No.4와 P-No.3/No.1로 용접되는 금속	P-No.4와 P-No.3/No.1에 속하는 모든 금속
P-No. 등록되지 않은 동일 금속끼리의 용접	P-No. 등록되지 않은 동일금속만
미등록 P-No. 금속과 어떤 P-No.의 용접	미등록 P-No. 금속과 어떤 P-No.에 속하는 모든 금속
미등록 P-No. 금속과 P-No.15E로 용접되는 금속	미등록 P-No. 금속과 P-No.15E에 속하는모든 금속
한 개의 미등록 P-No.금속과 다른 미등록 P-No. 금속의 용접	한 개의 미등록 P-No.금속과 다른 미등록 P-No. 금속의 용접

▶ 위의 경우 Base Metal Qualified의 본 규정 외의 P-No.로 변경되면 SMAW, SAW, GMAW 및 GTAW에서 필수 변수이다.

4.16 Filler Metal Check Guide

4.16.1 QW-404.4(F-No.의 변경)

QW-432의 한 F-No.로부터 어떤 다른 F-No.로 변경하거나 QW-432에 없는 다른 용가재로 변경할 때.

▶ 상기 경우 SMAW, SAW, GMAW 및 GTAW 용접 시 모두 필수 변수다.

4.16.2 QW-404.5(A-No.의 변경)

(철 금속의 경우만 적용) 용착부의 화학 성분이 QW-442의 한 A-No.로부터 어떤 다른 A-No.로 변경. A-No.1에 자격 부여 받으면 A-No.2도 역시 자격이 인정되고 그 역도 성립된다.

용접 금속의 화학 성분은 아래중의 어느 하나로 결정할 수 있다.

가. 모든 용접 기법에 대하여 - 절차서 자격 부여 시편에서 얻어낸 용착부의 화학 분석으로부터.

나. SMAW, GTAW, 및 PAW에 대하여 - 용가재 시방서에 따라 만든 용착부의 화학 분석이나 용가재 시방서 혹은 제작자나 공급자의 확인 증명서로 보고되는 화학 성분으로부터.

다. GMAW, EGW에 대하여 - 용가재 시방서에 따라 만든 용착부의 화학 분석으로 부터나, 사용되어진 보호 가스가 절차서 자격 시편을 용접하기 위하여 사용한 보호 가스와 동일할 때는 제작자나 공급자의 확인 증명서로부터.

라. SAW에 대하여 - 용가재 시방서에 따라 만든 용착부의 화학 분석으로 부터나, 사용한 플럭스가 절차서 자격 시편을 용접하기 위하여 사용한 플럭스와 동일할 때는 제작자나 공급자의 확인 증명서로부터.

A-No.의 지정 대신에 용착부의 공칭 화학 성분이 WPS와 PQR상에 나타나야 한다. 공칭 화학 성분의 지정은 AWS 분류나(AWS 분류가 존재할 때), 제작자의 상표에 의한 분류 혹은 인정된 다른 구매 문서로 또한 할 수 있다.

▶ 상기 A-No.가 변할 때는 SMAW, SAW, GMAW 및 GTAW 용접 시 모두 필수 변수이다.

4.16.3 QW-404.7(용접봉의 지름이 6mm이상 변경 시)

본 용접에서 자격 부여시 용접된 용접봉의 지름보다 6mm초과하여 큰 것을 사용 시. 이 규정은 용접 후열처리가 상위 변태 온도를 넘어서 WPS 자격 부여될 때나 오오스테 나이트 재질이 용접 후 용체화 처리될 때는 적용되지 않는다.

▶ 상기의 변경인 경우는 SMAW에서 추가 필수 변수이다.

4.16.4 QW-404.9(SAW에서 Flux/Wire Class의 변경)

가. 프럭스와 용접봉의 혼합이 Section II Part C에 분류되어 있을 때 최소 인장
   강도(예를 들어, F7A2-EM12K에서 7)의 표시 변경.
나. 플럭스나 봉이 둘다 Section II part C에 분류되어 있지 않을 때 플럭스의 상
   표 변경이나 봉의 상표 변경.
다. 봉은 Section II part C에 분류되어 있고 플럭스는 분류되어 있지 않을 때 플
   럭스 상표의 변경. QW-404.5의 요건 내에서 봉의 분류를 변경하면 재 자격
   요구되지 않는다.
라. A-No.8을 위해서 플럭스 상표의 변경.

▶ 위의 변경인 경우 SAW에서 필수 변수다.

4.16.5 QW-404.10(SAW에서 Alloy Flux의 변경)

용접 금속의 합금 성분이 사용되어진 프럭스의 성분에 주로 좌우될 때, WPS에 주어진 화학적인 범위를 벗어나서, 용접 금속의 중요한 합금 성분에 영향을 줄 수 있는 WPS의 어느 부분의 변경. 만약 실제 용접이 절차서 사양에 따라서 만들어 지지 않았다는 증거가 있다면 권한을 가진 검사관은 그 용접 금속의 화학 성분의 조사를 요구할 수 있다. 그러한 조사는 실제 용접에 적용하는 것이 좋다.

▶ SAW에서 용접 금속의 중요한 합금성분에 영향을 줄 수 있는 Flux의 변경은
   필수 변수다.

4.16.6 QW-404.12(Filler Metal의 AWS Class 변경)

SFA 시방서 내에서 용가재 분류의 변경 혹은 SFA 시방서에 적용되지 않는 용가재와SFA 시방서의"G" 첨자로 분류되는 용가재에 대하여는 용가재의 상호 변경.

"G"첨자로 분류되는 것을 제외하고, 용가재가 SFA시방서의 분류로 확인될 때 다음 중 어느 하나가 변경되어도 재 자격 부여 요구되지 않는다.

가. 습기 방지용으로 지정된 용가제로부터 습기 방지용으로 지정되지 않은 용가제 로의 변경 그리고 그 반대(예, E7018R로부터 E7018로).

나. 확산성 수소 등급의 변경(예, E7018-H8에서 E7018-H16으로 변경).

다. 똑 같은 최소 인장 강도와 화학 성분을 가진 탄소강, 합금강 및 스테인레스강 의 용가재에서 한 개의 저수소계 코팅 형태에서 다른 코팅 형태로 변경(예, EXX15, 16, 18이나 EXXX15, 16, 17 분류간의 변경).

라. 플럭스 코어드 용접봉에서 한 개의 용접 자세 지정에서 다른 용접 자세 지정 으로 변경(예, E70T-1에서 E71T-1으로 변경하거나 그 반대).

마. 충격 시험을 요구하는 분류로부터, 절차서 자격을 인증하는 동안에 사용한 분류와 비교했을 때, 충격 시험이 보다 더 낮은 온도에서 시행 되었다든지 필요한 온도에 서 더 높은 충격치를 나타내는 첨자를 가지는 같은 분류로 변경 혹은 절차서 자격 을 인증하는 동안에 사용한 분류와 비교했을 때, 충격 시험이 보다 더 낮은 온도 에서 시행 되었으면서 필요한 온도에서 더 높은 충격치를 나타내는 첨자를 가지는 같은 분류로 변경(예, E7018에서 E7018-1으로의 변경)

바. 용접 금속이 Code의 다른 Section에서 충격 시험을 면제할 때, 자격 부여된 분류로부터 같은 SFA 사양서 내에 있는 다른 용가재로 변경.

이 면제는 표면 경화 덧살 붙임 용접이나 내식용 덧살 붙임 용접에는 적용되 지 않는다.

▶ 상기와 같은 Filler Metal 의 AWS Class 변경은 SMAW, GMAW, GTAW에서 추가 필수 변수다.

4.16.7 QW-404.14(용가재 추가 혹은 삭제)

용가재 추가 혹은 삭제.

▶ GTAW에서 필수 변수다.

4.16.8 QW-404.23(용가재 생산 형태의 변경)

아래 중의 한가지 용가재 생산 형태로부터 다른 형태로 변경 시.(예, 같은 F-No.6 이지만 SFA-5.18의 용접봉으로 자격 부여 받고, SFA-5.28의 용접봉으

로 용접하면 재자격 부여 해야 한다)

가. 나봉(Solid) 혹은 Metal Cored.

나. 플럭스 코어.

다.플럭스 코팅(Solid 혹은 Metal Cored).

라. 분말.

▶ GMAW, GTAW에서 필수 변수다.

4.16.9 QW-404.24(추가 용가재의 양 변경)

추가 용가재의 양이 10% 이상 추가, 변경 혹은 삭제.

▶ 이 경우 SAW, GMAW에서 필수 변수다.

4.16.10 QW-404.27(Alloy Element의 변경)

용접 금속의 합금 성분이, 추가 용가재(PAW인 경우 분말 용가재를 포함)의 성분에 주로 좌우될 때, WPS에 주어진 화학적인 범위를 벗어나서, 용접 금속의 중요한 합금 성분에 영향을 줄 수 있는 WPS의 어느 부분의 변경

▶ 이 경우 SAW, GMAW에서 필수 변수다.

4.16.11 QW-404.30(용착되는 용접 금속의 두께를 변경)

QW-303.1과 QW-303.2에 별도로 허용한 경우를 제외하고, 절차서 자격 부여를 위한 QW-451과 기능 자격 검정을 위한 QW-452에서 부여된 범위를 벗어나서 용착되는 용접 금속의 두께를 변경 시. 용접사를 방사선을 사용하여 자격 부여할 경우 QW-452.1의 두께 범위가 적용된다.

▶ 이 경우 SMAW, SAW, GMAW, GTAW 모두 필수 변수이다.

4.16.12 QW-404.32(GMAW의 저 전류 단락 이행에서 자격 부여된 용착 금속의 두께 변경)

용착된 용접 금속의 두께가 13mm보다 작은 GMAW의 저전류 단락 이행인 경우, 용착된 용접 금속의 두께가 자격 부여된 두께의 1.1배를 초과하여 증가될 때.

용착된 용접 금속의 두께가 13mm 이상일 경우는 QW-451.1, QW-451.2, 혹은 QW-452.1(a), QW-452.1(b)중 적용되는 것을 사용한다.

▶ 이 경우 GMAW에서 필수 변수다.

4.16.13 QW-404.34(SAW에서 Flux type의 변경)

P-No.1 재질에서 다층 용착부의 플럭스 타입(예, 중성에서 활성으로 혹은 그 반대) 변경.

▶ 이 경우 SAW에서 필수 변수다.

4.16.14 QW-404.35(Flus/Wire Class 변경) SFA 시방서에 분류되어 있지 않은 경우 플러스/봉의 분류 변경 혹은 전극봉이나 플럭스의 상표명 변경. 봉/플럭스 복합이 SFA 시방서와 합치할 때와 등급이

가. 확산성 수소 등급에서 다른 등급(예, F7A2-EA1-A1-H4로부터 F7A2-EA1-A1
-H16)으로 변경 될 시 재 자격 부여 받은 필요 없고

나. 더 낮은 온도에서 충격 시험을 요구하는 분류를 나타내는 파괴 인성 지표의 숫자 증가(예, F7A2-EM12K에서 F7A4-EM12K로 변경)도 재 자격 부여 받을 필요 없다.

이 변수는 용접 금속에 대하여 이 Code의 다른 Section에서 충격 시험을 면제할 경우는 적용하지 않는다. 이 면제는 표면 경화 덧살 붙임 용접이나 내식용 덧살 붙임 용접에는 적용되지 않는다.

▶ 이 경우 SAW에서 추가 필수 변수이다.

4.16.15 QW-404.36(SAW에서 분쇄한 슬래그를 플럭스로 사용할 때)

회수한 슬래그를 플럭스로 사용할 때, 제작자나 사용자가 SFA-5.01에 기술된 대로, 각 배치 별, 상호 별로 Section II Part C에 따라서 제작자나 사용자가 시험 하거나 혹은 QW-404.9에 의거 분류되지 않은 플럭스로 시험해야 한다.

▶ 이 경우 SAW에서 추가 필수 변수이다.

4.17 Position Check Guide

4.17.1 QW-405.2(자세 변경)

어떤 자세에서 수직 상향 진행으로 변경. 수직 상향(예, 3G, 5G, 혹은 6G 자세)으로 자격 부여 받으면 모든 자세에 대하여 자격 부여된다. 상향 진행에서 직선 비드로부터 위브 비드로 변경. 이 제한은 상위 변태 온도를 초과하여 PWHT를 하여서 WPS가 자격 부여 되거나 오오스테 나이트 재질이 용접 후 용체화 처리될 경우는 적용되지 않는다.

▶ 이 경우 SMAW, GMAW, GTAW에서 추가 필수 변수다.

4.18 Pre-heat Check Guide

4.18.1 QW-406.1(예열 온도 감소)

자격 부여된 예열 온도보다 55°C 초과하여 감소. 용접을 하기위한 최소 온도는 WPS에 기록 하여야 한다.

▶ 상기 예열 온도 감소는 SMAW, SAW, GMAW, GTAW에서 필수 변수다.

4.18.2 QW-406.3(층간 온도의 증가)

PQR에 기록된 최대 층간 온도보다 55°C 초과하여 증가. 이 제한은 상위 변태 온도를 초과하여 PWHT를 하여서 WPS가 자격 부여 되거나 오오스테 나이트 혹은 P-No. 10H 재질이 용접 후 용체화 처리될 경우는 적용되지 않는다.

▶ 상기 층간 온도 증가는 SMAW, SAW, GMAW, GTAW에서 추가 필수 변수다.

4.19 PWHT Check Guide

4.19.1 QW-407.1(PWHT의 변경)

아래의 각 조건 하에서는 별도의 PQR이 필요하다.

가. P-No. 1, 3, 4, 5, 6, 9, 10 및 11의 재질에 대하여는 재질별로 정해진 PWHT 온도에서 자격 부여 받았으나 본 용접 시 다음의 용접 후열처리 조건을 적용 시 별도의 PQR이 필요하다.

1) 용접 후열처리가 없음.
2) 하위 변태 온도 미만에서 PWHT.
3) 상위 변태 온도(예, 노멀라이징)보다 높은 온도에서 PWHT.
4) 하위 변태 온도 미만에서 열처리한 다음 상위 변태 온도를 넘어서 PWHT.(예, 템퍼링 이후에 노말라이징 혹은 퀜칭)
5) 상위와 하위 변태 온도 사이에서 PWHT.

나. 그 외의 다른 재질인 경우에 다음의 PWHT 조건을 적용 시 별도의 PQR이 필요하다.

1) PWHT가 없음.
2) 정해진 온도 범위 내에서 PWHT.

▶ PWHT가 상기와 같이 변경될 경우 SMAW, SAW, GMAW, GTAW에서 필수 변수다.

4.19.2 QW-407.2(PWHT의 온도와 열처리 시간 변경)

PWHT(QW-407.1을 보라) 온도와 시간 범위의 변경은 새로 PQR 작성해야 한다.

절차서 자격 부여 시험은 실제 제작시의 용접에 적용하는 PWHT 조건과 근본적으로 동일하게 적용해야 한다. 적어도 자격 부여시의 총 열처리 시간은 최소한 본 용접의 PWHT 시간의 80%가 되어야 한다. PWHT 온도에서 총 열처리 시간은 한 개의 열 사이클로 적용할 수 있다.

▶ PWHT의 온도와 열처리 시간 변경되면 SMAW, SAW, GMAW, GTAW에서 추가 필수 변수다.

4.19.3 QW-407.4(P-NO. 7, 8, 45가 아닌 금속재 모재에 대하여는, 시편을 상위 변태 온도보다 높은 온도에서의 PWHT에 대한 자격 부여한 두께)

P-No.7, 8, 45가 아닌 금속재 모재에 대하여는, 시편을 상위 변태 온도보다 높은 온도에서 PWHT하여 절차 검정 시험할 때, P-No.10H 경우는 시편을 용체화 열처리할 때, 실제 용접에서 자격 부여되는 최대 두께는 시편 두께의 1.1배 이다.

▶ 상위 변태 온도보다 높은 온도에서 PWHT한 경우 본 용접에서 1.1T(T는 PQR 에서 자격 부여된 두께)이상의 두께를 가지는 재질을 용접할 경우 SMAW, SAW, GMAW, GTAW에서 필수 변수가 된다. 즉 PQR을 다시 작성하여 자격 부여 받아야 한다.

4.20 Gas Check Guide

4.20.1 QW-408.2(단일/혼합 차폐 가스간의 변경 혹은 차폐 가스 혼합 성분 비율의 변경)

아래 각 조건에 대하여 별개로 절차 자격 시험을 하여야 한다.

가. 단일 차폐 가스에서 다른 단일 가스로 변경.
나. 단일 차폐 가스에서 혼합 차폐 가스로의 변경이나 그 반대.
다. 차폐 가스 혼합의 정해진 성분 비율 변경.
라. 차폐 가스의 생략.

▶ 상기의 변경이 생기면 GMAW/GTAW에서 필수 변수가 된다.

4.20.2 QW-408.9(받침 가스를 제거하거나 받침 가스의 성분의 변경)

P-No.41~49의 홈 용접과 P-No.10I, 10J, 10K, 51~53, 61~62 금속의 모든 용접에서 받침 가스를 제거하거나 받침 가스의 성분을 활성으로부터 혼합으로나 불활성으로 변경.

▶ 상기의 변경이 생기면 GMAW/GTAW에서 필수 변수가 된다.

4.20.3 QW-408.10(추적 보호 가스의 제거 및 추적 가스의 성분 및 유량의 변경)

P-No.10I, 10J, 10K, 51~53 및 P-No.61~62의 금속에서, 추적 보호 가스의 제거 및 추적 가스의 성분을 불활성 가스로 부터 활성 가스를 포함한 혼합 가스로의 변경 혹은 추적 가스 유량을 10% 이상 감소.

▶ 상기의 변경이 생기면 GMAW/GTAW에서 필수 변수가 된다.

4.21 전기적인 특성(Electrical Characteristics) Check Guide

4.21.1 QW-409.1(입열의 증가, 혹은 자격 부여된 부피에 비하여 용접 단위 길이 당 용착되는 용접 금속의 용착율)

PQR에 기재된 각 용접법에 대하여, 입열의 증가, 혹은 자격 부여된 부피에 비하여 용접 단위 길이 당 용착되는 용접 금속의 용착율. 이 증가는 파형이 아닌 제어 용접은 아래 "가", "나" 혹은 "다"로, 파형 제어 용접은 아래 (b)나 (c)로 결정할 수 있다. 비 강제 부록 H를 보라.

가. 입열(J/mm.) = (전압 * 전류 * 60)/(주행 속도) [mm./min.]

나. 용접 금속의 용착율은 아래 (1), (2)로 측정

   (1) 비드 크기의 증가 (넓이 X 두께), 혹은

   (2) 용접봉 단위 길이 당 용접 비드의 길이 감소.

다. 순간 에너지나 힘을 사용하여 결정하는 입열은,

   (1) 순간 에너지로 측정 시 입열(J/mm) = 에너지(J)/용접 비드 길이(mm)

   (2) 순간 힘으로 측정 시 입열(J/mm) = 힘(W) X 아크 시간(s)/용접 비드 길이 (mm)

PWHT를 상위 변태 온도를 넘어서 실시하여 자격 부여한 WPS나 오오스테 나이트 재질 혹은 P-No.10H 재질의 용접 후 용체화 처리를 한 때는, 입열을 측정하거나 용착된 용접 금속의 부피를 측정하는 요건은 적용되지 않는다.

▶ 입열의 증가 혹은 자격 부여된 부피에 비하여 용접 단위 길이 당 용착되는 용접 금속의 부피가 증가하면 SMAW, SAW, GMAW, GTAW에서 추가 필수 변수가 된다.

4.21.2 QW-409.2(GMAW에서의 이행 형태의 변경)

분무 아크, 입상 아크 혹은 펄스 아크로 부터 단락 아크로 변경하거나 그 반대.

▶ GMAW에서 이행 형태가 상기와 같이 변경되면 필수 변수가 된다.

4.21.3 QW-409.4(전류와 극성의 변경)

교류에서 직류로 변경하거나 그 반대; 그리고 직류 용접에서 정극성으로 부터 역극성으로 변경이나 그 반대.

▶ SMAW/SAW/GMAW/GTAW의 본 용접에서 전류와 극성이 변경되면 추가 필수 변수가 된다.

4.22 기능(Technique)에 대한 Check Guide

4.22.1 QW-410.9(면에 대한 멀티 패스로부터 싱글 패스로 변경)

면에 대한 멀티 패스로부터 면에 대한 싱글 패스로 변경. 이 변수는 PWHT를 상위 변태 온도를 넘어서 실시하여 자격 부여한 WPS나 오오스테 나이트나 P-No. 10H 재질을 용접 후 용체화 처리를 할 때는 적용되지 않는다.

▶ 상기와 같이 멀티 패스에서 싱글 패스로 변경되면 SMAW, SAW, GMAW, GTAW에서 추가 필수 변수다.

4.22.2 QW-410.10(한 개의 전극봉으로 부터 여러 개의 전극봉으로 변경)

기계 혹은 자동 용접에서 한 개의 전극봉으로부터 여러 개의 전극봉으로 변경 혹은 그 반대. 이 변수는 PWHT를 상위 변태 온도를 넘어서 실시하여 자격 부여한

WPS나 오오스테 나이트나 P-No. 10H 재질을 용접 후 용체화 처리를 할 때는 적용되지 않는다.

▶ 상기의 경우 SAW/GMAW/GTAW에서 추가 필수 변수가 된다.

4.22.3 QW-410.11(폐쇄된 통(Chamber)대신 토우치를 이용하여 용접하는 것으로의 변경)

P-No.51~53 금속을 폐쇄된 통(Chamber)을 이용해서 용접하는 것으로부터 폐쇄된 통없이 전통적인 토우치로 용접하는 것으로 변경. 그러나 그 역은 성립하지 않는다.

▶ 상기의 경우 GTAW에서 필수 변수가 된다.

4.22.4 QW-410.54(열원의 사용)

P-No.11A와 11B의 재질로 제작되는 용기나 용기의 일부분은 제작할 때 사용할 열원을 이용하여 16mm 미만의 두께로 홈 용접해야 한다. 홈은 제작할 때 사용할 열원을 이용하여 백 가우징, 백 그루빙하고 또는 불건전한 용접금속을 제거하는 것 등을 역시 포함해야 한다.

▶ 상기의 경우 SMAW/SAW/GMAW/GTAW에서 필수 변수가 된다.

4.23 WPS/PQR 양식(첨부 참조)

4.24 Welding Variables(WPS: QW-252/252.1/253/253.1/254/254.1/255/255.1/256/256.1) : 첨부 참조.

제5장 용접에 관한 참고 자료

5.1 강의 열처리

5.1.1 소둔(燒鈍) 및 소준(燒準)

일정 온도에서 어느 시간 동안 가열한 다음 비교적 늦은 속도로 냉각하는 작업을 소둔(Annealing) 이라 하고, 냉각을 공기 중에서 이보다는 조금 빠른 냉각 속도로 냉각할 때는 소준(Normalizing) 이라 한다. 소둔은 그 목적 및 작업 방법에 따라 다음과 같은 종류가 있다.

가. 완전 소둔(Full Annealing)

단지 소둔이라고 하면 이 완전 소둔을 말한다. 냉간 가공이나 소입(Quench-ing)등의 영향을 완전히 없애기 위해서 Austenite로 가열한 다음 서냉하는 처리이다. 가열 온도가 높을 때 성분의 균일화, 잔류 응력의 제거 또는 연화가 이루어 진다. 완전 소둔 하면 아공석강에서는 Ferrite와 층상 Pearlite의 혼합 조직이 되고 과공석강에서는 층상 Pearlite와 초석 Fe_3C가 된다.

나. 확산 소둔(Homogenizing, Diffusion Annealing)

대형 강괴내의 편석(C, P, S 등)을 경감하기 위한 작업이며, 단조 압연 등의 전처리로 실시된다. 결정립이 조대화하지 않는 정도의 고온 (1050℃~1300℃) 에서 장시간 가열한다. 특히 황화물은 철강의 적열 취성의 원인이 되므로 확산 소둔을 하면 효과가 있다. 이 소둔을 안전화 소둔 또는 균질화 소둔이라고 말한다.

다. 구상화 소둔(Spheroidizing Annealing)

소성 가공을 용이하게 하고 인선, 피로 강도의 향상 등을 목적으로 강 중의 탄화물을 구상화 하는 소둔을 말한다. 과공석강이나 고탄소 합금　공구강 등에서는 Fe_3C가 망상으로 석출하여 내 피로, 내 충격성이 나쁘므로 이 처리를 한다. 또 아공석강에서도 Pearlite 중의 Fe_3C를 구상화 처리하여 개선한다.

구상화 처리 방법에는 여러 가지가 있으나 일반적으로 Ac1직하의 온도로 장시간 가열하거나 또는 Ac1직상과 직하의 온도로 가열과 냉각을 몇번 되풀이 하여 탄화물을 계면 장력의 작용으로 구상화시킨다.

특히 망상 Fe_3C를 완전히 없애고 충분한 구상화를 얻기 위해서는 전처리로서 소준을 하면 좋다. 냉간 가공한 것은 Ac1직하의 단시간 가열로도 비교적 빨리 구상화된다.

라. 중간 소둔(Process Annealing)

냉간 가공 특히 인발이나 Deep Drawing 등의 심한 가공을 하면 강이 경화하고 연성이 낮아져서 그 이상의 가공을 할 수 없게 된다.

이 때에는 작업의 중간에서 A1점 이하의 온도로 연화 소둔을 한다.

중간 소둔에서는 회복과 재결정이 일어나고 응력 제거 뿐만 아니라 완전히 연화한다.

마. 응력 제거 소둔(Stress Relief Annealing)

주조, 단조, 소입, 냉간 가공 및 용접 등에 의해서 생긴 잔류 응력을 제거 하기 위한 열처리이다. 보통 탄소강의 경우에 500~600℃의 저온에서 적당한 시간 유지한 후에 서냉하는 저온 소둔이다. 재결정 온도 이하이므로 회복에 의해서 잔류 응력이 제거된다.

바. 소준(Normalizing)

강을 Ac3 또는 Acm점 이상 40~60℃까지 가열하여 균일한 γ상으로 한 후에 공냉하는 작업을 말한다. 소준의 목적은 내부 응력 감소, 구상화 소둔의 전처리, 망상 Fe_3C의 미세화 및 저탄소강의 피삭성 개선 등이다. Normalizing 조직은 Annealing 조직보다 미세 균질하기 때문에 강인성(強靭性)이 Annealing 강보다 우수하다.

Normalizing 처리하면 미세 Pearlite 또는 탄화물의 균일 분포가 얻어지므로 소입성이 향상된다. 또한, 대형 단조품이나 주강에 나타나기 쉬운 조대 결정 조직도 Normalizing 처리를 함으로써 미세 Ferrite와 Pearlite의 혼합 조직이 되어 기계적 성질이 개선된다.

5.1.2 소입(燒入, Quenching)

강을 임계 온도 이상에서 물이나 기름과 같은 소입욕(燒入浴) 중에 넣고 급냉하는 작업을 소입(Quenching)이라 한다. 칼 및 각종 공구의 제작 시에 많이 적용되는 것으로 소입의 주 목적은 경화에 있다.

가열 온도 아공석강에서는 Ac3점, 과공석강에서는 Ac1점 이상 30~50℃로 균일 가열한 후 소입한다.

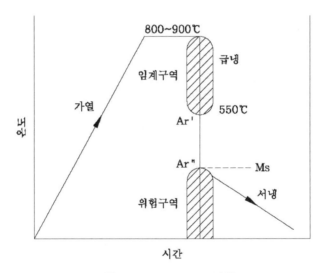

그림 5-1 Quenching 작업

소입에서 얻어지는 최고 경도는 탄소강, 합금강에 관계없이 탄소량에 의하여 결정되며 약 0.6% C 까지는 Carbon양에 비례하여 증가하나 그 이상이 되면 거의 일정치가 되고 특히 합금 원소에는 영향을 받지 않는다.

Quenching에서 이상적인 작업 방법은 위의 그림과 같이 Ar'변태가 일어나는 구역은 급냉시키고 균열이 생길 위험이 있는 Ar"변태 구역은 서냉하는 것이다. 이와 같은 냉각 과정을 거치면 균열이나 변형됨이 없이 충분한 경도를 얻을 수 있다.

가. 단계 소입, 중간 소입(Interrupted Quenching)

강을 S 곡선의 Nose 이하, Ms점 위의 온도로 수냉한 후 공기 중에 꺼내어 그 대로 공냉하거나 유냉하여 Martensite 생성 구역을 서냉한다.

나. Marquenching or Martempering

이 Quenching방법은 다음과 같은 과정을 거친다.

1) Ms 점 직상으로 가열된 염욕에 Quenching한다.
2) Quenching한 재료의 내외부가 같은 온도가 될 때까지 항온 유지한다.
3) 시편 각부의 온도차가 생기지 않도록 비교적 서냉하여 Ar"변태를 진행시킨다.

이와 같이 하면 재료 내외가 동시에 서서히 Martensite화 하기 때문에 균열 이나 비틀림이 생기지 않는다. 얻어지는 조직은 Martensite이므로 목적에 따라 Tempering하여 경도와 강도를 적당히 조절한다.

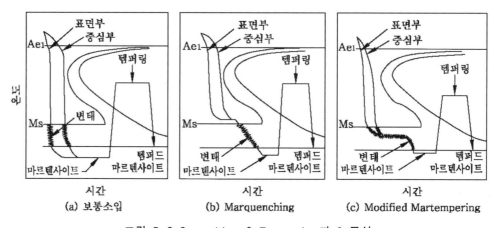

그림 5-2 Quenching & Tempering과 S 곡선

이 방법을 개량한 것이 Modified Martempering이다. 이 방법은 Ms점 이하의 온도로 유지함으로써 Martensite의 Self Tempering 효과를 얻을 수 있어 잔류 응력을 피할 수 있고 경도를 유지하면서 충격치를 높일 수 있다.

다. Austempering

강에 강도와 인성을 주고 또 비틀림이나 균열을 방지하기 위하여 Ar'와 Ar"점 사이의 온도로 유지한 열욕에 소입하고 과냉각 Austenite의 변태가 끝날 때까지 항온에 유지하는 방법이며 이때에 Ar'점에 가까운 온도에서 하면 연한 상부 Bainite, Ar"점 부근의 온도에서 하면 경한 하부 Bainite를 얻는다. Tempering은 할 필요가 없다.

라. 기타 균열 및 비틀림 방지 대책

1) Quenching 부품의 뾰족한 부분을 둥글게 한다.
2) 급격한 단면 형상의 변화를 피한다.
3) 필요 이상으로 고탄소강을 사용하지 않는다.
4) 표면을 고탄소로 하여 변태의 시차를 작게 한다.
5) Quenching 후에 가능한 빨리 Tempering하여 잔류 응력을 제거한다.

마. 소입에 따른 용적 변화

열처리과정에서 나타나는 조직 중에서 용적 변화가 가장 큰 것은 다음에 보듯이 Martensite이다.

Martensite $>$ Fine Pearlite $>$ Medium $>$ Rough Pearlite $>$ Austenite

Martensite의 팽창이 가장 큰 것은 고용 γ가 고용 α로 변하기 때문이며, Austenite가 Pearlite로 변화하는 것은 위의 변화와 함께 고용 탄소가 유리 탄소(Fe_3C)로 변화하는 것까지를 포함한다.

여기에서 γ가 α로 변화하는 것은 대단한 팽창을 나타내지만, 고용 탄소가 유리 탄소로 변화하는 것은 수축을 수반한다.

그러므로 완전한 Pearlite로 되었을 때가 Martensite로 되었을 때보다 수축되어 있는 것이다. 즉, Pearlite의 양이 많을수록 팽창량이 적어진다.

강을 Quenching해서 균열이 생성되는 것은 Quenching에 의해서 강이 Martensite로 되기 때문이다.

바. Subzero 처리

고 탄소강이나 합금강을 Quenching하면 상당량의 Austenite가 잔류하여 다음과 같은 결점이 생긴다.

경도가 낮아져서 공구와 같은 경도를 요구하는 것에는 경도 부족의 원인이 된다. 잔류 Austenite는 불안정하여 시간이 지나면 차츰 Martensite화해서 팽창하고 변형을 일으킨다. 이 현상을 경년 변화라 하며 정밀 부품에서는 치수 변화가 생겨 문제가 된다.

이러한 잔류 Austenite를 0℃ 이하의 온도로 냉각하여 Martensite로 변태시키는 조작을 심냉 처리 또는 Subzero 처리라고 한다. 실용적인 Subzero 처리 온도는 경비 등을 고려하여 80~ -100℃ 정도로 하고 있다.

잔류 Austenite는 소입 온도가 높을수록, 또 Ms점을 낮추는 합금 원소(C, Mn, Cr, W등)의 함량이 많을수록 많아진다. 잔류 Austenite를 감소시키기 위해서는 100~150℃ 로 Tempering하거나 250℃ 정도로 가열하여 분해 시키면 되나 이렇게 하면 연화되므로 높은 경도를 요구하는 강에서는 -75℃ 이하의 Subzero 처리를 하여 안정 강을 얻도록 한다.

현장에서 적용되는 Subzero처리의 사례는 LNG, LPG등을 취급하는 저온용 주조 혹은 단조 밸브이다. 상온에서 아무리 정확한 기계 가공과 조립을 통해 밸브의 성능을 검증 받았어도, 저온 사용 중에 Martensite의 출현으로 조직이 팽창하고 부품의 치수 변화가 발생하여 정상적인 밸브의 역할을 담당할 수 없게 된다.

따라서, 이러한 경우에 밸브를 Subzero 처리하여 미리 Martensite로 변화될 수 있는 부분의 조직 변태를 시켜서 안정화를 꾀한 후에 가공과 조립을 실시하면 사용 중에 발생되는 문제점을 최소화할 수 있다.

5.1.3 소려(燒戾, Tempering)

소입한 강은 매우 경도가 높으나 취약해서 실용할 수 없으므로 변태점 이하의 적당한 온도로 재 가열하여 사용한다. 이 작업을 소려, Tempering이라 한다. 소려의 목적은 다음과 같다.

- 조직 및 기계적 성질을 안정화 한다.
- 경도는 조금 낮아지나 인성이 좋아진다.
- 잔류 응력을 경감 또는 제거하고 탄성 한계, 항복 강도를 향상한다.
- 일반적으로 경도와 내마모성을 요할 때에는 고탄소강을 써서 저온에서 Tempering하고 경도를 조금 희생하더라도 인성을 요할 때에는 저탄소강을 써서 고온에서 Tempering한다.

가. Tempering이 일어나는 단계

Tempering은 무확산 변태로 생긴 Martensite의 분해 석출 과정이다.

즉, Tempering에 의한 성질의 변하는 Carbon을 과포화하게 고용한 Marten-site가 Ferrite와 탄화물로 분해하는 과정에서 일어난다.

1) 제 1 단계 : 80~200℃로 가열되면 과포화하게 고용된 조직내의 Carbon이 ε탄화물로 분해하는 과정이다.

2) 제 2 단계 : 200~300℃에서 일어나는 이 단계는 고탄소강에서 잔류 Austenite가 있을 때에만 일어나며 잔류 Austenite가 저탄소, Martensite 와 ε탄화물로 분해하는 과정이다.

3) 제 3 단계 : 300~350℃가 되면 ε탄화물은 모상 중에 고용함과 동시에 새로 Fe_3C가 석출하고 수축한다. 저 탄소 Martensite는 더욱 저 탄소로 되고 거의 Fertrite가 되나 전위 밀도는 아직 높은 편이다. 이 때 생기는 조직은 Fine Pearlite(Troosite)이며 가장 부식되기 쉽다.

온도가 높아져서 500~600℃가 되면 Fe_3C는 성장하여 점차 구상화하고 전위 밀도는 급격히 감소한다. 이때의 조직은 Medium Pearlite(Sorbite) 이며 강 인성이 좋아 구조용에 사용된다.

나. Tempering에 따른 기계적 성질의 변화

탄소강을 소입한 후 ε탄화물의 석출로 경도가 증가하며 200℃정도의 제 2 단계 Tempering에서도 잔류 Austenite의 분해로 경도는 증가한다.

고 탄소강에서는 잔류 Austenite가 많아서 소입한 상태에서는 오히려 경도는 낮으나 300℃부근의 소려에 의해서 경도는 높아진다.

저온 소려의 범위에서 잔류 응력이 완화되고 전위의 고착 작용이 진행하기 때 문에 강성 한계가 향상되고 인장 강도, 항복점도 높아지나 그 이상 온도가 올 라가면 강도는 점차 감소한다.

다. Tempering 취성

Tempering시 주의할 점은 Tempering 취성이다.

1) 소려 취성(300℃ 취성)

탄소강을 소입한 후 약 300℃로 소려하면, 충격치가 현저하게 감소한다. 이 현상은 Carbon의 양과는 관계없이 나타난다.

이 취화의 원인은 잔류 Austenite의 분해에도 있으나 300℃ 부근에서 ε탄화물이 Fe_3C로 변화하는 데에 기인한다. 이 저온 소려 취성은 고순도강 보다는 P, N등의 불순물이 많을수록 심하게 나타난다.

약 2% 이상의 Si을 함유하는 고 Si강에서는 400℃가 되어야 $\varepsilon \rightarrow Fe_3C$의 반응이 일어나므로 취성을 고온측으로 이동시킬 수 있다.

2) 고온 소려 취성(500℃ 취성)

500℃ 전후의 소려에서 나타나는 충격치의 감소를 말한다.

이러한 충격치의 감소는 Tempering 온도에서 급냉할 때보다 서냉할 때에 현저하게 취화한다. 이 취성은 결정 입계에 탄화물, 질화물 등이 석출하기 때문이다.

3) 2차 소려 취화(2차 경화)

합금강에서 600℃ 전후의 소려에 의하여 현저하게 경화하는 현상이다. 합금강 Martensite의 소려 과정은 4단계로 일어나며 1~3 단계 까지는 탄소강의 경우와 같으나 4단계에서는 3단계에서 석출한 Fe_3C가 온도 상승에 따라 재 용해하고 그 대신 합금 원소들의 탄화물이 생성된다. 특히 Cr, Mo, W, V, Ti등의 탄화물 형성 원소를 함유하는 Martensite 조직의 강에서 특수 탄화물이 석출하여 석출 경화를 일으킨다.

5.2 탄소강(Carbon Steel)

5.2.1 종류

순철은 연(軟)해서 구조 재료로는 쓸 수 없으나 이것에 소량의 탄소를 가하면 강도가 뛰어난 구조재료(탄소강)를 얻을 수 있다. 탄소강은 Fe와 C의 합금이며 이것에 소량의 Si, Mn, P, S 및 Cu등의 원소를 약간씩 함유한 보통의 강이다. 이중

Si와 Mn은 인위적으로 그 양을 증감하는 것이며 Cu 및 P는 내식성을 증가시키기 위하여 특히 첨가하는 경우를 제외하고 S와 함께 불순물로 취급된다. 탄소강은 탄소 함유량의 다소에 의하여 다음과 같이 분류된다.

표 5-1 탄소 강종 별 탄소 함량

저 탄소강	C 0.30%이하
중 탄소강	C 0.30 ~ 0.45%
고 탄소강	C 0.45 ~ 1.7%

한편 탈산도에 따른 분류는 다음과 같다. 제작 과정 중 탈산제로 사용되는 Si, Al, Ti 또는 Zr의 첨가에 의한 탈산(Deoxidation) 정도에 따라 구분한다. 한편 이들 구분에 따른 강재별 비교표는 표 5-1과 같다.

가. 킬드강(Killed Steel, 탈산강)

1) 탈산 정도
완전 탈산

2) 개요
적당한 탈산제를 湯中에 가하면 대부분의 산소를 제거하게 되어 CO가스는 거의 발생되지 않는다. 따라서 湯은 주형 내에서 매우 조용하게 응고해서 Killed 鋼塊가 만들어 지는데 이를 진정강(鎭靜鋼)이라고도 함.

3) 탈산 과정
실리콘(탈산제)은 산소와 화합하여 실리카(SiO_2)가 되며, 실리카는 부상하여 슬래그 중으로 들어간다. 이 때 더욱 탈산 정도를 높이려면 Al 또는 Ferro-Ti을 래들(Ladle)이나 주형 내에 첨가한다. Al 또는 Ti는 강괴 내에 결정을 미세하게 하는 등 여러 가지 작용으로 편석이나 기공이 적은 양질의 단면을 가지므로 강도 및 저온 인성이 높고 용접성이 양호하다.

4) 단점
중앙 상부에 큰 收縮孔이 만들어져 그곳이 공기에 노출되어 산화 또는 혼입이 집중되므로 그 상부를 제거해야 한다. 이로 인한 강괴의 Loss는 연속 주조법이 개발되기 전에는 10% ~ 20%나 되었다.

5) 주요 용도

단조품, Tubing, 저온 인성이 요구되는 곳.

나. 세미 킬드강(Semikilled Steel, 준 탈산강)

1) 탈산 정도

부분 탈산.

2) 개요 및 탈산 과정

Rimmed강과 Killed강의 중간 상태로 탈산한 반 진정강 임. Killed강의 과정과 같으나 CO가스의 방출을 어느 정도 억제하고 산소를 일부 잔류케 한다. 이 때 CO가스의 영향으로 Killed강 처럼 상부에 큰 수축공은 생기지 않는다.

3) 단점

화학 조성이 불균일하고 입자가 크다.

4) 주요 용도

구조용 강재.

다. 림드강(Rimmed Steel, 비탈산강)

1) 탈산 정도

약간 탈산.

2) 개요 및 탈산정도

산소 즉, FeO를 함유하는 탕을 주철제 주형에 주입하여 만들어진다. 우선 주형의 內壁쪽에서 최초 로에 응고하는 층은 응고점이 높고 거의 순철에 가까운 화학 성분을 갖는 것이며 탕의 가운데로 갈수록 점차로 탄소 함유량이 많아진다. 이 탄소와 탕중의 산소 (FeO)와 화합한 CO가스 기포의 대부분은 浮上하여 탕 표면으로부터 Spark가 되어 飛散하고 나머지 기포는 응고한 강괴 중에 남아 수많은 기공을 만든다. 이 결과, 강괴의 주변에는 거의 순철의 껍질(Rim부)이 되며 중앙부는 탄소, 인, 황이 편석한 핵(Core 부)이 있다. 이 편석은 그 후의 단조, 압연, 성형 가공에 있어서도 없어지지 않는다. 단, 표면은 결함이 없는 아름다움을 유지한다.

3) 단점

화학 조성이 불균일 하고 Core부의 불순물 편석이 압연 시 층상으로 Band
를 형성한다. (예, Sulfur Band) 용접에 악영향을 준다.

4) 주요 용도

미려한 표면 상태가 요구되는 곳에 주로 사용된다.

표 5-2 세가지 강재의 비교표

항 목	Rimmed 강	Semi-killed 강	Killed 강
C%	〈 0.3	〈 1.0	〈 1.5
Si%	〈 0.03	0.03~0.1	〉 0.1
수축공	없음	없음	대
기 공	매우 많음	약간 많음	없음
편석	매우 많음	소	극소

5.3 용접부의 파괴 시험

5.3.1 기계적 시험법(ASTM A370-92)

가. 인장 시험(Tensile Test, ASTM E8/8M)

1) 인장 시험 방법

인장 시험은 철강(금속)을 여러 가지 모양 (각상, 환봉상, 파이프 상태)의
일정한 단면을 가진 시험편을 사용해서 인장 시험기나 만능 재료 시험기로
서 잡아당겨(인장해서) 파단 시켜 인장 강도, 항복점, 단면 수축률 등을 측
정하는 방법이다.

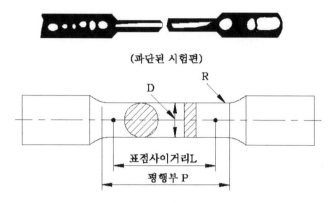

(파단된 시험편)

L: 50mm, P: 60mm, D: 14mm, R: 15mm

그림 5-3 인장 시험편

2) 인장 시험 곡선

인장 시험은 인장 하중을 가하면 시험편은 늘어나게 되며 이때 하중과 변형과의 관계를 나타낸 곡선이 얻어지는데 이것을 응력 변형선도라 한다. 그림 5-4 는 인장 시험 곡선(응력 변형 선도) 이며 여기서 ①은 연강의 경우이고 ②는 비철 금속의 경우이다.

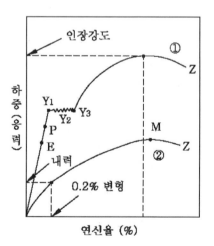

그림 5-4 인장 시험 곡선
(응력변형선도)

가) 탄성 한도 및 비례 한도

응력 변형선도 곡선 ①에서 연신율은 어느 부분까지는 탄성적으로 변하나 하중을 제거하면 본래의 길이로 된다. 점 E는 탄성 한도 점이며 점 E의 하중을 시험편의 원 단면적으로 나눈값이 탄성 한도이다.

$$\text{E (세로 탄성률) = 응력}(\sigma) / \text{연신율}(\varepsilon)$$

E를 영률 (Young's modulus)이라 한다. P점은 하중과 변형률이 비례 하므로 비례 한도점이라고 한다.

나) 항복점(Yielding Point)

점 P를 초과한 하중이 작용하면 하중과 연신율 관계는 비례하지 않고 Y_1에서 돌연 하중이 감소하며 하중의 증가 없이 변형이 생겨 Y_3 점 까 지 변형이 진행된다. 이렇게 맨 처음 하중의 변화와 비례하지 않고 급 격한 변형의 증가가 나타나는 점 Y_1을 상항복점이라 하고 이러한 하중 과 변형과의 관계가 그림 상에서 종료되는 Y_3를 하항복점이라고 한다. 그러나 위 그림에서 아래쪽에 위치한 곡선처럼 항복점의 위치가 불분명 한 강종에 대해서는 0.2% 영구 변형이 생기는 부분의 응력을 내력이라 하여 항복점과 동등하게 취급한다.

다) 인장 강도(Tensile Strength)

인장 강도(Tensile Strength)란 시험 재료가 견디어낸 최대 하중 P(M) 점을 평행부의 원단면적(A_0)으로 나눈 값을 말하며, 인장 강도 이후 부 터는 시험편이 국부적으로 줄어 들면서 마침내 파단(Rupture) 된다.

$$\text{인장 강도}(\sigma) = P/A_0 \ (\text{kg/mm}^2) \quad \begin{bmatrix} \sigma : \text{인장 강도}(\text{kg/mm}^2) \\ P : \text{하중}(\text{kg}) \\ A_0 : \text{원단면적}(\text{mm}^2) \end{bmatrix}$$

라) 연신률(Elongation)

인장 시험편에서 파단 후의 표점 거리와 처음 표점 거리간의 늘어남을 연신 또는 신장(Elongation)이라 하는데 이는 다음식에 의한다.

$$\text{연신률}(\varepsilon) = (L_1 - L)/L \times 100(\%) \quad \begin{bmatrix} \varepsilon : \text{연신율}(\%) \\ L : \text{처음 표점 거리} \\ L_1 : \text{늘어난 표점 거리} \end{bmatrix}$$

라) 단면 수축률(Reduction of Area)

시험 재료가 인장 응력에 의하여 늘어나면서 시험편의 단면이 수축하는 과정을 겪게 된다. 파단 후의 시험편의 최소 단면적을 처음 단면적에 대하여 비교한 것을 단면 수축률(Reduction of Area)이라 한다.

$$단면수축률(\Phi)= (A_0-A_1)/A_0\times100(\%)$$

Φ : 단면 수축률
A_0 :원 단면적(mm^2)
A_1 :수축한 최소 단면적(mm^2)

나. 굽힘 시험(Bending Test, ASTM E855)

모재 및 용접부의 연성 결함의 유무를 조사하기 위하여 굽힘 시험을 한다.

굽힘 시험은 시험편을 적당한 크기로 절취하여서 자유 굽힘이나 형 굽힘에 의하여 용접부를 구부려서 결정하는 것이다.

굽힘 시험은 국가 기술 자격 시험 채점 방법으로 이용되고 있으며, 시험편 절취 요령과 굽힘 형틀에 관해서는 KS B0832에 규정되어 있고 로울러 굽힘 시험에 관해서는 KS B0835에 규정되어 있다. 용접 시험편 굽힘 방법에는 표면 굽힘, 뒷면(이면)굽힘, 및 측면 굽힘(두꺼운 판의 경우)의 3종류가 있다.

그림 5-5는 굽힘 시험용 형틀로서 (a)는 굽힘 형틀, (b)는 로울러 굽힘틀을 나타낸 것이다.

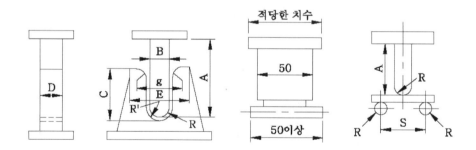

※ 형틀의 모양 : A 3형. 사용시험편 : 3호

R : 19   R' : 30   S : 98
A : 170   B : 38   C : 110
D : 50   E : 136 (단위 : mm)

기 호	R	S	A	굽힘각도
N-1P	1.5t	$\frac{16}{3}$R+3	5R+100 이상	90°
G-1P	2.0t	5R+3	5R+80 이상	90°

(a) 형틀 굽힘 시험 지그   (b) 로울러 굽힘 시험 지그

그림 5-5 벤딩 시험용 지그

다. 경도 시험(Hardness Test)

금속의 경도는 기계적 성질을 결정하는 중요한 것으로서 인장 시험과 더불어 널리 사용되고 있다.

경도란 물체의 견고한 정도를 나타내는 수치로서 경도 측정 방법에 따라 다음과 같은 것들이 있다.

1) 브리넬 경도(Brinel Hardness, ASTM E10):

일정한 지름의 강철 보올(10mm, 5mm)을 일정한 하중(3000, 1000, 750, 500kg)으로 시험 표면에 압입한 후에, 이때 생긴 오목 자국의 표면적으로서 하중을 나눈 값을 브리넬 경도 H_B 라 한다.

즉, $Hb=2P/[\pi D\{D-(D^2+d^2)^{1/2}\}]=P/(\pi Dt)$

자국의 지름은 브리넬 경도계에 부속되어 있는 계측 확대경으로 읽고 경도 값은 비치된 환산표를 사용한다.

브리넬 경도는 시험편이 적은 것이나 얇은 두께의 재료, 침탄강, 질화강의 표면 경도 측정에는 적당치 않다. 그림 5-6 은 브리넬 경도 시험기(좌측)와 압입 자국에 대한 것을 나타낸 것이다.

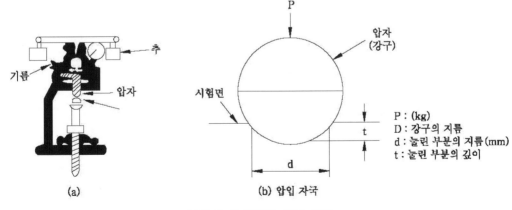

(a)
(b) 압입 자국

P : (kg)
D : 강구의 지름
d : 눌린 부분의 지름(mm)
t : 눌린 부분의 깊이

그림 5-6 브리넬 경도 시험

2) 로크웰 경도(Rockwell Hardness, ASTM E18)

로크웰 경도는 시험편의 표면에 1.875mm($\frac{1}{16}$inch)인 강구압자(B스케일)나 꼭지각이 120℃인 원뿔형(C 스케일)의 다이아몬드 압자를 사용하여 기본 하중 10kg을 주면서 이때 경도계의 지시계를 C0(B30)점에 맞춘 다음, B 스케일(Scale)일 때에는 100kg의 하중, C스케일 일 때는 150kg의 하중을 가한 다음 하중을 제거하면 오목 자국의 깊이가 지시계(Dial Indicator)에 나타나서 경도를 나타낼 수 있는 것으로 그 표시 법은 HR이다.

연한 재료에는(연강, 황동) B 스케일과 C 스케일, 담금질강, 단단한 재료의 경도 측정에는 C 스케일이 사용된다. 경도의 계산식은 B스케일이 사용된다. 경도의 계산식은 B 스케일과 C 스케일에 따라 다르다.

가) H R B = 130 − 500h
나) H R C = 100 − 500h

그림5-7 은 크로웰 경도 시험기에 관한 것이며, (a)는 경도계의 구조도이고 ③은 압입자로서 (b)는 ($\frac{1}{16}$ inch) 강구이며 B 스케일에, (c)는 120°원뿔형 다이아몬드 추로서 C 스케일용에 쓰인다.

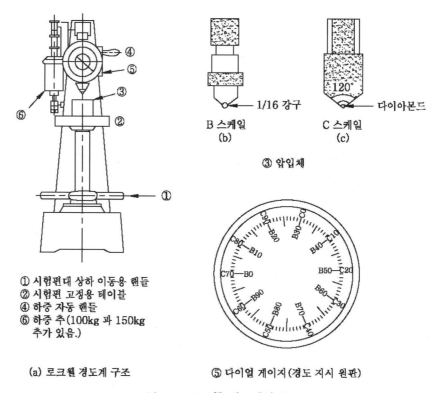

① 시험편대 상하 이동용 핸들
② 시험편 고정용 테이블
④ 하중 자동 핸들
⑥ 하중 추(100kg 과 150kg 추가 있음.)

③ 압입체

(b) B 스케일 — 1/16 강구
(c) C 스케일 — 다이아몬드 120°

(a) 로크웰 경도계 구조

⑤ 다이얼 게이지(경도 지시 원판)

그림 5-7 로크웰 경도계의 구조

표 5-3 로크웰 경도의 각종 스케일

스케일	압 자	하중	적용재료
H	1/8" 강구	60 (kg)	대단히 연한 재료
E	1/8" 강구	100	대단히 연한 재료
K	1/8" 강구	150	연한 재료
F	1/16"강구	60	백색 합금등의 연한 재료
B	1/16"강구	100	강등의 비교적 경한 재료
G	1/16"강구	150	강등의 비교적 경한 재료
A	다이아몬드 원추	60	초경합금등의 경한 재료
D	다이아몬드 원추	100	초경합금등의 경한 재료
C	다이아몬드 원추	150	극히 경한 재료

참고〉 금속의 경도를 조사하는데는 보통 압력을 일정 하중 P(Kg)로 시험편 표면에 압입하면, 이때 생긴 오목 부분의 표면적 A(mm²)를 측정하여 다음 식

$$H = \frac{P}{A}$$

으로 경도 H를 계산한다. 경도는 금속의 인장 강도에 대한 간단한 척도가 되는 것이며 재질, 냉각 가공, 열처리 등의 영향을 받고 또한 측정 방법에 따라 그 값이 크게 달라진다.

3) 비커어스 경도(Vickers Hardness, ASTM E92)

비커어스 경도는 꼭지각이 136°인 다이아몬드 제 4각 추의 압자를 1~120kg의 하중으로 시험 표면에 압입한 후에, 이때 생긴 오목 자국의 대각선을 측정하여서 미리 계산되어진 환산표에 의하여 경도를 표시한다. 비커어스경도 (Hv)는 하중(P)을 오목 자국의 표면적(A)으로 나눈값이면 아래 식으로 표시되고, 단단한 강이나 정밀 가공품, 박판 등의 시험에 쓰인다.

$$HV = \frac{하중(Kg)}{오목자국의표면적(mm^2)} = \frac{1.8544P}{d^2} \, (kg/mm^2)$$

4) 쇼어 경도(Shore Hardness, ASTM E448))

쇼어 경도는 Hs로 표시하며, 작은 강구나 다이아몬드를 붙인 소형의 추(2.5g)를 일정 높이(25cm)에서 시험 표면에 낙하 시켜서, 그 튀어 오르는 높이에 의하여 경도를 측정하는 것으로서 오목자국이 남지 않기 때문에 정밀 제품이나 완성제품 등의 경도 시험에 널리 쓰인다. 경도 시험 할 때 주의할 점은 낙하체의 통로인 유리관을 수직으로 해야 하며 반복하여 시험할

때는 위치를 바꾸어야 한다. 최근에는 경도치가 다이얼 지시식에 의하여 측정되고 있어 연질 재료의 경도라도 경도치를 읽을 수 있다

쇼어 경도 계산식,

$$Hs = \frac{10000}{65} \times \frac{h}{ho} \quad \left[\begin{array}{l} h; 낙하물체의 \ 높이(25cm) \\ ho; 낙하물체의 \ 튀어오른높이 \end{array} \right]$$

지금 까지 여러 가지 경도 시험에 대해서 설명하였으며 정확한 경도를 측정하려면 측정 조건을 갖춘 후에 측정부의 3곳 이상을 측정하여 산술 평균치로서 경도 값으로 정해야 한다.

라. 충격시험(Impact Test, ASTM E23, ASME Sect.VIII UCS-66, UG-84)

재료가 충격에 견디는 저항을 인성(靭性 : Toughness)이라고 하며, 인성을 알아보는 방법으로는 샤르피식(Charpy Type)과 아이조드식(Izod Type)이 있으며 이들은 그림 5-8과 같은 U또는 V노치 충격 시험편을 이용하고 있다.

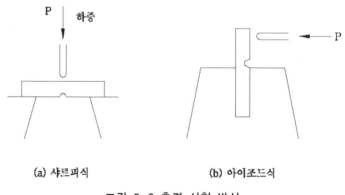

(a) 샤르피식　　　　　**(b) 아이조드식**

그림 5-8 충격 시험 방식

노치 충격 시험편이 파단 할 때 까지에 흡수하는 충격 에너지가 클수록 인성이 큰 것으로 하며 동일한 재료일 때는 인장 시험에서 연신율이 큰 것이 일반적으로 크게 나타나고 있다. 또한 금속 입자가 미세할수록, 시편 크기가 작을수록, 금속 미세 구조가 깨끗할수록 큰 충격 흡수 에너지를 갖는다. 압연 판재의 경우는 Rolling(길이)방향〉Transverse(폭)방향〉Z(두께)방향 순서로 높은 값을 갖는다.

충격치는 흡수에너지에 대한 시험편의 유효 단면적으로 나타내는데 다음식에 의한다.

흡수 에너지 $(E) = Wh = WI (\cos a_2 \cos a_1)$ (kg-m).

충격치 $= E / A$ (kg-m/cm^2).

---

w = 진자의 무게 (Kg).

A = 시험전의 유효 단면적 (cm^2).

I : 진자 회전 중심에서 중심까지의 거리(cm).

a_1 : 처음 진자 위치에서 충격 위치까지의 이동 각도.

a_2 : 충격 위치로부터 튀어 오른 진자 높이까지의 강도.

그림 5-9는 충격 시험기의 모습이며 우리나라에서는 샤르피 충격 시험기가 널리 쓰이고 있다.

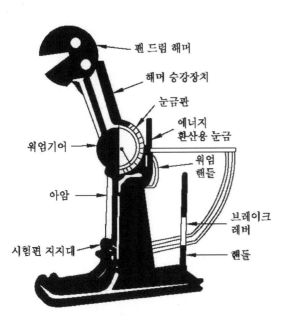

(a) 샤르피식

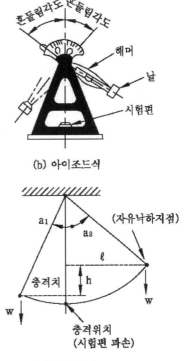

(b) 아이조드식

(c) 해머의 각도

그림 5-9 충격 시험기

마. 피로 시험(ASTM E1049, E466, E606 등)

재료가 인장 강도나 항복점으로부터 계산한 안전 하중 상태에서도 작은 힘이 계속적으로 반복하여 작용하면 파괴를 일으키는 일이 있다. 이와 같은 파괴를 피로(Fatigue) 파괴라 한다. 그러나 하중이 어떤 값보다 작을 때에는 무수히 많은 반복 하중이 작용하여도 재료가 파단하지 않는다. 이와 같이 영구히 재료가 파단하지 않는 응력 중에서 가장 큰 것을 피로 한도(Fatigue Limit)라 한다.

용접 이음 시험편에서는 명확한 파단부가 나타나기 어려우므로 $2 \times 10^6 \sim 2 \times 10^7$ 회 정도가 견디어 내는 최고의 하중을 구하는 경우가 많다.

피로 시험에 영향을 주는 것은 시편의 형상, 다듬질 정도, 가공법, 열처리 상태등에 따라 결정된다.

5.3.2 야금적 시험법

가. 육안 검사(파면 시험)

용접 금속이나 모재를 깨뜨려 보아 파단된 면의 결정의 미세 정도, 균열, 슬래그 섞임, 기공, 선상 조직, 은점등을 육안(눈이나 돋보기) 관찰로서 검사하는 방법이다. 이 방법은 결함이 큰 것이나 대략적인 판별 정도로 충분한 것에 쓰이며 파면중에 은백색으로 빛나는 파면은 취성 파면이고, 쥐색의 치밀한 파면은 연성 파면이다.

나. 현미경 시험(ASTM E407)

재료의 조직이나 미소 결함등을 수십 또는 수백 배로 확대할 수 있는 현미경으로 정밀 관찰할 수 있는 것이 현미경 시험이며 요즈음은 전자 현미경의 발달로 4000배 이상 확대가 가능하며 부속된 장치에서 조직을 확대한 화면을 바로 볼 수 있는 장치와 사진 자동 촬영 장치등으로 더욱 정밀 관찰이 가능하다.

1) 현미경 시험 순서
  가) 시료 채취 : 시험이 필요한 부분을 적당한 크기로 절단한다. 절단은 원주면과 직각이 되게한다.

나) 연마 : 거친 연마(밸트 샌더, 그라인더 사용) → 중간 연마(샌드 페이퍼 사용) → 미세 연마(고운 페이퍼 사용) → 정마(연마포 사용)

절단이나 연마 시 열을 받지 않도록 해야 하며 마지막 연마는 연마 방향을 한쪽으로만 해야한다.

다) 세척 : 연마된 시료는 물로 씻은 후 알코올로 씻고 건조기로 건조 시킨다.

라) 부식 : 해당 부식액을 사용하여 시험부를 부식 시킨다. 부식이 안되면 조직과 조직이 정확하게 나타나지 않는다.

마) 현미경 관찰

2) 각종 부식액

가) 철강용 : 질산 알코올 용액(진한 질산 5 cc + 알코올 100 cc), 피크르산 알코올 용액(피크르산 5g + 알코올 100cc)

나) 스테인레스 강용 : 질산 70 % + 초산 50 %

다) 구리, 구리 합금용 : 염화 제 2철 용액(염화 제2철 10g+염산 30cc+물 120cc)

라) 알루미늄, 알루미늄 합금용, 플루오르화 수소산액(플루오르 수소산 10%+물 100cc) 수산화 나트륨 수용액(수산화 나트륨 20g+물 100cc)

다. 마크로(Macro) 조직 시험(ASTM E340, E381)

용접부의 단면을 연마하고 적당한 마크로 에칭(Macro-etching)을 위해서 육안 또는 저배율 확대경(10배 이하)으로 관찰 하는 것을 말한다. 이것에 의해 용입의 깊이, 모양, 열영향부의 범위, 결함의 유무 등을 알 수 있다. 방법은 마크로 에칭액(부식성이 큰 용액)으로 부식을 시켜서 수세 후 알코올에 담갔다가 열풍 건조 후 투명 라카나 그리스를 발라 시험면을 보호한다.부식액은 염산 50cc와 물 50cc 혼합액이 많이 쓰인다.

5.4 용접부의 비파괴 시험

비파괴 검사(Non Destructive Inspection)는 재료나 제품의 재질이나 형상 치수에 변화를 주지 않는 상태에서 행하는 검사법으로 압연 재료, 주조품, 용접 구조물의 검사에 널리 쓰인다. 흔히 약칭으로 NDE(Non Destructive Examination) 또는 NDT(Non Destructive Testing)로 불리우며 다음의 방법들이 있다.

5.4.1 외관 검사(Visual Inspection), VT

가장 간편하여 널리 쓰이는 방법으로서, 용접부의 신뢰도를 외관에 나타난 비이드 형상에 의하여 육안으로 판단하는 것이다. 이때 간단한 측정 기구로서 게이지류, 렌즈, 반사경, 현미경, 망원경 등을 이용할 수 있다. 외관 검사로서 가능한 것은 비이드 파형과 균일성의 양부, 덧붙임 형태, 용입 상태, 균열, 핏트, 스패터 발생, 비이드 시작점과 크레이터, 언더컷, 오우버랩, 표면 균열, 형상 불량, 변형 등이 속한다.

5.4.2 누설(누수) 검사(Leak Inspection), LT

수밀, 기밀, 유밀을 필요로 하는 제품에 사용되는 검사법으로 일반적으로 정수압 또는 공기압을 이용하지만 별도로 화학 지시약, 할로겐 가스, 헬륨 가스 등을 이용하기도 한다.

가장 간단한 액체 정압 시험은 시험 용기내의 압력을 외압보다 높게 하여서 압력의 변화 (누설이 되는 경우) 또는 용기나 물 또는 석유 중에 넣어서 기포의 발생을 보고서 누설 장소를 찾아내는 것이다. 또한 누설 현상을 작은 양까지도 알아내기 위한 감도를 높이기 위하여 형광 액체, 침투액, 암모니아, 헬륨 가스를 쓰는 일이 있다.

비슷한 방법으로 수압 시험이 있으며, 용기나 탱크 중에 물을 충진하여 소정의 압력을 가해 내압에 대한 용기의 내구력과 기밀을 판정하는 방법이 있다. 그러나 이것은 기밀에 있어서는 공기, 할로겐, 헬륨 등의 가스에 비해서는 그 감도가 훨씬 미약하다.

5.4.3 침투 검사(Penetrant Inspection), PT

간단하고, 경제적이면서도 현장에서 직접 간단한 조작으로 검사할 수 있다는 점 때문에 널리 쓰이는 것으로서, 제품 표면에 나타나는 미세한 균열이나 구멍으로 인하여 불연속부가 존재할 때에, 이곳에 침투액을 표면 장력의 작용으로 침입시킨 후에, 세척액을 비이드 표면으로 노출시키는 것이다.

사용되는 침투액의 종류에 따라서 형광 침투 검사와 염료 침투 검사로 나뉜다.

가. 형광 침투 검사(Fluorescent Penetrant Inspection)

형광 침투 검사는 표면 장력이 적어서 미세한 균열이나 흠집에 잘 침투하는 유용성 형광물을 저점도의 기름에 녹인 침투액을 사용하여 침투시킨 후에 탄산칼슘, 규소분말, 산화 마그네슘, 알루미나, 활석분 등의 분말이나 현탄 액체 현상액을 써서 형광 물질을 표면으로 노출 시키는 방법으로서 염료 침투 검사에 비하여 감도가 높은 반면에, 암실에 설치한 초고압 수은등 아래서만 관찰이 가능한 복잡성이 있다.

형광 침투 검사 방법으로는 세척(Rinse) – 침투(Penetration) – 세척(Rinse) – 현상(Developing) – 건조(Drying) – 검사(Inspection) 의 단계를 거치며, 석유 공업, 화학 공업, 식품 화학 공업, 압력 용기나 저장 탱크의 검사에 응용되고 있다. 특히 수소 침투에 의한 균열이 예상되는 재료의 용접부 검사에도 많이 적용될 뿐만 아니라 비자성체인 스테인리스강의 제품의 경우 자기 검사가 어렵기 때문에 이 방법을 자주 사용한다.

나. 염료 침투 검사(Dye Penetrant Inspection)

이 방법은 형광 침투액 대신에 붉은색을 가진 염료 침투액을 사용하는 것으로서 작업 요령과 원리는 비슷하지만 보통의 전등이나 일광하의 현장에서 직접 사용할 수 있다는 점에서 우수하고, 감도는 그에 미치지 못하는 침투액, 백색의 현상액 등의 3종류가 있으며 이들을 순서대로 뿌린다. 그림 5-10은 염료 침투 검사 시 침투액 도포 상태를 나타낸 것이다. 염료 침투 검사는 조건만 제대로 맞춘다면 폭 0.002mm 정도의 균열까지도 노출시킬 수 있으며, 적색의 침투액은 물로 씻는 것 보다는 침투제를 녹일 수 있는 세척제를 사용하는 것이 좋다.

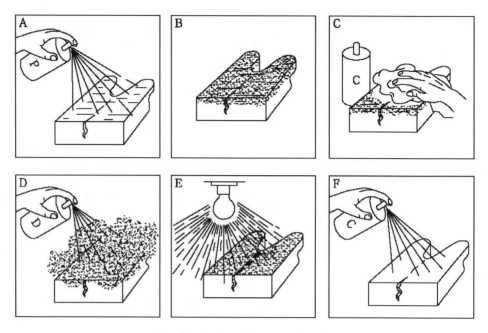

그림 5-10 염료 침투액의 분사

5.4.4 초음파 검사(Ultrasonic Inspection), UT

초음파 검사(超音波檢查: Ultrasonic Inspection)는 가청음(可聽音)을 초과한 음파(보통 0.5 ~ 15Mhz)를 피시험물의 내부에 침입시켜 내부의 결함 또는 불균일 층의 존재를 탐지하는 방법이며 투과법, 펄스 반사법, 공진법이 있다.

초음파의 속도는 공기 중에서는 약330m/sec, 물속에서는 약1500m/sec, 강중에서 약600m/sec이고 공기와 강의 사이에서는 초음파가 반사하기 쉽다.

따라서 초음파 검사 시엔 탐촉자와 강의 표면의 접촉이 잘 되도록 표면을 매끈하게 하고 강의 표면에 물이나 기름, 글리세린 등을 바르고 있다.

가. 투과법

그림 5-11(a)와 같이 표면상 S와 R을 이동시키면 결함이 있는 곳에서는 투과파가 없으므로 결함을 탐지할 수 있다. 이 방법도 정도(程度)가 낮지만 얇은 제품 또는 표면층 근처에 있는 결함을 발견하는데 편리하다.

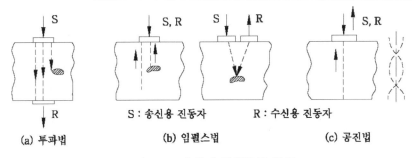

그림 5-11 초음파 탐사법의 종류

나. 펄스 반사법

용접부 결함 검사에 가장 많이 쓰이는 방법으로서 초음파의 펄스(단시간의 맥류)를 물체의 한쪽 면에서 탐촉자를 통해서 송신한 후 동일면상에 있는 수신용 진동자를 통하여 반사파를 받아서 그때 발생하는 전압 펄스를 브라운관에 투영시켜서 관찰하는 방법이다.

그림 5-12에서 보듯이 결함부가 없는 경우는 송신파 T와 반사파 B가 나타나지만 그림의 (b)의 경우와 같이 결함부가 있으면 결함부에서 발생하는 반사파 F가 생겨서 이의 위치와 크기에 따라서 결함부의 깊이를 알아내는 것이다.

용접부의 검사법으로는 비이드의 덧붙임을 삭제하지 않고 간단히 할 수 있는 방법으로 사각 탐상법이 쓰이고 있다.

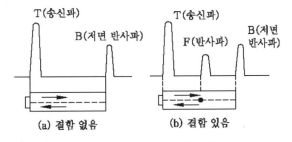

그림 5-12 초음파 탐상(수직법) (펄스 반사법)

그림 5-13 사각 탐상법

다. 공진법

그림 5-11(c)와 같이 검사 재료에 송신하는 송신파의 파장을 연속적으로 교환 시켜서 반파장의 정수가 동일하게 될 때 송신파와 반사파가 공진하여 정상파 가 되는 원리를 이용한 것으로서 판두께 측정, 부식 정도, 내부 결함 등을 알 아내는 것이다.

5.4.5 자기(자분) 검사(Magnetic Particle Inspection), MT

자기 검사는 검사 재료를 자화시킨 상태에서 결함부에서 생기는 누설 자속 상태 를 철분 또는 검사코일을 사용하여 검출하는 방법이다.

이 방법은 피검사체에 결함이 있으면 자력선을 통과 시킬 때에 그 부분에 자력 선의 교란이 생겨 육안 관찰로 판별할 수 있으며 비교적 표면에 가까운 곳에 있는 균열, 개재물, 편석, 기공, 용입 불량 등을 검출할 수가 있다. 다만 아주 작은 결 함이 무수히 많은 곳이나 비자성체(오스테나이트계 스테인레스강 등)의 검사에는 사용할 수가 없다.

그림 5-14는 자기 검사의 원리를 나타낸 것으로 결함이 있는 곳에서는 자력선의 교란이 생기는 것을 알 수 있다. 자분으로는 자성 산화철(0.1mm /약 150메쉬 이 하)이 사용되며 백, 적, 흑색으로 착색하여 사용하면 검사체와 대조가 쉽게 된다.

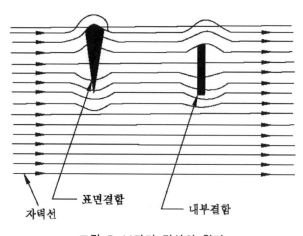

그림 5-14자기 검사의 원리

가. 검사법 선택

1) 자력을 움직이고 있는 동안 생기는 누설 자속을 이용하는 법: 연강의 시험에 적합.

2) 잔류 자기에 의한 누설 자속 이용법: 합금강, 담금질 강의 시험에 적합.

3) 종 자화법: 세로축으로 결함이 긴 경우에 적합.

4) 원주 자화법: 세로 축으로 결함이 긴 경우에 적합.

5) 자화 잔류

　가) 교류: 표면 결함 검출에 적합.

　나) 직류: 내부 결함 검출에 적합.

나. 피검사물의 자화 방법

자기 검사에서 피검사물의 자화 방법은 물체의 형상과 결함이 방향에 따라 다음과 같이 여러 가지가 있으며 그림 5-15와 같다.

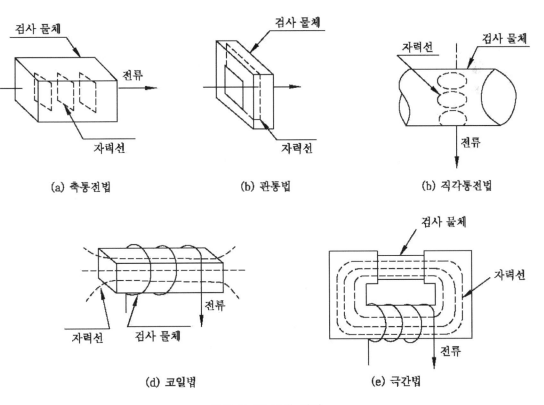

그림 5-15 자화 방법

    1) 축통전법(軸通電法)

    2) 관통법 (貫通法)

    3) 직각 통전법 (直角通電法)

    4) 코일법

    5) 극간법

5.4.6 와류(맴돌이 전류) 검사(Edd Current Inspection), ECT

금속 내에 유기되는 맴돌이(와류) 전류(Eddy Current)의 작용을 이용하여 결함을 검사하는 비교적 새로운 비파괴 검사법이다.

이것은 자기 탐상이 되지 않는 비자성 금속(구리, 오스테나이트계 스테인레스강 등)의 결함이 검출에 편리하며, 표면에나 표면 가까운 내부의 결함인 균열, 기공, 피트, 언더컷, 오버랩, 용입 불량, 융합 불량, 슬래그 혼입 등의 조직 변화, 기계적 열적 변화의 조사도 할 수 있다.

5.4.7 방사선 투과 검사(Radiographic Inspection), RT

가. 방사선 투과 검사의 원리

방사선 투과 검사란 X선 또는 γ선을 이용하여 용접부의 결함을 조사하는 방법으로서 현재 사용되고 있는 비파괴 검사법 중에서 가장 신뢰도가 높은 것으로 평가되고 있다. 또한 검사 재료의 크기나 두께, 자성의 유무, 표면 상태의 양부, 구조물의 형상 등 어느 것에나 구애됨이 없이 검사가 가능한 방법으로서 검사 결과가 사진 필름으로 영구 보존되는 특징이 있다. 그러나 아주 미세한 균열이나 라미네이션(Lamination)등의 검출은 곤란하다. 이 방법은 보통의 광선으로는 통과할 수 없는 시험물을 통과할 수 있는 X선이나 γ선 같은 방사선의 단파를 이용한다. 일반적으로 파장의 길이가 짧으면 짧을수록 투과량이 더 커진다.

방사선은 모두 용접부를 통과하지 않고 일부는 흡수되며, 흡수량은 용접부의 밀도나 두께에 따라 다르게 된다.

따라서 용접부(검사 부위)에 기포나 빈 부분, 슬래그 혼입 등이 있는 경우 방사선 통과량의 차이가 생겨서 감광지에 강, 약이 생겨 결함을 알 수 있세 된다.

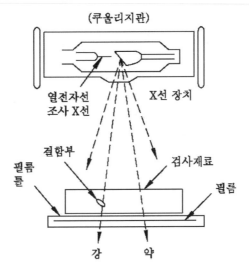

그림 5-16 방사선 투과 검사의 원리

나. X선 투과 검사(X-ray Radiography)

1) X선 투과 검사의 원리

X선이란 쿠울리지 관내에 음극에서 열 전자가 튀어나오게 하여 이것을 고 전압으로 가속시켜서 양극의 중금속에 부딪히면 파장이 극히 짧은 (0.01~100Å) 전자기파가 발생하는데 이것을 X선 또는 발견자의 이름을 따서 렌트겐선이라고 한다.

X선은 직진하며 전기장이나 자기장에 의하여 굽어지지 않으면서 화학 작용 (사진 필름의 감광), 형광 작용(형광 물질의 발광)이 있으며 특히 투과 작 용(물질을 투과)이 강하기 때문에 용접부의 결함 검사에 이용되는 것이다.

X선 투과 검사법은, 최종적으로는 검사물의 종류, 두께, 감광 필름이나 감 광지의 종류 등에 따라 X선의 강도 및 조사 기간(이것들을 통합해서 노출 조건이라 하며 보통의 사진을 촬영 때의 조리개와 노출 시간을 정하는 조 건을 생각하면 된다)을 적당하게 정하지 않으면 안된다. 노출 조건의 보기 를 그림 5-17과 같다.

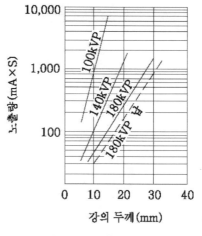

그림 5-17 노출표의 보기

2) 결함의 위치 구하는 법

X선 투과법에서는 결함의 유무를 검출하는 것이 주목적이고, 보통은 X선
을 판의 수직 방향만으로 조사한다. 그러나, X선을 단순히 수직 방향으로
만 투과시킬 경우, 결함의 평면적인 위치 및 크기는 명백하게 되지만 그
결함이 어느 정도의 두께가 있는지는 알 수가 없다. 이것을 알기 위해서는
그림 5-18의 (b)와 같은 스테레오법이 사용된다.

이것은 우선, 결함이 있는 평면적인 위치를 알고, 판의 양면에 적은 표지
판을 대고 비스듬한 방향에서 X선을 투과 시키면 양쪽면에 놓은 작은 표지
판에 의한 상의 간격과 결함의 상의 위치에서 그 깊이를 알 수 있다.

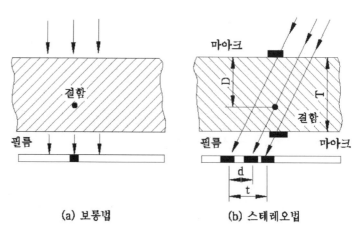

(a) 보통법   (b) 스테레오법

그림 5-18 결함의 위치를 구하는 방법 보기

3) 방사선 관계 종사자의 건강 진단

아무리 미약한 X선 이라도 장시간 일을 하면 신체에 장해를 주므로, X선 검사에 종사하는 사람은 특별한 주의를 해야 한다.

X선 관계 업무 종사자는 전문 의사로부터 자주 혈구검사(백혈구)를 받고 X 선량을 알아둘 필요가 있다.

다. γ선 투과 검사

γ선이란 그림 5-19 와 같이 자기장 내의 납으로 된 상자의 방사선 물질이 발생 하는 α선, β선, γ선 중의 하나로서 전리 작용, 사진 작용, 형광 작용 이 있다.

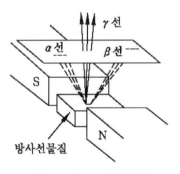

그림 5-19 γ선의 발생

용접부의 결함 검사에 꼭 필요한 투과력에서 보면 α선은 종이 한장 정도, β 선 얇은 알루미늄 판 정도이나 γ선은 β선이 약 100배 정도로서 X선 보다 강하다.

γ선은 파장이 0.5~0.005Å 정도의 극히 짧은 전자기파로서, 그 투과력이 300mm의 강판, 1.5m의 물을 직진하는 관계로 X선과 마찬가지로 인체에 많이 쬐면 세포가 파괴되는 불행이 닥치니 조심해야 한다.

γ선 투과 검사는 검사 재료가 두꺼워서 X선 투과 시험이 어려운 경우에 쓰이며, X선 투과 시험에 비하여 현장에서 직접 사용이 가능하도록 간편하며 가격도 저렴하다.

γ선 발생을 위하여 사용되는 방사성 물질로는 천연의 라듐 이외에 최근에는 인공적으로 제조된 방사성 동위 원소가 널리 쓰이고 있다.

5.4.8 음향 검사(Acoustic Emission), AE

초음파 검사(UT)와는 달리 투사하는 음향이 없이 청진기처럼 재료에서 발산되는 음향을 듣기만하여 그 결함을 평가하는 방법이다. 재료에 부하가 가해있지 않거나 내부에만 존재하는 결함의 탐지는 거의 불가능 하므로 부하(특히 피로 하중에 유효)가 가해지고 있는 얇은 부재의 균열 크기 및 그 진행 양상을 측정하는데 유효하다. 현재는 설치되어 있는 교량의 강구조물 균열 측정에 가장 많이 이용되고 있다.

5.5 델타 페라이트(δ-Ferrite)

5.5.1 Schaeffler Diagram

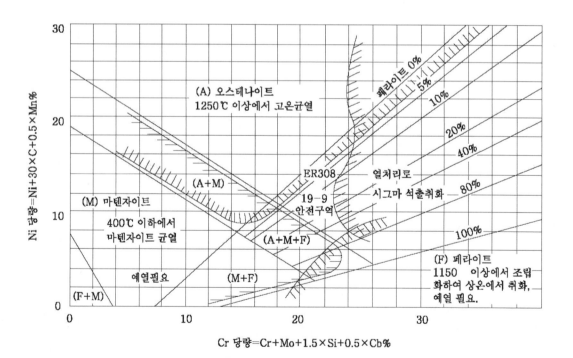

그림 5-20 Schaeffler Diagram

서로 다른 이종 금속을 용접할 때 용착 금속의 상(마르텐사이트, 오스테나이트, 페라이트)을 예측할 수 있고, Ferrite량을 구할 수 있으며, 나아가 용접 중에 나타나는 용접 결함들 즉, ① 400℃ 이하에서의 Martensite 균열, ② 475℃ 취화 ③ σ상 석출 취화, ④ 1150℃ 에서의 조립화와 상온 취화, ⑤ 1250℃ 이상에서의 Austenite 고온 균열 등을 예측할 수 있다.

그러나 용접재의 화학 조성을 알고 있는 경우에만 용착 금속의 조직을 예측할 수 있고, Ferrite 함량이 절대적인 값이 아님을 알아야 한다. Schaeffier Diagram 상의 Ferrite %는 ±4% 오차를 나타내었다.

대기의 질소가 용접 시에 용해되는 요인을 고려하지 못했다. Delong은 대기 중 질소의 영향을 고려하여 상수로서 30을 채택하였으며, 계산 값과 Magne Gauge 에 의한 측정 값상의 Ferrite량 차이에 따른 Diagram을 수정하였다.

특히, 주목되는 것은 열처리를 하면(1038℃로 용체화 처리) Ferrite의 양이 5% 정도 감소되었다는 것으로 이는 합금 원소가 확산해서 Ferrite의 모양, 크기, 양 등이 상당히 수정되기 때문이라고 한다.

5.5.2 δ – Ferrite의 Stainless강에서의 역할

가. 완전히 Austenite화한 용착 금속은 저융점의 P, S, Si, Cb 등이 입계에 편석 하는 경향이 있어서 미세 균열을 일으킨다. 이에 대하여 σ-Ferrite는 입계의 Austenite화한 소지에서 불순물을 용해시켜 열간 균열을 방지한다.

나. Ferrite가 존재하므로 인장 강도가 증가한다.

다. Ferrite가 많으면 내(耐)응력 부식 균열 (SCC)을 향상시킨다.

라. 일부 Ferrite화한 용착 금속에서는 장기간의 Creep 강도가 낮아진다.

마. 용접부에서나 530 ~ 820℃ 온도 범위에 유지되거나 하면, 고함량의 Ferrite 를 갖는 용접부는 시그마(σ)상을 형성하여 취약해진다. 시그마상은 연성, 충 격 인성 및 내부식성을 저하시킨다.

5.5.3 δ – Ferrite의 측정

가. 측정 계기 이용

측정 계기로는 Magne Gauge, Severn Gague 및 Ferrite Scope 등이 있다. Magne Gauge는 비교적 시험 대상이 작고 아래 보기 자세에만 사용할 수 있으며, 많이 사용하는 경우에는 1년, 사용 횟수가 적은 경우에는 2년 후에 계기를 재차 점검하여야 한다.

Ferrite Indicator라고도 하는 Severn Gague는 어떠한 자세에서도 사용할 수 있으며, Ferrite 량이 어떠한 값을 넘어서는가 그 이하인가를 측정하는 일종의 고/노고(Go /No Go) 게이지이다.

ASME Code Section III에서는 자기 계측 장비로 측정하는 경우에는 적어도 용착 금속 상의 6군데를 측정하여 평균 값이 FN 5 이상이어야 한다.

그러나 δ- Ferrite를 측정할 때 주의할 것은 탄소 강판의 자기 반응 때문에, Magne Gauge의 경우에는 탄소 강판의 8mm 이상, Severn Gague의 경우는 25mm이상, 그리고 Ferrite Scope의 경우에는 5mm이상 떨어져야 한다.

나. Delong Constitution Diagram 이용

용착 금속을 분석해서 Dalong Constitution Diagram으로 Ferrite를 측정하는 것으로 계측 장비를 이용하는 것보다는 정밀도가 떨어지나, 사용하기 간편한 도구로써 널리 이용된다. ASME Code 등에서 Delong Diagram 을 채택하고 있으며, Delong Constitution Diagram에 의한 계산값과 자기 측정기에 의한 측정값과는 3 FN 의 오차가 있음에 유의하여야 한다.

(참고) 고온 균열에 대하여 연구한 결과 여러 실험 결과, δ- Ferrite가 용착 금속 내에 약 5% 정도 형성되는 것이 내부식성의 손실이 적고, 상의 석출이나 475℃ 취화 등의 위험 부담을 갖지 않고 고온 균열을 피하는 최적값이 보고되고 있다.

이와 같은 기술적 근거에 따라 ASME 에서는 SEC.IX에 δ- Ferrite 함량을 페라이트 번호 (FN)로 하여 Schaeffler Diagram을 개량한 De-long Diagram에서 용가재의 FN은 최소한 5이상 되도록 요구하고 있다.(ASME SEC.III NB-2433)

그러나 관리를 편리하게 하기 위해 정량적인 요구에서 Code요건이 생겼을 뿐 절대적인 것은 아니므로 모재와 용가재의 희석률울 고려하여 용가재를 선정하는 것이 중요하다.

5.5.4 δ - Ferrite의 형성에 영향을 주는 요인

가. 화학 조성의 영향

화학 성분 중 Cr이나 Mo등은 Ferrite 안정화 원소이고 Ni, C, N등은 Austenite 안정화 원소로 Cr당량 대 Ni당량의 비가 클수록 잔류 Ferrite의 양이 증가한다.

나. 냉각 속도의 영향

1) 냉각 속도가 빠를수록 수지상간 거리가 작아지고, 변태를 위한 합금 원소의 확산 거리가 감소하기 때문에 용접 금속의 냉각 속도, Ferrite-Austenite 변태 속도, 합금 원소의 확산 속도가 빠를수록 δ- Ferrite의 양이 증가한다. 또한, 초정 Ferrite가 Austenite로 변태하기 위한 합금원소의 확산이 일어나는 온도에서의 유지 시간도 중요하다.

2) 용접 입열량이 증가할수록 용접부의 Ferrite-Austenite의 양도 증가한다.

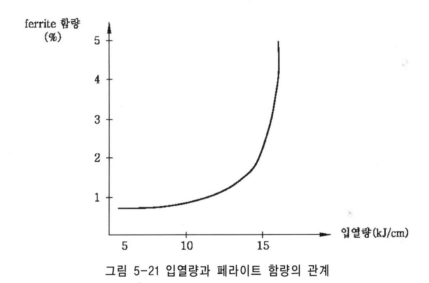

그림 5-21 입열량과 페라이트 함량의 관계

다. PWHT의 영향

Austenite계 Stainless강은 500 ~ 700℃ 에서 PWHT시 예민화 현상 때문에 대체로 PWHT를 실시하지 않는다. 그러나 이종재간(탄소강 + Austenite Stainless 강) 용접부에 대하여 잔류 응력을 제거하기 위해서 PWHT를 실시하도록 ASME SEC.VIII에서는 규정하고 있다.

PWHT에 의해 발생하는 침탄, 탈탄 현상과 용접 경계부의 Austenite 입자의 조대화 및 가열과 냉각에 의해 발생하는 응력은 용접 균열의 중요한 원인으로 작용한다.

따라서, Austenite계 Stainless강은 용접 시공 시 용착 금속에서 발생하는 고온 균열을 방지하기 위하여 적절한 양의 δ- Ferrite를 함유하도록 권장하고 있다.

5.6 용접 금속에서의 결정립의 미세화 방법

용접 금속의 주상정의 미세화는 용접 금속의 이방성 방지, 편석 제거 및 응고 균열의 방지등에 매우 중요하다.

5.6.1 접종물 첨가에 의한 미세화

이것은 불균질 핵생성물의 핵을 첨가하는 방법이다. 그러나 용접부에서는 용융지의 온도가 높은 것 특히 아크 부근에서는 첨가물의 보호를 충분히 고려하지 않으면 안된다. 이 방식에서는 다음의 것에 주의가 필요하다. (a) 접종물의 송급 속도………완전 등축 조직을 얻는 것은 일반적으로 임계치 이상의 공급 속도가 필요하다. (b) 접종물에 용접지 내에서의 송급 위치………Bead 중앙의 응고 계면 부근이 가장 효과적이다. (c) 접종물의 분말 Size………일반적으로 미립이 효과적이다. (d) 용접조건의 선정……… 입열이 클수록 효과가 적다. 또한 연강의 Submerged Arc용접부에 연강의 Tube를 사용하여 TiC나 FeMn-TiC 혼합물을 첨가하여 미세화를 행하고 있다.

5.6.2 표면의 핵생성에 의한 미세화

Nozzle로 부터 Ar가스를 용융지에 취입하고 표면을 급냉하여 표면에 핵 생성을 행한다(즉 Showering). 이 방법에 비하면 AL- 2.5Mg 합금의 GTAW에 있어서 한정된 용접 조건에서 실시 할 수 있다. 그러나 이 방법은 박판에 대해서만 유효하며 두께 5mm 이상에서는 효과가 적다.

5.6.3 수지상 Arm의 재용융에 의한 미세화

이 방법에서는 성장 계면의 온도 조건을 변화시킬 필요가 있으며 다음 4종의 방법이 고려된다. (a) Arc진동………이 방법은 전극 이동에 의해 Arc 압력을 변화시키며 응고면의 파단을 고려한 것이다. 용접선에 직각으로 15Hz 약 5mm의 Arc 운동으로 Bead 외관과 Arc의 안정성 및 용접부의 성질이 개선된다.

또한 GTAW, Submerged Arc 및 Electro Slag등에 5Hz, 3~ 5mm의 전극 진동이 검토되었다. 또한 최근에는 Al-Mg 합금에 대해 용접선 방향으로의 진동을 행하여 성공하였다. 이들 방법에서는 진동의 주파수 및 진폭, 용접열이 선정이 필요하며 또한 박판에는 효과적이며 Arc 길이는 가능한 한 짧은 것이 좋다. (b) 초음파 진동⋯⋯⋯Submerged Arc 용접부에 대해서 약간 시도하고 있는 정도이다. (c) 용접지의 교반⋯⋯⋯이 방법에서는 주로 자장을 작동시켜 용융지 내의 용융 금속을 교반하고 이에 의해 수지상 Arm을 파단시켜 미세화 시키는 것이다. 자장은 Bead 형태를 파괴하지 않는 범위에서 강하게 하는 편이 좋으며 주파수는 수 Hz내지 수십 Hz정도가 가장 효과적 이었다. 또한 강 등에서도 자장 교반에 의해 명확하게 주상정 Substructure의 성장 방향이 굴곡되었다.

연강 Submerged Arc 용접부에 대한 자장 강도의 효과를 검토한 결과에서는 자장을 가함으로써 응고조직은 미세화 되었다. 또한 응고 조직이 미세화 된것은 그 후 변태후의 Ferrite도 역시 미세화 되었다. (d) Arc의 조절⋯⋯⋯이것은 Arc의 전기적 입력 및 입력을 변화시키는 방법이다. AL합금(두께 8mm)의 GTAW에 있어서 수 Hz내지 수십 Hz Arc전류의 단형파 펄세이션에 더불어 전류 파형도 Modulation하면 미세화에 효과적이라는 보고가 있으나 아직 많은 연구 및 검토 문제점으로 남아있다.

5.7 오스테나이트계 스테인리스강에서 합금 원소의 영향

가. 탄소(크롬이나 니켈의 경우처럼)는 모든 오스테나이트계 스테인이스강에서 발견된다. 이것은 오스테나이트 변태를 촉진시키고 입계간 부식의 원인이 되는 크롬 카바이드를 형성할 수 있다.

나. 크롬(Cr)은 페라이트 형성을 촉진 시킨다. 산화나 부식을 막는데 기여한다.

다. 니켈(Ni)은 오스테나이트 형성을 촉진한다. 또한 고온 강도, 방식 특성과 연성을 증가시킨다.

라. 질소(N)는 매우 강력한 오스테나이트 형성 인자이다. 탄소처럼 오스테나이트를 형성하는데 니켈보다 30배나 더 효과적이다.

마. 콜륨비움(Cb)은 347 스테인리스류에서 발견된다. 주로 입계간 부식을 방지하기 위해 탄소와 결합하도록 첨가된다. 또한 입계를 매끈하게 하며, 페라이트 형성을 촉진하고 크립 강도를 향상시킨다.

바. 망간(Mn)은 200 시리즈에서 발견된다. 상온에서 오스테나이트의 안정성도 향상시킨다. 그러나 고온에서는 페라이트를 형성한다. 망간은 황화물을 형성하여 고온에서 취화한다.

사. 몰리브덴(Mo)은 316과 317 스테인리스강류에서 발견된다. 고온에서 강도를 증진시키고 방식 특성과 페라이트 형성을 향상시킨다.

아. 인, 셀레늄, 황; 이 원소들은 303이나 303 Se류에 존재한다. 가공성을 향상시키나 용접하는 동안 고온 균열을 일으키는 원인이 된다. 다른 것보다 약간 낮은 방식 특성을 나타내게 한다.

자. 실리콘(Si)은 302B 스테인리스에 존재한다. 마모성을 향상시키고 페라이트 형성을 촉진한다. 탈산을 위해서 적은 양의 실리콘이 모든 오스테나이트계 스테인리스강에 첨가될 수 있다.

차. 티타늄(Ti)은 321 스테인리스류에 존재한다. 주로 탄소와 결합시켜 입계 부식의 민감도를 떨어뜨리는데 사용된다. 또 입계를 매끈하게 하고 페라이트 형성을 촉진한다.

카. 구리(Cu)는 오스테나이트계 스테인리스합금 CN-7M에서 발견된다. 부식 특성을 향상시키기 위해 첨가되며 응력 부식 균열의 민감도를 떨어뜨리고 시효 경화 효과를 준다.

5.8 이상계 스테인레스강

이상계 스테인레스강은 페라이트와 오스테나이트의 혼합 조직으로 되어 있다. 이상계 스테인레스강은 오스테나이트계 스테인레스강의 우수한 구조 성능 및 용접성을 가지고 있으며, 특히 페라이트로 인하여 응력 부식에 대한 저항성이 우수하다. 대부분의 이상계 스테인레스강은 몇몇 제강소에서 독자적으로 개발하여 생산하고 있으며, 화학 성분은 표 5-4에 나타낸 바와 같다. 이 강은 조직이 페라이트와 오스테나이트의 두개의 상으로 이루어져 있다. 화학 조성에 따라 페라이트와 오스테나이트의 비가 70 : 30으로부터 50 : 50 까지 변화한다. 제조자들의 지속적인 개발 노력에 의해 현재는 용접성도 많이 개선 되어 우수하다고 알려져 있다.

용접성은 모재 본래의 결정 구조와 용접 열 Cycle에 의한 HAZ의 조직 변화에 의존하며, 다음과 같은 단순한 변화도 포함된다.

- 고온에서 페라이트로 변화하고 냉각 시 다시 오스테나이트로 변화하는 오스테나이트의 변화.
- 오스테나이트로부터 형성된 페라이트와 강중에 존재하는 페라이트에 미치는 고온의 영향.

용접성에 직접적인 영향을 미치는 최종 결정 조직은 다음 인자에 의해 결정된다.

- 용접 공정 중에 발생하는 열 Cycle.
- 초기 결정 조직의 비.
- 각 조직의 변태 특성.

표 5-4 대표적인 이상계 스테인레스강의 화학 성분

C%	N%	Cr%	Ni%	Mo%	Cu%
0.025	–	18.5	4.7	2.7	–
0.025	0.15	22	5.5	3.0	–
0.04	0.17	25.5	5.3	3.5	–
0.025	–	25	6.2	1.7	–
0.06	0.2	25	5	2.5	1.5
0.03	0.05	22	6	2.5	1.75

용접 시 1000℃ 이상으로 가열되는 HAZ에서는 오스테나이트가 고온 페라이트로 변태하여 완전 페라이트 조직으로 되려는 경향이 있다. 결정 조직이 단상으로 되면 결정립의 성장은 더욱 빠르게 일어난다. 냉각 시에는 오스테나이트가 재변태되어, 다층 용접일 경우에는 상당한 온도까지 재가열 되므로 추가적인 재변태가 일어난다. 이상계 강의 특성(특히 인성)은 오스테나이트의 함량에 크게 의존하며, 오스테나이트계 스테인레스강 보다 열전도도가 높기 때문에 용접 후 냉각 속도가 빠르다. 오스테나이트의 재변태 정도는 냉각 속도와 밀접한 관계가 있다. 즉 용접부에서의 급속한 열손실 및 용접 입열량이 적을 때의 빠른 냉각 속도는 오스테나이트의 재변태를 억제한다. 대부분의 이상계 스테인레스강의 화학 성분은 페라이트와 오스테나이트의 비를 50 : 50 으로 하기 위해 오스테나이트의 분율 증가를

위하여 오스테나이트 안정화 원소를 조정하고 있다. 이러한 관점에서 N는 중요한 첨가 원소이다. 오스테나이트가 많은 경우에는 냉각 시에 오스테나이트의 재변태를 촉진 시킨다. 페라이트 분율이 70 : 30 정도로 높은 경우에는 다음의 현상이 예상된다.

- 결정립 성장이 용이한 고온 페라이트 조직을 다량 형성한다.
- 냉각 시에 오스테나이트의 재변태를 억제하여 다량의 페라이트 조직이 잔류한다.

일부 강종은 500 ～ 880℃ 온도 구간에서 Cr탄화물이 석출하는 경향을 보이며, 이러한 현상은 C함량이 높거나 Cr함량이 낮은 강종에서는 내식성에 큰 영향을 미친다. 그러나 대부분의 강종은 0.03%이하의 C와 22%이상의 Cr을 함유하기 때문에 내식성의 열화가 효과적으로 억제되고 있다.

따라서 용접 열 Cycle은 매우 중요하다. 용접 조건 설정은 기계적 성질 특히 인성에 미치는 오스테나이트 함량의 영향이 크기 때문에 오스테나이트의 재형성에 목표를 두고 있다. 낮은 용접 입열이나 열 손실로 인하여 일어나는 용접부의 급냉은 오스테나이트의 재형성을 방해한다. 따라서 이러한 현상의 방지를 위해서는 다른 스테인레스강에 비하여 큰 용접 입열량을 부여하는 것이 좋다. 그러나 과다한 입열은 다음과 같은 악 영향을 초래할 수 있다.

- 페라이트와 오스테나이트의 비가 높은 강종들은 페라이트의 결정립이 커진다.
- C함량이 높은 경우는 탄화물이 석출한다.

따라서 용접 시의 목표는 냉각 시 재형성되는 오스테나이트의 양을 극대화하는 것이다. 강중의 페라이트 분율이 높을수록 오스테나이트의 재형성이 곤란하므로 근래의 제강 업자들은 50 : 50의 상분율을 선호하는 경향이 있다. 기계적 성질, 특히 인성은 얼마나 많은 양의 오스테나이트를 확보하는가에 의존되므로 다른 스테인레스강의 용접과 비교할 때, 이상계 스테인레스강은 입열량 및 층간 온도를 높게 한다. 반면에 과도한 용접 입열량과 냉각 속도의 저하는 페라이트 결정립 성장 및 탄화물의 석출을 조장하여 취성 증가 및 내식성 저하의 부작용을 가져올 수 있다. 따라서 이들 두 인자의 균형있는 제어가 필요하므로, 각 등급 및 두께에 따른 적정 용접 조건을 선정하여야 한다. 이상계 스테인레스강은 비교적 낮은 열팽창 계수 때문에 오스테나이트계 스테인레스강보다 용접부의 잔류 응력이 낮게 형성되는 특징이 있다. 용접 방법은 피복아크용접, GMAW, GTAW, SAW 등이 모두 사용 가능하다. 용접 재료는 일반적으로 추천되는 것은 없고 강재 제조사에서 용접 금속의 결정구조를 최적으로 형성할 수 있도록 화학 조성을 설계하여 특별히 개발한 용접 재료를 사용하는 것이 바람직하며, 공급자가 다른 용접 재료를 사용할 때에는 각별한 주의를 요한다. 일반적으로 오스테나이트계 스테인레스강용 용접 재료는 적합하지 않다.

5.9 용접 결함 원인 및 그 대책

5.9.1 SMAW에서 결함 원인 및 대책

용접 결함	원 인	대 책
(1) 용입 부족	① 개선 각도가 좁을 때 ② 용접 속도가 너무 빠를 때 ③ 용접 전류가 낮을 때	① 개선 각도를 크게 하든가, 루트 간격을 넓힌다. 또, 각도에 맞는 봉경을 선택한다. ② 용접 속도를 늦춘다. ③ 슬래그의 포피성을 해치지 않을 정도까지 전류를 올린다. 용접봉의 유지 각도를 수직에 가깝게 하고, 아크 길이를 짧게 유지한다.
(2) 언더컷	① 용접 전류가 너무 높을 때 ② 용접봉의 유지 각도가 부적당할 때 ③ 용접 속도가 빠를 때 ④ 아크 길이가 너무 길 때 ⑥ 용접봉의 선택이 부적당할 때	① 용접 전류를 낮춘다. ② 유지 각도가 적절한 운봉을 한다. ③ 용접 속도를 늦춘다. ④ 아크 길이를 짧게 유지한다. ⑥ 용접 조건에 적합한 용접봉 및 봉경을 사용한다.
(3) 오버랩	① 용접 잔류가 너무 낮을 때 ② 용접 속도가 너무 느릴 때 ③ 부적당한 용접봉을 사용 할 때	① 용접 전류로 조정한다. ② 용접 속도를 빠르게 한다. ③ 용접 조건에 적합한 용접봉 및 봉경을 사용한다.
(4) 비드 외관 불량	① 용접 전류가 과대하거나 낮을 때 ② 용접 속도가 부적당하여 슬래그의 포피가 나쁠 때 ③ 용접부가 과열될 때 ④ 용접봉의 선택이 부적당할 때	① 적정 전류로 조정한다. ② 적당한 용접 속도로 일정한 운봉을 행하여 슬래그의 포피성을 좋게 한다. ③ 용접부의 과열을 피한다. ④ 용접 조건, 모재와 판두께에 적당한 용접봉 및 봉경을 사용한다.
(5) 슬래그 혼입	① 전층의 슬래그 제거의 불완전 ② 용접 속도가 너무 느려 슬래그가 선행 할 때 ③ 개선 형상이 불량할 때	① 전층의 슬래그는 완전히 제거한다. ② 용접 전류를 약간 높게 하고, 용접 속도를 적절히 하여 슬래그의 선행을 피한다. ③ 루트 간격을 넓혀서 용접 조작이 쉽도록 개선한다.

용접 결함	원 인	대 책
(6) 저온 균열	① 모재의 합금 원소가 높을 때 ② 이음부의 구속이 클 때 ③ 용접부가 급랭될 때 ④ 용접봉이 흡습될 때	① 예열을 한다. 저수소계 용접봉을 사용한다. ② 예열, 저수소계 용접봉의 사용 용접 순서를 검토한다. ③ 예열 또는 후열을 시행하고, 저수소계 용접봉을 사용한다. ④ 적정한 온도에서 충분히 건조한다.
(7) 용착	① 개선 형상이 부적당할 때 ② 용접 전류가 너무 높을 때 ③ 용접 속도가 너무 느릴 때 ④ 모재가 과열될 때 ⑤ 아크 길이를 길게 할 때	① 루트 간격을 좁게 한다. ② 용접 전류를 낮게 한다. ③ 용접 속도를 빠르게 한다. ④ 용접부의 과열을 피한다. ⑤ 아크 길이를 짧게 한다.
(8) 변형	① 용접부의 설계가 부적당할 때 ② 이음부가 과열될 때 ③ 용접 속도가 너무 늦을 때 ④ 용접 순서가 부적당할 때 ⑤ 구속이 불완전할 때	① 미리 팽창, 수축력을 고려하여 설계한다. ② 낮은 전류를 사용하고 용입이 적은 용접봉을 사용한다. ③ 용접 속도를 빠르게 한다. ④ 용접 순서를 검토한다. ⑤ 치구 등을 이용하여 충분히 구속한다.(단, 균열에 주의한다.)
(9) 피트	① 용접봉이 흡습되어 있을 때 ② 이음부에 불순물이 부착되어 있을 때 ③ 봉이 가열되었을 때 ④ 모재의 유황이 높을 때 ⑤ 모재의 탄소, 망간이 높을 때	① 적정한 온도에서 충분히 건조한다. ② 이음부의 녹, 기름, 페인트 등을 제거한다. ③ 용접 전류를 낮추어 봉 가열을 피한다. ④ 저수소계 용접봉을 사용한다. ⑤ 염기도가 높은 용접봉을 사용한다.
(10) 블로홀	① 과대 전류를 사용했을 때 ② 아크 길이가 너무 길 때 ③ 이음부에 불순물이 부착되어 있을 때 ④ 용접봉이 흡습되었을 때 ⑤ 용접부의 냉각 속도가 빠를 때 ⑥ 모재의 유황 함유량이 높을 때 ⑦ 용접봉의 선택이 부적당할 때 ⑧ 아크 스타트가 부적당할 때	① 적정 전류를 사용한다. ② 아크 길이를 짧게 유지한다. ③ 이음부의 녹, 기름, 페인트 등을 제거한다. ④ 적정한 온도에서 충분히 건조한다. ⑤ 위빙, 예열 등에 따라 냉각 속도를 늦게 한다. ⑥ 저수소계 용접봉을 사용한다. ⑦ 블로홀의 발생이 적은 용접봉을 사용한다. ⑧ 사금법, 백스텝 운봉을 한다.
(11) 고온 균열	① 이음부의 구속이 클 때 ② 모재의 유황 함유량이 높을 때 ③ 루트 간격이 넓을 때	① 저수소계 용접봉을 사용한다. ② 저수소계 용접봉이나 망간을 많이 함유하고, 탄소, 규소, 유황, 인이 적은 용접봉을 사용한다. ③ 루트간격을 좁게 하고, 두께가 큰 비드를 만들어 크레이터 처리를 행한다.

5.9.2 FCAW에서 결함 원인 및 대책.

용접 결함	원 인	대 책
(1) 아크 불안정	① 와이어가 엉켜 있을 때 ② Wire Reel의 회전이 원활하지 못할 때 ③ 송급 롤러의 홈이 마모되어 있을 때 ④ 가압 롤러의 미는 힘이 부족할 때 ⑤ Conduit Cable 내의 저항이 클 때 ⑥ Conduit Tip이 마모되어 있을 때 ⑦ Contact Tip이 마모되어 있을 때 ⑧ 용접 원인의 일차 전압이 과도하게 변동할 때 ⑨ 어스 접속이 부적당할 때 ⑩ Tip과 모재간 거리가 길 때 ⑪ 용접 전압, 전류가 부적절할 때	와이어의 엉킴을 바로 한다 Reel의 회전을 원활하게 한다(주유 등) 송급 롤러를 교환, 특히 Flux Cored Wire의 경우 마모가 심하다. 가압 롤러의 미는 힘을 적당히 한다. Conduct Cable의 굴곡이 심할 시는 굴곡을 적게 하고, 또 Conduit Cable 내부 청소와 윤활제의 공급도 시행한다. 와이어 경에 적당한 Tip을 사용한다. Contact Tip을 교환한다. 전원 트랜스 용량을 크게 하여 전압의 변동을 억제한다. 어스를 완전하게 한다(모재의 녹, 페인트, 기름은 어스 접속을 나쁘게 한다) 대개 사용 심선경의 약 10배 정도가 적정하다. 와이어 경에 맞는 적정 조건을 선택한다.
(2) 자기불림 (Arc blow)	① 가늘고 긴 모재의 경우 한쪽 끝만 어스를 할 때 ② 어스의 한 모재부에 Scale, Paint류가 부착되어 있을 때 ③ Tab 판의 취부 면적이 불충분할 때 ④ 어스 케이블이 코일상으로 되어 있을 때 ⑤ 원주 용접의 경우 어스 케이블의 피용접 물의 주위에 여러 바퀴 감겨져 있을 때 ⑥ 어스에 가까운 방향으로 용접할 때	어스를 양끝에 한다. Scale, Paint류가 부착되지 않게 한다. Tab 판의 취부 면적을 충분히 한다. 코일상으로 되지 않게 한다. 어스 케이블을 감기지 않게 한다. 어스에서 멀어지는 방향으로 용접한다.
(3) 스팻터 발생	① 모재에 녹아 많이 나 있을 때 ② 토치 각도가 부적당할 때 ③ 전류가 너무 높을 때 ④ 아크 길이가 너무 길 때(용접 전류에 비하여) ⑤ 자기 불림이 있을 때	모재의 녹을 제거한다. 토치 각도를 바로 잡는다. 적정 전류를 사용한다. 아크 길이를 적당히 한다 어스 위치를 바꾸던지 Tab판을 붙인다.
(4) 용락(Burn - Through)	① 이음 홈의 Gap이 넓을 때 ② 전류가 너무 높을 때 ③ 용접 속도가 느릴 때 ④ 운봉 폭이 좁을 때 ⑤ 자기 불림이 있을 때	이음홈 Gap을 줄인다. 적정한 전류가 되도록 내린다. 용접 속도를 느리게 한다. 운봉 폭을 넓게 한다. 어스 위치를 바꾸던지 Tab판을 붙인다.
(5) 비드 외관 불량	① Conduit Tube의 굽힘이 심할 때 ② Contact Tip의 마모가 심할 때 ③ 와이어 돌출 길이가 길 때 ④ 용접 조건이 부적당할 때 ⑤ 모재가 과열될 때	굽힘을 적게 한다. 새로운 Tip으로 교환한다. 와이어 돌출 길이를 짧게 한다. 전류, 전압, 속도를 적절히 한다. 층간 온도를 낮게한다.

용접 결함	원 인	대 책
(6) 비드Toe부 불균일	① Contact Tip의 마모가 심하여 와이어가 흔들릴 때 ② 토치 조작이 미숙할 때	새로운 Tip으로 교환한다. 토치 조작을 숙련한다.
(7) 비드 처짐	① 와이어의 선택이 부적당할 때 ② 토치 겨냥 방향이 부적당할 때 ③ 전류, 전압이 부적당할 때 ④ 주행 속도가 너무 늦을 때	와이어 적부를 검토한다. 토치 겨냥 각도 및 방향 조정 적정 전류, 전압으로 조정한다. 주행 속도를 빠르게 한다.
(8) 비드 사행(비드)	① 와이어 Helix가 불량할 때 ② Reel의 취부가 부적당할 때 ③ 와이어 돌출 길이가 길 때 ④ Contact Tip의 마모가 심할 때 ⑤ Tip선단과 모재간의 거리가 너무 길 때	와이어를 교체 한다. 와이어가 똑바르게 와이어 가이드에 들어 가도록 취부한다. 교정기 나사를 조정하여 롤러가 와이어를 알맞게 밀어줄 수 있도록 한다. Tip을 교체한다. 와이어 경의 10배 이상 15배 이하로 한다.
(9) Overlap	① 와이어 겨냥 위치가 나쁠 때(특히 Horizontal Fillet의 경우) ② 용접 전류에 대하여 아크 전압이 너무 낮을 때 ③ 주행 속도가 늦을 때	겨냥 위치를 바르게 한다. 아크 전압을 높인다. 주행 속도를 빠르게 한다.
(10) Undercut	① 어스의 연결 위치가 나쁠 때 ② 겨냥 위치가 나쁠 때 (특히 Horizonta Fillet의 경우) ③ 전류가 너무 높을 때 ④ 전압이 너무 높을 때 ⑤ 용접 속도가 너무 빠를 때 ⑥ 상향에서 Weaving 조작이 나쁠 때	용접의 시작점에 어스한다. 겨냥 위치를 바르게 한다. 적정 전류를 사용한다. 아크 전압을 적정하게 한다. 용접 속도를 적당하게 한다. Weaving 조작을 단련한다.
(11) 용입 부족	① 이음홈이 부적당할 때 ② 아크 길이가 너무 길 때 ③ 저전류, 저속도로 용접할 때 ④ 다층 용접시의 비드 형상이 불량할 때	이음 홈을 교정한다. 아크 길이를 적당히 조정한다. 적절한 전류와 속도로 한다. 운봉과 겨냥 위치를 조정한다.
(12) 슬래그 혼입(Slag Inclusion)	① 용접이 전진 방향일 때(후진 방향 용접보다 슬래그 선행의 가능성이 높음) ② 모재가 밑으로 경사져 슬래그가 선행할 때 ③ 저전류, 저속도로 용착량이 너무 많을 때 ④ 전층의 슬래그가 불완전하게 제거될 때	후진 방향으로 용접한다. 경사를 없게 한다. 용접 속도를 적당히 한다. 슬래그를 완전 제거한다.

용접 결함	원 인	대 책
(13) 기공 (Porosity)	① 용접부에 다량의 녹, 기름이 묻어 있을 때	용접부를 깨끗이 한다.
	② 와이어에 기름이 묻어 있을 때 (녹이 슬었다든지 혹은 흡습 했다든지 할 때)	교정용 롤러 등 와이어 통로의 기름을 제거, 와이어 취급에 주의한다.
	③ 송급 가스에 공기가 혼입되어 있을 때	가스 Tube 연결부에 구멍이 있는지 점검한다.
	④ 탄산 가스 흡습되어 있을 때	용접용 가스를 사용한다.
	⑤ 노즐의 경이 너무 작을 때	노즐의 경을 적당한 것으로 바꿈, (사용 전류 〈 노즐경(mm)20)
	⑥ 노즐과 모재의 길이가 너무 길 때	통상 6~15mm(단락 이행일 때)로 한다. 사용전류, 노즐경에 따라 조정한다.
	⑦ 노즐에 Spatter가 부착되어 있을 때	노즐에 부착된 Spatter를 제거한다.
	⑧ 송급 가스가 흐르지 않을 때	봄베의 가스가 충만되어 있는지, 밸브는 열려 있는지 점검한다.
	⑨ 강풍으로 인한 차폐 효과가 충분치 못할 때	풍속 2m/sec이상의 장소에서는 바람막이를 설치 하도록 한다.
	⑩ 아크가 너무 길어질 때	전압을 낮게 한다.
	⑪ 가접용 량 불량, 가접 용접 재료의 선택, 후처리가 부적정할 때	가접을 충분히 하고, 가접 용접 재료의 선택과 후처리를 정확히 한다.
(14) 균열 (Crack)	① 모재의 탄소, 기타 합금 원소의 함유량이 높을 때(열영향부의 균열)	예열을 시행한다.
	② 이음 홈 각도가 작을 때	이음홈 각도를 크게 한다.
	③ 순도가 나쁜(수분많은) 가스를 사용할 때	용접용 가스를 사용한다.
	④ 용접 조건이 부적당할 때 　전류가 높고, 전압이 낮다. 　용접 속도가 빠르다.	적정 조건으로 한다. 전압을 조금 높이고, 전류를 낮춘다. 용접 속도를 느리게 한다.
	⑤ Crater에서 아크를 급히 끊을 때	Crater처리를 시행한다.
	⑥ 다층 용접의 초층 비드가 너무 작을 때	용접 조건을 바꾸어 비드를 크게 한다.
	⑦ 용접 순서 불량에 의한 응력이 집중될 때	용접 순서를 바르게 한다.
	⑧ Back Strip의 밀착이 나빠 노치 형성에 의한 응력 집중이 될 때	Back Strip의 밀착을 좋게 한다.
(15) 기계적 성질 부족	① 대전류, 저속도 용접이 될 때	전류 속도를 적절히 하여 입열을 내린다.
	② 연속 용접에 의해 과열이 될 때	패스간 온도를 낮게 한다.
	③ 모재에 대한 와이어 선정이 부적당할 때	적당한 와이어를 낮게 한다.
	④ 차폐 가스가 불충분할 때	차폐 가스를 충분히 하여 바람의 영향을 제거한다.

5.9.3 SAW에서 결함 원인 및 대책.

용접 결함	원 인	대 책
(1) 용락	① 이음홈 각도가 너무 클 때 ② Root면이 너무 작을 때 ③ Root Gap이 너무 클 때 ④ 용접 전류가 너무 높을 때	저전류 용접을 시행하던가 받침대 또는 Backing재 사용을 검토하던가 또는 이음홈 가공을 재검토 한다. E4301 이나 E4316등으로 용락 방지 용접을 한다. 덧살 부족, 용입 불량이 안될 정도로 전류를 낮춘다.
(2) 비드 표면 거침	① 플럭스 입도 선정의 오류가 있을 때 ② 플럭스 산포고가 과대할 때	전류에 맞는 것을 선정 한다. 산포고를 얇게 조정한다.
(3) Pock – Mark	① 이음홈 면에 녹, 페인트, 스케일 등의 오믈이 부착 했을 때 ② 플럭스가 흡습했을 때(Bonded Type Flux의 경우) ③ 플럭스에 이물이 혼합 되었을 때 ④ 플럭스 산포 노즐이 아크와 너무 가까울 때 ⑤ 용접 속도가 너무 빠를 때 ⑥ 전압이 너무 낮을 때 ⑦ 용접 재료가 부적당할 때	청결히 한다. 200 ~ 350℃ / 1hr. 재건조한다. 이물을 제거한다. 산포 플럭스가 아크를 교란시키지 않을 위치에 노즐을 Setting한다. 용접 속도를 늦춘다. 전압을 높인다. 탈산이 충분치 않을 경우 Si를 함유하든가 Mn량이 많은 와이어를 사용한다. 용접 조건에 적합한 입도를 사용한다.
(4) Herring Bone	① 이음홈 면의 녹, 수분, 페인트, 기름, 스케일 등의 오믈이 부착 했을 때 ② 플럭스가 흡습했을 때	청결히 한다. 200 ~ 350℃/1hr. 재건조 한다.
(5) Overlap	① 전류가 과대할 때 ② 아크 전압이 너무 낮을 때 ③ 용접 속도가 늦을 때	전류를 내린다. 아크 전압을 조정한다. 용접 속도를 빠르게 한다.
(6) Undercut	① 전극 겨냥 위치가 부적당할 때(H-fil의 경우) ② 전류.전압이 부적할 때 ③ 용접 속도가 너무 빠를 때 ④ Back Strip이 부적당할 때	전극 겨냥 위치를 조정한다. 적정 전류.전압으로 조정한다. 용접 속도를 늦춘다. Back Strip을 모재와 밀착 시킨다.
(7) 덧살 과대	① 피용접물이 수평으로 놓이지 않을 때(밑으로 쳐질 때) ② 전류가 과대할 때 ③ 아크전압이 너무 낮을 때 ④ 용접 속도가 너무 늦을 때 ⑤ Back Strip을 쓸 경우의 간격이 부족할 때	수평으로 놓는다. 적정 전류로 내린다. 아크 전압을 올린다. 용접 속도를 빠르게 한다. 간격을 넓힌다.

용접 결함	원 인	대 책
(8) 덧살 과소	① 피용접물이 위로 경사질 때 ② 전류가 너무 낮을 때 ③ 아크 전압이 너무 높을 때 ④ 용접 속도가 너무 빠를 때	수평으로 놓는다. 전류를 올린다. 아크 전압을 내린다. 용접 속도를 늦게한다.
(9) 슬래그 혼입	① 용접 시발점에서 혼입될 때(Tab 을 붙일 때 생기기 쉽다) ② 플럭스 산포고 부적당할 때 ③ 용접 방향으로 모재가 경사져 슬래그가 선행할 때 ④ 다층 용접에서 와이어가 이음홈 측면에서 너무 가까울 때 ⑤ 전류가 과소할 때 ⑥ 전압이 너무 높을 때 ⑦ 용접 속도가 너무 느려 슬래그가 선행할 때 ⑧ 다층 용접에서 전층 슬래그 제거가 불충분할 때	Tab의 두께와 이음홈 형상을 모재와 같이 한다. 노출 아크가 되지 않을 정도로 적당한 산포고(散布高)를 한다. 모재를 수평으로 놓는다. 이음홈 면과 와이어의 간격을 적어도 와이어 경 이상으로 한다. 전류를 올린다. 전압을 내리고 광폭 비드 1패스 보다 2패스로 용접한다. 용접 속도를 올린다. 슬래그 제거를 충분히 하든지 전류를 올려 슬래그를 충분히 올린다.
(10) 용입 불량	① Root 간격이 너무 벗어 났을 때 ② Root 면이 과대할 때 ③ 와이어경이 부적당할 때 ④ 플럭스 선정이 부적당할 때 ⑤ 와이어 중심선에 벗어 날 때 ⑥ 경사질 때 ⑦ 전류가 낮을 때 ⑧ 전압이 너무 높을 때 ⑨ 속도가 너무 빠를때	Root간격을 재조정 한다. 용입을 감안하여 Root면을 가공한다. 작은 쪽으로 선정한다. 적당한 플러스를 선정한다. 벗어나지 않게 한다. 바르게 한다. 전류를 높인다. 전압을 낮게한다. 적당한 속도로 내린다.
(11) 기공(Pit Blowhole)	① 이음 홈에 녹, 페인트 등의 오물이 묻었을 때 ② 플럭스가 흡습했을 때(Bonded Type Flux의 경우) ③ 오염된 플럭스를 사용할 때(Brush의 털 등의 혼입) ④ 플럭스 산포고(散布高)가 낮을 때나 너무 높을 때	Grinding, Brushing, 절삭, 화염 등으로 청결히 한다. 200 ~ 350℃/1hr. 재건조 한다. 플럭그를 회수할 때 강선재 Brush를 사용한다. 산포고(散布高)를 적절히 높인다.
(12) 균열	① 이음 홈 형상이 부적당 할 때 ② 모재의 구속이 클 때 ③ 와이어의 발청과 오염되었을 때 ④ 와이어의 플럭스 조합이 부적당할 때(모재의 탄소량이 높을 때, 황이 많을 때, 용착 금속의 망간이 감소 할 때) ⑤ 플럭스가 흡습했을 때	이음홈 각도와 폭을 넓힌다. 모재 구속재를 조정한다. 발청과 오염을 제거하든가 교체한다. 예열 및 패스간 온도를 높이고, 가열폭을 크게 한다. 후열 온도를 높이고, 후열폭을 넓힌다. 플럭스를 재건조 한다.

용접 결함	원 인	대 책
(12) 균열	⑥ 플럭스에 이물이 혼입했을 때 ⑦ 예열. 패스간 온도와 후열 처리가 　불충분할 때 ⑧ 부적당한 비드 형상(비드 폭에 대해 　높이가 과대할 때(배씨앗형 비드의 　수축에 의한 균열, 배씨앗형 균열) ⑨ 용접부의 급랭에 의한 열영향부 경화가 　일어날 때 ⑩ 다층 용접의 경우 제 1층의 비드가 　견디지 못할 때 ⑪ 냉각법이 부적당할 때	플럭스의 이물을 제거한다 예열 및 패스간 온도를 높이고, 가열폭을 크게한다. 후열 온도를 높이고 후열 폭을 넓힌다. 비드 폭과 높이의 비가 1 :1.5이하가 되도록 하고, 전류를 내리고 아크 전압을 올린다. 모재를 예열한다. 용접 전류를 증가한다. 용접 속도를 내린다 제 1층째의 비드를 크게 한다. 후열을 시행한다.

5.10 알루미늄 합금의 용접 불량

5.10.1 기공

알루미늄 합금의 용접 시 가장 큰 문제점은 기공의 발생이다. 알루미늄의 용접
부에서 발생하는 기공은 수소가 직접적인 원인임이 알려져 있다.

5.10.2 기공 발생 기구

그림 5-22는 알루미늄에 대한 수소 용해도를 나타내고 있다. 여기서 알수 있듯
이 수소의 용해도는 온도가 증가함에 따라 증가하며, 고체 상태에서 액체 상태로
변화할 때 급격하게 증가하여, 용융점에서 액상의 용해도(0.7cc/100g)는 고상의
용해도(0.036cc/100g)에 비해 약 20배 크다.

따라서 용접 Arc에 의해 용해된 알루미늄이 냉각되어 응고점에 도달하면 액상
과 고상의 용해도 차이에 의해 응고된 용접 금속은 과포화 상태가 된다. 과포화
수소의 일부는 용접 금속의 표면을 통해서 대기중으로 방출되며 일부는 알루미늄
합금의 빠른 냉각 속도에 의해 용접 비드에 잔류하여 기공을 형성하게된다.

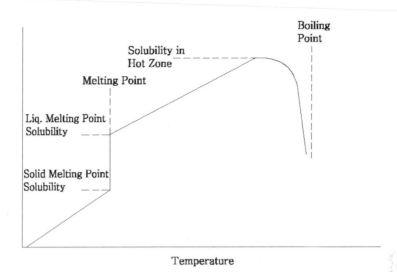

그림 5-22 알루미늄의 속도에 따른 수소 용해도 변화

5.10.3 기공 발생원과 방지 대책

가. 모재 및 용접 재료

일반적으로 모재 중에 함유된 가스량은 보통 0.2~0.3cc/100g 정도로 관리되므로 문제가 되지 않는다. 또한 용접 재료 내부에 함유된 가스량도 극히 미미하므로 기공의 발생에 영향을 주지 못한다. 그러나 모재 및 용접 재료 표면에 부착된 수분, 모재의 표면의 기름 또는 페인트등의 이물질들은 기공 발생에 무시 못할 영향을 주는 것으로 알려져 있다.

기공 발생에 미치는 용접 재료의 영향은 용접 재료의 화학 성분과 용접 재료의 표면 상태에 따라 결정된다. 그러나 상품화 되어 있는 4종류의 용접 재료를 통한 실험 결과에 의하면 용접 재료에 화학 성분이 기공의 발생에 미치는 영향은 그리 크지 않았다. 화학 성분보다는 용접 재료에 표면 상태에 따라 기공 발생 정도가 차이 나는 것으로 판단되었다. 또한 용접 재료의 보관중에 외부로 부터의 오염에 의해 용접 재료 표면 상태가 불량해질 수 있다. 모재는 일반적으로 용접전 산화 피막 제거를 하는 반면에 용접 재료는 제거하는 방법이 없다. 따라서 용접 재료는 용접 전 수분이나 수분 생성물등에 오염되지 않도록 주의 해야 하며 개봉 후에는 즉시 용접을 하거나 적당한 방법으로 보호를 해야 한다.

나. Arc 분위기 속으로 주변 공기 유입

보호 가스가 부족하거나 혹은 과대한 경우 용접 아아크 분위기 속으로 주변 공기가 유입된다. 따라서 방풍 설비, 가스 유량 증가, 적정 Arc전압 관리 등으로 Arc분위기 속으로 주변 공기가 유입되는 것을 최대한 억제해야 한다. Ar 보호 가스 경우 20 ~ 25 L/분 정도가 적당하다. 보호 가스로는 순수 Ar 대신에 Ar + He의 혼합 가스를 사용하면 같은 Arc 길이에서 용접 전압을 높일 수 있기 때문에 열의 집중이 가능하여 기공 발생을 줄일 수 있다.

다. 보호 가스의 성분

보호 가스에 함유된 수분과 수소 함량을 최소화 해야 한다. Ar 가스중의 H_2의 양은 10ppm 이하가 되어야 하며, 수중기 분포도 15mmHg 이하로 관리되어야 한다.

라. 용접 작업 환경

알루미늄 및 그 합금의 용접은 용접 작업장의 환경에 민감한 영향을 받는다. 기공 발생에 영향을 주는 환경 인자는 온도, 습도, 풍향 및 풍속 등이 있다. 대기중의 상대 습도가 높은 경우 모재 표면의 습기가 많아지게 되므로 예열(예열 온도 60℃)을 하여 표면의 습기를 제거한다. 예열 온도는 모재의 두께에 따라 달라지나 일반적으로 200℃ 이하로 10분 이상 초과하지 않아야 하며, 시효 경화 합금의 경우 150℃이하로 유지하여야 한다. 일반적으로 대기 중의 상대 습도가 높아지면 용접부의 기공 발생량이 증가하며, 특히 80%이상의 상대 습도일 때 기공 발생량이 급격히 증가한다.

마. 용접 조건

기공 발생에 영향을 주는 용접 조건은 용접 입열량, 최고 온도 및 냉각 속도 등이며 이들은 서로 상관 관계를 갖고 있다. 따라서 하나의 변수가 바뀌게 되면 다른 요인들이 함께 변화한다. 이들 중에서 기공 발생에 직접적인 영향을 주는 인자는 냉각 속도이며 이는 용접 전류, 용접 전압, 용접 속도, 예열 온도와 모재의 두께 등에 의해 결정된다. 즉 용접 전류, 용접 전압 및 예열 온도가 증가하면 냉각 속도는 느려지고, 용접 속도와 모재 두께가 증가하면 냉각 속도는 빨라진다.

5.10.4 용접 균열

알루미늄 합금에서 용접 시 발생하는 균열은 기공과 함께 가장 큰 문제이다. 알루미늄 합금의 용접부에서 발생하는 대부분의 균열은 고상선 근방이나 그 이상의 온도에서 발생하는 고온 균열로서 용융부와 열영향부에서 발생하며 100% 입계 균열(Intragranular Crack)이다. 인성 저하 균열도 용융부와 열영향부에서 발생하며 대부분 입계 균열이지만 가끔 입간 균열 형태를 보여 줄 경우도 있다. 고온 균열의 발생 기구에 대한 여러 가지 학설이 있으나 공통적인 것은 고상선 부근에서 결정립사이의 액상이 소량으로 되는 시기에 균열이 생성되는 것이다. 용융부위 온도가 액상선을 지나면 수지상정이 생성되고 온도가 내려가면서 수지 상정은 성장한다. 고상선에 가까워지면 액체의 양은 감소하게 되고 이런 액체가 수지상 사이에서 액막으로 존재하는 단계에 이르게 된다. 이 때 주어진 응력이 낮을 지라도 주상정 사이의 좁은 구간에서는 높은 응력이 적용되어 균열이 발생하게 된다.

알루미늄 합금은 큰 열팽창 계수를 가지므로 응고 시 수축량이 많아 수축 변형량이 크다. 또 한 다층 용접 시에도 선행된 용착 금속의 가장자리 부위가 후행하는 용착 패스의 용접열에 의해 결정입계나 저 융점의 개재물이 용해되어 액상막을 형성하여 고온 균열이 발생하게 된다.

용접 균열에 가장 크게 영향을 미치는 것은 모재와 용접 재료의 화학 성분이다. 합금 성분과 합금 양에 따라 알루미늄 합금의 용접 균열 감수성은 그림 5-23과 같다.

일반적으로 결정립이 미세할수록 균열 감수성이 낮아지는데 결정립이 작을수록 액막에 미치는 수축응력이 낮아지기 때문이다. 결정립 미세화제인 Ti, Zr, Ti + B이 첨가되면 균열 감수성이 낮아진다.

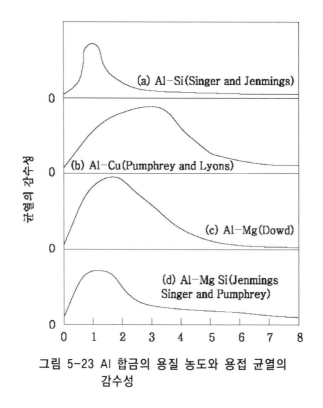

그림 5-23 Al 합금의 용질 농도와 용접 균열의
감수성

5.10.5 불충분한 용입(Lack of Fusion)

용접도중 용융물이 선행하거나, Spatter위나 불충분한 Cleaning 후에 용접하게
되면 불충분한 용융이 나타날 수 있다, 용합 불량은 박판에서는 문제되지 않으나
후판의 다층 용접 시 산화 피막과 이물질 들이 충분히 제거되지 않으면 불출분한
용융 불량이 일어날 수 있다.

5.10.6 Inclusion 혼입

산화물은 일반적으로 보호 가스가 부족하거나, 보호 가스의 와류에 따른 외부
공기의 혼입 등에서 발생할 수 있다. 매우 큰 크기의 Inclusion은 용융 Pool의 교
반에 의해서 발생할 수 있다. 용접 도중 가끔 구리 Inclusion도 발견되는데 이는
용융 Pool에 용접 Tip이 접촉하여 발생할 수 있다. I-Groove에서는 초층에서
Cleaning 효과의 부족 때문에 산화물 혼합물이 발견될 수 있다.

제6장 ASME SECTION IX: 번역

서문

1991년에 스팀보일러와 압력용기를 제작하기 위한 규정을 만들기 위하여 미국기계학회는 보일러 및 압력용기 위원회를 설립했다. 2009년에 보일러 및 압력용기 위원회는 아래와 같이 변경되었다.

(a) 파워 보일러 위원회(I)

(b) 재질 위원회(II)

(c) 원자력설비 부품 위원회(III)

(d) 가열보일러 위원회(IV)

(e) 비파괴검사 위원회(V)

(f) 압력용기 위원회(VIII)

(g) 용접, 납땜, 용융위원회(IX)

(h) 섬유강화플라스틱(FRP) 압력용기 위원회(X)

(i) 원자력 가동중검사 위원회(XI)

(j) 운반용 탱크 위원회(XII)

(k) 기술 관리 감독 위원회(TOMC)

상기에서 "위원회"는 개별적인 것이나 집단적인 것 다 포함된다.

이 위원회의 기능은 압력의 건전성만 보장하는 안전규정을 설립하는 것인데, 이 규정은 보일러, 압력용기, 운반용 탱크, 원자력 부품의 제조나, 원자력이나 운반용 탱크의 가동 중 검사에 적용된다. 위원회는 또한 규정에 대하여 질문이 있을 때 해석을 해 준다. 이 코드의 일 부분에 대한 기술적인 일관성이나 위원회의 표준 개발 활동에 관한 조정 사항은 기술 관리 감독 위원회가 안내 하거나 지원한다. 이 규정은 보일러,

압력용기, 운반용 탱크, 원자력 부품의 건설 혹은 운반용 탱크와 원자력부품의 가동 중 검사에 대한 다른 안전에 관한 사항(압력의 건전성에 관한 사항 이 외의 사항)은 취급하지 않는다. 이 코드의 사용자는 압력의 건전성에 관한 것 외에 안전에 관한 문제를 위하여 다른 적절한 코드, 표준, 법규, 규정, 관련 서류를 참고해야 한다. 코드 제IX, XII권 및 약간의 다른 예외 조항을 제외하고, 이 법규는 외부 운전 환경이나 특정 사용 유체에 대하여 사용 중에 오염 가능성 및 그 결과는 현실적인 필요 때문에 반영하지 않는다. 법규를 만들 때 위원회는 압력용기의 사용자, 제작자, 검사관의 요구사항을 고려한다. 이 법규의 목적은 생명과 재산에 대하여 적절한 보호를 해 주고 운전 중에 오염에 대한 여유를 부여하여 타당성 있게 길고 안전한 사용 기간을 제공해 주는데 있다. 설계나 재질 그리고 경험적인 증거에 의하여 개선된 것도 포함되어 있다.

이 코드는 강제 요건, 특정한 금지사항 그리고 건설과정과 운전 중 검사와 시험 행위의 비 강제 지침이 포함된다. 이 코드는 어떠한 행위의 모든 측면을 언급하지는 않는다. 그리고 특별히 언급되지 않은 행위가 적용 금지되었다고 생각해서는 안 된다. 이 코드는 편람이 아니며 교육, 경험, 공학적 판단으로 대치할 수 없다. 공학적 판단이란 구절은 코드를 응용한 경험을 가진 정통한 엔지니어가 기술적으로 판단을 한다는 것이다. 기술적으로 판단 한다는 것은 코드의 개념과 일치 하여야 하며 그 판단이 코드의 특정한 금지 사항이나 강제 요건을 결코 무시하지 않아야 된다.

위원회는 설계나 분석 시에 사용된 도구나 기법이, 기술이 진보되어 공학도가 이러한 도구를 응용함에 있어서 좋은 판례로 사용함으로써, 변경될 것이라고 알고 있다. 설계자는 코드의 규정에 따르고 또 코드의 방정식이 강제성이 있는 경우 방정식을 준수했다는 것을 보여 줄 책임이 있다. 이 코드는 코드의 요건에 따라서 제작되는 요소를 분석하거나 설계를 하기 위하여 컴퓨터를 사용하는 것을 금지하거나 요구하지도 않는다. 그러나 설계나 분석을 하기 위하여 컴퓨터를 사용하는 설계자나 공학도는 그들이 사용하는 프로그램이나 설계에 사용하는 프로그램을 응용하는데 있어서 내제된 모든 기술적인 가정에 대하여 책임이 있음을 유의해야 된다.

위원회가 정한 규정이 어떤 재산이나 특정한 설계를 승인, 추천, 혹은 보증한다고 해석되지 않으며 제작자가 코드의 규정에 따른 어떤 제작양식이나 설계 방식을 선택할 자유를 어떤 식으로든지 제한하는 것으로 해석되지 않는다.

위원회는 일반 코드의 법규, 기술발전에서 오는 새로운 법규, 코드사례, 해석 요청에 따른 변경을 제고하기 위하여 정기적으로 만난다. 이 경우 단지 위원회는 코드의 공식적인 해석을 제공할 권한이 있다. 변경 요청, 새로운 법규, 코드사례 혹은 해석은 서면으로 사무국에 전달되며 고려사항이나 조치를 받기 위하여 전체 상세를 전달해야 한다. {보일러 및 압력용기 표준 위원회에 전달되는 기술적인 문의사항을 보라} 질문에 따른 제안된 코드의 변경 사항은 적절한 조치를 위하여 위원회에 제출한다. 위원회의 무기명 투표와 미국기계확회의 승인이 확인된 후에야 조치가 이루어 진다. 제안된 코드 변경이 위원회에서 승인되면 ANSI에 제출되고 모든 관련된 사람으로부터 지적을 받기 위하여http://go.asme.org/BPVCPulblicReview에 게재된다. 미국기계확회의 최종 승인과 공개 검토가 된 후 변경 사항은 코드의 정기적인 판으로 발매된다.

위원회는 어느 부품(요소)이 코드의 조항대로 제작해야 되거나 그렇지 안아도 된다고 판결하지 않는다. 각 권의 범위는 코드의 법규를 만들 때 위원회가 고려하는 요소와 변수를 일치하기 위하여 만들었다.

코드의 법규에 있는 특정한 요소를 준수하는지에 대한 질문이나 쟁점은 미국기계학회 인증업체{제작자}에 직접 전달된다. 코드의 해석에 관한 질문은 직접 위원회에 전달되어야 한다. 미국기계학회 인증마크의 부적절한 사용에 대한 질문이 있다면 미국기계확회에 알려야 한다.

각 권의 전.후 맥락에서 요구되는 경우 단수형이 복수형으로 해석되어야 하며, 그 반대도 동일하며, 여성스러운, 남성스러운 혹은 중성스러운 표현이 있다면 각기 다른 적절한 성별로 간주해야 한다.

PART QG 일반 요건

QG-100 범위

(a) 본 IX권은 미국기계확회의 보일러 및 압력용기코드, 압력배관 ANSI B31.3, 및 다른 코드, 표준, 및 본 IX권에서 언급한 시방서의 법규에 따라서 부품들을 제작할 때 사용되는 용접, 납땜, 용융용접기 조작 시에 참여하는 용접사, 용접기조작자, 납땜사, 납땜기조작자, 플라스틱 용융용접기 조작자, 및 재질 접합법의 검정 요건을 포함한다. 이권은 네 부분으로 나눈다.

(1) Part QG는 재질접합법의 일반 요건을 포함한다.

(2) Part QW는 용접 요건을 포함한다.

(3) Part QB는 납땜 요건을 포함한다.

(4) Part QF는 프라스틱 용융의 요건을 포함한다.

(b) 참조된 코드, 표준 혹은 시방서가 이 권에서 언급한 사항과 다른 요건을 포함하면, 그 참조된 코드, 표준 혹은 시방서의 요건이 이 권에서 언급한 요건보다 우선이다.

(c) 재질 접합 법에 관한 좀 더 일반적인 용어가 QG-109에 언급되어 있다. "배관"이라는 단어가 사용되면 "튜브"도 역시 적용된다.

(d) 이 IX권의 새로운 판이 발행 날짜로부터 바로 사용될 수 있지만 발행 후 6개월 후에 강제로 새로운 판이 적용된다.

(e) 코드 사례는 기계학회 승인 날짜로부터 허용되고 사용할 수 있다. 이 권에 특별히 적용된다고 확인된 코드 사례만 사용할 수 있다. 코드 사례가 적용되는 경우 가장 최근의 변경 사항만 적용할 수 있다. 이 권에 이미 포함되었거나 폐기된 코드 사례는, 참조된 코드에서 허용하지 않는 한 새로운 자격 검정에 사용해서는 안 된다. 코드 사례의 조항으로 검정된 자격은 코드 사례가 폐기된 후에도 유효하다. 코드 사례의 일련 번호는 검정 기록서에 표시해 두어야 한다.

QG-101 절차 시방서

절차 시방서는 재질 접합법에 응시할 사람에게 지시 사항을 제공해 주는 서면으로 된 서류다. 용접절차 시방서(WPS), 납땜절차 시방서(BPS), 용융절차 시방서(FPS)의 준비나 자격 검정의 상세 사항은 각 해당 Part에 기술되어 있다. 재질 접합법의 운전 통제에 책임이 있는 조직(QG-109.2를 보라)이 사용하는 절차 시방서는 그 조직이 자격 검정해야 하거나 접합법에 사용되는 해당 Part의 법규에 따라서 합격한 표준 절차 시방서 이어야 한다.

절차 시방서는 재질 접합법이 완성되는 조건(필요 시 범위 포함)을 기록한다. 이 조건을 이 권에서는 "변수"라고 기술한다. 절차 시방서를 조직이 준비할 때, 최소한 제작에 사용할 재질 접합법이 적용되는 특정한 필수 변수나 비 필수 변수를 기록해야 한다. 참조되는 코드, 표준, 혹은 시방서가 재질 접합 절차서에 파괴인성 검정을 요구하는 경우에 적용되는 보조 필수 변수를 절차 시방서에 또한 명시해야 한다.

이 권의 법규에 따라서 자격 부여되어 서면으로 표기된 절차 시방서나 이 권의 법규에 따라서 사용할 절차 시방서로 자격 검정된 사람은 미국기계학회 보일러 및 압력용기 코드나 ASME B31.3의 압력 배관 코드의 요건에 따라서 부품을 제작하는데 사용할 수 있다.

그러나 코드의 다른 권에서 본 IX권의 요건이 강제 조항이라고 언급한다면, 전체 혹은 부분적으로 추가적인 요건을 적용할 수 있다. 독자가 본 권을 사용할 때 이런 조항을 고려해 줄 것은 권고한다.

QG-102 절차 검정 기록

절차 시방서의 검정 목적은 의도된 부분의 제작에 권장되는 접합법이 필요한 기계적 성질을 가지는지 시험해 보는 것이다. 절차 시방서의 자격 검정은 접합법을 사용하여 만든 부위에 대하여 기계적인 성질을 시험해 보는 것이지 접합법을 수행하는 사람의 숙련도를 나타내는 것은 아니다.

절차 검정 기록(PQR)은 절차 검정 시편을 제작하는 동안 일어난 사항과 그 시편 시험 결과를 서류화 한 것이다. 최소한 절차 검정 기록은 시험 부위를 제작할 때 적용되는 필수 절차 검정 시험 변수와 필요한 시험의 결과를 기록해야 한다. 충격 시험이 절차 시방서 자격에 요구되는 경우 적용되는 추가 필수 변수를 각 용접법에 기록해야 한다. 조직은 서명하거나 조직의 품질관리제도에 기술된 다른 방법으로 자격 검정 기록을 보증할 수 있다. 절차 검정 기록은 공인 검사관이 볼 수 있어야 한다. 절차 시방서(WPS)는 한 개 이상의 절자 검정 기록(PQR)으로 입증할 수 있고, 한 개의 절차 검정 기록(PQR)은 한 개 이상의 절차 시방서(WPS) 입증할 수 있다.

QG-103 기능 검정

접합법을 사용할 사람을 검정하는 목적은 그 사람이 절차 시방서를 사용하면 건전한 부위를

제작할 수 있는 능력이 있다는 것을 보여주는 것이다.

QG-104 기능 검정 기록

기능 검정 기록은 조직의 절차 시방서에 의거 한 개 이상의 접합법을 작업하는

사람이 시편을 제작하는 동안 일어난 사항을 기록한 서류이다. 최소한 이 기록은 시편을 제작하기 위하여 사용한 각 법의 필수 변수와 자격 부여된 변수의 범위, 필요한 시험 혹은 비파괴 검사의 결과를 기록하여야 한다. 조직은 서명하거나 조직의 품질관리제도에 기술된 다른 방법으로 기능 검정 기록을 보증할 수 있으며 공인 검사관이 볼 수 있도록 하여야 한다.

QG-105 변 수

QG-105.1 필수 변수(절차서)

필수 변수는 특정한 변수에 기록되어 있듯이, 변경하면 결합 부위의 기계적인 성질(파괴 인성이 아닌)에 영향을 미친다고 생각되는 조건이다. 변수가 변경되거나 자격 부여된 범위를 벗어나는 절차 시방서를 사용하기 전에 절차 시방서는 반드시 재 자격 부여 받아야 한다. 절차 검정 기록은 변경을 입증하는 절차 검정 시험이 완료되거나, 편집 변경으로 오류의 수정이 필요할 때, 재질 접합법에 적용되는 Part의 법규가 허용된 대로 수정할 수 있다.

QG-105.2 필수 변수(기능)

필수 변수는 특정한 변수 목록에 기록되어 있듯이, 변경하면 건전한 결합 부위를 제작하는 인원의 능력에 영향을 미치는 조건이다.

QG-105.3 추가 필수 변수

추가 필수 변수는 변경하면 결합 부위, 열영향부, 모재의 인성에 영향을 주는 조건이다. 추가 필수 변수는 절차 인증이 파괴인성 시험을 요구하는 경우 추가로 필수 변수가 된다. 절차 검정에서 추가로 파괴인성 시험을 요구하지 않은 경우 추가 필수 변수는 적용되지 않는다. QW-401.1을 보라.

QG-105.4 비 필수 변수

필수 변수는 특정한 변수에 기록되어 있듯이, 변경하면 결합 부위의 기계적인 성질에 영향을 미치지 않는다고 생각되는 조건이다. QG-101의 요구처럼, 이러한 변수는 절차 시방서에 언급하지 않는다.

절차 시방서는 종전에 열거한 범위를 벗어난 비 필수 변수를 편집상 수정할 수 있으나 절차 시방서를 재 자격 부여하지는 않는다.

QG-105.5 특수 용접법 변수

특수 용접법 변수는 이 공정을 언급한 Part에서 기술된 특수 용접법에만 적용되는 조건이다. 이 용접법을 사용할 때, 특수 용접법 변수만 적용된다. 이 용접법 변수를 변경하면 절차 시방서를 재 자격 부여해야 한다.

QG-105.6 적용

특수 접합법에 사용되는 필수, 추가 필수, 비 필수, 특수 용접법 변수는 이 접합법이 언급된 Part에 기술되어 있다.

QG-106 조직의 책임

QG-106.1 절차 검정

각 조직은 이 권에 있는 코드, 표준 및 시방서의 법규에 따라서 부품을 제작할 때 사용할 절차서를 자격 부여하기 위하여 이 권에서 요구한 시험을 시행할 책임이 있다.

(a) 절차 검정을 위하여 시험을 시행하는 인원은 이 시험 부위를 제작하는 동안 자격 부여될 조직의 충분한 관리와 감독하에 있어야 한다. 절차 검정을 위하여 시험 부위를 제작하는 이 인원은 재질 접합을 위하여 직영으로 고용되거나 개인적으로 고용되어야 한다.

(b) 다른 조직의 관리 감독하에 검정 시험 부위를 제작하는 것은 허용하지 않는다. 그러나 조직이 해당 일을 총 책임 진다는 조건으로, 결합 부위의 재료를 준비, 완성된 시험 부위로부터 시험편을 준비하는 부가적인 일, 비파괴 검사나 기계 시험을 수행하기 위한 일을 조직이 부분적으로 혹은 전부 하청 계약할 수 있다.

(c) 동일 기업의 소유로 이름이 서로 다른 2개 이상의 회사를 위하여 효과적으로 운영.관리되는 절차 인정이 있다면, 관련된 회사들은 그들의 품질관리제도/품질보증 프로그램에 절차 검정에 대한 운영상 관리 사항을 기입하여야 한다. 이 경우 이 권의 모든 요구 사항이 만족되는 한, 각기 별개의 절차 검정을 필요로 하지 않는다.

QG-106.2 기능 검정

각 조직은 그들이 운영 책임이 있고 관리를 하는 인원이 수행한 재질 접합에 대하여 감독하고 관리할 책임이 있다. 조직은 코드와 표준에 있는 법규 및 이 권의 시방서에 따라서 부품을 제작할 때 사용할 각 접합법과 인원들의 검정을 자격 부여 받기 위하여 이 권이 요구하는 대로 시험을 수행하여야 한다. 이 요구 사항은 절차서를 사용하는 개인이, 합격이라고 이미 판정된 부위를 최소한의 요건으로 완성할 수 있는 역량이 있다고, 자격 부여 받는 조직이 판단 했다는 것을 확인하는 것이다. 이 책임은 다른 조직의 대표자에게 위임될 수 없다.

(a) 기능 검정을 하기 위하여 시험 부위를 제작하는 인원은 자격 부여 받을 조직의 총체적인 감독과 관리하에 시험을 해야 한다.

(b) 기능 검정 시험은 접합법이 적용되는 Part의 법규에 따라서 합격된 표준 절차 시방서나 검정된 절차 시방서에 의거 수행해야 한다. 특정한 접합법이 언급된 Part는 기능 검정 시험 시편을 제작하는 동안에 지켜야 할 절차 시방서의 조항 일부를 면제할 수 있다.

(c) 다른 조직에 의해서 관리 감독하에 접합 부위를 제작하는 것은 하락되지 않는다. 조직이 해당일을 총 책임 진다는 조건으로, 결합 부위의 재료를 준비, 완성된 시험 부위로부터 시험편을 준비하는 부가적인 일, 비파괴 검사나 기계 시험을 수행하기 위한 일을 조직이 부분적으로 혹은 전부 하청 계약할 수 있다.

(d) 기능 검정을 보는 사람이 만족한 결과를 내기 위한 기량을 보유하지 못했다고 시험을 주관하는 감독관이 판단한 경우는 언제든지 기능 검정 시험을 종료할 수 있다.

(e) 절차 검정 시편이 시험되어서 합격으로 판단된 경우, 시험 시편을 만든 사람은 적용되는 법의 기능 검정 범위 내에서, 검정된 법으로 접합하는 것을 또한 자격 부여한다.

(f) 자격 부여된 사람은 그들이 작업을 수행할 시에 구별하도록, 인증 번호, 서면 확인, 부호를 부여 받아야 한다.

(g) 동일 기업의 소유로 이름이 서로 다른 2개 이상의 회사를 위하여 효과적으로 운영.관리되는 절차 검정이 있다면, 관련된 회사들은 그들의 품질관리제도/품질보증 프로그램에 기능 검정에 대한 운영상 관리 사항을 기입하여야

한다. 이 경우 이 권의 해당되는 모든 요건이 만족 시키는 한 그 조직의 회사 내에서 일하는 사람은 재 자격 부여 받을 필요가 없다.

QG-106.3 동시 기능 검정

조직은 1~2인 이상이 동시에 재질 접합법을 집합적으로 자격 부여 받기 위하여 참여할 수 있다. 동시에 기능 자격 시험을 할 때, 각 참여 기관을 기능 검정을 책임질 직원이 접합 시험을 준비하는 동안 대표하여야 한다.

(a) 동시에 기능 검정될 시에 사용되는 절차 시방서는 참여하는 기관에서 준비하고 특별한 접합 방법을 Part에 언급하지 않는 한 모든 필수 변수는 같아야 한다. 인증되는 두께 범위는 같을 필요 없으나 시험을 완료하는데 적절해야 한다.

(b) 대안으로, 참여 기관은 한 개의 절차 시방서를 사용하는 데에 동의를 하여야 하며, 각 참여 기관은 입증 PQR을 가지고 있거나 접합 방법에 관한 Part의 표준 절차 시방서를 사용할 책임을 져야 한다. 그런데 그 표준 절차 시방서의 변수 인증 범위는 기능 검정하는 동안 사용한 것과 일치 하여야 한다. 한 개의 절차 시방서를 따를 때, 각 참여 기관은 그 절차 시방서를 검토하고 수락하여야 한다.

(c) 각 참여 기관의 대표자는 검정할 사람을 적극적으로 확인시켜야 하고 그 사람의 신분증에 관한 시험 시편에 표식을 입증하여야 한다. 그리고 시험 시편 상의 자세 방위 표식을, 시험편 제거하는 위치를 알아 내는데 필요한 것처럼, 시편의 시험 자세에 반영하는 것도 입증해야 한다.

(d) 각 참여 조직의 대표는 각 완성된 시험 시편과 시험편을 그것이 합격인지 결정하기 위하여 육안으로 검사를 시행하여야 한다. 대안으로, 육안 검사 후에, 별도의 독립된 실험실에서 시험 시편을 준비하여 시험할 때, 시험결과를 합격시키는 기준으로 그 실험실 보고서를 사용할 수 있다. 시험 시편을 용적 검사할 때, 시험 기관의 보고서를 시험 시편의 판정 기준으로 사용할 수 있다.

(e) 각 조직의 대표자는 기능 검정 기록을 자격 부여 받은 사람 별로 준비하고 입증하여야 한다.

(f) 참여 조직간에 고용주를 변경하는 사람은, 적용 접합 방법의 Part에서 요구한대로, 자격 검정 이래로 예전 고용주가 그 사람의 자격 연속성을 유지했

다고 새로 고용하는 조직이 증명하여야 한다. 입증하는 기능 검정 연속성의 증거는 비록 회원사가 동시 용접사 검정에 참여하지 않았을 지라도 협회의 어떤 회원사를 통해서도 획득할 수 있다.

(g) 어떤 사람이 특정한 이유로 그 기능 검정을 철회했다면, 고용하는 조직은 그 사람의 자격이 철회 되었다고 모든 다른 조직에 공지해야 한다. 다른 참여 조직은 이 권의 요건에 따라서 그 사람의 기능 검정을 유지할지 철회할지를 결정해야 한다.

(h) 어떤 사람의 기능 검정이 접합 부위에 대한 Part의 적용 조항에 따라서 갱신되는 경우, 시험 절차는 이 조항의 법규를 따라야 한다. 각 갱신 조직은 기능 검정을 책임질 직원을 대표한다.

QG-107 소유권 이전

조직은 처음 절차 검정을 하는데 참여한 소유자 이외의 다른 소유자 관리하의 PQR, 절차 시방서 및 기능검정 기록을 효과적으로 운영 관리할 수 있다. 조직이나 그 조직의 일부가 새로운 소유자로 편입되면, PQR, 절차 시방서 및 기능 검정 기록은 재 자격 부여하지 않고 새로운 소유자가 사용하는 것이 유효하다. 즉 다음의 요건이 충족되면 새로운 소유주의 PQR, 절차 시방서 및 기능 검정 기록을 합병한 조직이 사용하는 것이 유효하다.

(a) 새로운 소유주는 절차 시방서 및 기능 검정 기록에 대한 책임을 진다.

(b) 절차 시방서 및 인증 기록은 새로운 소유주의 이름을 반영하여 개정할 것

(c) 품질 관리 제도와 품질 보증 프로그램에 처음 자격 부여 받은 조직에 있는 그대로 PQR, 절차 시방서 및 기능 검정 기록의 출처를 서류화 할 것

QG-108 이전 판에서 얻은 자격

1962년 이래 이 권의 판 및 부록에 의해서 만들어진 접합 절차, 절차 인증 및 기능 검정은 최근 판을 적용하라고 기술된 어떤 건설에도 사용할 수 있다.

1962년 이전의 이권의 판 및 부록에 의해서 만들어진 접합 절차, 절차 인증 및 기능 검정은

1962판 이후의 요건이 충족되면, 최근 판을 적용하라고 기술된 어떤 건설에도 사용할 수 있다

QW-420에 기술된 것 외에, 상기의 요건을 만족시키는 절차 시방서, PQR 및 기능 검정 기록은 나중의 판이나 부록에서 요구하는 어느 변수도 포함하도록 개정하지 않는다. 접합법을 위한 새로운 절차 시방서 자격부여나 그것을 적용하는 사람의 기능 검정은 이 IX권의 최신판을 따라야 한다.

QG-109 정의: 번역 생략

PART QW 용접

제1장 ARTICLE I 용접 일반 요건

QW-100 범위

이 권의 모든 규정은 WPS 준비뿐 아니라 이 권에서 허용하는 모든 형태의 수동 혹은 기계 용접을 하는 용접사, 용접기 조작자 및 용접 절차서의 자격 부여를 위하여 적용한다. 이 규정은 다른 권에 언급되어 있는 수동 용접 혹은 기계 용접 작업에 적용할 수 있다면 적용되어도 무방하다.

QW-101

실제 용접 시에 운영상의 책임이 있는 조직이 사용하는 WPS는 제II장에 따라서 그 조직이 검정 받은 것이라야 하거나, 강제로 적용해야 하는 부록 E 내의 AWS 표준 절차 시방서(SWPS)이고 제 V장에 따라서 그 조직이 적용해야 하는 것이다.

WPS나 SWPS 둘 다 용접 시 수행되어야 하는 변수(범위가 있다면, 범위)를 기록한다. 이 조건은 허용된 모재, 사용해야 하는 용접 금속(있다면), 예열, 용접 후열처리 등을 포함한다.

조직이 WPS를 준비할 때, 최소한, 조직은 특정한 변수, 필수나 비 필수 변수 둘 다를, 실제 용접에 사용된 각 법 별로 제II장에 있는 대로 언급해야 한다. 추가로 코드의 다른 권에서 WPS에 충격 인성 검정을 요구하면, 추가 필수 변수도 WPS에 언급해야 한다.

QW-102 기능 검정에서, 용접사 검정을 하는 기본은 건전한 용접 금속을 용착하는 용접사의 능력을 결정하는 것이다. 용접기 조작자의 기능 검정 시험 목적은 용접기 조작 시에 용접기 조작자의 기계 운전 능력을 결정하는 것이다.

QW-103 책임

QW-103.1 용 접

각 조직은 이 코드에 따라서 용접부가 제작될 때 사용된 용접 절차서나 이런 절차들을 적용하는 용접사와 용접기 조작자의 역량을 자격 인정받기 위하여 이 권에서 요구하는 대로 시험을 실시해야 한다

QW-103.2 기록

각 조직은 용접 절차서와 용접사, 용접기 조작자 자격 부여에 포함되는 결과에 대한 기록을 유지 해야 한다. 비 강제 조항인 부록 B의 양식을 참조 바람.

QW-110 용접 방위

용접부의 방위는 QW-461.1 혹은 QW-461.2에 설명되어 있다.

QW-120 홈 용접을 위한 시험 자세

홈 용접의 시편은 QW-461.3이나 QW-461.4 및 다음 문장에서 기술한 것 중 어떤 자세로든지 용접해서 시편을 만들 수 있으며 용접하는 동안 허용되는 각 편차는 기준 수평면과 수직면으로부터 ±15도이고 특정한 경사면에서는 ±5도이다.

QW-121 철판(Plate) 용접 자세

QW-121.1 아래 보기 자세(1G)

위에서 용접 금속이 용착되는 수평면의 철판. QW-461.3 그림(a) 참조.

QW-121.2 수평 자세(2G)

수평 용접 축을 갖는 수직 평면의 철판. QW-461.3 그림(b) 참조.

QW-121.3 수직 자세(3G)

수직 용접 축을 갖는 수직 평면의 철판. QW-461.3 그림(c) 참조.

QW-121.4 위 보기 자세(4G)

아래에서 위를 처다보는 자세에서 용접 금속이 용착되는 수평으로 된 철판. QW-461.3 그림(d) 참조.

QW-122 파이프 용접 자세

QW-122.1 아래 보기 자세(1G)

수평축을 갖는 파이프로 용접 금속이 위에서 용착되도록 용접하는 동안 회전 시킨다. QW-461.4 그림(a) 참조.

QW-122.2 수평 자세(2G)

수직 축을 갖는 파이프로 용접 축은 수평면에 있다. 파이프는 용접하는 동안 움직이지 않는다. QW-461.4 그림(b) 참조.

QW-122.3 복합 자세(5G)

수평축을 갖는 파이프로 용접 홈은 수직 평면에 있다. 용접하는 동안 파이프는 움직이지 않는다. QW-461.4 그림(c) 참조.

QW-122.4 복합 자세(6G)

파이프의 축은 수평에 대하여 45도 경사져 있다. 용접하는 동안 파이프는 회전하지 않는다. QW-461.4 그림(d) 참조.

QW-123 Stud 용접 자세

QW-123.1 Stud 용접

Stud 용접의 시편은 철판에 대하여는 QW-121, 파이프에 대하여는 QW-122(QW-122.1제외)에 기술된 어느 자세로도 시편을 만들 수 있다. 이 모든 경우 Stud는 철판이나 파이프의 표면과 수직으로 되야 한다. 그림 QW-461.7 과 QW-461.8를 보라.

QW-130 필렛 용접을 위한 자세

필렛 용접의 시편은 QW-461.5 또는 QW-461.6 및 아래에 기술된 어떤 자세로든지 시편을 만들 수 있으며 용접하는 동안 허용되는 각 편차는 기준 수직, 수평 면에서 ±15도 이다.

QW-131 철판 용접 자세

QW-131.1 아래 보기 자세(1F)

용접 축은 수평이 되고 용접 Throat는 수직이 되는 철판의 용접. QW-461.5 그림 (a) 참조.

QW-131.2 수평 자세(2F)

수직면과 만난 수평면의 위에 수평 용접 축이 있는 철판의 용접. QW-461.5 그림 (b) 참조.

QW-131.3 수직 자세(3F)

수직 용접 축을 가진 철판의 용접. QW-461.5 그림(c) 참조.

QW-131.4 위 보기 자세(4F)

수직면과 만난 수평면의 아래에 있는 수평 용접 축을 가진 철판 용접. QW-461.5 그림(d) 참조.

QW-132 파이프 용접 자세

QW-132.1 아래 보기 자세(1F)

파이프의 축은 수평면에 대해 45도 경사져 있고 용접하는 동안 용접 금속이 위에서 용착되도록 회전시킨다. 용착되는 지점에서 보아 용접 축은 수평이 되고 Throat는 수직이 된다. QW-461.6 그림(a) 참조.

QW-132.2 수평자세 2F 와 2FR

(a) 자세 2F

수직면과 만나는 수평면의 위쪽에서 용착되도록 파이프의 축은 수직이다. 용접 축은 수평이고 파이프는 용접하는 동안 회전되지 않는다. QW-461.6 그림(b) 참조.

(b) 자세 2FR

파이프의 축은 수평이고 용착 축은 수직 평면에 있다. 파이프는 용접하는 동안 회전된다. QW-461.6 그림(c) 참조.

QW-132.3 위 보기 자세.(4F)

수직면과 만나는 수평면의 아래쪽에서 용착되도록 파이프의 축은 수직이고 용접 축은 수평이 되며, 파이프는 용접하는 동안 회전되지 않는다. QW-461.6 그림(d) 참조.

QW-132.4 복합 자세(5F)

파이프의 축은 수평이고 용접 축은 수직 평면상에 있다. 파이프는 용접하는 동안 회전되지 않는다. QW-461.6 그림(e) 참조.

QW-133 특수 자세

QW-132.1 QW-130~QW-132에 특수 자세로 기술된 것 이외의 자세

QW-140 시험 및 검사의 종류와 목적

QW-141 기계적 시험

절차서와 기능 검정에 사용되는 기계적 시험은 QW-141.1~QW-141.5에 기술되어 있다.

QW-141.1 인장 시험

QW-150에 기술된 인장 시험은 홈 용접부의 파단 강도를 측정하기 위하여 사용한다.

QW-141.2 유도 굽힘 시험

QW-160에 기술된 유도 굽힘 시험을 홈 용접부의 건전성과 연성의 정도를 측정하기 위하여 사용한다.

QW-141.3 필렛 용접 시험

QW-180에 기술된 사항을 필렛 용접부의 크기, 외형, 건전성의 여부를 측정하기 위하여 사용한다.

QW-141.4 Notch 인성 시험

QW-171과 QW-172에 기술된 시험은 용접부의 Notch 인성을 측정하기 위해 사용한다.

QW-141.5 Stud 용접

QW-466.4, QW-466.5, QW-466.6에서 보는 변형 굽힘, Hammering, 비틀림 혹은 인장 시험과 QW-202.5에 따라서 하는 Macro 시험은 Stud 용접부의 합격 여부를 판단하기 위해 사용한다.

QW-142 용접사를 위한 특별 시험

건전한 용접부를 만들기 위한 용접사의 능력을 증명하기 위해 QW-304에서 허용한 것처럼 홈 용접의 기능 검정을 위한 규정 QW-141을 기계적 시험 대신에 방사선 투과 시험으로 대체할 수 있다.

QW-143 용접기 조작자를 위한 시험

건전한 용접부를 만들기 위한 용접기 조작자의 능력을 증명하기 위해 QW-305에서 허용한 것처럼 홈 용접의 기능 검정을 위한 규정 QW-141을 기계적 시험 대신에 방사선 투과 시험으로 대체할 수 있다.

QW-144 육안 검사

최종 용접부 표면이 규정된 품질을 만족 시킬 수 있는지를 판단하기 위하여 QW-194에 나와 있는 육안 검사를 할 수 있다.

QW-150 인장 검사

QW-151 시험편

인장 시험편은 QW-462.1(a)~(e)의 실예 중의 하나를 따르고, QW-153의 요건을 만족해야 한다.

QW-151.1 축소 단면 - 철판

QW-462.1(a)에 주어진 요건에 맞는 축소 단면 시험편을 모든 두께의 철판에 대한 인장 시험에 사용할 수 있다.

(a) 1"이하의 두께를 갖는 철판의 경우, 철판 전체의 두께가 하나의 시험편 두께가 되도록 가공하여 사용 한다.

(b) 1"보다 큰 두께의 경우, QW-151.1(c)와 QW-151.1(d)를 따른다면 한 개 혹은 여러 개의 시험편으로 가공하여 사용할 수 있다.

(c) 한 개로 된 전체 두께 시험편 대신에, 여러 개의 시험편을 사용할 경우, 각 Set는 요구되는 하나의 인장 시험을 대표한다. 어느 한 부분으로 전체 두께를 대표하기 위해서는 여러 개로 가공된 시험편 모두가 한 Set로 구성 되어야 한다.

(d) 여러 개의 시험편이 필요한 경우, 원래의 두께는, 사용되는 시험 장비에 시험될 수 있도록 거의 같은 크기의 최소한의 Strip수로 기계 절단 해야 한다. 각 시험편은 QW-153의 요건을 만족하게 시험해야 한다.

QW-151.2 축소 단면 파이프

QW-462.1 (b)에 주어진 요건에 맞는 축소 단면 시험편은 외경이 3"보다 큰 모든 두께의 파이프를 인장 시험하는데 사용할 수 있다.

(a) 1" 이하의 두께를 갖는 파이프의 경우, 파이프 전체 두께가 하나의 시험편 두께가 되도록 하여 인장 시험에 사용할 수 있도록 해야 한다.

(b) 1" 보다 큰 두께의 파이프인 경우, QW-151.2(c) 와 QW-151.2(d)를 따른다면 한 개 혹은 여러 개의 시험편들을 사용할 수 있다.

(c) 한 개로 된 시험편의 전체 두께 대신에, 여러 개의 시험편이 사용될 경우, 각 Set는 요구되는 하나의 인장 시험을 대표한다. 어느 한 부분으로 전체 두께를 대표하기 위해서는 여러 개로 가공된 시험편 모두가 한 Set로 구성 되어야 한다.

(d) 여러 개의 시험편이 필요한 경우, 원래의 두께는, 사용되는 시험 장비에 시

될 수 있도록 거의 같은 크기의 최소한의 Strip수로 기계 절단 해야 한다. 각 시험편은 QW-153의 요건을 만족하게 시험해야 한다. 외경이 3" 이하의 파이프의 경우는, QW-462.1(c)의 요건에 맞는 축소 단면 시험편을 인장 시험편으로 사용할 수 있다.

QW-151.3 원주 시편

QW-462.1(d)에 주어진 요건을 따르는 원주 시험편을 인장 시험을 위해 사용할 수 있다.

(a) 1" 이하의 두께에 대해서는 한 개의 원주 시험편을 사용할 수 있는데, 이때의 시험편은 QW-462.1 (d)의 Note(a)에 따르되 시험 시편으로 자를 수 있는 가장 큰 직경의 시험편이라야 한다.

(b) 1" 보다 큰 두께를 위해서는, 여러 개의 시험편들은 금속의 표면과 시험편의 중심이 수평이 되게 용접부 전체 두께로부터 절삭 되어야 하며 각각 1"를 초과할 수 없다. 금속의 표면에 인접한 시험편의 중심은 금속 표면으로 부터 5/8" 초과 해선 안된다.

(c) 여러 개의 시험편을 사용할 때, 각 Set는 요구되는 하나의 인장 시험을 대표한다. 어느 한 부분으로 전체 두께를 대표하기 위해서는 여러 개로 가공된 시험편 모두가 한 Set로 구성 되어야 한다.

(d) 각 시험편은 QW-153의 요건에 맞게 시험되어야 한다.

QW-151.4 파이프의 전체 단면 시험편

QW-462.1(e)에 주어진 치수를 따르는 인장 시험편은 외경 3" 이하의 파이프 시험에 사용할 수 있다.

QW-152 인장 시험 절차

인장 시험 시편은 인장 하중으로 파단 될 것이다. 인장 강도는 최대 하중을 하중이 적용되기 전에 측정한 시험편의 최소 단면적으로 나누어서 계산한다.

QW-153 합격 기준 – 인장 시험

QW-153.1 인장 응력

절차 검정에 필요한 최소 인장 값은 QW/QB-422에 "최소 지정 인장"이라는 칸에 있다. 인장 시험에 합격하기 위해서 시험편은 최소한 아래의 인장 강도를 가져야 한다.

(a) 모재에 주어진 최소 인장 강도.

(b) 최소 인장 강도가 다른 두 재질의 모재가 사용된다면 둘 중 약한 쪽의 최소 인장 강도.

(c) 모재보다 낮은 실온 강도를 갖는 용접 금속이 사용하였을 때, 용접 금속의 주어진 최소 인장 강도.

(d) 만약 시편이 용접부를 벗어나 모재나 용융선에서 파단 되면 그 시험은, 파단 시 측정된 강도가 모재의 주어진 최소 인장 강도보다 5% 이상 낮지 않으면, 요건을 만족 시키는 것으로 인정한다.

(e) 두께 13mm 이하의 알루미늄 크래드 재질(P-No.21 ~23)을 시험할 때는, 지정된 최소 인장 강도는 크래드를 포함한 전체 두께의 시험편의 값이다. 0.5인치 (13mm) 이상인 경우는 지정된 최소 인장 강도는 크래드를 포함한 전체 두께의 값도 되고 중심부에서 췌취한 시험편의 값도 된다.

QW-160 유도 굽힘 시험

QW-161 시험편

유도 굽힘 시험편은 시험 철판이나 파이프를 절단하여 대략 장방형의 단면으로 준비한다. 절단면은 시험편 옆면으로 정한다. 다른 두 표면은 앞면과 뒷면으로 지칭하며 앞면의 너비는 용접부의 너비보다 커야 한다. 시험편의 두께와 굽힘 반경은 QW-466.1, 466.2 그리고 QW-466.3에 나타나 있다. 유도 굽힘 시험편은 용접부의 축이 시험편의 길이 방향의 축에 수직인지, 수평인지에 따라서 5개의 형태가 있고, 그 표면은(Side, Face, Root)은 굽힘 시험편 볼록 면이 된다. 다섯 가지의 형태들은 다음과 같이 규정 된다.

QW-161.1 횡측 측면 굽힘

용접부는 시험편의 종축을 가로 지르고, 측면중의 한면이 굽힘 시험편의 볼록 면이 되도록 굽혀야 한다. 횡축 측면 굽힘 시험편은 QW-462.2에 나타난 치수들을 따라야 한다.

모재의 두께가 38mm를 초과하는 시험편은 시험을 위하여 19mm와 38mm 너비 사이에서 대략 같은 Strip으로 절단 하거나 혹은 전체 너비로 굽게 할 수 있다.(QW-466 지그 너비 요건을 보라). 만약 여러 개의 시험편들을 사용한다면 각 요구되는 시험을 위하여 하나의 완전한 Set를 만들어야 한다. 시험편 각각을 시험해야 하고 QW-163의 요건을 만족 시켜야 한다.

QW-161.2 횡축 압면 굽힘

용접부는 시험편의 종축을 가로 지르고, 앞면의 표면이 굽힘 시험편의 볼록 면이 되도록 굽혀져야 한다. 횡축 앞면 굽힘 시험의 시험편은 QW-462.3(a)에 나타난 치수를 따라야 한다. QW-462.3(a)의 정규 크기보다 작은 크기의 시험편에 대하여는 QW-161.4를 따른다.

QW-161.3 횡축 뒷면 굽힘

용접부는 시험편의 종축을 가로 지르고, 뒷면의 표면이 굽힘 시험편의 볼록 면이 되도록 굽혀져야 한다. 횡축 뒷면 굽힘 시험의 시험편들은 QW-462.3(a)에 나타난 치수들을 따라야 한다. QW-462.3(a)의 정규 크기보다 작은 크기의 시험편에 대하여는 QW-161.4를 따른다.

QW-161.4 Sub-size 횡축 앞면과 뒷면 굽힘

QW-462.3(a)의 Note (b)을 보라.

QW-161.5 종축 굽힘 시험

종축 굽힘 시험은, 두개의 모재 혹은 용접 금속과 모재 사이의 굽힘 성질이 현저하게 다른 용접 금속 혹은 모재의 조합을 시험하기 위해서, 횡축 옆면, 뒷면 굽힘 시험 대신에 사용할 수 있다.

(a) 두 개의 모재 혹은.

(b) 용접 금속과 모재.

QW-161.6 종축 앞면 굽힘

용접부는 시험편의 종축에 평행하게 되고, 측면의 표면이 굽힘 시험편의 볼록 면이 되도록 굽혀야 한다. 종축 앞면 굽힘 시험의 시험편은 QW-462.3(b)에 나타난 치수를 따라야 한다.

QW-161.7 종축 뒷면 굽힘

용접부는 시험편의 종축에 평행하게 되고, 뒷면의 표면이 굽힘 시험편의 볼록 면이 되도록 굽혀야 한다. 종축 뒷면 굽힘 시험의 시험편은 QW-462.3(b)에 나타난 치수를 따라야 한다.

QW-162 유도 굽힘 시험 절차

QW-162.1 지그

유도 굽힘 시험편은 QW-466에 따라서 만든 시험 지그에서 굽혀야 한다. QW-466.1 혹은 QW-466.2에서 예를 든 지그를 사용할 시에는 벌어진 지그의 사이 쪽으로 돌려놓은 면이 앞면 굽힘에 대해서는 앞면이 되어야 하고, 뒷면 굽힘일 때에는 뒷면이 되어야 하고, 옆면 굽힘일 때는 어느쪽이든 더 큰 결함을 가진 쪽이라야 한다. 시험편은 QW-466.1의 지그에서 다이와 시험편 사이에 3mm 철사를 끼울 수 없도록 굽혀질 때까지 혹은 QW-466.2처럼 로울러 형태의 지그를 사용할 시는 시험편이 바닥까지 굽혀질 때까지 Plunger가 주는 하중에 의해 Die쪽으로 힘을 받게 된다.

QW-466.3의 Wrap Round Jig를 사용할 시에는 Roller쪽으로 돌려놓은 면이, 앞면 굽힘 시험편일 때는 앞면, 뒷면 굽힘 시험편일 때는 뒷면, 옆면 굽힘 시험편일 때는 어느쪽이든 더 큰 결함이 있는 쪽이어야 한다.

QW-462.2에 허용된 것 같이 너비가 38mm보다 더 넓은 시편을 굽힐 때는 시험 지그의 축이 시편 너비보다 적어도 6mm는 더 넓어야 한다.

QW-163 합격 기준 - 굽힘 시험

굽힘 시험편의 용접부와 열 영향부는 시험 후 시험편의 굽힘 부분 안에 완전히 들어와 있어야 한다.

유도 굽힘 시험편은 굽힘 후 시험편의 볼록 면에 나타난 결함을 어떤 방향으로 측정하든 3mm를 초과하는 노출된 결함이 용접부나 열 영향부에 없어야 된다. 시험 중 시험편의 가장 자리에 노출된 결함은 용융 부족, 슬래그 개재물 혹은 다른 내부 결함에 의해 원인이 됐다는 확실한 증거가 없는 한 결함으로 고려하지 않는다. 내식용 덧살 붙임 용접에서는 어느 방향으로 든지 1.5mm를 초과하는 노출된 결함이 크래드 부분에 없어야 된다. 또 접합 부분에는 3mm를 초과하는 결함이 없어야 된다.

QW-170 Notch 인성 시험

QW-171 Notch 인성 시험 - Charpy V-notch.

QW-171.1 일반 사항

다른 Section에서 요구할 때 Charpy V-notch 충격 시험을 해야 한다. 시험 절차와 장치들은 SA-370의 요건을 따라야 한다.

QW-171.2 합격 기준

합격 기준은 충격 요건을 규정하는 Section을 따른다.

QW-171.3 시험편의 위치와 방향

충격 시험편과 Notch의 위치와 방향은 이 시험을 요구하는 Section에 기록된 대로 한다.

Pipe에 대하여 5G나 6G 자세로 자격 부여 받을 때 QW-463.1(f)에 나와 있는 Notch 인성 시험편의 음영 부분을 제거하여 사용해야 한다.

QW-172 Notch 인성 시험 - Drop weight

QW-172.1 일반 사항

Drop weight 시험은 다른 Section에서 요구할 때 행해야 한다. 시험 절차와 장치는 ASTM Spec. E-208을 따른다.

QW-172.2 합격 기준

합격 기준은 Drop Weight를 요구하는 Section을 따른다.

QW-172.3 시험편의 위치 및 방향

Drop Weight 시편에서 균열이 시작되는 위치 및 방향은 이 시험을 요구하는 Section에 기록된 대로 한다. Pipe에 대하여 5G나 6G 자세로 자격 부여 받을 때 QW-463.1(f)에 나와 있는 Notch 인성 시험편의 음영 부분을 제거하여 사용해야 한다.

QW-180 필렛 용접 시험

QW-181 절차서 및 기능 검정 시험편

QW-181.1 절차서.

기능 검정을 위하여 QW-202에서 요구하는 치수 및 준비 사항에 따라 만든 필렛 용접 시험편은 QW-462.4(a), (d)의 요건을 따라야 한다. 철판 대 철판의 시험 시편은 각각 횡 방향으로 다섯 개의 길이 50mm 정도 단면으로 잘라야 한다. 파이프 대 철판 혹은 파이프 대 파이프의 시험 시편은 횡 방향으로 자르되 네 개의 대략 비슷한 시험편의 단면이어야 한다. 시험할 시험편은 QW-183의 요건에 따라 Macro 검사를 해야 한다.

QW-181.1.1 제작물에 대한 Mockups(모형)

제작물에 대한 Mockup을 QW-181.1 대신에 사용할 수 있다. 철판과 형강의 Mockup을 길이가 약 50mm넘지 않는 거의 균등한 다섯 개의 시험편이 되도록 횡으로 잘라야 한다. 파이프와 형강의 Mockup을 위하여는 네 개의 거의 균등한 시험편이 되도록 횡으로 잘라야 한다. 조그마한 Mockup이기 때문에, 필요한 만큼의 시험편 개수를 얻기 위하여 여러 개의 Mockup을 사용 할 수 있다. 이때 시험편은 QW-183의 요건대로 Macro 시험을 해야 한다.

QW-181.2 용접 기능

기능 검정을 위한 필렛 용접 시편의 칫수와 준비는 QW-462.4(b)혹은 QW-462.4(c)의 요건을 따라야 한다. 철판 대 철판의 시편은 각각 길이 약 25mm정도의 두 개의 끝 부분과 약 100mm 길이의 중간 부분을 얻기 위하여 횡으로 절단하여야 한다. 파이프 대 철판 혹은 파이프 대 파이프의 경우는, 시편을 두개의 1/4 단면 시험편이 되도록 서로 반대 방향으로 잘라야 한다. 한 개의 시험편은 QW-182에 따라 파단 시험을 해야 하고 다른 하나는 QW-184의 요건에 따라서 Macro시험을 해야 한다. 5F 자세에서 파이프 대 철판 혹은 파이프 대 파이프를 자격 부여할 때 시험편을 QW-463.2(h)처럼 잘라내야 한다.

QW-181.2.1 제작물의 Mockup

제작물의 Mockup은 QW-181.2의 필렛 용접 시편의 요건 대신에 사용할 수 있다.

(a) 철판 대 형강

(1) 철판 대 형강의 Mockup은 길이가 약 50mm넘지 않는 거의 균등한 시험편이 되도록 횡으로 잘라야 한다. 용접을 시작한 부분과 중지한 부분의 시험편은 QW-182에 따라 파단 시험을 해야 한다. 나머지 시험편중의 하나는 QW-184에 따라서 절단면을 Macro시험 해야 한다.

(b) 파이프 대 형강

(1) 파이프 대 형강의 Mockup은 시편을 두개의 1/4 단면 시험편이 되도록 서로 반대 방향으로 잘라야 한다. 용접을 시작한 부분과 중지한 부분의 시험편은 QW-182에 따라 파단 시험을 해야 한다. 나머지 시험편중의 하나는 QW-184에 따라서 절단면을 Macro시험 해야 한다. 5F 자세에서 파이프 대 형강의 자격을 부여할 때, 파단 시험편은 Mockup의 아래 부분인 90도에 있는 단면을 잘라내야 한다.

QW-182 파단 시험

QW-462.4(b)처럼 검정 시편의 100mm 중앙 단면 혹은 QW-462.4(c)의 1/4 단면은 용접 Root 부분이 인장을 받도록 측면에서 하중을 가해야 한다. 그 하중을 시편이 부러지든지 그것이 접어져서 평면이 될 때까지 증가해야 한다.

만약 시험편이 파단되면 파단면에는 균열 혹은 Root의 불완전 용융의 근거가 보이지 않아야 되고 기포나 개재물 길이의 합이 QW-462.4(b)에서는 10mm 혹은 QW-462.4(c)에서는 1/4 단면의 10%를 초과하지 않아야 한다.

QW-183 Micro 시험 - 절차서 시편

QW-462.4(a)에 있는 다섯 개의 시험편의 각 절단면 중 한 면이나 QW-462.4(d)에 있는 네 개의 시험편중의 한면은 용접 금속이나 열 영향부에 대해 판정을 정확히 하기 위하여 QW-470에서 처럼 적당한 식각액으로 평탄하게 하거나 식각시켜야 된다. 단면에 대한 시험은 잘려지는 부분의 이웃한 면을 사용하면 안되고 철판과 파이프가 서로 맞닿는 부분에 있는 시험편의 한면만 포함시켜야 한다.

시험에 통과하기 위하여,

(a) 용접 금속이나 열 영향부의 단면에 대한 육안 검사에서 완벽하게 용융되고 균열이 없어야 된다.

(b) 필렛의 각장들 사이의 차이가 3mm보다 크지 않아야 한다.

QW-184 Micro 시험 - 기능 검정 시험편

QW-462.4(b)에서와 같이, 약 길이가 25mm인 가장 끝에 있는 철판 단면의 절단 면이나 QW-462.4(c)에 있는 파이프의 1/4 단면중의 한 절단면은 용접 금속이나 열 영향부에 대해 판정을 정확히 하기 위하여 QW-470에서 처럼 적당한 식각액으로 평 탄하게 하거나 식각시켜야 된다. 시험에 통과하기 위하여:

(a) 용접 금속이나 열 영향부의 단면에 대한 육안 검사에서 Root 부분에 있는 0.8mm 이하 선형 결함은 합격이고 그 외는 완벽하게 용융되고 균열이 없어 야 된다.

(b) 용접부에 1.5mm보다 큰 볼록 면이나 오목 면이 없어야 된다.

(c) 필렛 용접 각장의 길이들 간에 차이가 3mm 보다 큰 것이 없어야 된다.

QW-185 확산 용접 - 절차 및 기능 검정 시험편

QW-185.1 시험 사각형은 최소 200mm x 200mm이고 두께에 적어도 50개의 확 산 접촉면이 있어야 한다.

QW-185.2 SA-370의 요건에 의거 접촉면의 각각 수직과 수평으로 최소한 3개의 인장 시험편을 채취해야 한다, 인장 시험 결과는 QW-153을 따라야 한다.

QW-185.3 최소 3개의 단면을 ASTM E3의 요건에 의거 평가를 해야 하는데, 단 면의 위, 중간, 바닥바닥부터 1/3 지점에서 각각 1개씩 채취한다. 견본은 윤 내고, 식각시키고 균열이 없어야 하며 불완전 접합이나 접합선에 가까운 곳 혹은 선상에 기공이 없어야 한다. 각 견본의 크기는 50배~100배의 광학 현미경으로 검사할 수 있도록 고정되고 윤 내야 한다.

QW-190 기타 시험 검사

QW-191 용적 비파괴 검사

QW-191.1 방사선 검사

QW-191.1.1 방법

용접사에 대한 QW-142와 용접기 조작자에 대한 QW-143의 방사선 검사는 아래 사항을 제외하고Section V, 제 2 장의 요건을 만족 시켜야 한다.

(a) 서면으로 방사선 검사에 대한 절차서를 준비할 필요가 없다. 방사선 검사에 대한 기능과 제작품을 투과 시킨 투과도계의 상 및 명암에 대하여 시범을 보이는 것이 Section V의 제2장의 요건을 만족시키는 충분한 근거라고 간주한다.

(b) 방사선 시험의 최종 합격은 규정된 상을 보는 능력 및 홀-타입 IOI의 홀 혹은 와이어-타입 IOI의 지정된 와이어를 볼 수 있는 능력을 기준으로 한다. QW-191.1.2의 합격 기준을 따라야 한다.

QW-191.1.2 합격 기준

QW-191.1.2.1 용어

(a) 선형 결함, 균열, 불완전 용입, 불충분한 용입 그리고 슬래그는 길이가 폭의 3 배 이상의 선형의 결함으로 방사선 필름상에 나타난다.

(b) 원형 결함, 기공 그리고 슬래그 혹은 텅스텐 개재물은 길이가 폭의 3 배 이하의 원형의 결함으로 방사선 필름상에 나타난다. 이러한 결함들은 원형, 타원형 혹은 불규칙한 모양일 수도 있고, Tail을 가질 수도 있고 그리고 밀도에 있어서도 변화가 있을 수 있다.

QW-191.1.2.2 검정 시험 용접

방사선 시험 시설 내에서 용접부에 대한 방사선 시험으로 용접사 혹은 용접기 조작자에 대한 기능 시험을 할 때 아래 주어진 제한 조건을 초과한 어떤 결함 사항이라도 나타나면 불합격으로 판정 된다.

(a) 선형 결함

(1) 균열 혹은 불완전한 용융 혹은 용입.

(2) 다음에 주어진 길이보다 길게 늘어난 슬래그 혼입.

　(가) 두께 10mm까지 : 3mm

　(나) 두께 10mm 초과 57mm까지 : 1/3t

　(다) 두께 57mm 초과 : 19mm

(3) 슬래그 혼입된 그룹 중에서 가장 긴 결함이 L이라 할 때, 연속된 결함들 사이의 거리가 6L을 초과하는 결함을 제외하고, 12t인 길이 내에 슬래그 길이 총합이 t 보다 긴 선상의 혼입된 그룹이 존재할 때.

(b) 원형 결함

(1) 원형 결함의 최대 허용 치수는 두께의 20% 혹은 3mm 둘 중의 작은 쪽이 되야 한다.

(2) 3mm보다 작은 두께의 용접부에서 허용 가능한 원형 결함의 최대수는 150mm 용접장에서 12개를 초과하지 않아야 한다. 적당하게 조금씩 있는 원형 결함들은 150mm보다 짧은 용접부에서는 허용된다.

(3) 3mm보다 큰 두께의 용접부에 대하여, 그림 QW-191.1.2.2(b)(4)의 표에는 송이 송이 모여 있다든가 이곳 저곳 분산된 배열로 나타난 원형 결함의 최대 허용 형상을 표시하고 있다. 최대 지름이 0.8mm보다 작은 원형 결함은 이 범위의 재료 두께에 있어서는 용접사나 용접기 조작자의 방사선 사진 허용 시험에서 고려에 넣지 않는다.

QW-191.1.2.3 제작 용접부

QW-304.1 혹은 QW-304.2에서 허용된 대로 방사선 검사로 제작 용접부를 자격부여 받는 용접사나 용접기 조작자의 허용 기준은 QW-191.1.2.2에 따른다.

QW191.2 초음파 검사

QW-191.2.1 방법

(a) QW-142의 용접사 QW-143의 용접기 조작자의 초음파 검사는 13mm이상의 용접부로 할 수 있다.

(b) 초음파 검사의 방법, 절차 및 검정은 제 V권 1장 T-150에 의한 서면 절차를 사용하여 제V권 제4장의 요건에 따라 수행하여야 한다.

(c) 초음파 검사하는 사람은 QW-191.2.2의 요건을 만족 시켜야 한다.

QW-191.2.2 개인 검정 및 자격

(a) 용접사 및 용접기 조작자 자격을 위한 초음파 검사를 수행하는 사람은 그들 고용주의 서면 관례에 따라서 인증되고 자격 부여 받아야 한다.

(b) 검사하는 사람의 검정 및 자격을 위한 고용주의 서면 관례는 검사 방법과 기능에 대하여 SNT-TC-1A의 모든 적용 요건을 만족해야 한다.

(c) 대안으로, ASNT ACCP나 CP-1891는 SNT-TC-1A의 표준 요건과 시험 및 고용주의 서면 관례를 이행하기 위해 사용할 수 있다.

(d) 비파괴 시험하는 사람의 훈련, 경험, 검정 및 자격에 관한 조항을 제작자의 품질 관리 제도에 기술해야 한다.

QW-191.2.3 용접부 시험의 합격 기준

결함은 검사 방법을 서면으로 기재한 절차에서 제공하는 기술을 사용하여 측정한다. 결함은 아래와 같이 합격을 평가한다.

(a) 균열, 용융 부족 혹은 불완전 용입이라고 생각되는 모든 결함은 길이에 관계없이 불합격이다.

(b) 길이가 3mm 초과하는 결함은 관련 있다고 생각하고 그 길이가 아래를 초과하는 경우 불합격이다.

(1) 두께 10mm 까지: 3mm

(2) 두께 10~57mm 까지: 1/3t

(3) 두께 57mm 초과: 19mm 여기서 t는 허용되는 여성고를 제외한 용접부 두께. 서로 두께가 다른 두 개의 부재를 맞대기 용접 시, t는 두 부재 중 얇은 것이다. 필렛 용접을 포함한 완전 용입이라면, 필렛의 목 두께가 t에 포함된다.

QW-191.2.4 실제 용접에서의 합격 기준

QW-304.1이나 QW-304.2에서 허용한 초음파 검사로 실제 용접에서 자격 부여받은 용접사나 용접기 조작자의 합격 기준은 QW-191.2.3에 따라야 한다.

QW-191.3 시험의 기록

용적 비파괴 시험에 의하여 평가된 용접사와 용접기 조작자의 검정 결과는 QW-301.4에 따라서 기록해야 한다.

QW-192 Stud 용접 시험 - 절차서 검정 시험편

QW-192.1 절차 검정 시험편

QW-192.1.1 요구되는 시험

각 절차서를 자격 부여 하기 위하여 열 개의 Stud 용접 시험이 필요하다. Stud 용접에 사용되는 장비는 수동으로 시동하는 것을 제외하고는 완전하게 자동이어야 한다.

각기 다르게 용접되는 Stud(5개 Joints)는 Stud 길이의 1/4 만큼이 시험편에 편편하도록 망치질을 하든지 QW-466.4에 따라 시험 Jig를 사용하고 Adaptor의 위치를 정하여 적어도 Stud를 15도 굽혔다가 원래의 위치로 되돌려 놓는 시험을 한다.

나머지 다섯 개의 용접된 Stud 이음부는 QW-466.5를 따라서 회전 모멘트 시험 장치를 사용하여 회전 모멘트 시험을 해야 한다. 회전 모멘트 시험을 못할 경우, 다른 방편으로 인장 시험을 할 수 있다. 인장 시험을 위해 설치하는 도구는, 머리쇠가 없는 Stud가 인장 시험 기계의 용접 안된 끝 부분을 물게 해야 되고 나머지는 QW-466.6에서 보여 주는 것과 유사해야 된다.

QW-192.1.2 합격 기준 - 굽힘과 헴머 시험

시험을 통과하기 위해서는 각 다섯 개의 Stud 용접부와 열 영향부가 굽힘 후 제자리로 돌렸을 때, 혹은 Hammering후 갈라짐이나 파단이 없어야 된다.

QW-192.1.3 합격 기준 - 회전 모멘트 시험

시험을 통과하기 위해서 다섯 개의 각각의 Stud 용접부는 파괴되기 전에 다음 표에서 요구되는 회전 모멘트를 견뎌야 한다.(표 생략)

다른 방편으로, 회전 모멘트가 실제 적용되지 못하는 곳에는 인장 시험을 사용할 수 있으며 이 경우 Carbon Steel이나 오오스테나이트 스테인레스 Steel의 파단 강도가 각각 최소한 35000 psi 혹은 30000psi 보다 커야 한다. 다른 재질에 대하여는 파단 강도가 Stud 재질의 최소 인장 강도의 반보다 커야 한다. 파단 강도는 숫나사로 가공된 Stud의 나사난 단면의 최소경을 기준으로 산출한다. 단, 몸통 직경이 최소경보다 작은 경우는 예외이다. 또 나사 부분이 없는 곳이나, 암나사가 있는 곳, 혹은 축소된 Stud 경에서 파괴가 일어난 경우는 파괴전의 원래 단면을 기준으로 산출한다.

QW-192.1.4 합격 기준 - Macro 검사

Macro 검사를 통과하기 위해서는 각각 다섯 개의 절단된 Stud 용접부와 열 영향부는 10배로 확대하여 검사 했을 때 균열이 없어야 된다. 이것은 Stud가 P-No.1와 다른 금속에 용접 되었을 때 QW-202.5에서 요구하는 사항이다.

QW-192.2 기능 검정 시험편

QW-192.2.1 요구되는 시험

각 Stud 용접기 조작자를 자격 부여하기 위하여 다섯 개의 Stud 용접 실험을 해야 한다. Stud 용접을 위해 사용되는 장비는 수동으로 시동되는 것 외에는 완전하게 자동이어야 한다. 기능 시험은 QW-301.2에 의해 자격 부여된 WPS에 따라 용접해야 한다.

각 Stud(5 joints)는 Stud 길이의 1/4 만큼이 시험편에 편편하도록 망치질을 하든지 QW-466.4에 따라 시험 Jig를 사용하고 Adaptor의 위치를 정하여 적어도 Stud를 15도 굽혔다가 원래의 위치로 되돌려 놓으므로서 시험 된다.

QW-192.2.2 합격 기준 - 굽힘과 헤머 시험

시험을 통과하기 위해서는 각 다섯 개의 Stud 용접부와 열 영향부가 굽힘 후 제자리로 돌렸을 때, 혹은 Hammering후 갈라짐이나 파단이 없어야 한다.

QW-193 튜브와 튜브시트 시험

적용 Code에서 튜브와 튜브시트의 모형 시험을 요구할 경우에는 QW-193.1에서 QW-193.1.3을 적용해야 한다.

QW-193.1 절차검정 시험편

각 절차서를 자격검정 받기 위하여 10개의 모형 용접부가 필요하다. 그 모형 구조는 QW-288에 있는 필수변수가 변하지 않도록 튜브 구멍이나 튜브와 튜브시트 결합부가 필히 같아야 한다. 모형 튜브시트의 두께는 50mm보다 두꺼울 필요는 없으나 적어도 실제 튜브시트 두께와 같아야 한다. 크래드 재질의 모형은 크래드의 부분에 대하여 필수적으로 똑 같은 화학성분을 가진 다른 모재를 사용할 수도 있다. 모형 용접에 대하여는 아래의 시험결과를 순차적으로 제시하여야 하며 합격 기준을 만족시켜야 된다.

QW-193.1.1 합격 기준 - 육안 검사

접근 가능한 용접부는 전부 확대하지 않고 육안으로 검사해야 한다. 용접부는 완전히 용융되어야 하며 튜브 벽이 녹아 내리지 말아야 한다. 결합이나 기공이 없어야 한다.

QW-193.1.2 합격 기준 - 액체탐상 검사

액체탐상 검사는 Section V의 제6장 요구사항을 만족해야 한다. 용접부는 QW-195.2를 만족해야 한다.

QW-193.1.3 합격 기준 - Macro 검사

용접부 및 용접 열영향부를 명확히 구분하기 위하여 적당한 식각액(QW-470을 보라)으로 4개의 표면을 부드럽게 문지르고 식각시켜야 한다. 최소한 10배~20배로 확대해서 용접단면의 표면을 확인해야 한다.

(a) 설계에서 요구한 최소 누출 틈새의 용접치수.

(b) 파단 없음.

(c) 튜브와 튜브시트 사이에 완전 용융 용접.

(d) 루트 용접부로 부터 0.4mm 이내에 까지 완접 용입이 되어야 한다.

(e) Leak가 생길 수 있는 용접 목장에 기공이 없어야 한다.

QW-193.2 합격 기준 - 기능검정 시험편

각 용접사와 용접기 조작자를 자격부여 하기 위하여 5개의 모형 용접이 필요하다. 절차검정(QW-193.1)을 하기 위해서도 같은 개수의 모형이 필요하다. QW-322.1에 의거 용접사나 용접기 조작자의 자격이 소멸되거나 취소 후 갱신이 필요할 때는 단 한 개의 모형 용접이 필요하다.

QW-194 육안 검사 - 기능

기능 검정 시험용 시편은, 모재와 용접 금속이 완전히 용융되어야 하고 또한 결합부가 완전히 용입 되어야 한다.

QW-195 침투 탐상 검사

QW-195.1

내식용 덧살 붙임 용접을 위한 QW-214의 침투 탐상 시험은 Section V 제 6장의 요건을 만족 시켜야 한다. QW-195.2의 합격 기준을 만족 시켜야 한다.

QW-195.2 침투 탐상 시험 합격 기준

QW-195.2.1 용어

유사 결함 – 최대 크기가 1.5mm보다 큰 결함.

선상 결함 – 길이가 넓이의 세배보다 큰 결함.

원형 결함 – 길이가 넓이의 3배 이하인 원형이나 타원형 결함.

QW-195.2.2 합격 기준

침투 탐상 시험으로 검사한 절차 검정 및 기능 검정 시험은 아래에 기술한 범위 이상의 어떤 결함이 나타나면 불합격으로 간주 한다.

(a) 유사 선상 결함.

(b) 5mm보다 큰 유사 선상 결함.

(c) 결함들 간의 거리가(Edge to Edge) 1.5mm 이하인 유사 원형 결함이 네 개 이상 같은 선상에 있을 때.

QW-196 저항 용접 시험

QW-196.1 금속 현미경 검사

QW-196.1.1

용접부는 용접 금속을 들추어 내기 위하여 횡단면으로 자르고 윤이 나게 하고 식 각시켜야 한다. 단면은 10배로 확대해서 검사해야 한다. 쉼용접 시험편은 QW-462.7.3처럼 가공해야 한다. 자른 용접부는 파단, 불완전 용입, 축출이나 불순 물 개입이 없어야 한다. 기공은 시험편의 횡단면으로는 1 void, 횡단면으로는 3 voids를 초과해서는 안 된다. Void의 최대 크기는 용접비드 두께의 10%를 초과해서 는 안 된다.

QW-196.1.2

스폿이나 쉼용접에서 너깃의 넓이는 아래 에서 처럼 얇은 부재의 두께 기준으로 아래와 같아야 한다. 용접깊이(용융정도)는 최소 얇은 부재 두께의 20%이고 최대 모든 부재 두께의 80%이어야 한다.

QW-196.1.3 프로잭션 용접에서는 너깃의 넓이는 프로잭션 넓이의 80% 미만 이어야 한다.

QW-196.2 기계 시험

QW-196.2.1

전단 시험 시험편은 QW-462.9에 따라 준비한다. 점 용접과 Projection 용접에서는 각 시험편은 최소 전단 강도 이상과 QW-462.10(a) ~ QW-462.10(c)에 있는 고유한 재질의 평균 전단 강도 이상을 가져야 한다. 그리고 시편 숫자의 90%는 각 시험편 평균 전단 강도 값의 0.9에서 1.1배사이의 전단 강도를 가져야 한다. 시험편 숫자의 나머지 10%는 시험편 평균 전단 강도 값의 0.8에서 1.2배사이의 값 사이에 있어야 한다.

QW-196.2.2

스폿이나 프로잭션 용접의 Peel 시험편은 그림 QW-462.8.1에 따라 준비하고 쉼 용접의 시험편은 QW-462.8.2에 따라 준비한다. 시험편은 기계적으로 벗겨지고 분리되어야 하며, 시험편이 합격되기 위해서는 용접부 밖에서 찢어져서 모재에 파단이 생겨야 한다.

QW-197 레이저 빔 용접(LBW) 겹치기 이음 시험

QW-197.1 절차 검정 시험편

QW-197.1.1 필요한 시험

각 용접 절차서를 자격 부여 받기 위해서는 여섯 개의 인장 전단 시험편과 여덟 개의 Macro 시험편이 필요하다. 검정 시편은 QW-464.1에 따라서 준비해야 한다. 인장 전단 시험편은 표 QW-464.1에 있는 규격으로 해야 된다. 표 QW-464.1에 나타난 종 단면과 횡 단면은 될 수 있는한 용접부의 중심에 가깝게 관통하도록 잘라야 한다. 각 종축 단면 시험편은 최소한 25mm 크기를 가져야 한다. 횡축 단면 시험편은 충분한 길이의 용접부, 열 영향부 및 열 영향을 받지 않은 모재부를 포함 하여야 한다. 단면은 부드럽게 갈고 식각액으로 식각을 해야 하며(QW-470을 보라) 최소한 25배 확대하여 시험하여야 한다. 횡축 단면 시험편을 위한 용접부의 용입부와 용융부는 거의 1/100"까지 측정하여 기록 한다.

QW-197.1.2 합격 기준 - 인장 전단 시험

인단 전단 시험에 합격하기 위해서는 QW-153의 요건을 따라야 한다.

QW-197.1.3 합격 기준 - Macro 시험

Macro 시험에 합격하기 위해서는 각 여덟 개의 시험편은 아래의 기준을 만족해야 한다.

(a) 용융부의 외형은 일반적으로 크기가 비슷하고 모양도 일정해야 하며 용입 정도도 일정해야 한다.

(b) 용접부는 시험에 합격하기 위해서 건전한 용접 금속이 되어야 하고 접합선에 따라서 완전한 용융이 되었다는 것을 보여 주어야 한다. 그리고 용접 금속 및 열 영향부에 결함이 하나도 없어야 한다.

QW-197.2 용접 기능 검정 시험편.

QW-197.2.1 필요한 시험.

QW-464.2(a)에 따라서 최소한 150mm 길이의 벗김 시험편을 준비 하여야 하고. QW-464.2(b)에 따라서 Macro 시험편을 준비하여야 한다. 벗김 시험편은 거의 1/100" 까지 측정된 파괴된 부분이나 용융 부분, 혹은 용입 부분을 벗어나서 벗겨야 한다. Macro 시편의 끝은 용접 금속을 분명히 볼 수 있도록 갈고 식각해야 한다. 각 용접부의 용입의 깊이와 넓이는 거의 1/100" 까지 측정해야 한다. 각 시험편은 QW-197.1에 따라서 시험해야 한다.

QW-197.2.2 합격 기준 - Peel 시험과 Macro 시험

Macro 시험: Peel 시험과 Macro 시험을 합격하기 위해서는, 용융부와 용입부의 치수(평균치)가 시편을 만들 때 사용했던 용접 절차 사양서의 치수 범위 내에 있어야 한다.

QW-199 플래쉬 용접.

QW-199.1 절차 검정 시험편 과 시험.

QW-199.1.1 시편 준비.

NPS 1이하의 시편은 4개의, 그 이상은 3개의 시편을 같은 용접 변수(즉, 동일 장비, 모재, 형상 및 본 용접에서 사용할 필수변수)를 사용하여 만든다. 이 변수는 검정기록에 적어둔다.

QW-199.1.2 인장 시험.

NPS 1 이하의 파이프, 관 모양이 아닌 단면은 QW-462.1(e)에 따라 두 개의 완전 단면 인장시험편을 만든다. NPS 1보다 큰 파이프는 QW-462.1(b)혹은 QW-462.1(c)에 따라서 한 개의 시편으로부터 두 개의 축소 단면 인장 시험편을 만든다. 관 모양이 아닌 단면은 QW-462.1(a)혹은 QW-462.1(d)에 따라서 두 개의 시편으로부터 두 개의 축소 단면 인장 시험편을 만든다. 그 시험편을 QW-150에 따라서 시험한다.

QW-199.1.3 단면과 굽힘시험

각 파이프 시편의 전 원주를 굽힘시험을 하기 위한 충분한 길이로 홀수 개의 strip을 파이프의 축을 따라 자른다. 각 strip의 최대 넓이는 38mm이고 최소 넓이는

w = t + D/4 : 파이프 NPS 2 이하

w = t + D/8 : 파이프 NPS 2 초과

각 시편으로부터 만든 strip의 한쪽 끝은 strip의 장축 방향과 평행하게 그라인딩을 해서 600grit 까지 윤을 내야한다. 윤을 낸 표면은 5배 크기로 확대하여 검사 하여야 한다. 윤울 낸 표면에 불완전 용융이나 눈에 보이는 결합이 없어야 된다. 용접시 발생하지 않은 모재의 결함은 무시할 수 있다. 관 모양이 아닌 단면은 4개의 옆면 굽힙 시험편을 QW-462.2에 따라서 두 개의 남은 시편으로부터 만들어야 한다. 그리고 시험을 위해서 윤을 낸다.

Strip에 번쩍이는 것을 다 지우고 용접부는 QW-194에 의거 육안 검사를 해야 한다. QW-160에 의거 각 파이프 시험편으로 부터 만든 strip의 반은 뒷면 굽힘 시험편으로 만들고 나머지 반은 측면 굽힘 시험편으로 만들어야 한다. 아래 사항을 제외하고 시험편은 QW-160에 의거 시험해야 한다.

(a) P-No. 1및 Gr.-No.2에서 No.4의 재질은 최소 굽힘반경(QW-466.1의 치수 B)이 시험편 두께의 3배이다.

(b) QW-163 대신에 각 파이프로부터 만든 모든 굽힘 시험편의 볼록면에 있는 눈에 보이는 개개의 결함 길이의 합은 시험하는 파이프의 원둘레의 5%를 초과하

지 않아야 한다.

QW-199.2 플래쉬 용접 - 기능검정 시편과 시험

QW-199.1.3에 따라서 한 개의 시편을 용접하고, 여러 개의 strip으로 자르고 육안검사하고 굽힘시험 해야 한다. 단면의 광택 및 그에 따른 시험은 필요 없다.

제2장 용접 절차서 자격 부여

QW-200 일반

QW-200.1

각 제작자나 하청업자는 다음과 같이 정의된 WPS를 준비해야 한다.

(a) WPS

WPS는 제작 용접부를 만드는데 지침을 주기 위하여 Code의 요건에 따라서 서면으로 만든 인정된 용접 절차이다. 용접사나 용접기 조작자가 Code의 요건에 따른다는 것을 확인시키기 위하여 WPS나 다른 서류들을 지침으로 사용할 수 있다.

(b) WPS의 내용

완전한 WPS는 WPS에 사용한 각 용접 기법에 대하여 필수변수, 비필수 변수, 필요 시는 추가 필수 변수까지 전부 기술하여야 한다. 이러한 필수 변수들에 대하여는 QW-250에 열거되어 있고, 제4장 용접 자료에도 정의되어 있다.

WPS는 QW-200.2에 언급된, 뒷받침 PQR을 참고로 만들어야 한다. 조직은 Code에 따라 만든 용접부에 도움되는 어떤 기타 자료라도 WPS에 포함할 수 있다.

(c) WPS의 변경

적용된 각 용접 기법의 필수 변수, 비필수 변수, 필요 시 추가 필수 변수에 대하여 그 변경 사항이 문서화 된다면 재 검정하지 않고 비필수 변수 범위 내에서 제작 요건을 맞추기 위하여 WPS를 변경할 수 있다. 이 변경은 기존 WPS나 새로운 WPS에 수정할 수 있다.

필수 변수나 추가 필수 변수(필요 시)을 변경할 시에는 WPS를 재검정 받아야 한다.(필수 변수 혹은 추가 필수 변수의 변경을 입증할 수 있는 새로운 PQR이나 추가 PQR)

(d) WPS의 양식

WPS에 기재하도록 요구되는 자료는, QW-250에 열거해 놓은 모든 필수 변수, 비필수 변수, 필요 시 추가 필수 변수들이 포함되어 있고 참조되어 있는 한, 각 제작자와 하청업자의 요구에 맞도록 어떤 형태의 양식이나 서면이나 표로서 만들어도 좋다.

양식 QW-482(비의무 조항 Appendix B를 보라)에 WPS의 길잡이로서 제공 되었다. 이 양식은 SMAW, SAW, GMAW 그리고 GTAW의 모든 자료를 포함하고 있다. 이것은 단지 길잡이이며 다른 용접 기법에 대한 모든 필요 자료를 열거 하지는 않았다. 이곳에 모든 용접 기법에는 적용되지 않지만, 해당 용접 기법에 적용되는 변수들에 대하여도 또한 열거해 놓았다.(예를 들면, SAW에 요구되지않는 보호 가스의 예) 이 길잡이는 다층 용접 절차서에는 용이하게 적용되지 않는다.(예를 들면, 초층에 GTAW한 후 그 다음 층에 SMAW를 할 경우)

(e) WPS의 이용

Code에 따라 제작한 용접부에 사용된 WPS는 AI(미국 기계 학회의 공인 검사관)가 제작 현장에서 검토용이나 참고용으로 사용할 수 있도록 해야 한다.

QW-200.2

각 제작자나 하청업자는 아래에서 정의하는 PQR을 준비해야 한다.

(a) 절차 검정 기록서(PQR)

PQR은 시험 시편을 용접하는 동안 변수들을 기록한 서류이다. 이것은 또한 시험된 시험편의 시험 결과를 포함하고 있다. PQR에 기록된 변수들은 보통 제작 용접부에 사용할, (WPS 변수의 한계가 PQR 변수의 한계보다 최소한 적어야 됨), 실제 변수의 허용되는 작은 범위 내에 있어야 한다.

(b) PQR의 내용

완성된 PQR은 시험 시편을 용접하는 동안 사용한, 각 용접 기법에 적용되는 QW-250의 모든 필수 변수, 비필수 변수, 필요 시 추가 필수 변수를 문서화 한 것이다. 시험 시편을 용접하는 동안 사용한 비필수 변수나 다른 변수들을 제작자나 하청업자의 선택 사항으로서 PQR에 기록할 수 있다. 기록할 시에는 시험 시편을 용접할 때 사용한 실제의 변수와 범위를 기록해야 한다. 만약 변수가 용접하는 동안 검사관에 의해서 감독되지 않았다면 그 변수를 기록 해서는 안 된다. 특정한 필수 변수, 혹은 필요 시 추가 필수 변수 때문에 요청되는 것 외에, 제작에 사용될 변수 범위의 전 구간이나, 최 끝 단의 값을 기능 검정하는 동안에 사용해야 하는 것은 아니다(주, 즉 WPS에 있는 각 변수의 범위 전부를 PQR에서 자격 부여할 필요는 없고 PQR에서 일정한 값을 자격 부여하면 WPS에서는 PQR에 따라서 인정해 주는 변수의 범위를 사용할 수 있다).

PQR은 제작자나 하청업자에 의해서 정확하게 입증되어야 한다. 제작자나 하청업자는 검정 기능을 하청 계약할 수 없다. 이 검정서는 PQR에 있는 자료가 시험 시편을 용접하는 동안에 사용한 변수들을 실제 기록한 것이고, 인장, 굽힘, 필요 시 Macro 검사의 결과도 Section IX에 따라 일치 된다는 것을 제작자나 하청업자가 확증하기 위한 것이다.

시편을 용접할 때 한 개 이상의 조합된 용접법, 용가재 및 다른 변수를 사용할 수 있다. 각 필수 및 필요 시 추가 필수 변수 별로 용융된 용접 금속의 개략적인 두께를 기록해야 한다. 그리고 그 변수를 사용해서 용융한 용접 금속은 인장, 굽힘, 파괴 인성 및 필요한 다른 시험편에 포함해야 한다.

(c) PQR의 변경

아래에 언급된 것을 제외하고는 PQR의 변경은 허용되지 않는다. PQR은 특정한 용접 시험을 하는 동안에 일어났던 것을 기록한 것이다. PQR에 대한 편집을 하기 위한 수정이나 부록은 허용된다. 편집 수정에 대한 예로서는 특정한 모재나 용가재에 부여되는 부정확한 P-Number, F-Number 혹은 A-Number 등이다. 부록에 대한 예는 Code의 변경에 기인한 것이다. 예를 들어 Section IX에 따라 용가재에 새로운 F-Number를 부여 하거나, 이미 설정된 F-Number에 새로운 용가재를 받아들이는 것이다. 이에 따르면, Code가 변경되기 전에 제작자나 하청업자가 검정하는 동안 특수한 분류에 속하는 전극봉을 사용하는데 제한을 받아서, 특정한 F-Number 내의 다른 용가재를 사용할 때 제작 Code의 특수한 요건으로 판단하여서 허용할 수 있다. 추가 자료가 실험 기록이나 유사한 자료에 의해서 본래의 자격 부여 여건의 일부이었던 것으로서 구체화가 된다면, 추후에 PQR에 반영할 수 있다.

PQR에 대한 모든 변경은(날짜를 포함해서) 제작자나 하청업자가 재검정 해야 한다.

(d) PQR의 양식

양식 QW-483(비의무 조항 Appendix.B를 보라)을 PQR의 길잡이로서 준비해 놓았다. PQR에서 요구되는 자료는, 필수 변수 그리고 QW-250에서 요구 될 시에는 추가 필수 변수까지 포함되어 있는 한, 각 제작자나 하청업자의 요구에 맞도록 어떤 형태의 양식으로 만들어도 좋다. 이때 시험 형태, 횟수, 결과는 PQR에 열거되어야 한다.

양식 QW-483은 용접법의 조합이나 한 개의 시편에 여러 개의 용가재를 사용하는 용접에 편하게 사용할 수 있도록 해 주는 양식은 아니다. 이런 경우 필요한 변수를 기록하기 위하여 추가로 그림이나 자료를 첨부하거나 참조하도록 해야 한다.

(e) PQR의 용도

공인 검사관이 검토를 요구할 시 WPS를 입증하기 위하여 PQR을 사용해야 한다. 이 PQR은 용접사나 용접기 조작자에게 필요한 것이 아니다.

(f) 한 개의 PQR에 여러 개의 WPS/한 개의 WPS에 여러 개의 PQR

한 개의 PQR로 여러 개의 WPS를 만들 수 있다.(예를 들면, 필수 변수가 같다면 철판의 1G자세로 PQR을 만들면 파이프나 철판의 F,V,H 그리고 O 자세로 용접하는 WPS에도 사용할 수 있다. 필수 변수 및 필요 시 추가 필수 변수를 입증하는 여러 개의 PQR이 있을 시에는 한 개의 WPS내에 있는 필수 변수들을 변경해서 사용할 수 있다.(예를 들면, 1.5mm에서 32mm까지의 두께 범위에 사용하는 한 개의 WPS는 1.5mm에서 5mm와 5mm에서 32mm 까지의 두께 범위를 입증하는 두 개의 PQR로 입증할 수 있다.)

QW-200.3

요구되는 용접 절차서의 자격 검정(PQR)의 수를 줄이기 위해서 성분, 기계적 성질, 용접성 등과 같은 특성에 따라서 모재의 P 번호가 책정되고 철과 철합금 (QW/QB-422)을 위해서 그룹 번호가 추가적으로 P 번호에 책정 된다. 그룹 번호는 파괴 인성이 요구 되는 절차서 자격 검정을 하려고 P 번호 내에 있는 금속을 분류한 것이다. 이러한 책정은 야금학적인 성질, 후열처리, 설계, 기계적 성질, 작업 조건 등의 관점에서 적합성을 고려하지 않고 모재를 무분별하게 교체할 수 잇다는 것을 뜻하는 것은 아니다. 파괴 인성을 고려하면 모재는 특정 요건을 만족 시킨다고 예상할 수 있다.

일반적으로 파괴 인성의 요건은 Quenching과 Tempering된 P-No.11의 모든 모재와 SECT. VIII에 의한 저온용 금속, 그리고 Sect. III에서 요구하는 여러 가지 등급의 금속을 제작하기 위해서 필수적이다. 파괴 인성 시험의 허용 기준은 Code의 다른 조항에 정해져 있다.

QW-200.4 용접 절차서의 복합

(a) 하나의 용접 연결부에, 다른 필수, 추가 필수 혹은 비 필수변수를 가지는 한 개 이상의 용접 절차서를 사용할 수 있다. 각 절차서는 한 개 혹은 복합으로 용접법, 용가재, 혹은 다른 변수들을 포함할 수 있다.

한 개의 접합부에 각기 다른 용접법으로 두 개 이상의 절차서가 사용되거나 다른 필수 변수들을 사용하는 경우에 각 용접법이나 절차서의 자격 부여되는 모재 두께 범위나 용접 금속의 최대 두께를 판단하기 위하여 QW-451을 사용해야 한다. 대안으로 단지 초층 용착의 자격 인정을 위해서 QW-200.4(b)를 따를 수 있다.

한 개 이상의 용접법, 용가재 혹은 한 세트의 변수를 사용하는 용접 절차서(WPS)를아래 (1), (2)항을 준수하면, 각 용접법, 용가재 혹은 각 세트의 변수를 개별적으로나 서로 다른 조합으로 사용할 수 있다.

(1) 관련된 용접법, 용가재 혹은 한 조의 변수들에 관련된 필수, 비 필수, 필요 추가 필수 변수가 적용될 것.

(2) 용접법, 용가재 혹은 한 조의 변수들에 관련된 QW-451의 모재, 용접 금속의 두께 제한이 적용될 것

(b) GTAW, SMAW, GMAW, PAW 및 SAW 혹은 이러한 용접 기법의 조합에서 모재의 두께가 13mm 보다 큰 시험 시편의 결과를 기록하는 PQR을 위하여 또 하나의 다른 용접 기법과 그 보다 더 두꺼운 모재의 시험 결과를 기록한 한 개 이상의 PQR로 조합하여 사용할 수 있다. 이 경우, 첫째 PQR에 기록된 용접 기법으로, WPS를 입증하기 위하여 사용되었던 다른 PQR로 자격 부여된 최대 두께의 모재 위에 2t(단락형의 GMAW에 대하여는 QW-404.32를 보라)까지 초층을 용접할 수 있다. QW-451.1의 Note(1)과 QW-451.2의 요건을 적용해야 한다.

QW-201 조직의 의무

조직은 각 WPS를 자격 부여했고, 절차서 자격 부여 시험을 수행 했으며 그 결과를 관련 PQR에 서류화 했다는 것을 증명해야 한다.

QW-202 요구되는 시험의 종류

QW-202.1 기계적 시험

홈 용접 절차서를 자격 부여하기 위하여 시험할 시험편의 숫자와 형태는 QW-451에 따르고 QW-463.1(a)~QW-463.1(f)에서 보인 바와 비슷한 방법으로 채취 하여야 한다. 만약 QW-451에서 요구한 어떤 시험편이라도 규정된 합격 기준을 만족 시키지 못하면 그 시험 시편은 불합격으로 간주해야 한다.

불합격이 용접 변수와 관계 없다고 판단할 수 있을 때는 동일한 용접 변수를 사용하여 다른 시편을 용접할 수 있다.

대안으로, 만약 처음 시편에 적절한 부분이 남아 있다면 처음 시험편이 위치해 있는 곳으로부터 작업상 가능한 가까운 곳에서 불합격한 시험편 대신에 추가 시험편을 채취할 수 있다.

시험 불합격이 필수 혹은 추가 필수 변수 때문이라고 판단되었다면, 시험 불합격의 원인이라고 판단되는 변수를 적절히 변경하여 새로운 시편을 용접할 수 있다. 새로운 시험이 합격되면 필수와 추가 필수 변수를 PQR상에 서류화 해야 된다.

시험 불합격이 필수 혹은 추가 필수 변수가 아닌 한 개 이상의 용접 관련 요소에 의한 것으로 판단되었다면 시험 불합격의 원인이라고 판단되는 용접 관련 요소를 적절히 변경하여 새로운 시편을 용접할 수 있다. 만약 새로운 시험이 합격되면, 전에 시험 불합격의 원인이라고 판단된 용접 요소의 필요한 성질이 실제 용접에서 해결되었다고 확신할 수 있는 조직이 조치해야 한다.

필렛 용접으로만 검정할 때, 요청 사항은 QW-202.2(c)에 따른다.

QW-202.2 홈 및 필렛 용접부

(a) 완전 용입된 홈 용접부의 자격 부여

홈 용접 시험 시편은 실제 제작에 사용할 모재와 용착부의 두께 범위를 자격 부여해야 하며 자격 부여에 대한 제한은 QW-451에 따라야 한다. 홈 용접의 용접 절차서 자격 부여는 인장과 유도 굽힘 시험편을 사용하여 홈 용접부에 실시한다. 이 Code 이외에서 요구할 시 파괴 인성 시험을 실시해야 한다. WPS는 열거된 필수 변수 범위 내의 홈 용접을 위해서 검정 한다.

(b) 부분 용입 홈 용접부의 자격 부여

시험편 모재의 두께가 38mm 이상으로 자격 부여 받으면 실제 모재 두께 제한의 상한선이 없고 부분 용입 홈 용접부에 대한 모재 및 용착 금속의 두께는 QW-451에 있는 요건대로 자격 부여 받아야 된다.

(c) 필렛 용접부의 자격 부여

필렛 용접부의 WPS자격 부여는 위의 (a) (b)에서 언급한 시험편을 사용하여 홈 용접 시험 시편으로 할 수 있다. 그렇게 하여 자격 부여된 필렛 용접 절차서는 모든 두께의 모재에 어떤 크기로 필렛 용접하거나, QW-451.4에 따라 모든 직경의 파이 프 혹은 튜브를 용접하는데 사용할 수 있다. Code의 다른 Section에서 언급 하였듯 이 비압력부의 필렛 용접은 부가적으로 필렛 용접만 자격 부여할 수 있다. 시험은 QW-180에 따라서 해야 한다. 자격 부여의 제한은 QW-451.3에 따라서 해야 한다.

QW-202.3 용접 보수와 덧살 붙임

홈 용접으로 자격 부여된 WPS는 홈 용접과 필렛 용접의 보수, 그리고 다음 조건 하에서 덧살 붙임 용접을 위해 사용될 수 있다.

(a) 필렛 용접부의 모재나 용착 금속의 두께 제한은 없다.

(b) 필렛 용접이 아니면, 시험편 모재의 두께가 38mm 이상으로 자격 부여 받으면 실제 모재 두께 제한의 상한선이 없고, 그 외는 각 용접 기법의 모재와 용착 금속의 두께 범위는 QW-451에 따른다.

QW-202.4 두께가 서로 다른 모재

홈 용접으로 자격 부여된 WPS가 모재의 두께가 서로 다른 제작 용접부에 적용되 기 위해서는 아래와 같은 경우를 만족 시켜야 된다.

(a) 연결부의 얇은 쪽의 두께가 QW-451의 허용된 범위 내에 있을 때.

(b) 두꺼운 부재의 두께가 다음과 같아야 한다.

(1) P-No.8, P-No.41, P-No.42, P-No.43, P-No.44, P-No.45, P-No.46, P-No.49, P-No.51, P-No.52, P-No.53, P-No.61 그리고 P-No.62 금속은 6mm 이상의 모재 두께로 자격 부여 받으면 유사한 P-No.재질간의 접합에서 더 두꺼운 제 작 부재의 최대 두께에 대한 제한은 없다.

(2) 다른 재질인 경우는, 시험편 모재의 두께가 38mm 이상으로 자격 부여 받으면

더 두꺼운 재작 부재의 최대 허용 두께에 상한선이 없고, 그 외에 범위는 QW-451에 허용된 범위라야 한다.

두께가 다른 모재의 복합에 대한 자격 부여에 있어서 한 개 이상의 PQR이 요구될 수도 있다.

QW-202.5 Stud 용접

Stud 용접을 위한 절차서 자격 부여 시험은 QW-192에 따라서 해야 한다. 절차서의 자격 부여 시험은 QW-261의 필수 변수의 범위 내에서 사용되는 용접 절차를 자격 부여하게 된다. P-No. 1이 아닌 금속은 다섯 개의 용접부를 만들어서 Macro 시험해야 한다. 넓게 가열된 표면을 사용하는 Stud는 다섯 개의 용접부를 만들어서 Macro 시험해야 할 필요 없다

QW-202.6 튜브와 튜브 시트 검정

적용되는 코드의 Section(권)에서 튜브와 튜브 시트의 모형 시험에 대한 시범을 QW-193을 따를 것을 요구할 때, QW-193.1을 적용해야 한다. 만약 코드의 Section에서 특정한 시험 요구가 언급 없는 경우, 튜브와 튜브 시트 용접은 아래 방법 중의 하나로 자격 부여된다.

(a) QW-202.2와 QW2-2.4의 요구에 따라서 홈 용접

(b) QW-193.1의 요구에 따라서 모형 시범

(c) QW-202.2(c)의 요구에 따라서 필렛 용접(비 압력부의 튜브와 튜브 시트 용접에만 해당)

QW-203 절차서에서 자격 부여된 자세에 대한 제한

QW-250의 용접 변수에서 특별한 다른 요구 사항이 없다면 어느 자세로 자격 부여를 받더라도 절차서는 모든 자세에 적용된다. 용접 기법과 용가재는 WPS에서 허용된 자세에 사용하기가 적당해야 한다. 용접사 혹은 용접기 조작자는 그들이 용접한 WPS 자격 부여 시험에 합격되었을 때, 시험 시의 용접 자세에 대하여 자격 부여된다. QW-301.2를 보라.

QW-210 시험 시편의 준비

QW-211 모재

모재는 철판, 파이프 혹은 다른 제작품으로 이루어질 수 있다. 철판으로 자격 부여되면 파이프 용접에도 자격 부여되고 역으로도 성립된다. 시편의 치수는 요구되는 시험편을 준비하는데 충분하여야 한다.

QW-212 홈 용접의 모양과 치수

QW-250에 주어진 것을 제외하고는 용접 홈의 모양과 치수는 필수 변수가 아니다.

QW-214 내식용 덧살 붙임 용접

QW-214.1

시험 시편의 크기, 자격 부여의 한계, 요구되는 시험 및 검사 그리고 시험편은 QW-453에 기술된 데로 한다.

QW-214.2

필수 변수는 각 적용 용접 기법별로 나열된 QW-250과 같다.

QW-215 전자 빔 용접 과 레이저 빔 용접

QW-215.1

WPS자격 부여를 위한 시험 시편은 실제 제작에 사용되는 것과 기하학적으로 똑같은 결합부를 만들어야 한다. 만약 제작 용접부가 겹치기 용접부를 포함 해야 된다면(몸통 둘레 용접에 대하여는, 용접이 이미 된 부분(예를 들면 몸통 길이 방향으로 이미 완성된 부분에서 시작하여 다시 둘레 방향으로 용접하여 용접을 완성 시키는 것) 그러한 겹치기 용접부는 WPS자격 부여를 위한 시험 시편에 포함 되어야 한다.

QW-215.2

QW-451의 기계적인 시험 요건이 적용될 것이다.

QW-215.3

필수 변수는 각 용접 기법별로 나열된 QW-260과 QW-264와 같다.

QW-216 표면 경화 덧살 붙임 용접

각종 용접법을 사용한 표면 경화 덧살 붙임 용접은 닳는 것과 마모 되는 것을 방지하기 위하여 용착하는 것이다. 아래 요건은 어느 표면 경화 방법이 쓰여 졌는지에 관계없이 QW-216.1~QW-216.4가 적용된다.

QW-216.1

시험 시편의 크기, 자격 부여의 한계, 요구되는 시험 및 검사 그리고 시험편은 QW-453에 기술된 대로 한다.

QW-216.2

필수 변수는 각 적용 용접 기법별로 나열된 QW-250과 같다.

QW-216.3

Spray Fuse Method에 의한 표면 경화(예를 들면, 산소 가스 용접(OFW)과 프라스마 아크 용접)가 사용될 경우, QW-216.1과 QW-216.2에 따라 각각 시편 준비와 용접 변수를 적용해야 한다.

QW-216.4

표면 경화 덧살 붙임 용접을 용착으로 한다면 PQR을 자격 부여 받기 위하여 모재의 P-No.와 용착 금속의 화학 분석과 명목상으로 맞는 화학적 성질을 제출하여야 한다.

QW-217 크래드 금속의 이음

크래드 금속의 홈 용접을 위한 WPS는 크래드 된 두께의 어느 부위가 관련 Code에서 허용 함으로서 계산 시 두께에 포함될 경우는 아래 기술된 QW-217(a)에 따라서 자격 부여해야 된다. 두께 계산 시 포함되지 않을 경우는 아래의 QW-217(a)나 QW-217(b)중 하나만을 만족 시키면 자격 부여된다.

(a) QW-250의 필수 및 비필수 변수를 제작부에 사용할 각 용접 기법에 적용해

한다. 절차서 자격 인정 시험 시편을 실제 제작부 용접 시 사용하는 것과 똑같은 P-Number의 모재, 크래드 재질, 용접법 그리고 용가재의 복합으로 만들어야 한다.

QW/QB-422에 포함되어 있지 않은 금속의 자격 시험을 위하여는, 성분 시험용 철판으로 사용할 금속은 제작부에 사용할 금속과 똑 같은 화학적 성분의 범위 내에 있어야 한다. 모재와 용가재의 자격 부여되는 두께는 QW-451에서 적용된 것처럼, 각각의(모재 및 용가재) 실제 시험 시편 두께를 기준으로 정해야 한다. 이때 예외 사항으로 용접부의 크래드 부분에 결합되는 용가재의 최소 자격 부여 두께는 QW-453에 따라 수행되는 화학적인 분석에 기준을 두어 정한다. QW-451에서 요구하는 홈 용접부의 인장과 굽힘 시험을 해야 하고, 이 시험은 시험편의 축소 단면을 관통하는 크래드부의 전체 두께를 포함하여야 한다. 모재와 크래드부 사이의 접합부는 크래드를 용융 용접이외의 다른 공정으로 했다면 측면 굽힘 시험에서는 무시할 수도 있다.

(b) QW-250의 필수 및 비필수 변수를 용접 시 모재부를 결합하기 위하여 사용한 용접 기법에 적용해야 한다. 이 부분의 WPS를 입증하는 PQR은 크래드 금속으로 만들어진 시험 시편으로 할 필요는 없다. 내식용 덧살 붙임 용접부에 대하여는 QW-251.4의 필수 변수를 적용하고 시험 시편과 시험은 QW-453에 따라서 해야 한다. WPS에서는, 모재의 용접부 강도 증가를 보장하기 위해 내식용 덧살 붙임을 하는 홈의 깊이를 제한한다.

QW-218 라이닝의 적용

QW-218.1

라이닝을 적용하기 위하여 첨부하는 WPS는 QW-202.2(a), (b) 혹은 (c)에 의거 자격 부여 받아야 된다.

QW-218.2

상기의 대안으로서, 모재에 라이닝을 할 때 사용할 각 용접 기법은 제작에 사용할 형태나 배열로 라이닝하여 시편으로 자격 부여 받고 또한 모재, 라이닝, 용접 금속으로 사용할 금속과 같은 화학 성분의 범위 내에 있는 재질로 자격 부여 받아야 한다. 그 모재와 용접 금속의 두께를 제외하고는 QW-250에 있는 용접 변수가 적용된다. 그리고 자격 부여 시험은 실제 제작에 사용할 각 자세에서 QW-461.9에 따라서 수행되어야 한다. 이 때, 수직 자세나 상향 자세로 자격 부여 받으면 본 용접 시 모든 자세에 자격 부여된다. 모재와 용융부 사이의 경계를 분명히 보기 위해서는, 자격 부여될 각 자세 한 개당 하나의 시편을 잘라서 연마하고 식각시켜야 한다. 합격을 하기 위해서는 용접 금속이 모재에 완전 용융이 되어야 되고 결함이 없어야 한다.

QW218.3

어떤 요소의 용착부를 화학 분석을 요구할 때, 화학 분석은 이 요소들에 대한 표 QW-453 주석9에 따라서 수행한다.

QW-219 플래쉬 용접

플래쉬 용접은 자동 전기 저항 플래쉬 용접으로 국한해야 한다. 절차 시방서 시험은 QW-199.1에 따른다.

QW-219.1 변수의 허용치

실제 용접하는 동안 수정을 요구할 수 있는 플래쉬 용접의 변수는 서로 관련이 있다. 따라서, 비록 QW-265에 있는 변수가 많은 용접 변수에 허용치를 주더라도, WPS는 한 개 이하의 변수에 대하여 허용치를 부여하는, PQR과 똑 같은 특정 변수만 기입한다(즉 업셋 전류에 대한 허용치가 필요하다면, WPS의 다른 변수는 PQR상에 있는 것과 같아야 한다). 만약 WPS에서 두 개의 변수에 대하여 허용치가 필요하다면, 첫 번째 변수의 허용치는 그 허용치의 중앙에 위치해 두고 두째 변수의 허용치는 최상단과 최 하단에 위치하여 두 시편을 용접한다(즉 네 개의 시편이 용접되어야 한다). 이 시편들은 QW-199.1.3에 따라 검사하고 시험한다.

셋째 변수에 허용치를 부여해야 된다면, 처음 두 개 변수의 허용치는 그 허용치의 중앙에 위치해 두고 셋째 변수의 새로운 허용치는 최상단과 최 하단에 위치하여 두 시편을 용접한다(즉 네 개의 시편이 용접되어야 한다). 이 시편들은 QW-199.1.3에 따라 검사하고 시험한다.

WPS에 있는 3개 이상의 필수 변수에 대하여 허용치가 필요하지 않다.

다른 권의 요건에 따라서 수행하는 실제 시험은 이 요건을 만족 시키기 위하여 사용할 수 있다.

QW-220 하이브리드(복합) 용접 절차 변수

하이브리드 용접 절차 검정은 QW-221~QW-223의 요건을 보아야 한다.

QW-221 하이브리드 용접의 필수 변수.

아래 필수 변수가 QW-250에 있는 하이브리드 용접하는 동안 사용한 각 용접법의 용접 변수의 추가 사항이다.

(a) 하이브리드 용접법에서 검정하는 동안 사용한 용접법을 추가하거나 지우기

(b) 하이브리드 용접법에서 검정하는 동안 사용한 용접 순서를 변경

(c) 하이브리드 용접법에서 검정하는 동안 사용한 공정 분리를 10%이상 변경(즉, 용접 표면에서 측정, 용접 토치와 레이저 사이의 측정 등)

(d) 하이브리드 용접법에서 사용한 개별 용접법 간의 각도 변경 혹은 하이브리드 용접법과 용접할 재료 간격을, 검정 시 사용한 값보다 10도 초과하여 각도 변경

(e) 하이브리드 용접에서 사용한 개별 용접법과 재질 표면 사이의 높이 변경 혹은 하이브리드 용접법과 용접할 재료 사이의 높이를, 검정 시 사용한 값보다 10% 초과하여 각도 변경

QW-222 용접법 제한

하이브리드 용접법은 기계나 자동 용접으로 제한한다.

QW-223 시편 준비 및 시험

하이브리드 용접 절차 검정 시편은 QW-210의 법규에 따라서 준비해야 되고 QW-202에 의거 시험해야 된다.

QW-250 용접 변수

QW-251 일반

QW-251.1 WPS를 위한 변수의 종류

QW-252에서 QW-267에 걸쳐 열거된 각 용접 기법별 변수들은 필수 변수, 추가 필수 변수, 비 필수 변수(QW-401)들로 세분된다. 표에 나와 있는 " Table of

Variables"는 단지 참고이고 자세한 것에 대하여는 제4장에 있는 완벽한 변수를 보라.

QW-251.2 필수 변수

필수 변수의 변경은 상세히 기술된 변수에서 보듯이, 용접부의 기계적인 성질에 영향을 끼친다고 생각되는 변화이며 이 경우 WPS를 재 자격 부여 해야 한다.

추가 필수 변수는 특별한 파괴 인성 시험을 요구하는 금속에 필수 변수의 추가 사항으로 적용된다.

QW-251.3 비 필수 변수

상세히 기술된 변수에서 보듯이 재 자격 부여 없이 WPS에 있는 변수를 변경할 수 있는 것이 비필수 변수다.

QW-251.4 특수 용접 기법

(a) 내식용 덧살 붙임 및 표면 경화 덧살 붙임 용접을 위한 특별한 기법의 필수 변수는 정해진 기법별로 아래 표에 나타나 있는 데로 이다. 특별한 기법을 위해서 기술된 변수만 적용해야 한다. 내식용 덧살 붙임 혹은 표면 경화 덧살 붙임 용접의 기법 변경은 재 자격 부여를 해야 한다.

(b) 자격 부여 규정이 포함되어 있는 다른 Section에 따라서 만들어진 내식용 덧살 붙임 용접이나 표면 덧살 붙임 용접의 WPS를 QW-100.3의 규정에서처럼, 사용할 수도 있다.

QW-283 버터링으로 용접

QW-283.1 범위

이 단원은 단지 결합부에 사용되는 버터링 기법의 필수 변수가 그 결합부를 완성시키기 위한 나머지 용접 기법의 필수 변수와 다를 경우에만 적용된다. 통상의 예는 아래와 같다.

(1) 버터링되는 부재는 열처리가 되고 완성된 용접부는 용접 후열처리 되지 않는 경우; 그리고

(2) 버터링 시 사용한 용가재가 나머지 용접부를 완성하는데 사용한 용가재와

F-Number가 다를 때

QW-283.2 필요한 시험

절차서는 시험 시편을 버터링하고(제작 시 열처리 할 때는 버터링한 부재의 열처리를 포함해서) 나머지 부재를 결합하는 추가 용접을 함으로서 자격 부여된다. 최소 버터링 두께가 5mm 보다 작을 때는 버터링 부분 외의 나머지 용접부를 완성 시키는데 사용한 용접법의 필수 변수가 QW-409.1이고, 그 외의 버터링과 나머지 추가 용접부의 필수 변수는 QW-250에 따른다. 완성된 용접부의 기계 시험은 QW-202.2(a)에 따른다.

만약 버터링 시의 용가재가 나머지 용접부의 용가재와 동일한 성분이면, 한 개의 용접 시험 시편을 Section IX에 따라서 첫 번째 부재가 두 번째 부재에 직접 용접되는 이재 금속 결합의 자격 부여에 사용할 수 있다.

QW-283.3 버터링 두께

버터링한 제작 부재를 모든 기계 가공과 갈기가 끝나고 추가적으로 나머지 용접부를 완성 시키기 전에 남아 있는 버터링 두께가 WPS에 필요한 두께이다. 이 두께가 5mm 보다 작으면, 시험 시편의 버터링 두께는 버터링되는 부재가 제2의 부재에 용접되기 전에 측정해야 된다. 이 두께가 자격 부여되는 버터링의 최소 두께이다.

QW-283.4 대안으로서의 자격 부여

버터링 후에 용접되는 부분의 필수 변수가 변경되거나 버터링 후에 용접되는 부분을 다른 조직이 용접할 때 아래 중의 하나로 새롭게 자격 부여해야 한다.

(a) QW-283.2나 QW-283.3에 따라서 자격 부여하라. 맨 처음 자격 부여된 버터링의 두께가 5mm보다 작으면 새로 자격 부여하는 시편은 맨 처음으로 자격 부여할 때의 두께보다 두껍지 말아야 하며 입열량도 많지 않아야 한다.

(b) 맨 처음 자격 부여된 버터링의 두께가 5mm 이상이면 버터링되는 모재의 시편을 만들기 위해서 사용했던 용접 금속과 일치하는 화학 분석을 가지는 P-No.의 재질을 사용해서 버터링하고 그 후 용접부를 자격 부여하라.

QW-284 저항 용접 설비 자격 부여

각 저항 용접기를 연속적으로나 모조적으로 용접하기 위한 능력을 판단하기 위하여 시험 하여야 한다. 이 용접기는 새로 조립하거나 동력 공급의 변경이 필요해서 새로운 곳으로 옮길 때는 언제든지 재 자격 부여 받아야 하며, 동력 공급이 변경될 때 혹은 여타의 중요한 변경이 있을 때도 재 자격 부여 받아야 한다. 점 용접 및 프로젝션 용접기 자격 부여 시험은 백 개의 용접부를 연속으로 용접한 것을 한 세트로 해서 실시한다. 매 다섯 번째 용접마다 전단 시험을 해야 한다. 처음 다섯 개 용접 중의 하나와 맨 나중 다섯 개 중의 하나를 포함한 다섯 개의 용접을 금속 조직학적 으로 시험해야 한다. 심 용접기의 자격 부여 시험은 QW-286에서 요구하는 절차 자 격 부여 시험과 똑 같이 해야 한다. 시험 용접 세트를 용접하는 동안 용접기의 보수 나 조절을 해서는 안된다. P-21에서 P-No.26까지의 알루미늄 합금에 대한 자격 부 여 시험에 합격하면 모든 재질을 용접하는데 있어서 용접기의 자격이 부여된다. P-1 에서부터 P-15F까지의 철 합금과 니켈 합금인 P-41에서 P-No.49중 어느 하나의 재질에 대한 자격 부여되면 P-1에서부터 P-15F그리고 P-41에서 P-No.49 금속을 용접할 때의 용접기 자격이 부여된다. P-51에서부터 P-53까지 혹은 P-61, P-62중 어느 하나의 모재를 사용하여 기계용접시험에 자격부여 되면 P-51에서부터 P-53까 지 혹은 P-61, P-62로 분류된 모든 재질에 자격부여 된다. 시험과 합격 기준은 QW-196에 따라서 한다.

QW-285 저항 점 용접 및 프로젝션 용접의 절차서 자격 부여

점 용접 및 프로젝션 용접의 절차서 자격 부여 시험은 WPS에 따라서 실시한다. 이 시험은 열 개의 용접부를 연속으로 용접한 것을 한 세트로 해서 실시한다. 이 용 접부 중 다섯 개는 전단 시험을 해야 하고 나머지 다섯 개는 금속 조직학적인 검사 를 해야 한다. 시험과 합격 기준은 QW-196에 따라 한다.

QW-286 저항 심 용접 절차서 자격 부여

QW-286.1

아래에 언급한 시편은 본 용접에서 사용하는 것과 똑 같은 부재의 개수와 방위, Grade/Type, 두께를 사용해야 한다.

QW-286.2

QW-462.7.1에 있는 시편은 위쪽 시편 중심에 한 개의 구멍을 뚫어서 사용한다. 시편이 두 개 부재 이상일 경우에 제일 밑 쪽 부재를 제외하고 각 부재의 중앙에 구멍 한 개를 뚫는다. 접속용 파이프를 철판의 정 중앙 구멍에 용접이나 납땜을 하고 난 뒤 그림 QW-462.7.1처럼 두 개의 철판의 주위를 용접해서 철판 사이를 밀폐하여 시험한다. 철판 사이에 파손이 일어날 때까지 압력을 가한다. 만약 파손이 모재에서 생기면 절차서는 자격 부여된다.

QW-286.3

길이가 적어도 250mm 이상의 시편을 QW-462.7.2와 같이 만든다. 이 시편을 대략 길이 25mm로 해서 용접 방향과 수직으로 10개를 자른다. 4개의 종축 용접 시험편과 4개의 횡축 용접 시험편을 QW-462.7.2에 언급된 것처럼 잘라서 만든다. 이 시험편은 금속 조직학적으로 시험해야 하고 QW-196의 요건을 만족 시켜야 한다.

QW-287 전기 저항 용접조절 시 변화량

예열주파수, 전극 압력, 용접전류, 용접시간 주파수 혹은 후열처리 주파수는 PQR의 수치에서 ±5% 이내 이거나 이중의 수치 하나만 변경할 때는 ±10% 이내이어야 한다.

QW-288 튜브와 튜브시트 자격검정의 필수변수

QW-193에 의거 아래는 튜브와 튜브시트의 용접자격검정 시에 필수변수로 간주해야 한다.

QW-288.1 모든 용접 방법

(a) 사용한 용접 방법의 변경

(b) 기 용접한 용접금속을 추가나 삭제, 개선 깊이의 증가, 개선각도의 감소 혹은 개선형상의 변경과 같은 제작 한계를 벗어나는 용접결합 형상의 변경.

(c) 두께 2.5mm 이하의 튜브에 대하여는 관 두께가 10% 초과하여 증감하는 경우. 두께 2.5mm 초과하는 튜브의 경우는 단지 한 개의 자격검정 시험만 필요하다.

(d) 직경이 50mm이하이고 두께가 2.5mm이하인 튜브인 경우 직경이 10%를 초과하여 변경될 경우. 직경이 50mm보다 큰 튜브인 경우는 최소 자격 부여되는 직경은 50mm이다. 두께가 2.5mm보다 두꺼운 튜브는 직경의 변경이 필수변수다.

(e) Ligament(제일 밖에 위치한 튜브와 Shell간의 거리)가 10mm나 튜브 두께의 3배 중 큰 것보다 작은 경우 튜브 Hole간의 거리가 10% 초과하여 감소될 때.

(f) 여러 패스에서 한 개 패스로의 변경 혹은 그 반대.

(g) 자격 부여된 튜브와 튜브시트 결합부의 용접 자세가 변경될 경우(QW-461.1을 보라)

(h) 수직용접 자세의 진행 방향이 자격부여 시와 변경 될 경우.

(i) 튜브나 튜브시트 재질의 P-No.가 변경될 경우(튜브시트가 용접부의 일부인 경우), 튜브시트 크래드 재질의 P-No. 혹은 A-No.가 변경될 경우(크래드 재질이 용접부의 일부인 경우) 혹은 P-No.나 A-No.로 지정되지 않은 재질이 변경되는 경우.

(j) 용가재가 첨가되면 용접금속의 A-No.변경 혹은 A-No가 없는 경우는 용접금속의 화학성분이 변경.

(k) 예열온도가 55℃ 초과하여 감소할 경우. 층간온도가 자격부여 받을 때 보다 55℃ 초과하여 증가될 경우.

(l) PWHT의 추가 혹은 삭제.

(m) 전류를 자격부여 받은 것보다 10%를 초과하여 변경할 경우.

(n) 극성이나 전류형태(AC 혹은 DC)가 자격부여 받은 것에서 변경될 경우.

(o) 수동, 반자동, 기계용접간 변경이나 자동용접 방법 변경.

(p) 용접 전에 튜브 확대를 추가로 할 경우.

(q) 용접 전 청정 방법의 변경.

QW-288.2 SMAW.

(a) 전극의 직경 증가.

(b) 용접봉 F-No.의 변경.

QW-288.3 GTAW, PAW, GMAW

(a) 미리 삽입한 금속 소모재의 모양이나 크기의 변경.

(b) 보호개스나 보호개스의 혼합 변경.

(c) 혼합하여 보호개스를 사용하는 경우, 성분이 적은 개스의 유출 비율이 ±25% 나 2.5L/min 중 큰 것을 초과 할 때.

(d) GTAW나 PAW에서 용가재의 추가나 삭제할 경우.

(e) GTAW나 PAW에서 용가재나 전극의 직경 변경.

(f) 자격검정 때 보조로 사용한 개스보호 방법을 제거.

(g) 전극이나 용가재의 F-No. 변경.

QW-288.4 폭발 용접

(a) 모든 직경과 튜브 벽 두께에 대하여 자격 부여된 두께나 직경이 10%이상 변경 시.

(b) 압력을 적용하는 방법 변경.

(c) 폭발 방법의 변경이나 폭발 에너지가 ±10%변경.

(d) 튜브시트 면과 폭약(Charge)과의 간격이 자격검정 시 보다 ±10% 변경 시.

(e) 튜브와 튜브시트 사이의 간격이 허용치보다 ±10%변경

Note: QW-288.1의 변수 (f), (h), (j), (k), (m), (n), & (o)은 이 용접에 적용되지 않는다.

QW-290 템퍼비드(Temper Bead) 용접

적용 Code에 템퍼비드 용접에 대한 본 장을 적용 요구할 때, QW-290.1 ~ QW-290.6이 적용된다.

QW-290.1 기존 WPS의 기본 자격 및 향상.

홈 용접이나 필렛 용접에 적용한 템퍼비드 용접의 WPS는 홈 용접은 QW-202의 규정에 따라서 버터링은 QW-283에 따라서 홈 용접이 자격 부여 된다. 덧살붙임 용접에 대한 WPS는 QW-214 혹은 QW-216에 따라서 자격 부여된다. 일단 적용되는 건설규정의 요구사항과 추가 검정 요구사항이 만족되면, 같은 필수변수 또는 추가필수변수(적용될 경우)로 같은 절차서를 사용하여 템퍼비드 시험편을 얻기에 충분한 길이로 시편만 만들 수 있다. 홈 용접, 버터링 또는 크래드 용접 및 템퍼비드 용접의 자격부여는 또한 한 개의 시편으로 할 수 있다.

절차서가 템퍼비드 용접을 포함한 모든 요구사항으로 기 자격부여 되었고 단지 한 개 이상의 템퍼비드 용접변수만 변경 되었다면 같은 필수변수 또는 추가필수변수 및 템퍼비드용접 필수변수(적용될 경우)로 같은 절차서를 사용하여 시험편을 얻기에 충분한 길이로 시편을 만들 수 있다.

QW-290.2 용접방법 제한.

템퍼비드 용접은 SMAW, GTAW, SAW, GMAW(FCAW 포함) 및 PAW로 사용을 제한한다. 수동이나 반자동 GTAW나 PAW는 한 쪽으로부터 용접하는 홈 용접의 루트 패스나 QW-290.6에서 업급한 템퍼비드 용접을 보수하는 용접 외에는 사용을 제한한다. QW-290.4의 필수변수는 QW-250으로 자격 부여된 용접방법에도 추가적으로 적용되는 변수이다. 충격시험이 합격조건이면 QW-250의 추가필수변수도 각 자격 부여되는 용접방법에 적용해야 된다. 만약 이러한 변수들이 QW-250과 서로 위배 되거나 QW-250에 있는 변수보다 더 엄격할 경우는 이 변수들을 적용한다.

QW-290.3 템퍼비드용접 자격검정의 변수.

QW-290.4는 템퍼비드 용접 자격검정이 필요할 경우 적용되는 필수 및 추가필수 변수를 열거해 두었다. 적용 건설 Code나 설계 시방서에서 충격시험을 합격 조건으로 할 경우 충격시험 필수변수를 적용하는 것을 제외하고 경도시험 필수변수를 적용한다. 비 필수변수는 모든 경우에 해당된다(즉 적용하지 않는다)

QW-290.5 시편준비 및 시험.

(a) 시편은 시험편을 떼어 낼 수 있는 적당한 구조를 가져야한다. 시편은 홈 용접, 판의 구멍, 덧살붙임이나 다른 현태의 기하구조로 되어있다. 각 용접부 끝에서 시편의 끝까지는 용접 방향의 수직으로 측정하여 적어도 3" 되어야 한다. 시편은 적어도 2개 층 이상의 용접부를 포함해야 하고 한 개 층은 템퍼비드 층이어야 하고 또 시험편을 떼어 낼 수 있는 충분한 깊이를 포함해야 한다.

(b) 시편은 QW-451에 따라서 굽힘 시험해야 한다.

(c) 경도시험을 건설 Code나 설계 시방서에서 요구하고 있거나 특정한 시험을 요구하지 않을 때, 용접부, 용접 열영향부, 모재를 비커스 10kg 하중으로 경도 측정한다. 측정 증분은 ASTM E384대로 기술해야 한다. 비커스 측정 방법의 대안으로, ASTM E2546에 따라서 1kg에서 120kg까지의 아주 작은 범위의 힘을 계장화 압입 시험에 사용할 수 있고 측정의 증분은 ASTM E2546의 결정에

따라서 할 수 있다.

(1) 개략적으로 용접 금속 시편 두께의 중앙 면 연장 선상을 따라서 측정해야 한다.

(a) 용접금속에서 적어도 2곳 측정해야 한다.

(b) 모재를 맞닿는 용접 비드, 템퍼비드의 초층, 두 번째 층에 대하여 적어도 각 한 개 측정

(c) 열영향부에 최소한 세 개 측정. 형상의 간격이 HAZ의 단일 수직선상으로 세 개를 측정하기가 어려운 경우 개략적으로 HAZ에 수평선상으로 측정한다.

(d) 최소한 열영향을 받지 않는 부분을 두 개 측정

(2) 개략적으로 원래의 모재 표면에서 아래 방향으로 1mm의 선상을 따라서 추가 측정. 이 선상을 따라서,

(a) 용접금속에서 적어도 2곳 측정해야 한다.

(b) 모재를 맞닿는 용접 비드, 템퍼비드의 초층, 두 번째 층에 대하여 적어도 각 한 개 측정

(c) 용접 비드의 토우 바로 밑에서 한 번 측정하고 적어도 그 형상의 각 면에서 한번씩 측정

(3) 시편이 한 쪽에서 완전 홈 용입이 되는 경우 개략적으로 루트 표면 1mm 위의 선상을 따라서 추가로 측정한다. 이 선상을 따라서 최소한 용접 금속 두 번, 열영향부 두 번, 열 영향을 받지 않은 모재에 두 번 측정한다. 완전 홈 용입 용접 시편은 완전 혹은 부분 홈 용입 용접을 자격 부여한다. 부분 홈 용입 용접은 단지 부분 홈 용입 용접, 필렛 그리고 덧살 붙임 용접만 자격 부여한다. 육성 시편은 융성 용접만 자격 부여한다.

경도 읽기는 제작 코드나 설계 시방서에서 기술된 경도 제한치를 초과해는 안 된다. 경도가 표시 되지 않았으면 측정 값을 제출해야 한다.

(4) 적용 건설 Code나 설계사양서에 명시될 경우 샤르피 충격시험으로 시편을 시험해야 한다. 시험의 범위(용접부 열영향부 모재), 시험온도, 합격범위는 건설 Code나 설계사양서에서 제공 된 대로 해야 한다. 충격시험편은 각 용접 방법 별로 될 수 있는 대로 용접금속 두께의 반이 되는 깊이에 있는 용접부, 열영향부의 시편으로부터 만들어야 한다. 열영향부 시험편은 될 수 있는 한 노치

부분에 열영향부가 많이 포함되도록 방위를 정해서 만들어야 한다. 충격 시험 편과 시험은 SA-370에 따라서 실시하고 시편 표면에 수직으로 노치를 낼 수 있도록 해야 하며 또 시편으로부터 가장 큰 시험편을 만들 수 있도록 해야 한다. 한 개의 시험편에 각 용접법 별로 용접부와 열영향부를 포함하기 어렵거나 용접변수 모두를 다 포함하기 어려운 경우는 한 개 이상의 충격 시험편을 만들어서 시험해야 한다.

QW-290.6 용접 중의 보수용접.

(a) 템퍼비드 용접을 사용하여 용접 중에 보수용접을 할 수 있다. 용접 중의 보수 용접은 용접 결합부를 최종 육안검사 하기 전에 결함이 있는 것을 기계적으로 제거하거나 보수용접을 하는 것을 말한다. 이 용접의 보기로서는 정상적인 용접부의 기하학적인 연속성을 유지하기 위하여, 부분적으로 용접금속을 추가할 필요가 있는 부분을 기계적으로 제거해 내는 것 즉 기공, 불완전 용융 등을 제거하는 것이다.

(b) 보수해야 할 표면은 결함을 기계적으로 제거하고 기하학적으로 적당하게 표면을 만들어야 한다.

(c) 수동이나 반자동 GTAW/PAW 용접법으로 시행하는 템퍼비드 용접은 WPS에서 사용한 변수를 사용하여 보수 용접해야 한다. 원래 모재의 표면에 대하여 용착해야 할 비드의 개략적인 위치를 확인해야 되고 각층의 적용 변수를 WPS에 기술된 대로 사용해야 한다.

(d) 수동 혹은 반자동 GTAW나 PAW로 보수 용접을 할 필요가 있을 때 수동 혹은 반자동 GTAW 혹은 PAW로 템프비드 용접을 하여 자격 부여된 각각의 PQR에 따라서 WPS를 만들어야 한다. 수동이나 반자동 GTAW/PAW 용접법으로 시행하는 템퍼비드 용접은 WPS에서 사용한 변수를 사용하여 보수 용접해야 한다. 이 WPS는 원래 모재에 대하여 육성해야 할 비드, 각 템퍼 비드의 층별, 보수 용접을 해야 할 위치에 있는 층의 표면이나 용착 부분에 사용될 용착 비드의 크기, 전압, 전류 및 속도를 기술하여야 한다. 이는 QW-409.29에 따라서 각 층별 기계 및 자동 용접의 상응하는 출력비 내에 있어야 한다.

(e) 수동 혹은 반자동 GTAW 혹은 PAW로 용접할 용접사는 QW-300에 따라서 용접법을 채택하여 자격부여 받아야 한다. 또한 각 용접사는 효율적으로 시범을 보여 완료할 수 있어야 한다. 이 시범은 각 용접사가 WPS에 있는 변수들을 사용하여 각 육성층마다 2개 이상의 비드를 육성 용접하여야 한다. 시험편의 크기는 필요한 용접 비드를 다 포함할 수 있도록 충분히 커야 한다. 각 층의

길이는 최소한 100mm 이상이다. WPS에 따라서 용접사가 사용한 용접 입열량은 각 층마다 측정하고 각 용접 비드의 크기도 층마다 측정하여야 한다. 아래 용접 변수가 이 시범에 적용된다.

(1) WPS의 변경.

(2) 수동에서 반자동 용접으로의 변경 혹은 그 반대.

(3) 표 QW-461.9에 있는 관이나 판에 홈 용접을 행한 때의 사용한 자세 변경.

(4) QW-322에 따라서 자격 부여한 용접사나 용접기 조작자의 유효 기간은 QW-322에 있는 용접법을 사용하여 시범을 보인 WPS에 의거 기준을 판단한다.

제3장 용접 기능 검정

QW-300 일 반

QW-300.1

이장은 각 용접 기법에 대한 용접사와 용접기 조작자의 자격 부여 시험에 관한 필수 변수에 대해서 기술한다. 용접사 자격 부여는 각 용접법에 해당되는 필수 변수에 의해 제한된다. 이 필수 변수는 QW-350에 기술되어 있고 4장 용접 자료에 정의를 내린다. 용접기 조작자 자격 부여는 각 용접에 대하여 QW-360에 주어진 필수 변수에 의하여 제한된다.

용접사나 용접기조작자는 시험 시편의 방사선 투과 시험에 의해서 자격을 부여 받을 수 있거나, QW-304와 QW-305의 제한적인 요건 내에서 그가 실시한 제작 용접부나 시편으로 비파괴시험 함으로서 자격부여 받을 수 있거나 시편을 굽힘시험 함으로서 자격을 부여 받을 수 있다.

QW-301 시 험

QW-301.1 시험의 취지

기능 자격 시험의 취지는 건전한 용접을 하기 위한 용접사와 용접기 조작자의 능력을 판단하는데 있다.

QW-301.2 자격 시험

각 제작자와 하청업자는 제작 용접부에 사용되는 각 용접 기법에 대해 각 용접사와 용접기 조작자의 자격을 부여 하여야 한다. 기능 자격 부여를 예열이나 용접 후열처리(생략 할 수도 있는 변수임)를 요구하는 WPS나 SWPS에 따라서 행할 때를 제외하고(즉, 예열이나 용접 후열처리를 요구하는 WPS에 따라 용접사의 기능 자격 부여를 할 경우는 예열이나 용접 후열처리 하지 않고 시험에 합격하면 용접사 및 용접기 조작자를 기능 부여 할 수도 있다), 기능 자격 부여 시험 시 자격 부여된 WPS 혹은 SWPS에 따라 용접을 해야 한다. 재자격 부여가 필요한 변수의 변경에 대하여, 용접사에 대하여는 QW-350에 나와 있고 용접기 조작자에 대하여는 QW-360에 나와 있다. 허용할 수 있는 육안, 기계 및 방사선 검사 요건이 QW-304와 QW-305에 있다. 재 시험과 자격 부여의 갱신에 대한 요건은 QW-320에 있다.

QW-200의 요건을 만족시키고 WPS의 자격 부여 시편을 준비하는 용접사와 용접기 조작자는, 용접사를 위한 QW-304와 용접기 조작자를 위한 QW-305의 기능 부여 한계 내에서 또한 자격 부여된다. 이 경우 그 사람은 QW-303에 명기된 자세에 한해서 자격 부여된다.

QW-301.3 용접사와 용접기 조작자의 식별

제작자나 하청업자는 용접사나 용접기 조작자에게 식별 번호, 글짜 혹은 부호를 부여 하여야 한다. 이것을 용접사나 용접기 조작자들의 일을 식별하는데 사용해야 한다.

QW-301.4 시험 기록

용접사/용접기 조작자의 기능 자격 시험의 기록은 필수 변수인(QW-350 이나 QW-360) 시험의 종류, 시험 결과 및 각 용접사나 용접기 조작자에 대하여는 QW-452에 따른 자격 한계 등이 포함되어야 한다. 이 기록서에 대한 추천 양식은 QW-484A/QW-484B(비의무 조항인 Appendix B를 보라)에 있다.

QW-302 요구되는 시험의 종류

QW-302.1 기계 시험

특정 용접 기법에 대하여QW-380에 언급한 것을 제외하고 기계 시험에 필요한 시험편의 종류와 숫자는 QW-452에 따른다. 홈 용접 시험편은 QW-463.2(a)~QW-463.2(g)에 나와 있는 것과 비슷한 방법으로 채취한다. 필렛 용접 시험편은 QW-462.4(a)~QW-462.4(d) 및

QW-463.2(h)에 나와있는 것과 비슷한 방법으로 채취한다.

모든 기계 시험은 QW-160이나 QW-180중 해당되는 요건을 만족해야 된다.

QW-302.2 용적형 비파괴 검사

용접사의경우 QW-304, 용접기 조작자의 경우 QW-305에 따라서 용접사나 용접기조작자가 용적형 비파괴 검사에 의해 자격 부여될 때, 시험되는 시편의 길이는 150mm이고 파이프에서는 원주 방향 용접 전체를 포함해야 한다. 단, 작은 직경의 파이프에 대하여는 여러 개의 시편이 요구될 수도 있지만, 필요한 개수는 연속으로 만든 시편 네 개를 초과할 필요 없다. 방사선 투과 검사 기술과 합격 기준은 QW-191을 따른다.

QW-302.3 파이프의 시험 시편

QW-461.4의 1G 혹은 2G 자세에서의 파이프 시험 시편은 QW-463.2(d)혹은 (e)의 굽힘 시험편에서와 같이 상부 우측과 하부 좌측 4분원의 시험편을 제거한 두 개의 시험편이 채취되어야 한다. 또, 측면 굽힘 시험편으로 QW-463.2(d)의 상부 좌측 4분원의 루트 굽힘 시험편을 대치할 수 있다. QW-461.4의 5G 또는 6G 자세로 만든 파이프 시험 시편에 대하여는, 시험편은 QW-463.2(d) 또는 (e)에 따라 채취되어야 하고 4개 시편 모두가 시험에 합격해야 된다. 하나의 파이프 시험 시편에서 2G 와 5G의 두 자세로 만들어진 시험에 대하여는 시험편을 QW-463.2(f) 혹은 (g)에 따라 채취 해야 한다.

QW-302.4 육안 검사

(버리는 시편을 제외하고) 철판 시험편의 모든 표면에 QW-194에 따라서 굽힘 시험편을 자르기 전에 육안 검사를 해야 한다. 파이프 시험편에 대하여는 QW-194에 따라서 원주 방향 전체의 안쪽과 바깥쪽에 걸쳐서 육안 검사를 해야 한다.

QW-303 자격 부여되는 자세와 직경의 한계.(QW-461을 보라).

QW-303.1 홈 용접 - 일반

QW-461.9에 있는 시험 자세로 홈 용접에서 요구되는 시험에 합격한 용접사나 용접기 조작자는 QW-461.9에 있는 홈 용접이나 필렛 용접 자세에 자격 부여된다. 또한, 홈 용접에서 요구하는 시험에 합격한 용접사나 용접기 조작자는 각 경우에 따라 적용되는 QW-350이나 QW-360의 용접 변수의 한계 내에서 어떤 크기의 파이프 직경이나 모든 두께의 필렛 용접에 또한 자격 부여된다.

QW-303.2 필렛 용접 - 일반

QW-461.9에 있는 시험 자세로 필렛 용접에서 요구되는 시험에 합격한 용접사나 용접기 조작자는 QW-461.9에 있는 필렛 용접 자세에 자격 부여된다. 필렛 용접 시험에 합격한 용접사나 용접기 조작자는 적용되는 필수 변수 범위 내에서, QW-452.5에 나타나 있는 외경 73mm이상의 파이프와 튜브의 모든 필렛 용접의 크기, 모든 재료의 두께에 대하여 자격 부여된다. 외경 73mm미만의 파이프와 튜브를 필렛 용접하는 용접사나 용접기 조작자는 QW-452.4에 따라서 파이프의 필렛 용접에 합격하거나 QW-304와 QW-305에서 요구되는 기계 시험을 합격 해야 한다.

QW-303.3 특수 자세

특수한 방위에서 실제 용접하는 조직은 이 특정한 방위에서 기능 검정 시험을 받을 수 있다. 이러한 검정은 QW-461.1과 QW-461.2에서 언급한 바와 같이, 용접축의 기울기와 용접면의 회전에서 각 변위가 ±15도인 경우를 제외하고는, 실제로 시험한 특정 자세와 아래보기 자세를 위해서만 유효하다.

QW-303.4 스터드 용접 자세

4S자세에서 자격 부여되면 1S자세에서도 또한 자격 부여된다. 4S와 2S에서의 자격 부여되면 모든 자세에서 자격 부여된다.

QW-303.5 튜브와 튜브시트 용접의 용접사 및 용접기 조작자 자격부여

적용 Code에서 QW-193에 따라서 튜브와 튜브시트 모형 용접 자격부여 시험을 요구할 때 QW-193.2가 적용된다. 적용 Code에 자격부여 시험의 요구사항이 명확하게 명시되지 않았을 때 용접사나 용접기 조작자는 아래 중의 하나로 자격부여 받아야 한다.

(a) QW-303.1에 따라서 홈 용접.
(b) QW-193.2에 따라서 모형 용접 시범.

QW-304 용접사

QW-380의 특정한 요건을 제외하고, 이 Code의 법규하에 용접하는 각 용접사는 QW-302.1과 QW-302.4에 언급되어 있는 것처럼 각각 기계 시험과 육안 검사에 합격해야 한다. 대안으로 P-No. 21~26, 51~53, 61~62 금속을 제외하고, SMAW, SAW, GTAW, PAW 및 GMAW(방사선 시험용 단락형은 제외)나 이들 기법을 복합으로 하여 홈 용접하는 용접사는 QW-191의 비파괴 검사를 해서 자격 부여 받을 수 있다. GTAW로 P-No.21~26와 51~53을 홈 용접하는 용접사는 QW-191의 비파괴 검사를 해서 역시 자격 부여 받을 수 있다. 비파괴 검사는 QW-302.2에 따라 실시한다.

하나의 검정된 WPS로 용접하여 자격 부여된 용접사는 QW-350의 필수 변수 범위 내에서, 같은 용접 기법을 사용하는 다른 검정된 WPS에 따라 용접을 해도 역시 자격 부여된다.

QW-304.1 검사

기능 검정을 위하여 시편에 행한 용접은 QW-304에 언급한 아크 이동 형태나 용접 기법에 대하여 육안 및 기계 시험(QW-302.1, QW-302.4) 혹은 비파괴 검사(QW-302.2)으로 시험할 수 있다. 대안으로, QW-304에 언급된 아크 이동 형태나 용접 기법을 사용하여 최초로 용접된 150mm를 비파괴 검사하여 자격을 부여할 수 있다.

(a) 5G, 6G 혹은 특수 자세로 용접한 파이프는 원 둘레 방향으로 용접한 전 부분을 시험해야 한다.

(b) 한 개의 원둘레 방향의 파이프 용접으로부터 최소 길이를 얻어내지 못하는 작은 직경의 파이프에 대하여는 추가로 용접사가 원둘레 방향으로 용접한 용접부를 시험할 수 있다. 이 때 원주 방향의 시험편 수는 네 개를 초과할 필요가 없다.

(c) 실제 용접에서 방사선 시험의 기교와 합격 기준은 QW-191에 따른다.

QW-304.2 시험 기준에 대한 실패

만약 용접사 기능 검정을 위하여 선택한 제작 용접부가 방사선 기준을 만족시키지 못할 때 용접을 행한 용접사는 시험에 떨어진다. 이런 경우 이 용접사에 의해 작업된 부분은 모두 유자격 용접사나 유자격 용접기조작자에 의해 수정되어야 하고 시험해야하고 한다. 대안으로, 재 시험을 QW-320에 따라 허용할 수 있다.

QW-305 용접기 조작자

QW-380의 특별한 요건을 제외하고, 이 Code의 규칙에 따라 용접하는 각 용접기 조작자는 QW-302.1과 QW-302.4에 언급된 기계 및 육안 검사를 각각 합격해야 한다. 대안으로, P-No. 21~26, 51~53, 및 61~62 금속을 제외하고, SMAW, SAW, GTAW, PAW, EGW 및 GMAW(단락형은 제외)나 이들 기법을 복합으로 하여 홈 용접하는 용접기 조작자는 QW-191에 의거 비파괴 검사를 해서 자격 부여 받을 수 있다. GTAW로 P-No. 21~26 및 51~53을 홈 용접하는 용접기 조작자는 비파괴 검사를 해서 역시 자격 부여 받을 수 있다. 비파괴 검사는 QW-302.2에 따라 실시한다.

하나의 검정된 WPS로 용접하여 자격 부여 받은 용접기 조작자는 QW-360의 필수 변수 범위 내에서, 같은 용접 기법을 사용하는 다른 검정된 WPS에 따라 용접을 해도 역시 자격 부여된다.

QW-305.1 검사

시편의 용접부는 비파괴(QW-302.2)이나 육안 및 기계 검사(QW-302.1, QW-302.4)에 의하여 시험할 수 있다. 대안으로, 자격 부여된 WPS에 따라서 용접기 조작자가 용접한 처음의 실제 용접 최소 1m 길이를 비파괴로 검사할 수 있다.

(a) 5G, 6G 혹은 특수 자세로 용접기 조작자가 용접한 파이프는 원 둘레 방향으로 용접한 전 부분을 방사선 시험해야 한다.

(b) 한 개의 원둘레 방향의 파이프 용접으로부터 최소 길이를 얻어내지 못하는 작은 직경의 파이프에 대하여는 추가로 용접기 조작자가 원둘레 방향으로 용접한 용접부를 방사선 시험할 수 있다. 이 때 원주 방향의 시험편 수는 네 개를 초과할 필요가 없다.

(c) 실제 용접에서 방사선 시험의 기교와 합격 기준은 QW-191에 따른다.

QW-305.2 시험 기준에 대한 실패

만약 용접기 조작자 기능 검정을 위하여 선택한 제작 용접부가 방사선 기준을 만족시키지 못할 때 용접을 행한 용접기 조작자는 시험에 떨어진다. 이런 경우 이 용접기 조작자에 의해 작업된 부분은 모두 비파괴 검사를 해야 하고 유자격 용접사나 유자격 용접기 조작자에 의해 수정되어야 한다. 대안으로, 재 시험을 QW-320에 따라 허용할 수 있다.

QW-306 용접 기법의 복합

각 용접사와 용접기 조작자는 실제 용접부에 사용할 특정한 용접 기법에 대하여 QW-301의 요건의 제한에 따라서 자격 부여 되어야 한다. 용접사와 용접기 조작자는 분리된 시험편에 각각의 용접 방법으로, 혹은 하나의 시험편에 복합된 용접 방법으로 시험을 보아 자격 부여 받아도 된다. 2명 혹은 그 이상의 용접사나 용접기 조작자는 같은 용접 기법을 사용하든지 혹은 다른 용접 기법을 사용하든지, 하나의 시편에 복합으로 자격 부여 받을 수도 있다. 한 개의 시편에 복합으로 자격 부여를 한 경우 용접 금속의 두께의 한계와 굽힘 및 필렛 시험은 QW-452에 제시했다. 그리고 그것은 각 용접 기법별 및 필수 변수가 변할 때 마다 각 용접사나 용접기 조작자 별로 적용된다.

한 개의 시편에 복합으로 자격 부여 받은 용접사나 용접기 조작자는 그가 각 특정한 용접 기법에 대하여 자격 부여 받은 한계 내에서 용접을 한다면, 그가 자격 부여 받은 용접 기법중의 어느 하나로 실제 용접 하던지 혹은 그가 자격 부여 받은 용접 기법을 복합으로 실제 용접을 하여도 자격 부여된다.

한 개의 시편에 복합 시험을 한 부분 중 어느 부분이라도 시험 실패하면 전 부분의 복합 시험에서 불합격한 것으로 간주 한다.

QW-310 자격 시험 시편

QW-310.1 시험 시편

시편은 철판 파이프 혹은 다른 형태로 할 수 있다. 파이프에서 전자세 용접은 2G와 5G(QW-461.4) 양 자세로 한 개의 시편을 용접해야 한다. 6", 8", 10" 혹은 더 큰 직경의 파이프로 시편을 만들 경우, 10" 혹은 그 이상의 직경에 대해서는 QW-463.2(f) 그리고 6"와 8" 직경 파이프에 대해서는 QW-463.2(g)와 같이 한다.

QW-310.2 받침이 있는 용접 홈

양면 홈 용접 혹은 받침이 있는 한면 홈 용접의 자격 부여 시험을 하기위한 시편의 홈 용접 치수는 제작자에 의해 자격 부여된 WPS중의 하나와 같든지 혹은 QW-469.1과 같아야 한다.

받침이 있는 한면 홈 용접 시편이나 양면 홈 용접 시편은 받침이 있는 것으로 간주해야 한다. 부분 용입 홈 용접과 필렛 용접은 받침이 있는 용접으로 간주한다.

QW-310.3 받침이 없는 용접 홈

받침이 없는 한면 홈 용접의 자격 부여 시험을 하기위한 시편의 홈 용접 치수는 제작자에 의해 자격 부여된 WPS중의 하나와 같든지 혹은 QW-469.2와 같아야 한다.

QW-320 재 시험과 자격의 갱신

QW-321 재 시험

QW-304나 QW-305에 기재된 것 중 한 개 이상의 시험에서 실패한 용접사나 용접기 조작자는 아래 조건 하에서 재 시험을 볼 수 있다.

QW-321.1 육안 검사를 사용한 즉각적인 재시험

시편이 QW-302.4의 육안 검사에서 불합격 되었을 때, 기계 시험을 하기 전에 육안 검사로 재 시험을 하여야 한다.

즉각적인 재 시험을 할 때, 용접사나 용접기 조작자는 실패한 자세마다 연속으로 두 개씩의 시편을 만들어야 하며, 이 시편 모두는 육안 검사 요건에 합격 해야 한다.

시험관은 기계 시험을 행하기 위하여, 육안 검사에 합격한 재시험 시편의 각 세트 중에서 결과가 좋은 시편 하나를 고를 수 있다.

QW-321.2 기계 시험을 사용한 즉각적인 재시험

시편이 QW-302.1의 기계 시험에서 불합격 되었을 때 재시험도 기계 시험으로 하여야 한다.

즉각적인 재 시험을 할 때, 용접사나 용접기 조작자는 실패한 자세마다 연속으로 두 개씩의 시편을 만들어야 하며, 이 시편 모두는 육안 검사 요건에 합격 해야 한다.

QW-321.3 비파괴 검사 사용한 즉각적인 재시험

시편이 QW-302.2의 방사선 시험에 실패했을 경우 즉시 재 시험도 비파괴 검사로 하여야 한다.

(a) 용접사와 용접기 조작자의 재 시험은 두 개의 150mm 시편으로 방사선 시험을 하여야 하고, 파이프에 대하여는 파이프의 전체 원주 방향 용접 부위를 포함한 두 개의 파이프에 대해 전체 300mm를 방사선 시험해야 한다. (소구경 파이프에 대하여는 이 길이를 채우기 위하여 여덟 개를 초과하여 시편을 준비할 필요는 없다.)

(b) 제작자의 선택에 의하여, 제작 용접부 시험에 불합격한 용접사의 재시험은 연속적으로 만든 같은 제작 용접부의 길이를 추가로 시험하거나 2배의 원주 방향 파이프 시편을 QW-304.1에 따라 할 수 있다. 만약 이 길이가 시험에 통과하면 용접사는 자격이 부여된다. 그리고 그 용접사가 전에 시험에서 불합격한 부분은 그에 의해 혹은 다른 자격을 갖춘 용접사에 의해 수정되어야 한다. 만약 이 길이가 검사 규격에 미달될 때는 용접사는 재 시험에 떨어지고 그가 용접한 모든 작업에 대하여서는 전부 검사를 하여 자격을 갖춘 용접사 혹은 용접기 조작자에 의해 수정되어야 한다.

(c) 제작자의 선택에 의하여, 제작 용접부 시험에 불합격한 용접기 조작자의 재시험은 연속적으로 만든 같은 제작 용접부의 길이를 추가로 방사선 시험하거나 2배의 원주 방향 파이프 시편을 QW-305.1에 따라 할 수 있다. 만약 이 길이가 시험에 통과하면 용접기 조작자는 자격이 부여된다. 그리고 그 용접기 조작자가 전에 시험에서 불합격한 부분은 그에 의해 혹은 다른 자격을 갖춘 용접사나 용접기 조작자에 의해 수정되어야 한다. 만약 이 길이가 검사 규격에 미달될 때는 용접기 조작자는 재 시험에 떨어지고 그가 용접한 모든 작업에 대하여서는 전부 검사를 하여 자격을 갖춘 용접사 혹은 용접기 조작자에 의해 수정되어야 한다.

QW-321.4 추가 훈련

용접사나 용접기 조작자가 추가 훈련이나 연습을 했을 때, 그가 실패했던 각 자세에 대하여 새로 시험을 볼 수 있다.

QW-322 자격 부여의 소멸 및 갱신

QW-322.1 자격 부여의 소멸

용접사나 용접기 조작자의 기능 자격 부여에 대한 소멸 여부는 아래 조건에 따라서 판단 한다.

(a) 6개월 이상 그 용접 방법으로 용접하지 않았을 경우, 그 해당 용접 방법에 대한 그의 자격은 소멸된다. 그의 자격이 끝나기 전, 6개월 내에 아래와 같이 하면 자격 유지 된다.

    (1) QG-106.3에서 명시한 자격 있는 제작자나 고용주 혹은 참여조직의 관리 감독하에 수동 또는 반자동을 사용하여 기 자격부여 받은 용접법으로 용접한 용접사 혹은 용접기 조작자는 또 다시 6개월 동안 자격이 연장된다.

    (2) QW-303.3에서 명시한 자격 있는 조직의 관리 감독하에 기계 또는 자동 용접을 사용하여 기 자격부여 받은 용접법으로 용접한 용접기 조작자는 또 다시 6개월 동안 자격이 연장된다.

(b) 용접사가 시방서를 만족시키는 용접을 할 수 있는 능력을 가지고 있는가에 대하여 의문을 제기해야 할 특정한 이유가 생길 때, 용접사가 하고 있는 용접을 입증하는 자격은 무효가 된다. 의문이 제기되지 않은 모든 다른 용접은 유효한 것으로 된다.

QW-322.2 자격 부여의 갱신

(a) 위 QW-332.1(a)에서 소멸된 자격의 갱신을 어느 재질이나, 두께나, 직경을 가진 철판 혹은 파이프로 된 한 개의 시편을 어느 자세에서 어떤 용접법을 적용하더라도 갱신을 할 수 있다. 그리고 QW-301고 QW-302에서 요구하는 대로 그 시편을 시험하여야 된다.

성공적인 시험을 함으로서 용접사나 용접기 조작자의 종전 자격은, 재질, 두께, 직경, 자세에 대하여 그가 사전에 부여 받은 용접 기법이 갱신되고 그 외의 다른 변수도 갱신 된다.

QW-304와 QW-305의 조건을 충족 시키면, QW-322.1(a)의 자격의 갱신은 실제 작업 중에서 할 수 있다.

(b) 상기 QW-322.1(b)의 요건 때문에 자격이 소멸된 용접사나 용접기 조작자는 재 자격 부여 받아야 한다. 자격을 부여하기 위하여는 계획된 실제 작업에 적합한 시편을 사용 하여야 한다. 시편은 QW-301과 QW-302에서 요구한대로 용접하고 시험 해야 한다.시험에 합격해야지 자격이 재 부여된다.

QW-350 용접사에 대한 용접 변수

QW-351 일반 사항

용접사는 각 용접 기법에 대해 기술된 필수 변수의 하나나 혹은 그 이상의 변화가 있을 때 재 자격 부여 받아야 한다.

용접 시 복합 용접 기법이 요구되는 곳에는 각 용접사는 특정 용접 기법이나 혹은 그가 실제 용접하는데 필요한 용접 기법에 대해 자격을 부여 받아야 한다. 용접사는 각 용접 기법에 대해 시험을 보아 자격을 부여 받을 수 있고 한 시편에 복합 용접 기법으로 자격을 부여 받을 수 있다.

용접사가 자격을 받으려고 하는 용접 금속 두께의 한계는 각 용접 기법으로 용접한 두께에서 여성고를 제외한 두께에 의해 결정 되고 이 두께는 QW-452에 주어진 시편의 두께에 따라 좌우된다.

어떤 주어진 실제 용접부에서도, 용접사는 그가 자격 부여된 용접 기법에 대하여 QW-452에서 허용된 것보다 두껍게 용착 시켜서는 안된다.

QW-360 용접기 조작자에 대한 필수 변수

QW-361 일반 사항

QW-362, QW-363 및 특수 용접을 위한 QW-380에 규정된 것을 제외하고, 용접기 조작자는 아래의 필수 변수(QW-361.1 및 QW-361.2) 중의 한 개가 변경 되었을 시에는 언제라도 재 자격 부여 받아야 한다

QW-361.1 필수 변수 - 자동 용접

(a) 자동 용접에서 기계 용접으로 변경.

(b) 용접 기법 변경.

(c) 전자 빔 용접과 레이저 빔 용접에서 용가제의 첨가 혹은 삭제.

(d) 레이저 용접에서 레이저 종류의 변경(예를 들면, CO_2에서 YAG로 변경)

(e) 마찰 용접에서 직접 전동식 용접에서 관성 전동식 용접으로의 변경이나 혹은 그 반대.

(f) 전자 빔 용접에서 진공 용접에서 비진공 용접으로의 변경이나 혹은 그 반대.

QW-361.2 필수 변수 - 기계 용접

(a) 용접 기법 변경

(b) 직접 육안 통제로부터 원거리 육안 통제로의 변경이나 그 반대.

(c) GTAW에서 자동 아크 전압 통제 장치의 제거.

(d) 자동으로 연결부 추적하는 것을 제거 할 때.

(e) 이미 자격 부여 받은 자세(QW-120, QW-130 및 QW-303을 보라.) 외의 용접 자세를 추가 할 때.

(f) 소모재를 사용하여서 부여 받은 자격이 필렛 용접이나 받침이 있는 용접에 또한 자격 부여되는 경우를 제외하고, 소모재를 제외하는 경우.

(g) 받침의 제거. 양면 홈 용접은 받침이 있는 용접으로 간주한다.

(h) 한면에 한 패스로 용접하는 것으로부터 여러 개 패스로 변경 시 그러나 그 반대는 아님.

(i) 하이브리드 플라즈마 GMAW 용접에서 용접기 조작자의 검정에 대한 필수 변수는 QW-357에 따른다.

QW-362 전자 빔 용접(EBW), 레이저 빔 용접(LBW) 및 마찰 용접(FRW)

기능 검정 시험 시편은 자격 부여된 WPS에서 허용하는 연결부를 포함하는 실제 용접부나 시편이라야 된다. 시편은 QW-452에 따라 기계적으로 시험해야 한다. 대안으로, 실제 용접부와 시편이 굽힘 시험편을 준비 하는데 적합하지 않을 때 적어도 용접 단면 두 개를 전 두께에 걸쳐서 볼 수 있도록 실제 용접부를 자를 수도 있다. 이 시편들은 용접 금속과 열 영향부를 분명히 구분하기 위하여 매끈하게 하고 적당한 식각액(QW-470을 보라)으로 식각 시켜야 한다. 용접 금속과 열 영향부는 완전 용입이 되어야 하고 결함이 없어야 한다. 용접기 조작자 자격 부여를 위한 필수 변수는 QW-361에 따른다.

QW-363 스터드 용접

스터드 용접 조작자는 QW-192.2의 시험 요건과 QW-304.4의 자세 조건에 따라서 기능 검정 되어야 한다.

QW-380 특수 용접 기법

QW-381 내식용 덧살 붙임 용접

QW-381.1 자격시험

(a) 시편의 크기, 자격의 한계, 필요한 검사와 시험, 그리고 시험편은 QW-453에 따른다.

(b) 내식용 덧살 붙임 용접 시험에 합격한 용접사나 용접기 조작자는 크래드나 라이닝되는 재질의 결합부 홈 용접부를 내식용 덧살 붙임 용접 하는데만 자격 부여된다.

(c) QW-350 및 QW-360 의 필수 변수가 각각 용접사와 용접기 조작자에게 적용된다. 그러나 이때 본 용접에 사용할 내식용 덧살 붙임 용접의 최대 허용 두께의 한계는 없다. 필수 변수를 적용 할 때, 홈 용접에서 자격 인정된 자세나 직경의 제한이 덧살 붙임 용접에도 적용된다. 그러나 이때 자격 부여된 직경의 한계는 원주 방향의 용접에만 적용한다.

QW-381.2 혼합 용접의 자격부여

QW-383.1(b)에 따라서 크래드나 라이닝의 혼합 용접에 자격 부여된 용접사나 용접기 조작자는 내식용 덧살붙임 용접에도 역시 자격부여 된다.

QW-381.3 홈 용접 시험의 자격부여에 대한 대안

WPS에 화학성분이 없을 때 QW-163에 따라서 내식용 덧살붙임 용접의 굽힘 시험을 만족하는 홈 용접에 자격부여 된 용접사나 용접기 조작자는 QW-350이나 QW-360에 언급된 범위 내에서 내식용 덧살붙임 용접에 자격부여 된다고 간주할 수 있다.

QW-382 표면 경화 덧살 붙임 용접(닳음 방지)

(a) 시편의 크기, 모재 두께의 허용 한계, 필요한 검사와 시험, 그리고 시험편은 QW-453에 따른다. 모재 시험 시편은 QW-423에서 허용한대로 할 수 있다.

(b) 표면 경화 덧살 붙임 용접 시험에 합격한 용접사나 용접기 조작자는 단지 표면 경화 덧살 붙임 용접에만 자격 부여된다.

(c) QW-350 및 QW-360의 필수 변수가 각각 용접사와 용접기 조작자에게 적용된다. 그러나 이때 본 용접에 사용할 표면 경화 덧살 붙임 용접의 최대 허용 두께의 한계는 없다. 필수 변수를 적용 할 때, 홈 용접에서 자격 인정된 자세나 직경의 한계가 표면 경화 덧살 붙임 용접에도 적용된다. 그러나 이때 자격 부여된 직경의 한계는 원주 방향의 용접에만 적용한다.

(d) 같은 SFA사양에 속하는 AWS 분류 중에서 한 개를 선택하여 자격 부여 받으면 그 같은 SFA사양에 있는 다른 AWS분류에도 자격 부여된다.

(e) 용접 기법을 변경하면 용접사와 용접기 조작자는 자격을 새로 부여 받아야 한다.

QW-383 크래드 재질의 결합과 라이닝 적용

QW-383.1 크래드 재질

(a) 크래드 재질의 모재 부분을 서로 붙이는 용접사와 용접기 조작자는 QW-301 에 따라서 홈 용접에서 자격 부여 받아야 한다. 크래드 재질의 크래드 부분을 용접 하는 용접사와 용접기 조작자는 QW-381에 따라 자격 부여 받아야 한다. 용접사와 용접기 조작자는 그들이 실제 용접할 크래드와 모재의 경계부에 대하여 자격 부여만 받는 것이 필요하다.

(b) QW-383.1(a)의 대안으로, 용접사와 용접기 조작자는 크래드와 모재의 경계부에서 시편을 만들어서 자격 부여 받는데 사용할 수 있다. 시험 시편은 적어도 10mm두께가 되어야 하고 크기는 모재를 결합하기 위하여 홈 용접을 할 수 있고 내식용 덧살 붙임 용접으로 완전히 홈 용접을 할 수 있는 것으로 해야 한다. 네 개의 측면 굽힘 시험편을 완성된 시편에서 채취하여 시험 하여야 된다. 홈 용접 부분과 내식용 덧살 붙임 용접 부분의 시편은 QW-163에 있는 각각의 기준을 사용하여 평가해야 한다. 크래드와 모재의 경계부를 사용하여 자격 부여 받은 용접사와 용접기 조작자는 QW-301에 있는 모재의 결합에 자격 부여 되고, QW-381에 있는 내식용 덧살 붙임 용접에 자격 부여된다.

QW-383.2 라이닝 적용

(a) 용접사와 용접기 조작자가 QW-301에 있는 홈 용접과 필렛 용접의 규칙을 따르면 자격 부여된다. 라이닝을 적용하기 위해서 하는 플러그 용접은 기능 검정을 하기 위해서 필렛 용접과 동일한 것으로 간주한다.

(b) 모재가 25mm두께를 넘지 않아야 되는 것을 제외하고는, 별개의 시험 시편을 용접할 수 있는 기하학적 크기로 구성할 수 있다. 용접된 시편은 용접부와 열 영향부가 나타날 수 있도록 자르고 식각 시켜야 한다. 용접부는 모재에 용입된 부분이 보이게 해야 한다.

QW-384 저항 용접기 조작자의 자격 부여

각 용접기 조작자는 그가 사용할 각 용접기로 시험 하여야 한다. P-21~26 금속의 어느 하나에 자격 부여 시험을 되면 모든 재질에 대하여 용접기 조작자는 자격 부여 된다. P-1에서 P-15F까지 중의 어느 하나나 P-41~49 금속 중 어느 하나에 대하여 자격 부여되면 P-1에서 P-15F까지의 모든 재질 혹은 P-41~49 금속 모두에 대하여 용접기 조작자는 자격 부여된다. P-51에서 P-53, 61 혹은

P-62중의 어느 금속에 자격 부여된 용접기 조작자는 P-51에서 P-53, 61 혹은 P-62에 해당하는 모든 금속의 용접에 자격부여 된다.

(a) 점 용접이나 프로젝션 용접의 자격부여는 연속된 열 개의 용접부가 한 세트로 만들어 지는데, 그 중 다섯 개는 기계적 전단 시험이나 벗김 시험용이다. 그리고 나머지 다섯 개는 육안검사 용이다. 시험과 검사 및 합격범위는 QW-196에 따른다.

(b) 쉼 용접의 자격부여는 종 단면과 횡 단면 한 개씩 필요한 것을 제외 하고는 QW-286.3에 따른다.

QW-385 플래쉬 용접 조작자의 자격부여.

각 용접기 조작자는 해당 WPS에 따라서 시편을 용접하여 시험 한다. 그 시편은 QW-199에 따라서 용접하여 시험해야 한다. 어떤 플래쉬 용접의 WPS에 따라서 자격부여 받는 다는 것은 용접기 조작자가 모든 플래쉬 용접의 WPS에 자격부여 받는 다는 것이다. 이 책의 다른 규정에 의거 용접기 조작자를 자격부여하기 위하여 본 용접 표본 시험을 시행 할 수 있다. 이 때 QW-199.2나 이 책의 다른 규정 즉 시험 방법, 시험 범위 및 합격 범위를 만족해야 한다.

QW-386 확산 용접기 조작자의 검정

QW-185.1에 의거 각 용접기 조작자는 용접 절차 검정 시편으로 시험해야 한다. 시편은 QW-185.3에 따라 금속학적으로 검사해야 한다.

제4장 용접 자료

QW-400 요 인

QW-401 일 반

이 장에 기술된 각 용접 변수들은 QW-250에 따라 각 특정 용접 기법에 대한 절차를 자격 부여할 때, 필수 변수, 추가 필수 변수, 비필수 변수로 적용된다. 기능 검정을 위한 필수 변수는 각 특정한 용접 기법에 대하여 QW-350에 나타나 있다. 한 용접 기법에서 다른 용접 기법으로 변경하는 것은 필수 변수고 재 자격 부여 받아야 한다.

QW-401.1 추가 필수 변수(절차서)

각 용접법의 추가 필수 변수는 필수 변수의 추가 사항이다.

절차서가 파괴 인성 외의 다른 모든 조건이 만족되게 종전에 자격이 부여 되었다면, 같은 필수 변수를 갖고 있는 같은 절차서를 사용하여 추가적으로 하나의 시험 시편만을 준비하면 된다. 단, 요구되는 모든 추가 필수 변수를 포함시켜야 한다. 시편은 필요한 파괴 인성 시험편이 나올 수 있도록 충분히 길어야 한다.

절차서가 파괴 인성을 포함한 모든 조건에 만족하게 자격이 인정되었으나 하나 혹은 그 이상의 추가 필수 변수가 바뀌었을 때 새로운 추가 필수 변수를 포함하는 동일한 절차서를 사용하여 추가 시편을 준비할 필요가 있다. 이 시편은 필요한 파괴 인성을 얻기 위하여 충분히 길어야 한다. 만약 이미 자격을 부여 받은 용접 절차서가 용접 금속에서 만족한 파괴 인성 결과치를 가지고 있고 열 영향부의 파괴 인성 시험이 추가로 요구될 때 그 부분만 새로 시편을 준비하면 된다.

필수 변수가 한 개 이상의 PQR로 자격 부여 되고 추가 필수 변수가 다른 PQR로 자격 부여된다면, 종전의 PQR로 입증된 필수 변수의 범위는 적용되는 추가 필수 변수가 언급한 범위인 후자에 의해서만 좌우된다(예, QW-403.8의 필수 변수가 최소 및 최대 모재 두께를 좌우한다, 추가 필수 변수 QW-403.6이 적용될 때, 적용 범위는 최대두께는 그대로 두고 최소 모재 두께만으로 수정해야 한다)

QW-401.2

용접 자료는 용접 변수 항목 즉, 이음매, 모재, 용가재, 자세, 예열, 용접 후열 처리, 가스, 전기적인 특성, 기교를 포함한다. 편의를 위하여, 각 용접 기법별 변수를 기능 검정에 대하여 QW-416에 요약 했다.

QW-402 이음매

QW-402.1 홈 모양의 변경(V-홈, U-홈, 한면 홈, 양면 홈 등).

QW-402.2 받침의 추가 혹은 제거.

QW-402.3 받침 성분의 변경.

QW-402.4 한면 홈 용접에서 받침의 제거. 양면 홈 용접은 받침이 있는 용접으로 간주 한다.

QW-402.5 받침의 추가 혹은 받침 성분의 변경.

QW-402.6 본래 자격 부여 받은 것 보다 더 넓은 Fit-up 간격 증가.

QW-402.7 받침의 추가.

QW-402.8 스터드 용접 단면의 크기나 모양의 변경.

QW-402.9 스터드 용접에서 페룰 혹은 플럭스 형태에 따른 차폐의 변경.

QW-402.10 정해진 루트 간격의 변경.

QW-402.11 비 금속 리테이너나 비용융 금속 리테이너의 첨가 혹은 삭제

QW-402.12 절차서 자격 시험을 위해서는 열거해 놓은 한계 내에서 실제 용접할 이음 매 형상과 같은 형상으로 해야 한다. 예외로서 파이프의 용접이나 튜브와 다른 형상의 용접을 자격 부여 받기 위하여 파이프의 용접 혹은 튜브와 파이프 용접 또는 튜브의 용접을 사용할 수 있고 중실 단면봉과 다른 형상의 용접을 자격 부여 받기 위해서 중실 단면봉과 중실 단면봉의 용접을 사용할 수 있다.

(a) 회전축에 대하여 결합되는 면의 어느 평면에서 측정한 각이 ±10도 보다 크게 변경.

(b) 용접 이음매의 단면적이 10% 보다 크게 변경 시.

(c) 원통형 용접의 공유 영역 외경이 ±10%보다 크게 변경 시.

(d) 위의 (b)에 관계없이 이음매의 단면이 중실 단면에서 중공 단면으로 변경 시 나 그 반대.

QW-402.13 이음매가 점 용접에서 프로젝션 용접으로 프로잭션 용접에서 심용접 으로 변경되거나 그 반대일 경우.

QW-402.14 용접이 중첩될 때 중심간 거리가 증가할 경우. 용접부 간격이 용접부 직경의 두 배 이내가 될 때, 용접부 간의 간격을 10%이상 증가 시키거나 감소 시 킬 경우.

QW-402.15 프로젝션 용접에서 프로젝션의 모양이나 크기의 변경.

QW-402.16 QW-462.5(a)~(e)에서 자격 부여된 최소 두께 아래쪽인 용접 용융선 과 내식용 용접부의 표면이나 표면 경화 덧살 붙임 용접부의 표면 사이의 거리가 감소할 경우. 실제 용접에 사용할 수 있는 내식용 덧살 붙임 용접과 표면 경화용 덧살 붙임 용접의 최대 두께에 대한 제한은 없다.

QW-402.17 절차서 자격 시험 시편상에 용착된 두께위에 실제 스프레이 퓨즈 표 면 경화 용접의 용착 두께의 증가.

QW-402.18 이음부가 겹치기 이음일 때,

(a) 재료의 가장자리로 부터의 거리가 10%초과하여 감소될 때.

(b) 재질의 겹쳐진 층수가 증가될 때.

(c) 표면을 변경하거나 자격 부여 받은 것을 종료하는 경우.

QW-402.19

관 단면에서 공칭 직경이나 두께의 변경, 관이 아닌 단면에서 자격 부여 받은 전체 단면적을 증가 시킨 경우.

QW-402.20 결합 형상 변경.

QW-402.21

내부 불꽃을 최소화 하기 위하여 사용된 방법이나 기기의 변경.

QW-402.22

끝을 준비하는 방법의 변경.

QW-402.23

38mm보다 적은 시편은 용접 배면에 냉각재를 추가(물, 개스 흘려 보내기 등). 용접배면에 냉각재를 사용하여 38mm 미만에서 검정되면 냉각수가 있거나 없이 용접한 동일 두께 이상의 모재 두께를 자격 부여한다.

QW-402.24

시편의 초층에 냉각재(물, 개스 흘려 보내기 등)를 사용하여 한 쪽 면에서 용접하여 검정 받으면, 냉각재를 사용하여 용접한 초층의 시편 두께나 13mm 중 적은 두께의 모든 모재 를 자격 부여한다.

QW-402.25

겹치기 이음에서 홈 용접으로 변경 혹은 그 반대.

QW-402.26

홈 용접에서 용접 개선 각도가 5도 초과 감소.

QW-402.27

뒷면에 고정한 모루의 재질 변경(사용 시). 용접 냉각 속도에 영향을 주는 뒷면에 고정한 모루의 설계를 변경(예, 공기 냉각에서 수 냉각 혹은 그 반대). 이 변수는 튜브와 튜브시트용접이나, 양면에서 겹치기 용융 부분이 있는 용접 혹은 스스로 반응하는 핀을 사용하는 용접에는 적용되지 않는다.

QW-402.28

용접 개선 기하학적 구조를 포함하여 자격 부여된 접합부 설계 변경(예, 사각 맞대기 개선에서 경사진 개선으로 변경). 결합부의 가장 작은 층의 반경이 슈울더 반경보다 적게 감소된 경우 혹은 결합부의 층이 서로 교차하거나 다른 HAZ와 교차하는 경우.

QW-402.29

검정 시편 두께의 ±10% 초과하여 결합부의 공간이 변경. 잘 조합되는 접촉면으로 검정된 WPS는 최대 허용 결합 간격이 1.5mm이다.

QW-402.30

홈 용접에서 필렛 용접으로 변경 혹은 그 반대. 홈 용접인 경우 다음 변수 중 어느 한 개의 변경:

(a) 백킹있다가 없는 것으로 변경.

(b) 개선 면의 두께가 ±10%변경

(c) 개선 면 간의 거리가 ±10% 변경

(d) 개선 각이±5% 초과하여 변경.

QW-403 모재

QW-403.1 QW/QB-422에 기술되어 있는 P-No. 모재로 부터 다른 P-No.나 어느 다른 모재로 바꿈. 두 개의 다른 P-No.의 모재들로 이음매를 만들 경우 절차서 자격 부여는 각각의 두 개의 모재를 같은 P-No.끼리 용접하여 자격부여 받았다 하더라도 적용되는 P-No.의 조합으로 이루어 져야 한다.

QW-403.2 자격이 부여되는 최대 두께는 시편의 두께이다.

QW-403.3

(a) 용입을 확인할 수 있고 뒷받침이 없는 한 면 완전 용입에 대하여, 시편의 두께가 25mm 이하인 경우 모재 두께가 20% 초과하여 증가, 시편이 25mm 초과한 경우 10% 초과하여 모재 두께 증가.

(b) 상기 (a) 외의 용접에 대하여, 시편의 두께가 25mm 이하인 경우 모재 두께가 10% 초과하여 증가, 시편이 25mm 초과하는 경우 5% 초과하여 모재 두께 증가

QW-403.4 용접 절차서 자격 부여는 실제 용접에 사용할 모재와 같은 종류 혹은 같은 등급 또는 같은 그룹(QW-422를 보라)에 속하는 다른 모재를 사용하여 실시해야 한다. 이음매가 두 개의 다른 그룹의 모재로 만들어질 경우 절차서 자격 부여는 각각 두 개의 모재에 대해 같은 그룹끼리 절차서 자격 부여가 되어 있다 하더라도 적용되는 모재의 조합으로 만들어야 한다.

QW-403.5

용접 절차 시방서는 아래 중의 하나를 사용하여 자격 부여 받아야 한다.

(a) 실제 용접에서 사용할 똑 같은 모재(같은 종류와 등급).

(b) 금속 재질에서, 실제 용접할 모재와 표 QW/QB-422의 P-No.와 Group Number가 같아야 한다.

(c) 비금속 재질에 대하여, 실제 용접할 모재와 표 QW/QB-422의 P-No.와 UNS Number가 같아야 한다.

표 QW/QB-422의 금속 재질에 대하여, 절차서 자격 부여는 각각 두 개의 모재에 대해 같은 그룹끼리 절차서 자격 부여가 되어 있다 하더라도 적용되는 각기 같은 P-No.와 Group Number 모재의 조합으로 만들어야 한다. 그러나 두 개 이상의 검정 기록이 모재는 같은 P-No.내의 다른 Group Number이고, 똑 같은 필수, 추가 필수 변수를 가지고 있다면, 두 개 모재의 조합은 자격 부여된다. 추가로, 서로 다른 P-No.와 Group Number의 조합으로 모재가 한 개의 시편으로 자격 부여되었다면, 그 시편은 사용한 변수범위 내에서 두 개의 같은 P-No. Group Number끼리 뿐 아니라 사로 다른 같은 P-No. Group Number끼리 자격 부여한다(예, SA516-60(P-No.1. Group Number 1)/SA516-70(P-No.1. Group Number 2)의 한 개 시편이 자격 부여되면 SA516-60(P-No.1. Group Number 1)/SA516-60(P-No.1. Group Number 1), SA516-70(P-No.1. Group Number 2)/SA516-70(P-No.1. Group Number 2) 및 SA516-60(P-No.1. Group Number 1)/SA516-70(P-No.1. Group Number 2) 모두 자격 부여된다)

이 변수는 다른 권에서 용접 열 영향부에 충격 시험은 요구하지 않을 때는 사용하지 않는다.

QW-403.6 자격 부여되는 최소 모재의 두께는 T 나 16mm중에서 작은 쪽이다. 그러나 T가 6mm보다 적은 경우 자격 부여되는 최소 두께는 $\frac{1}{2}$T이다. WPS가 상위 변태 온도 이상에서 자격 부여되거나 오오스테 나이트 재질 혹은 P-No.10H 재질이 용접 후 용체화 처리될 때 이 제한 조건은 적용되지 않는다.

QW-403.8 QW-202.4(b)에서 허용 한 것을 제외하고, QW-451에서 자격 부여된 범위를 넘을 때.

QW-403.9 한 패스의 두께가 13mm보다 큰 한 패스 혹은 여러 패스 용접에서 모재의 두께가 자격 부여 시험 시편의 두께보다 1.1배 넘게 증가한 경우.

QW-403.10 GMAW의 단락 이행형 용접에서 자격 부여 시편의 두께가 13mm보다 미만일 때 모재 두께가 자격 부여 시편 두께의 1.1배보다 넘게 증가한 경우. 자격 부어 시편의 두께가 13mm보다 클 때는 QW-451.1과 QW-451.2중에서 적용되는 것을 사용한다.

QW-403.11 WPS의 모재는 QW-424의 모재를 사용한 절차서 자격 시험에 의하여 자격 부여된다.

QW-403.12 QW/QB-422에 있는 하나의 P-No.에 속하는 모재가 다른 P-No.에 속하는 모재로 변경될 때. 다른 P-No.를 가지고 있는 두 개의 모재를 사용하여 이음매를 만들 경우 두 재질을 각각 같은 절차서를 사용하여 각기 자격 부여 받았다 할지라도 재 자격 부여가 요구된다. P-No.1, P-No.3, P-No.4, P-No.5A의 재질을 결합하기 위하여 Melt-in 기술을 사용하였을 때 절차서 자격 부여 시험을 하나의 P-No. 재질로 하면 그 P-No. 재질과 그 보다 낮은 P-No. 재질간의 용접도 역시 자격 부여된다. 단 역은 성립이 안 된다.

QW-403.15 레이저 빔 용접과 전자 빔 용접의 용접 절차서 자격 부여는 실제 용접에 사용할 재질과 같은 Type 혹은 그룹이나, 같은 P-No.(그리고 그룹이 주어졌으면 같은 그룹으로 QW/QB-422를 보라)로 등록된 다른 모재를 사용하여야 한다. 다른 두 개의 P-No.(혹은 다른 두 개의 그룹)로 이음매를 만들었을 때 절차서 자격 부여는 두 개의 모재가 각기 같은 재질끼리 절차서 자격 부여가 되었다 해도 적용되는 모재의 조합으로 만들어야 한다.

QW-403.16 QW-303.1 QW-303.2, QW-381.1(c)혹은 QW-382(c)에서 허용 한 것을 제외하고, QW-452에서 자격 부여된 범위를 넘는 파이프 직경의 변경.

QW-403.17 스터드 용접에서 QW-422/QB에 기술되어 있는 하나의 P-No.와 스터드 재질 P-No.(아래 정의된 대로)의 조합 혹은 어떤 다른 모재와 스터드 재질의 조합의 변경.

(주) 스터드 재질은 그것이 P-No.금속중의 어느 하나의 규정 성분을 만족 시킬 때 규정된 화학 조성 비로서 구분되어야 하고 P-No.로 지정할 수 있어야 한다.

QW-403.18 QW-423과 QW-420에서 허용된 것을 제외하고, QW/QB-422에 기술되어져 있는 하나의 P-No.로부터 다른 P-No.로 혹은 QW/QB-422에 기술되어 있지 않은 다른 금속으로 변경.

QW-403.19 다른 모재 Type이나 등급(Type이나 등급은 비록 다른 생산 형식으로 만들어져도 같은 규정된 화학적 분석 및 기계적 성질을 가지는 재질이다) 혹은 다른 하나의 모재 Type이나 등급으로의 변경. 이음매가 두 가지의 다른 Type이나 등급으로 만들어질 때 절차서 자격 부여는 두 개의 모재가 각기 같은 재질끼리 절차서 자격 부여가 되었다 해도 적용되는 모재의 조합으로 만들어야 한다.

QW-403.20 QW/QB-422에 있는 한 개의 P-No.에 속하는 모재로부터 다른 P-No.로 등록된 재질로 변경되거나 어떤 다른 모재로 변경될 때. P-No.10 혹은 11에 있는 한 개의 부속 그룹에 속하는 모재로부터 어떤 다른 그룹으로 변경 시.

QW-403.21 코팅 도장 혹은 크래딩의 추가나 삭제, 혹은 도금이나 크래딩의 두께나 규정된 화학 분석의 변경, 혹은 WPS에 적힌 코팅 형식의 변경.

QW-403.22 자격 부여 받은 이음매의 두께보다 10% 초과하여 모재의 두께를 변경하는 경우.

QW-403.23 QW-453에서 자격 부여된 범위를 초과하여 모재 두께를 변경하는 경우.

QW-403.24 모재의 시방서, 종류 및 등급 변경. 접합부를 두 개의 다른 재질로 만들 경우, 절차서는 절차 검정이 각기 서로 같은 두 개 모재끼리 용접된 시편으로 자격 부여되었다 할지라도 적용되는 모재의 조합으로 검정되어야 한다.

QW-403.25 용접 절차 시방서는 템퍼비드 용접에 사용되는 모재와 같은 P-No./Group Number로 만들어야 한다. 접합부를 두 개의 서로 다른 P-No. Group Number의 조합으로 만든 경우, 템퍼비드 절차 검정은 실제 용접에 사용할 각각의 P-No. Group Number로 수행해야 한다. 이 때 별 개의 시편 혹은 한 개의 시편상에 조합으로 할 수 있다. 만약 다른 P-No. Group Number의 모재를 같은 시편으로 시험할 때, 적용된 용접 변수, 각 모재의 시험 결과를 독립되게 서류화해야 하나 같은 검정 기록에 보고할 수 있다. 템퍼비드 용접이 한 면에 적용되거나(예, P-No.1과 P-No.8의 접합부에서 P-No.1 접합면) 클래드로 적용되거나 혹은 템퍼비드를 사용하여 보수 용접을 하는 경우, QW-290에 따른 검정이 템퍼비드로 용접될 재질에 사용하는 WPS에만 필요하다.

QW-403.26 아래 방정식을 사용하여 계산한 모재의 탄소 당량이 증가된 경우.

QW-403.27 자격 부여되는 최대 모재의 두께는 T 나 38mm중에서 작은 쪽이다. 그러나 T가 6mm보다 적은 경우 자격 부여되는 최대 두께는 1/2T이다. 이 제한은 필렛이나 홈 용접에 적용된다.

QW-403.28 다른 모재 종류, 등급이나 UNS Number로 변경.

Qw-403.29 재질 시방서에 나와 있는 대로 표면 마감 변경이나, ASTM B46.1-2006에 의거 측정한대로 표면 조도 범위를 설정하는 것.

QW-403.30 모재 두께를 20% 초과하여 변경.

(a) 고정 핀이나 끌어당기는 핀의 회전 도구의 시편 두께보다 모재 두께를 20% 초과하여 변경.

(b) 최소나 최대 두께 혹은 자동 반응하여 회전하는 기구의 두께 천이 경사면의 시편 두께보다 모재 두께를 20% 초과하여 변경.

QW-403.31

(a) 백킹없이 행한 완전 용입 홈 용접은, 자격 부여되는 모재의 두께는 시편 두께가 25mm 미만인 경우는 시편의 ±10%이고 시편 두께가 25mm 초과 시는 ±5%이다.

(b) 백킹을 사용한 완전 용입 홈 용접, 부분 용입 홈 용접 및 필렛 용접은, 최소 자격 부여되는 모재 두께는 PQR에 사용한 시편의 두께이고 최대는 제한이 없다.

QW-404 용가재

QW-404.1 추가한 용가재(버터링은 제외)의 단면적이 변경되거나 봉의 송급 속도가 자격 부여된 속도보다 10% 초과할 때.

QW-404.2 버터링한 용접 금속의 규정된 화학 분석이 자격 부여된 것보다 초과하여 변경하든지 버터링한 용접 금속의 두께가 자격 부여된 두께보다 많이 감소 될 때.(버터링이나 덧살 붙임 용접은 마지막으로 전자 빔 용접을 하기 위한 이음매를 준비하기 전에 이음매의 한면 혹은 양면을 용접 금속으로 용착하는 것을 말한다.)

QW-404.3 용가재 크기의 변경

QW-404.4 QW-432의 한 F-No.로부터 어떤 다른 F-No.로 변경하거나 QW-432에 없는 다른 용가재로 변경할 때.

QW-404.5 (철 금속의 경우만 적용) 용착부의 화학 성분이 QW-442의 한 A-No.로부터 어떤 다른 A-No.로 변경. A-No.1에 자격 부여 받으면 A-No.2도 역시 자격이 인정되고 그 역도 성립된다.

용접 금속의 화학 성분은 아래중의 어느 하나로 결정할 수 있다.

(a) 모든 용접 기법에 대하여 – 절차서 자격 부여 시편에서 얻어낸 용착부의 화학 분석으로부터.

(b) SMAW, GTAW, LBW 및 PAW에 대하여 – 용가재 시방서에 따라 만든 용착부의 화학 분석이나 용가재 시방서 혹은 제작자나 공급자의 확인 증명서로 보고되는 화학 성분으로부터.

(c) GMAW, EGW에 대하여 – 용가재 시방서에 따라 만든 용착부의 화학 분석으로 부터이거나, 사용되어진 보호 가스가 절차서 자격 시편을 용접하기 위하여 사용한 보호 가스와 동일할 때는 제작자나 공급자의 확인 증명서로부터.

(d) SAW에 대하여 – 용가재 시방서에 따라 만든 용착부의 화학 분석으로 부터이거나, 사용되어진 플럭스가 절차서 자격 시편을 용접하기 위하여 사용한 플럭스와 동일할 때는 제작자나 공급자의 확인 증명서로부터.

A-No.의 지정 대신에 용착부의 공칭 화학 성분이 WPS와 PQR상에 나타나야 한다. "G"첨자로 분류되는 경우와 제작자의 상표에 의해 지정되는 경우 혹은 인정된 다른 구매 문서로 지정하는 경우를 제외하고, 공칭 화학 성분의 지정도 AWS 분류를 참고할 수 있다.

QW-404.6 WPS에 표기된 용접봉이나 용접봉의 크기의 변경

QW-404.7 용접봉의 지름이 6mm이상 변경 시. 이 규정은 용접 후열처리가 상위 변태 온도를 넘어서 WPS 자격 부여될 때나 오오스테 나이트 재질이 용접 후 용체화 처리될 때는 적용되지 않는다.

QW-404.8 자격 부여된 범위를 넘어서 부가적인 산화제(용가제에 추가하여)의 성분이나 양을 변경하거나 추가 혹은 삭제.(이러한 부가적인 금속은 용접되는 어떤 금속의 용접부를 산화 시키기 위해 필요할 수도 있다.)

QW-404.9

(a) 플럭스와 용접봉의 혼합이 Section II Part C에 분류되어 있을 때 최소 인장강도(예를 들어, F7A2-EM12K에서 7)의 표시 변경

(b) 플럭스나 봉이 둘다 Section II part C에 분류되어 있지 않을 때 플럭스의 상표 변경이나 봉의 상표 변경.

(c) 봉은 Section II part C에 분류되어 있고 플럭스는 분류되어 있지 않을 때 플럭스 상표의 변경. QW-404.5의 요건 내에서 봉의 분류를 변경하면 재 자격 요구되지 않는다.

(d) A-No.8을 위해서 플럭스 상표의 변경.

QW-404.10 용접 금속의 합금 성분이 사용되어진 플럭스의 성분에 주로 좌우될 때, WPS에 주어진 화학적인 범위를 벗어나서, 용접 금속의 중요한 합금 성분에 영향을 줄 수 있는 WPS의 어느 부분의 변경. 만약 실제 용접이 절차서 사양에

따라서 만들어지지 않았다는 증거가 있다면 권한을 가진 검사관은 그 용접 금속의 화학 성분의 조사를 요구할 수 있다. 그러한 조사는 실제 용접에 적용하는 것이 좋다.

QW-404.12 SFA 시방서 내에서 용가재 분류의 변경 혹은 SFA 시방서에 적용되지 않는 용가재와SFA 시방서의"G" 첨자로 분류되는 용가재에 대하여는 용가재의 상호 변경.

"G"첨자로 분류되는 것을 제외하고, 용가재가 SFA시방서의 분류로 확인될 때 다음 중 어느 하나가 변경되어도 재 자격 부여 요구되지 않는다.

(a) 습기 방지용으로 지정된 용가제로부터 습기 방지용으로 지정되지 않은 용가제로의 변경 그리고 그 반대.(예, E7018R로부터 E7018로)

(b) 확산성 수소 등급의 변경.(예, E7018-H8에서 E7018-H16으로 변경)

(c) 똑 같은 최소 인장 강도와 화학 성분을 가진 탄소강, 합금강 및 스테인레스강의 용가재에서 한 개의 저수소계 코팅 형태에서 다른 코팅 형태로 변경.(예, EXX15, 16, 18이나 EXXX15, 16, 17 분류간의 변경)

(d) 플럭스 코어드 용접봉에서 한 개의 용접 자세 지정에서 다른 용접 자세 지정으로 변경(예, E70T-1에서 E71T-1으로 변경하거나 그 반대)

(e) 충격 시험을 요구하는 분류로부터, 절차서 자격을 인증하는 동안에 사용한 분류와 비교했을 때, 충격 시험이 보다 더 낮은 온도에서 시행 되었다든지 필요한 온도에서 더 높은 충격치를 나타내는 첨자를 가지는 같은 분류로 변경 혹은 절차서 자격을 인증하는 동안에 사용한 분류와 비교했을 때, 충격 시험이 보다더 낮은 온도에서 시행 되었으면서 필요한 온도에서 더 높은 충격치를 나타내는 첨자를 가지는 같은 분류로 변경(예, E7018에서 E7018-1으로의 변경)

(f) 용접 금속이 Code의 다른 Section에서 충격 시험을 면제할 때, 자격 부여된 분류로부터 SFA 사양서 내에 있는 다른 용가재로 변경.

이 면제는 표면 경화 덧살 붙임 용접이나 내식용 덧살 붙임 용접에는 적용되지 않는다.

QW-404.14 용가재 추가 혹은 삭제

QW-404.15 QW-433에서 허용한 것을 제외하고, QW-432에 있는 F-No.로부터 다른 F-No.로의 변경이나 다른 어느 용가재로의 변경.

QW-404.17 플럭스의 형태 또는 성분의 변경.

QW-404.18 봉으로 된 전극봉으로 부터 판상으로 된 전극봉으로 변경 및 그 반대.

QW-404.19 소모성 유도 장치로부터 비 소모성 유도 장치로의 변경 및 그 반대.

QW-404.20 용가재 추가 방법 즉, Preplaced Shim, Top plate, 심선, 심선 공급, 혹은 이음매 표면 한쪽 혹은 양쪽에 사전에 용접 금속을 버터링 등의 변경.

QW-404.21 용가재를 추가하는 경우 자격 부여된 용가재의 규정된 분석치의 변경.

QW-404.22 소모성 삽입재의 생략 혹은 추가. 소모성 삽입재를 사용하거나 사용하지 않은 한면 맞대기 용접에서의 자격 부여는 필렛 용접이나 받침을 한 한면 맞대기 용접 혹은 양면 맞대기 용접에도 자격 부여된다. 삽입재의 화학 분석이 SFA 시방서나 AWS 분류에 있는 어느 나봉의 분석치와 일치될 때를 제외하고, SFA-5.30에 따른 소모성 삽입재는 QW-432에 있는 나봉의 F-No.와 동일한 F-No.를 갖는 것으로 간주한다.

QW-404.23 아래 중의 한가지 용가재 생산 형태로부터 다른 형태로 변경 시
(a) 나봉(Solid 혹은 Metal Cored).

(b) 플럭스 코어.

(c) 플럭스 코팅(Solid 혹은 Metal Cored).

(d) 분말.

QW-404.24 추가 용가재의 양이 10% 이상 추가, 변경 혹은 삭제.

QW-404.27 용접 금속의 합금 성분이, 추가 용가재(PAW인 경우 분말 용가재를 포함)의 성분에 주로 좌우될 때, WPS에 주어진 화학적인 범위를 벗어나서, 용접 금속의 중요한 합금 성분에 영향을 줄 수 있는 WPS의 어느 부분의 변경.

QW-404.29 플럭스 상표명과 표식의 변경.

QW-404.30 QW-303.1과 QW-303.2에 별도로 허용한 경우를 제외하고, 절차서 자격 부여를 위한 QW-451과 기능 자격 검정을 위한 QW-452에서 부여된 범위를 벗어나서 용착되는 용접 금속의 두께를 변경 시. 용접사를 방사선을 사용하여 자격 부여할 경우 QW-452.1(b)의 두께 범위가 적용된다.

QW-404.31 자격 부여된 최고 두께는 시험 시편의 두께이다.

QW-404.32 용착된 용접 금속의 두께가 13mm보다 작은 GMAW의 저전류 단락 이행인 경우, 용착된 용접 금속의 두께가 자격 부여된 두께의 1.1배를 초과하여

증가될 때.

용착된 용접 금속의 두께가 13mm 이상일 경우는 QW-451.1, QW-451.2, 혹은 QW-452.1(a), QW-452.1(b)중 적용되는 것을 사용한다.

QW-404.33 SFA 시방서의 용가재 분류를 변경 혹은 AWS 용가재 분류에 합치되지 않을 경우에 전극봉이나 용가재의 제작자 상호에 대한 변경. 습기에 대한 저항성(예, XXXXR), 확산성 수소(예 XXXX H16, H8등) 및 추가 충격 시험(예, XXXX-1 혹은 EXXXXM)을 나타내는 임의 추가 표식이 WPS에 기입되어 있으면, WPS에 기입되어 있는 임의의 추가 표식과 같은 분류에 속하는 용접 금속만 사용할 수 있다.

QW-404.34 P-No.1 재질에서 다층 용착부의 플럭스 타입(예, 중성에서 활성으로 혹은 그 반대) 변경.

QW-404.35 SFA 시방서에 분류되어 있지 않은 경우 플러스/봉의 분류 변경 혹은 전극봉이나 플럭스의 상표명 변경. 봉/플럭스 복합이 SFA 시방서와 합치할 때와 등급이

(a) 확산성 수소 등급에서 다른 등급(예, F7A2-EA1-A1-H4로부터 F7A2-EA1-A1-H16)으로 변경 될 시 재 자격 부여 받은 필요 없고

(b) 더 낮은 온도에서 충격 시험을 요구하는 분류를 나타내는 파괴 인성 지표의 숫자 증가(예, F7A2-EM12K에서 F7A4-EM12K로 변경)도 재 자격 부여 받을 필요 없다.

이 변수는 용접 금속에 대하여 이 Code의 다른 Section에서 충격 시험을 면제할 경우는 적용하지 않는다. 이 면제는 표면 경화 덧살 붙임 용접이나 내식용 덧살 붙임 용접에는 적용되지 않는다.

QW-404.36 회수한 슬래그를 플럭스로 사용할 때, 제작자나 사용자가 SFA-5.01에 기술된 대로, 각 배치 별, 상호 별로 Section II Part C에 따라서 제작자나 사용자가 시험 하거나 혹은 QW-404.9에 의거 분류되지 않은 플럭스로 시험해야 한다.

QW-404.37 QW-422에 있는 한 개의 A-No.로부터 다른 어느 A-No.로 용착된 용접 금속의 성분을 변경하거나 QW-422에 없는 분석으로 변경. QW-422에 의한 A-No.8 혹은 A-No.9로 분석된 각 AWS 분류나 QW-432에 있는 비철 합금에 대하여는 제각기 WPS를 자격 부여해야 한다. A-No.는 QW-404.5에 따라서 결정될 수 있다.

QW-404.38 초층 용착 때 사용한 전극봉의 공칭 직경 변경.

QW-404.39 SAW와 ESW에서 사용한 플럭스의 타입이나 성분의 변경. 플럭스의 입자 크기 변경은 재 자격 부여가 필요 없다.

QW-404.41 PQR에 기록된 분말 금속 공급량을 10% 초과하여 변경.

QW-404.42 분말의 입자 크기 범위를 5% 초과하여 변경.

QW-404.43 PQR에 기록된 분말 금속의 입자 크기 범위에 대한 변경.

QW-404.44 균질한 분말 금속으로부터 기계적으로 혼합한 분말 금속으로 변경 혹은 그 반대.

QW-404.46 자격 부여된 분말 공급량의 범위를 변경.

QW-404.47 용가재 규격 및/혹은 분말 금속 입자의 규격을 10% 초과하여 변경.

QW-404.48 분말 금속의 밀도를 10% 초과하여 변경.

QW-404.49 용가재나 분말 금속 공급율을 10% 초과하여 변경.

QW-404.50 용입에 영향을 줄 목적으로 용접 결합면에 플럭스를 추가하거나 삭제.

QW-404.51 SMAW나 GMAW-FC의 봉 및 SAW의 플럭스를 보관하거나 분배하는 동안 습분 제거를 조절하는 방법(예 밀봉한 용기로 구입하여 가열한 오븐에 저장, 분배 시간 조절, 사용 전에 높은 온도에서 굽기).

QW-404.52 확산성 수소 등급 변경(예, E7018-H8에서 E7018-H16으로 변경 혹은 제어 안된 확산성 수소로 변경).

QW-404.53 용가재가 사용될 경우, 용가재의 추가 혹은 삭제, 용가재 공칭 화학 성분 변경.

QW-404.54 자격 부여된 용접 금속 두께의 변경.

QW-404.55 선 설치된 용가재 두께나 넓이의 변경.

QW-404.56 선 설치된 용가재의 종류 변경이나 등급 변경(예, 종류나 등급은 비록 다른 생산 형태일지라도, 똑 같은 공칭 화학 분석 및 기계적인 성질을 가지고 있는 재질이다)

QW-404.57 SAW나 ESW 공정을 사용하여 부식 방지용 및 표면 경화 육성 용접을 하는 데에 사용한 스트립 용가재의 공칭 두께나 넓이의 증가.

QW-405 자세

QW-405.1 이미 자격 부여된 용접 자세 외의 다른 용접 자세의 추가. QW-120, QWW-130, QW-203 및 QW-303을 보라.

QW-405.2 어떤 자세에서 수직 상향 진행으로 변경. 수직 상향(예, 3G, 5G, 혹은 6G 자세)으로 자격 부여 받으면 모든 자세에 대하여 자격 부여된다. 상향 진행에서 직선 비드로부터 위브 비드로 변경. 이 제한은 상위 변태 온도를 초과하여 PWHT를 하여서 WPS가 자격 부여 되거나 오오스테 나이트 재질이 용접 후 용체화 처리될 경우는 적용되지 않는다.

QW-405.3 수직 용접의 어느 패스에 대해 정해진 진행에서 위 방향으로부터 아래 방향으로 혹은 아래 방향으로부터 위 방향으로 변경. 단, Cover 패스나 Wash 패스는 위로 혹은 아래로 가능하다. 다음 층의 용접 때 건전한 용접 금속을 얻기 위하여 루터 패스를 제거 시킬 때 루터 패스도 역시 아래 혹은 위쪽으로 작업할 수 있다.

QW-405.4 아래 기록된 것을 제외하고, 이미 자격 부여 받은 자세 이외의 다른 용접 자세를 추가

(a) 수평, 수직, 위 보기 자세에서의 자격은 아래 보기 자세에서도 역시 자격 부여된다. 수평 고정 자세 5G에서 자격 부여되면 아래 보기, 수직 및 위 보기 자세에 자격 부여된다. 수평, 수직, 위 보기 자세에서 자격 부여되면 모든 자세에서 자격 부여된다. 경사 고정 자세 6G에서 자격 부여되면 모든 자세에서 자격 부여된다.

(b) 특수한 방향에서 용접을 행하는 제작자는 이 특수한 방향에서 절차서 자격 부여 시험을 할 수 있다. 이 부여된 자격은 실제로 시험한 자세에서만 유효하다. 단, 용접 축에 대한 경사각과 QW-461.1에 규정한 용접면에 대한 회전각은 ±15도의 각 변위가 허용된다. 시험편은 각 특정 방위에서 만든 시편으로부터 채취할 수 있다.

(c) 표면 경화 및 내부식 덧살 붙임 용접에서 5G, 6G의 파이프 시편이 적어도 한 개의 상향 전진으로 완성한 수직 부분을 포함하고 있거나 3G 판형 시편이 상향 전진으로 완성이 될 경우, 3G, 5G, 6G 자세로 자격 부여 되면 모든 자세에서 자격 부여 된다. QW-453에서 요구하는 화학 분석, 경도 및 Macro-etch 시험은 QW-462.5(b)에서 보듯이 수직 상향 덧살 붙임 용접으로

행한 한 개의 조각으로 표 QW-453에서 요구하는 대로한다.

(d) 수직 하향에서 수직 상향 전진 자세로 변경하면 재자격 부여 하여야 한다.

QW-406 예열

QW-406.1 자격 부여된 예열 온도보다 55℃ 초과하여 초과하여 감소. 용접을 하기위한 최소 온도는 WPS에 기록 하여야 한다.

QW-406.2 필요한 용접 후열처리 전에 용접을 완성할 때의 예열 감소나 유지 변경.

QW-406.3 PQR에 기록된 최대 층간 온도보다 55℃ 초과하여 증가. 이 제한은 상위 변태 온도를 초과하여 PWHT를 하여서 WPS가 자격 부여 되거나 오오스테 나이트 혹은 P-No.10H 재질이 용접 후 용체화 처리될 경우는 적용되지 않는다.

QW-406.4 PQR에 기록된 최대 층간 온도의 증가나 자격 부여된 예열 온도보다 55℃ 초과하여 감소. 용접을 하기위한 최소 온도는 WPS에 기록 하여야 한다.

QW-406.5 용융 하기전과 분무를 완성할 때 예열 감소나 유지 변경.

QW-406.7 자격 부여된 예열 주기의 숫자나 진폭을 10% 초과하여 변경 혹은 다른 예열 방법이 적용된다면, 15℃ 를 초과하여 예열을 변경.

QW-406.8 시편의 온도나 PQR에 기록된 온도보다 56℃ 초과하여 최대 층간 온도를 증가. 층간 온도는 각 템퍼링 용접 비드 층마다, 필요하다면 용접 비드 층의 표면상을 별도로 측정하여 기록해야 한다. WPS는 최대 층간 온도 제한을 각 템퍼링 용접 비드 층마다 별도로 표기하고, 필요하다면 용접 비드 층의 표면상 온도를 표기해야 한다.

QW-406.9 시편의 온도나 PQR에 기록된 온도보다 예열 온도의 감소. 예열 온도는 각 템퍼링 용접 비드 층마다, 필요하다면 용접 비드 층의 표면상을 별도로 측정하여 기록해야 한다. WPS는 최소 예열 온도 제한을 각 템퍼링 용접 비드 층마다 별도로 표기하고, 필요하다면 용접 비드 층의 표면상 온도를 표기해야 한다.

QW-406.10 용접 시작 전 충분한 최소 예열 시간.

QW-406.11 후열로 수소 베이크아웃하는 것을 추가 혹은 제거. 기록할 때, 충분한 최소 베이크아웃 온도와 시간을 기록해야 한다.

QW-407 용접 후열처리

QW-407.1 아래의 각 조건 하에서는 별도의 PQR이 필요하다.

(a) P-No. 1~ 6, 9~15F의 재질에 대하여는 다음의 용접 후열처리 조건이 적용된다.

    (1) 용접 후열처리가 없음.

    (2) 하위 변태 온도 미만에서 PWHT.

    (3) 상위 변태 온도(예, 노멀라이징)보다 높은 온도에서 PWHT.

    (4) 하위 변태 온도 미만에서 열처리한 다음 상위 변태 온도를 넘어서 PWHT.(예, 템퍼링 이후에 노말라이징 혹은 **퀜**칭)

    (5) 상위와 하위 변태 온도 사이에서 PWHT.

(b) 그 외의 다른 재질인 경우에 다음의 PWHT 조건이 적용된다.

    (1) PWHT가 없음.

    (2) 정해진 온도 범위 내에서 PWHT.

QW-407.2 PWHT(QW-407.1을 보라) 온도와 시간 범위의 변경은 새로 PQR 작성해야 한다.

절차서 자격 부여 시험은 실제 제작시의 용접에 적용하는 PWHT 조건과 근본적으로 동일하게 적용해야 되며 적어도 자격 부여시의 열처리 시간은 최소한 본 용접의 80%가 되어야 한다. PWHT 온도에서 총 열처리 시간은 한 개의 열 사이클로 적용할 수 있다.

QW-407.4 P-No.7, 8, 45가 아닌 금속재 모재에 대하여는, 시편을 상위 변태 온도보다 높은 온도에서 PWHT하여 절차 검정 시험할 때, P-No.10H 경우는 시편을 용체화 열처리할 때, 실제 용접에서 자격 부여되는 최대 두께는 시편 두께의 1.1배 이다.

QW-407.6 QW-407.1에 있는 PWHT 조건의 변경이나 PWHT 온도에서의 PWHT 시간이 25% 이상 증가.

QW-407.7 만약 열처리가 용융 후에 적용된다면 자격 부여된 열처리 온도 범위의 변경.

QW-407.8 아래의 경우 별 개의 PQR이 필요하다.

(a) PWHT 없음.

(b) 용접에 따른 PWHT 가열 전류 횟수가 10% 초과하여 변경.

(c) 열처리가 용접작업과 별도로 수행된다면 기록된 온도와 시간 범위 이내로 PWHT.

QW-407.9 아래의 경우 별 개의 절차 검정이 필요하다.

(a) 모든 모재에 A-No.8로 내부식 덧살 붙임 육성 용접하는 경우, QW-407.1의 PWHT 조건 변경 하거나, 제작 시에 PWHT 전체 시간이 20시간 초과하는 경우 전체 PWHT 시간이 25% 이상 증가.

(b) 모든 모재에 A-No.9로 내부식 덧살 붙임 육성 용접하는 경우, QW-407.1의 PWHT 조건 변경 하거나, 전체 PWHT 시간이 25% 이상 증가.

(c) 상기 외의 재질로 내부식 덧살 붙임 육성 용접하는 경우, QW-407.1의 PWHT 조건 변경.

QW-407.10 PWHT의 추가 혹은 삭제, 혹은 PWHT 온도를 ±25°C 변경, 25%를 초과한 유지 시간 변경 혹은 냉각 방법의 변경(예, 노, 공기, 담금질)

QW-408 가스

QW-408.1 추적 차폐 가스의 첨가나 삭제 그리고/혹은 그 성분의 변화.

QW-408.2 아래 각 조건에 대하여 별개로 절차 자격 시험을 하여야 한다.
(a) 단일 차폐 가스에서 다른 단일 가스로 변경.
(b) 단일 차폐 가스에서 혼합 차폐 가스로의 변경이나 그 반대.
(c) 차폐 가스 혼합의 정해진 성분 비율 변경.
(d) 차폐 가스의 생략.
SFA 5.32에 따른 AWS 분류를 차폐 가스 성분을 나타낼 때 사용할 수 있다.

QW-408.3 차폐 가스의 정해진 유량 범위의 변경 혹은 가스 혼합의 변경.

QW-408.4 오리피스 가스와 차폐 가스의 유량과 성분의 변경.

QW-408.5 가스로 받침하는 것을 추가하거나 삭제, 받침 가스의 성분 변경 혹은 받침 가스의 정해진 유량 범위의 변경.

QW-408.6 진공으로부터 불화성 가스로 변경하는 것과 같은 차폐 환경의 변경 혹은 그 반대.

QW-408.7 연료 가스 타입의 변경.

QW-408.8 받침쇠가 있는 한면 용접 맞대기 이음매의 용접, 양면 용접 맞대기 이음매의 용접 혹은 필렛 용접을 할 때에 재 자격 부여가 필요 없는 것을 제외하고 불활성 가스 받침의 생략. 이 제외 사항은 P-No.51~53, P-No.61~62 그리고 P-No.10I 금속에는 적용되지 않는다.

QW-408.9 P-No.41~49의 홈 용접과 P-No.10I, 10J, 10K, 51~53, 61~62 금속의 모든 용접에서 받침 가스를 제거하거나 받침 가스의 성분을 활성으로부터 혼합으로나 불활성으로 변경.

QW-408.10 P-No.10I, 10J, 10K, 51~53 및 P-No.61~62의 금속에서, 추적 보호 가스의 제거 및 추적 가스의 성분을 불활성 가스로 부터 활성 가스를 포함한 혼합 가스로의 변경 혹은 추적 가스 유량을 10% 이상 감소.

QW-408.11 다음 중의 하나 이상을 추가하거나 삭제;

(a) 보호 가스.

(b) 추적 보호 가스.

(c) 받침 가스.

(d) 프라스마 제거 가스.

QW-408.12 다음 중의 하나 이상의 유량을 10% 초과하여 변경; 보호 가스, 추적 보호 가스, 받침 가스 및 프라스마 제거 가스.

QW-408.13 작업물에 대하여 플라스마 제거 가스의 분출 방위나 자세의 변경(예, 빔에 대하여 동축으로 가로 지르는 것)

QW-408.14 자격 부여받은 범위를 넘어서는 산소나 연료 가스 압력을 변경.

QW-408.16 PQR에 기록된 플라스마 아크 가스나 분말 금속 송급 가스의 유량을 5% 초과하여 변경.

QW-408.17 플라스마 아크 가스, 보호 가스 및 분말 금속 송급 가스를 단일 가스로부터 다른 단일 가스로 변경하거나 가스간의 혼합으로 변경 혹은 그 반대.

QW-408.18 PQR에 기록된 플라스마 아크 가스, 보호 가스 혹은 분말 금속 송급 가스의 가스 혼합 성분을 10% 초과하여 변경.

QW-408.19 자격 부여된 분말 송급 가스 혹은 (플라스마 아크 분사) 플라스마 가스의 성분 변경.

QW-408.20 자격 부여된 플라스마 가스의 유량 범위를 5% 초과하여 변경.

QW-408.21 오리피스나 보호 가스 유량의 변경.

QW-408.22 차폐 가스 종류, 압력, 퍼지 시간 변경.

QW-408.23 티타늄, 지르코늄 및 그 합금에서 다음 중의 하나 이상을 삭제;
(a) 차폐 가스.
(b)추적 보호 가스.
(c) 받침 가스.

QW-408.24 개스 차폐 공정에서 차폐 가스의 최대 습분 함량(이슬점). 습분 제어
는 SFA5.32의 차폐 가스를 분류하는 시방서로 할 수 있다.

QW-408.25 자격 부여된 노의 분위기 변경.

QW-408.26 P-No.6~8, P-No.10H, P-No.10I, P-No.41~47, P-No.51~53,
P-No.61~62의 마찰 교반 용접에서 추적 장치나 차폐 가스 도구의 추가나 삭제,
혹은 개스 화학 성분 혹은 유량의 변경.

QW-409 전기적 특성

QW-409.1 PQR에 기재된 각 용접법에 대하여, 입열의 증가, 혹은 자격 부여된
부피에 비하여 용접 단위 길이 당 용착되는 용접 금속의 용착율 증가. 이 증가는
파형이 아닌 제어 용접은 아래 (a), (b) 혹은 (c)로, 파형 제어 용접은 아래 (b)나
(c)로 결정할 수 있다. 비 강제 부록 H를 보라.

(a) 입열(J/mm.)

   = (전압 * 전류 * 60)/(주행 속도) [mm./min.]

(b) 용접 금속의 용착율은 아래 (1), (2)로 측정

  (1) 비드 크기의 증가 (넓이 X 두께), 혹은
  (2) 용접봉 단위 길이 당 용접 비드의 길이 감소.

(c) 순간 에너지나 힘을 사용하여 결정하는 입열은,

  (1) 순간 에너지로 측정 시 입열(J/mm) = 에너지(J)/용접 비드 길이(mm)
  (2) 순간 힘으로 측정 시 입열(J/mm) = 힘(W) X 아크 시간(s)/용접 비드 길이

(mm)

PWHT를 상위 변태 온도를 넘어서 실시하여 자격 부여한 WPS나 오오스테 나이트 재질 혹은 P-No.10H 재질의 용접 후 용체화 처리를 한 때는, 입열을 측정하거나 용착된 용접 금속의 부피를 측정하는 요건은 적용되지 않는다.

QW-409.2 분무 아크, 입상 아크 혹은 펄스 아크로 부터 단락 아크로 변경하거나 그 반대.

QW-409.3 직류 동력원으로부터 펄스 전류의 추가나 삭제.

QW-409.4 교류에서 직류로 변경하거나 그 반대; 그리고 직류 용접에서 정극성으로 부터 역극성으로 변경이나 그 반대.

QW-409.5 WPS에 자격 부여 받은 전류나 전압 범위의 ±15% 변경.

QW-409.6 ±5% 넘는 빔 전류, ±2% 넘는 전압, ±2% 넘는 용접 속도, ±5% 넘는 빔 초점 전류, ±5% 넘는 건과 작업물간의 거리 혹은 자격 부여 받은 것보다 ±20% 넘는 진동의 길이나 폭의 변경.

QW-409.7 자격 부여된 것으로부터 빔 펄스의 진동 지속 기간이 변경.

QW-409.8 전류 범위의 변경 혹은 SMAW, GTAW, 파형제어 용접을 제외한 용접에서 전압 범위의 변경. 전류의 변화에 대한 대안으로서 용접봉 심선 송급속도를 변경하여 사용할 수 있다. 비 강제 조항인 부록 H를 보라.

QW-409.9 아크 시간이 $\pm^1/_{10}$초 초과하여 변경.

QW-409.10 전류가 ±10% 초과하여 변경.

QW-409.11 동력원이 한 개의 모형에서 다른 모형으로 변경.

QW-409.12 텅스텐 전극의 타입과 크기의 변경.

QW-409.13 용접봉의 규격이나 모양의 변경; 한 개의 RWMA(Resistance Welding Manufacturer's Association) 등급에 속하는 전극봉 재질을 다른 재질로 변경. 또한 아래의 변경:
(a) 점용접과 프로젝션 용접에서, 공칭 모양의 변경이나 전극봉 접촉면을 10% 초과하여 변경.
(b) 쉼 용접에서, 두께, 프로파일, 방위 혹은 10% 초과한 전극봉의 직경 변경

QW-409.14 전류를 상향으로 조절하거나 하향으로 조절하는 것의 추가 혹은 삭제 또는 전류 변화의 시간이나 진폭을 10% 초과하여 변경.

QW-409.15

(a) 아래 자격부여 받은 것으로 부터의 5%를 초과하여 변경 시
  (1) 예열 전류.
  (2) 예열 전류 진폭.
  (3) 예열 전류 시간.
  (4) 전극 압력.
  (5) 용접 전류.
  (6) 용접 전류 시간

(b) 교류에서 직류로 변경 혹은 그 반대.

(c) 직류 전원에 맥동 전류를 추가하거나 삭제.

(d) 맥동 직류 전류를 사용 시 자격부여 받은 것 보다 맥동 주기, 주파수 혹은 사이클 당 맥동수를 5% 초과하여 변경 시.

(e) 자격부여 받은 것 보다 후열처리 전류 시간을 5% 초과하여 변경 시.

QW-409.17 전원 공급에 있어서 1차 전압 및 주파수 변경, 혹은 변압기에서의 권선비, 탭 설정, 쵸오크 위치, 2차 개회로 전압 혹은 상 변환 장치의 변경.

QW-409.18 팁 청소하는 절차나 횟수의 변경.

QW-409.19 자격 부여 받은 것보다 빔의 펄스 주파수와 지속 시간 변경.

QW-409.20 다음 변수 중에서 어느 하나의 변경: 운전 형식(펄스에서 연속으로나 연속에서 펄스로), 빔을 가로지르는 에너지 분포.(예, Multimode에서 Gaussian으로)

QW-409.21 QW-409.21 작업 표면으로 전달되는 힘이 칼로리메터나 다른 동등한 방법으로 측정해서 10% 초과하여 변경

QW-409.22 초층에 적용한 전류가 10% 초과하여 증가.

QW-409.23 자격 부여 받은 전류와 전압 범위가 10% 초과하여 변경.

QW-409.24 PQR에 기록된 용가 와이어의 와트수가 10% 초과하여 변경. 와트수는 전류 전압 그리고 돌출 길이 칫수의 함수이다.

QW-409.25 PQR에 기록된 플라스마 아크 전류 혹은 전압이 10% 초과하여 변경.

QW-409.26 단지 초층 용접에 대하여, 입열이 10% 초과하여 변경하든가 자격 부여 받은 것보다 용접 단위 길이당 용착된 용접 금속의 부피가 10% 초과하여 증

가. 증가는 QW-409.1의 방법으로 측정할 수 있다.

스트립 용가재를 사용할 때, 입열은 다음과 같이 계산한다:

입열(J/mm2)

= (전압 * 전류 * 60)/[주행 속도(mm/min.) X 스트립의 넓이(mm)]

QW-409.27

플래쉬 시간을 10% 초과하여 변경

QW-409.28

업셋 전류의 시간을 10% 초과하여 변경.

QW-409.29

(a) 아래를 초과하여 입열 변경(QW-462.12를 보라).

(1) P-No.1과 P-No.3는 첫 번째 템퍼비드 층과 모재에 용착되는 용접 비드간의 입열 증가 비율 또는 감소 비율이 20% 초과 및 다른 P-No.인 경우는 10% 초과.

(2) P-No.1과 P-No.3는 두 번째 템퍼비드 층과 첫 번째 템퍼비드 층간의 입열 증가 비율또는 감소 비율이 20% 초과 및 다른 P-No.인 경우는 10% 초과.

(3) 용접 금속이 모재 위로 최소한 5mm 용착될 때까지 차후 층 사이의 입열비를 유지해야 한다.

(4) 합격 기준이 충격 시험이고 용가재에 대한 템퍼비드 검정이 면제 된 경우, 나머지 용착 패스를 위하여 자격 부여된 입열보다 50% 초과지 않을 수 있다.

(5) 합격 기준이 경도 시험인 경우, 나머지 용착 패스의 입열을 20% 초과하여 감소.

(b) 입열은 다음 방법으로 결정해야 한다.

(1) 기계 혹은 자동 GTAW 혹은 PAW에서, 아래로 측정된 출력비가 10% 증가하거나 감소:

출력비 = 전류 X 전압/[(WFS/TS) X Af]

여기서,

Af=용가재 심선의 단면적.

TS=용접 속도.

WFS=용가재 심선 공급 속도.

(2) 기계나 자동 GTAW 혹은 PAW가 아닌 용접법에 대하여, 용접 입열은 QW-409.1에 의하여 결정해야 한다.

(3) 만약 QW-290.5에 따라서 수동으로 GTAW나 PAW 용접법으로 보수 용접한 다면, 비드 크기의 기록을 해야 한다.

QW-410 기교

QW-410.1 수동 혹은 반자동 용접에서, 직선 비드로부터 위브 비드로 변경 혹은 그 반대.

QW-410.2 산화로부터 환원 혹은 그 역으로 화염의 성질 변경.

QW-410.3 오리피스, 컵 혹은 노즐 크기의 변경.

QW-410.4 전진법에서 후진법으로 용접 기교의 변경 혹은 그 반대.

QW-410.5 처음과 중간 청결 방법의 변경(예, 브러싱, 그라인딩)

QW-410.6 뒷면 가우징 방법의 변경.

QW-410.7 기계나 자동 용접인 경우 진동의 폭, 횟수, 정지 시간을 10% 초과하여의 변경.

QW-410.8 팁과 작업물과의 거리 변경.

QW-410.9 면에 대한 멀티 패스로부터 면에 대한 싱글 패스로 변경. 이 변수는 PWHT를 상위 변태 온도를 넘어서 실시하여 자격 부여한 WPS나 오오스테 나이트나 P-No. 10H 재질을 용접 후 용체화 처리를 할 때는 적용되지 않는다.

QW-410.10 기계 혹은 자동 용접에서 한 개의 전극봉으로부터 여러 개의 전극봉으로 변경 혹은 그 반대. 이 변수는 PWHT를 상위 변태 온도를 넘어서 실시하여 자격 부여한 WPS나 오오스테 나이트나 P-No. 10H 재질을 용접 후 용체화 처리를 할 때는 적용되지 않는다.

QW-410.11 P-No.51~53 금속을 폐쇄된 통(Chamber)을 이용해서 용접하는 것으로부터 폐쇄된 통없이 전통적인 토우치로 용접하는 것으로 변경. 그러나 그 역은 성립하지 않는다.

QW-410.12 용접을 용입 기교로부터 열쇠 구멍형 기교로 변경하거나 그 반대. 혹은 비록 각각 개별로 자격 부여하였지만 양쪽 기교를 포함하고 있을 시.

QW-410.14 완전 홈 용입으로 용접하는 경우, 작업물에 대한 빔 축의 각도를 ±10도 초과하여 변경.

QW-410.15 여러 개 용접봉을 사용하는 기계나 자동 용접에서 그 간격의 변경.

QW-410.17 용접기 타입이나 모형의 변경.

QW-410.18 검증 받은 압력 이상으로 진공 용접(전자 빔 용접의 진공조 압력)의 절대 압력을 증가 시킨 경우.

QW-410.19 필라멘트 타입, 크기, 모양을 변경한 경우.

QW-410.20 전자 빔 용접이나 레이저 빔 용접에서 Water Pass의 변경.

QW-410.21 완전 홈 용입으로 용접하는 경우, 양면 용접에서 한 면 용접으로의 변경 혹은 그 반대.

QW-410.22 스터드 용접 변수 중 하나의 변경. 스터드 건의 모형 변경; 0.8mm 이상 Lift의 변경

QW-410.25 수동 혹은 반자동 용접에서 기계 혹은 자동 용접으로의 변경 혹은 그 반대.

QW-410.26 피닝의 삭제 혹은 추가.

QW-410.27 검정된 외부 표면 속도를 ±10% 초과하여 변경 시키는 회전 속도의 변경.

QW-410.28 검정된 축력보다 ±10% 초과하여 축력 변경 시.

QW-410.29 검정된 회전 에너지보다 ±10% 초과하여 회전 에너지 변경 시.

WQ-410.30 검정된 업셋보다 ±10% 초과하여 업셋 치수(결합되는 부분의 총 길이가 줄어드는 양) 변경 시.

QW-410.31 용접하기 전에 모재를 준비하는 방법 변경 시.(예를 들면, 기계적 청소에서 화학적 혹은 연마에 의한 청소 시 혹은 그 반대)

QW-410.32 용접 전.후로 유지 압력을 10% 초과하여 변경 시. 전극 유지 시간을

10% 초과하여 변경 시.

QW-410.33 한 용접 방법에서 다른 용접 방법으로 변경하거나 제작자, 제어판, 형식 번호, 전기 등급/용량, 전기 에너지의 출처에 대한 타입, 가압 방법을 포함한 용접 기기의 변경.

QW-410.34 전극 냉각 매체나 그 사용처의 삭제 혹은 추가.

QW-410.35 암 사이의 거리나 용접 목장의 변경.

QW-410.37 한 패스에서 여러 패스 용접으로의 변경 혹은 그 반대.

QW-410.38 다층 크래드/표면 경화 덧살 붙임 용접에서 단층 크래드/표면 경화 용접으로의 변경 혹은 그 반대.

QW-410.39 토치나 팁 크기의 변경.

QW-410.40 잠호 용접이나 일렉트로 스래그 용접에서, 용탕의 자기장의 조절에 영향을 주는 보조 기기 제거.

QW-410.41 절차 검정 기록서에 표기된 것보다 15% 초과하여 용접 속도 변경.

QW-410.43 토치나 작업물에 대하여, 자격 부여된 용접 속도를 10%를 초과하여 변경 시.

QW-410.44 작업물과 스프레이 토치의 자격 부여된 거리가 15%를 초과하여 변경 시.

QW-410.45 경화될 모재의 표면처리 방법 변경. (예를 들면, 모래 표면 처리에서 화학 약품 표면 처리로의 변경)

QW-410.46 스프레이 토치 모형이나 팁 오리피스 크기의 변경.

QW-410.47 자격 부여된 용융 온도 범위를 10% 초과하여 변경 시. 용융 온도의 냉각 속도를 28℃ 초과하여 변경 시, 용융 방법의 변경 시(예를 들면, 토치, 노, 유도에 의한 방법)

QW-410.48 전이 가능한 압축 아크에서 불가능한 압축 아크로의 변경 혹은 그 반대.

QW-410.49 플라스마 토치 아크를 압축하는 오리피스의 직경 변경.

QW-410.50 같은 용탕내에 있는 전극봉 숫자의 변경.

QW-410.51 전극봉이나 전극봉들의 진동을 삭제하거나 혹은 추가.

QW-410.52 용가재를 토치의 끝에서부터 운송하는 것, 토치의 옆에서부터 운송하는 것 혹은 토치를 가로질러 운송하는 것 등 용탕에 용가재를 운송하는 방법 변경.

QW-410.53 용접 비드 중심 사이의 거리를 20% 초과하여 변경 시.

QW-410.54 업셋 길이와 힘을 10% 초과하여 변경 시.

QW-410.55 클램핑 다이의 간격을 10% 초과하여 변경 하거나 클램핑 면적의 표면 처리를 변경 시.

QW-410.56 클램핑 힘을 10% 초과하여 변경 시.

QW-410.57 앞.뒤 전진 속도를 10% 초과하여 변경 시.

QW-410.58 표면 템퍼비드를 없애거나(QW-462.12를 보라) 용접표면을 덮는 표면 템퍼비드에서 토우 부분을 따라서 덧살 붙임만 하는 비드로 변경 시.

QW-410.59 기계나 자동 용접으로부터 수동이나 반자동 용접으로 변경 시.

QW-410.60 WPS에서 금속을 용접 전 하얗게 되도록 갈아야 한다고 요구하지도 않았는데 용접될 금속 표면의 열처리 방법을 변경 시.

QW-410.61 용접부의 토우로부터 템퍼비드 끝가지의 거리 S는 시험 시편 상단으로부터 ±1.5mm 거리에서 측정한 거리이다.(QW-462.12를 보라) 대안으로 이 S의 범위는 종축 경도시험이나 충격시험을 수행한 용접부의 토우로 부터의 어떤 거리에서 템퍼비드 용접을 이행함으로 정해질 수 있다. 여성고 형성을 위한 템퍼비드 용접은 용접부의 토우와 마주치면 안 된다. 또한 QW-409.29에 언급한 입열비가 템퍼비드 용접에 적용되어야 한다.

QW-410.62 여성고 형성을 위한 템퍼비드 층을 제거하여야 할 경우 용접 표면의 과열을 방지하기 위한 방안을 포함한 그 제거 방법.

QW-410.63 모재 위의 용접 비드와 각 템퍼비드 층, QW-462.13에 있는 비드 폭의 범위 a, 전 비드 폭과의 겹침과 상관있는 b 등은 WPS에 표기하여야 한다. 25%~75%까지의 겹치기는 재자격 부여하지 않아도 된다.

(a) 75%를 초과한 겹치기는 적정한 겹치기로 용접한 시편을 사용하여 자격 부여한다. 그 자격 부여된 겹치기가 최대 허용 겹치기 이며 최소 허용 겹치기는 50%이다.

(b) 25%미만의 겹치기는 적정한 겹치기로 용접한 시편을 사용하여 자격 부여한다. 그 자격 부여된 겹치기가 최소 허용 겹치기 이며 최대 허용 겹치기는 50%이다.

QW-410.64 P-No.11A와 11B의 재질로 제작되는 용기나 용기의 일부분은 제작할 때 사용할 열원을 이용하여 16mm 미만의 두께로 홈 용접해야 한다. 홈은 제작할 때 사용할 열원을 이용하여 백 가우징, 백 그루빙하고 또는 불건전한 용접금속을 제거하는 것 등을 역시 포함해야 한다.

QW-410.65 깨끗한 표면이나 표면의 작은 홈을 제거하기 위하여 하는 것을 넘어서서 필요 이상으로 그라인딩을 하거나 하지 않는 것(즉 하프비드 기술이나 비슷한 기술을 사용하거나 사용하지 않는 것)

QW-410.66 용접 속도, 빔 직경과 초점거리의 비, 렌즈와 작업물과의 거리를 ±10% 초과하여 변경.

QW-410.67 자격 부여 받은 용접 에너지를 집중하기 위하여 사용된 광학 기능의 변경.

QW-410.68 용접기 종류의 변경(예, YAG, TAG등)

QW-410.70 노에 주입 전에 모재 표면을 처리하는 방법 변경.

QW-410.71 블록의 수축 비율이 시편수축 비율보다 감소(용접 후 높이에 비하여 맨 처음 포개어진 높이).

QW-410.72 절차 검정 시편에서 사용된 온도나 시간보다 감소.

QW-410.73 자격 부여 받은 것 대비 접합부 구속 기구의 변경(예, 고정된 모루대 자동으로 움직이는 것 또는 그 반대) 혹은 한 면 용접에서 양면 용접으로 변경과 그 반대.

QW-410.74 자격 부여 받은 용접 제어 방법의 변경(예, 플런지 방향의 강제 제어 방법 대 위치 제어 방법 혹은 그 반대, 용접 진행 방향의 강제 제어 방법 대 이동 제어 방법 혹은 그 반대)

QW-410.75 회전 공구의 변경.

(a) "같은 가계"로 자격 부여 받은 종류나 설계를 다른 종류나 설계로 변경(예, 나사산이 있는 핀, 나사산이 없는 매끄러운 핀, 홈이 새겨진 것, 자동 작동되는 것, 끌어당기는 핀, 혹은 다른 공구 종류).

(b) 자격 부여 받은 형상이나 치수가 아래 한계를 벗어난 것(적용되는 경우)

 (1) 숄더 직경이 10% 초과.

(2) 숄더 스크롤 피치가 10% 초과.

(3) 숄더 형상(예, 숄더 특성의 추가나 삭제).

(4) 5% 보다 큰 핀 직경.

(5) 자격 부여 받은 핀 길이의 5%나 모재 두께의 1% 중 작은 값보다 큰 핀 길이 (끌어당기는 핀의 최소 핀 길이가 아니고. 자동 작동되어 회전되는 공구에는 적용 안됨).

(6) 5도보다 큰 핀 경사 각도.

(7) 5%보다 큰 플루트 피치.

(8) 핀 끝의 기하 구조/모양.

(9) 10% 보다 큰 나사 피치(적용되는 경우).

(10) 전체 평면적의 20% 초과하여 변경된 평면 설계.

(11) 평면 수.

(12) 회전 핀의 냉각 특성(예, 수 냉각에서 공 냉각으로 변경 혹은 그 반대).

(c) 핀 재질 시방서, 공칭 화학 성분 및 최소 경도.

QW-410.76 아래 범위를 벗어나서 자격 부여 받은 회전 공구 운전 변경(적용되는 경우).

(a) 회전 속도 감소 혹은 10% 초과하여 증가.

(b) 회전 방향.

(c) 10% 큰 플런지 힘, 프런지 방향을 제어할 때 5% 초과하여 플런지 위치 조정 (출발 및 정지 시 상승 및 감소하는 것을 제외하고).

(d) 어느 방향으로나 1도보다 큰 각도 기울기.

(e) 전진 방향을 제어할 때 10% 초과한 전진력이나 속도(출발 및 정지 시 상승 및 감소하는 것을 제외하고).

(f) 자동으로 움직이거나 끌어당기는 핀을 사용 시 공구 부품들 사이의 상대 운동 범위.

(g) 핀이나 숄더의 진행 방향과 반대인 최소 전진 경로 곡률 반경의 감소.

(h) 같은 용접 내에서 혹은 용접 끝 단과 다른 용접의 HAZ 사이에 있는, 교차 방

식이나 각도 혹은 일치하는 교차점의 수.

QW-410.80 초점을 맞춘 스폿의 직경이 5% 변경.

QW-420 모재의 그룹

용접이나 납땜의 필요한 절차 검정을 줄이기 위하여 모재에 P-Number를 부여한다.

P-Number는 글자와 숫자로 지정한다. 따라서, 각 P-No.는 서로 독립된 P-No.로 생각해야 한다.(예, P-No.5A로 지정된 모재는 P-No.5B 혹은 5C와 별 개의 P-No.로 고려한다).

또, 금속 모재는 WPS에서 다른 권이나 코드에서 충격 시험으로 검정 받도록 요할 때 사용하는 P-No.하위에 Group No.를 부여했다. 이런 지정은 성분, 용접성, 납땜 성질 및 기계적인 성질과 같은 기본적으로 비교할 수 있는 모재의 특성에 바탕을 둔다. 이것은 체계적으로 할 수 있다.이런 분류는 야금학적 특성, 용접 후열처리, 설계, 기계적인 특성 및 사용처 등에 대한 적합성을 고려하지 않고 검정 시험에 사용 되었던 모재를 무차별하게 대체하여 사용해도 된다는 것을 의미하지 않는다. 아래 표는 여러 가지 합금 조직을 위하여 지정된 그룹을 보여준다.

QW/QB-422의 "최소 지정 인장"으로 쓴 열의 값이, QW-153이나 QB-153에서 허용한 것을 제외하고, 용접이나 납땜 절차 검정의 인장 시험에 합격되는 값이다. 아래 문장에서 수정한 것을 제외하고, 단지 QW/QB-422에 최소 인장 강도가 열거된 모재만 절차 검정에 사용할 수 있다.

만약 열거되지 않은 재질이 표 QW/QB-422에 있는 재질과 동일한 UNS Number를 가지고 있다면, 그 모재는 역시 표의 재질과 같은 P-No. 혹은 Gr. Number로 지정된다. 만약 이 열거되지 않은 재질이 절차 검정에 사용되면, 열거된 모재의 최소 인장 값을 인장 시험편에 적용해야 된다.

최소 지정된 인장 값이 없이 표 QW/QB-422에 열거된 재질은 홈 용접 절차 검정용으로 사용해서는 안 된다.

ASTM 시방서의 의거 생산된 재질은 A/SA 혹은 B/SB 접두사를 사용해서 표 QW/QB-422에 열거된 ASME 시방서와 동일한 P-No.나 P-No./Gr.-No. 및 최소 인장 값을 가진다(예, A/SA로 열거된, SA-240 Type 304는 P-No.8, Gr.-No.1으로 지정되고; A-240 Type 304도 P-No.8, Gr.-No.1로 지정 된다).

표 QW/QB-422의 "ISO/TR 15608 Group" 열은 ISO/TR 15608:2005, 용접 - 금속 재질 그룹 체계의 안내에 따른 그룹 체계에 의거 재질의 지정을 열거한 것이다. 이것은 ISO/TR 20173;2008, 재질의 그룹 체계 -미국 재질에 있는 지정과 일치한다. 이 열거는 세계 각처의 사용자에게 편리하도록 제공한 것이고 단지 정보 제공용이다. 이 9권은 절차나 기능 검정용으로 자격 부여된 모재의 범위를 설정하는 기준으로 이 그룹을 참고하지 않는다.

2009년에, S-No.가 표 QW/QB-422에서 삭제 되었다. S-No.는 압력 배관용 ASME B31코드나 선정된 보일러 및 압력용기 Code Case로 사용하는 데에 합격인 재질을 지정하였으나 ASME 보일러 및 압력 용기 코드의 재질 시방서(Section II) 내에는 포함되어 있지 않다. 종전에 지정된 S-No.는 상응하는 P-No.나 P-No. + Gr.No.로 재 지정되었다.

한 개의 P-No., S-No. 혹은 Gr-No.로 지정된 재질이 나중에 펴낸 판에서 다른 P-No., S-No. 혹은 Gr-No.로 재 지정된 경우가 있다. 종전의 P-No.나 S-No. 혹은 Gr-No.로 지정되어 자격 부여된 절차나 기능 검정은 QW-200.2(c)에 의거, 새로운 P-No. 혹은 Gr-No.로 지정된 재질에 계속 용할 수 있다. 이 경우 WPS는 용접할 때 사전에 검정된 재질을, 원래 절차 검정 시편에 사용했던 특정 재질에 새로이 부여된 P-No. 혹은 S-No. 및 Gr-No.의 재질로 지정되는 것을 제한하기 위하여 변경한다. 원래의 P-No. 혹은 S-No. 및 Gr-No. 이 외의 재질(앞 구절에서 "한 개의P-No., S-No. 혹은 Gr-No.로 지정된 재질"과 P-No., S-No. 혹은 Gr-No.는 같으나 재질 Spec. No.가 다른 재질에 해당)은 변경된 WPS하에서 용접하여 자격 부여 것이라고 생각하여 같은 P-No나 S-No. 혹은 Gr-No.(새로이 부여된 P-No나 S-No 혹은 Gr-No.)로 재 지정해야 한다.

QW-423 용접사 자격을 위한 대체 모재

QW-423.1 용접사 자격을 위하여 사용한 모재를 아래에 따라서 WPS에 명기된 재질로 대체할 수 있다. 좌측 열에 보인 재질을 용접사 검정에 사용할 때, 용접사는 이 금속과 유사한 화학 성분을 가진 금속으로 지정된 금속을 포함해서, 오른쪽 열에 있는 모든 모재의 조합을 용접하는데 자격 부여된다.

QW-423.2 한 나라나 국제 기준 혹은 시방서에 따라서 용접사 자격에 사용한 금속은 기계적 혹은 화학적 요건만 만족하면 지정된 금속과 같은 P-Number 혹은 S-Number로 간주 할 수 있다. 이 경우 그 모재의 시방서와 상응하는 P-Number 혹은 S-Number를 검정 기록서에 기록하여야 한다.

QW-424 용접 기능 검정에 사용된 모재

QW-424.1 모재는 QW/QB-422의 P-Number에 지정된다. 같은 UNS-Number를 가지는 모재에 대하여 정의된 것을 제외하고 QW/QB-422에 지정되지 않은 모재는 지정되지 않은 금속이라고 본다. 지정되지 않은 금속은 시방서, 타입과 Grade 혹은 화학적 및 기계적 성분에 의해서 WPS나 PQR에 식별된다. 최소 인장 강도는, 만약 그 금속의 인장 강도가 재질의 시방서에 기록되어 있지 않다면 지정되지 않은 금속을 규정한 기관에 의해서 기록되어야 한다.

QW-424.2 모재에 용접 금속을 육성 혹은 부식 방지용 덧살 붙임한 용접부, 육성이나 덧살 붙임 부분의 결합부는 육성이나 덧살 붙임과 통상 화학 분석이 상응되는 어떤 P-No.의 모재로도 시편을 대체할 수 있다.

QW-430 F-Number

QW-431 일반

QW-432의 전극봉이나 용접봉에 대한 아래의 F-Number의 분류는 주어진 용가재로 용접사가 성공적으로 용접할 수 있는 능력을 기본적으로 판단할 때 사용하도록 근거를 두고 분류한 것이다. 이 분류는 체계적으로 행하는 기능 검정과 용접 절차의 수를 줄이기 위한 것이다. 이런 분류는 야금학적 특성, 용접 후열처리, 설계, 사용처 및 기계적인 특성 등에 대한 적합성을 고려하지 않고 검정 시편에 사용 되었던 재질 대신에 같은 Group내에 있는 모재나 용가재로 무분별하게 대체하여 사용해도 된다는 것을 의미하지 않는다.

QW-433 용접사 기능 검정을 위한 별개의 F-Number

아래 도표는 검정 시험에서 "~로 검정된"으로 합격한 용접사가 사용한 용가재나 전극봉에 대하여, 용접사가 본 용접에서 "~를 위하여"의 용가재나 전극봉을 사용하는 것이 자격 부여 된다는 것을 나타낸 것이다. QW-432의 F-Number에 대한 지정을 보라.

QW-440 용접 금속의 화학 분석

QW-441 일반

절차 검정 기록서나 용접 절차 사양서에서 지정한 용접 금속의 화학 분석을 QW-404.5에 나타내었다.

QW-462 시험편

그림 QW-462는 제작자나 계약자에게 절차 사양서나 기능 검정에 사용할 시험편의 치수를 알려주기 위한 것이다. 그림(혹은 QW-150, QW-160, QW-180)에 최소, 최대 혹은 허용 오차가 없는 한 QW-462가 대체적으로 적당한 치수이다. 자격 부여될 모든 용접법이나 용가재는 시험편 내에 있어야 한다.

QW-470 식각법 - 기법과 시약

QW-471 일반

식각 후에 시험편의 용접부와 HAZ의 미시 특성을 기술하기 위하여 식각될 표면은 줄, 기계 가공, 연삭 혹은 연마로 반드시 부드럽게 해야 한다. 각기 다른 합금과 강의 불림 정도에 따라서 식각 시간은 수초에서 수분까지 변하고 바라는 음영이 얻어질 때까지 계속해야 한다. 식각하는 동안에 발생하는 연기로부터 보호되어야 하므로 이 작업은 덮개를 씌운체 수행 해야 한다. 식각 후에 시편은 철저히 세척하고 난 다음에 송풍하여 말려야 한다. 그리고 깨끗한 래커로 표면을 엷게 도포하여 외관을 잘 보존 한다.

QW-472 철금속에 대하여

탄소나 저합금강의 식각액이나 그 사용 방법에 대한 시방서는 QW-472.1~QW-472.4에 제시한 바와 같다.

QW-472.1 요오드화 수소산

요오드화(염화수소) 수소산과 물을 부피 비로 1대 1로 혼합 한 것. 이 용액은 식각하는 동안에 끓는 온도 근처에서 보관해야 한다. 시험편의 단면에 존재할 수 있는 용접부의 건전성이 부족한 부분이 나타날 때까지 충분한 시간을 두고 용액에 담구어 두어야 한다.

QW-472.2 암모니아 과황산염

암모니아 과황산염과 물을 무게 비로 9대 1로 섞은 것. 이 용액은 상온에서 사용해야 하고 탈지면에 용액을 묻혀서 식각될 표면에 강력하게 발라야 한다. 이 식각법은 용접의 단면 구조가 선명하게 될 때까지 계속해야 된다.

QW-472.3 요드나 칼륨 요드화물

요드 분말(고체), 칼륨 요드화물 분말 및 물을 무게 비로 1대 2대 10으로 혼합한 것. 이 용액은 상온에서 사용해야 하고 용접부의 외관이나 선명도가 깨끗하게 될 때가지 식각 될 표면을 닦아내야 한다.

QW-472.4 질산염

질산염과 물을 부피 비로 1대 3으로 혼합한 것.

주의: 항상 산을 먼저 물에 부을 것. 질산염은 나쁜 녹이나 강력한 화상의 원인이 됨.
이 용액은 상온에서 사용해야 하고 유리 막대로 식각될 표면에 발라야 한다. 그 시편은 산 용액의 융점 부근에 놓아두어야 하나 작업은 환기가 잘되는 방에서 실시해야 한다. 용접부의 단면에 존재할 수 있는 용접부의 건전성이 부족한 부분이 나타날 때까지 충분한 시간을 두고 이 식각법을 계속하여야 한다.

QW-473 비금속에 대하여

아래의 식각 시약과 지시서의 사용법은 거시 조직을 찾아내기 위하여 제시 된 것이다.

QW-473.1 알루미늄과 알루미늄 합금

염소(농축액)	15ml
염소(48%)	10ml
물	85ml

이 용액은 상온에서 사용해야 하고 식각은 시편에 시약을 훔치거나 시약에 담구어서 작업을 한다.

QW-473.2 구리나 구리 합금에 대하여

차게 농축된 질산: 식각은 칸막이 속에서 시편을 용액에 담그거나 잠기게 하여 작업을 실시 한다. 넘쳐 흐르는 물을 세정한 뒤에 50대 50으로 농축된 질산 용액과 물로 식각을 반복한다.

실리콘 브론즈 합금인 경우 흰 SiO_2를 제거하기 위하여 표면을 닦아줄 필요가 있다.

QW-473.3 니켈과 니켈 합금에 대하여

QW-473.4 티타늄에 대하여

QW-473.5 지르코늄에 대하여

찬물 속에서 문지르거나 헹구어서 식각하라.

이것은 상온에서 시편을 담그거나 문질러서 수행하는 일반적인 식각 방법이다.

ARTICLE V 표준 용접 절차 사양서

QW-500 일반

Appendix E에 있는 표준 용접 절차 사양서는 ASME Section IX에 따라서 설계하도록 된 공사에 적용된다. 건설 공사의 규정에 표준 용접 절차 사양서에 관한 다른 요구 사항이 있을 경우 이 요구 사항은 ASME Section IX의 그것 보다 우선으로 적용한다. 이 표준 용접 절차 사양서는 공사 규정에 충격 시험을 요구할 경우는 사용해서는 안 된다.

1998년 판의 강제 조항 부록E나 9권의 최근 어떤 판에서 인정한 표준 용접 절차 사양서(발행 판 포함)만 이 장에 따라서 사용 가능하다. 표준 용접 절차 사양서(발행 판 포함)는 9권의 최신 판에 따라야 한다(QG-100(d)를 보라).

QW-510 표준 용접 절차 사양서의 적용

표준 용접 절차 사양서를 사용하기 전에, 실제 본 용접에 대하여 운전 조절을 하거나 책임을 지는 제작자나 계약자는 QW-520에 기술된 것을 제외하고 아래의 요구 사항에 따라야 한다.

(a) 표준 용접 절차 사양서상에 제작자와 계약자의 이름을 적어 넣을 것.
(b) 제작자나 계약자에게 고용된 사람은 표준 용접 절차 사양서에 서명하고 날짜

를 적어야 한다.

(c) 용접 시 적용 해야 할 규정의 항목(Section VIII, B31.1 등)이나 따라야 할 제 작 서류(계약서, 시방서 등)를 표준 용접 절차 사양서에 기입해야 한다.

(d) 제작자나 계약자는 표준 용접 절차 사양서에 따라서 한 개의 홈 용접 시편을 용접하고 시험해야 한다. 이 때 아래의 사항을 기록해야 한다.

(1) 시방서, 타입 그리고 용접된 모재의 등급.

(2) 홈 용접 결합 형상.

(3) 최초 청결 방법.

(4) 받침의 유무.

(5) 사용된 용접봉이나 용가재의 ASME혹은 AWS 시방서 및 AWS 분류 그리 고 제작자의 상표.

(6) GTAW에서 텅스텐 전극봉의 분류와 크기.

(7) 소모식 전극봉이나 용가재의 크기.

(8) GTAW와 GMAW에서 보호 가스와 그 유량.

(9) 예열 온도.

(10) 홈 용접의 자세와 적용될 경우 전진 방향.

(11) 한 개 이상의 용접법이나 용접봉을 사용하는 경우, 용접법과 용접봉 각각 에 대하여 개략적인 용접 금속의 두께.

(12) 최대 층간 온도.

(13) 온도 유지 시간이나 온도 간격을 포함한 적용된 용접 후열처리.

(14) 육안 검사와 기계적 시험 결과.

(15) QW-304에서 기계적 시험의 대안으로 방사선 투과 시험을 허용한 경우 그 결과.

(e) 시편은 QW-302.4에 의거 육안으로 검사해야 하고 QW-302.1에 의거 기계적 으로 시험하거나 QW-302.2에 의거 방사선 투과 시험을 해야 한다. 만약에 육안 검사, 방사선 투과 시험 혹은 어떤 시험 시편이라도 요구된 합격 범위를 맞추지 못한 경우는 그 시험 시편은 불합격된 것으로 간주하고 어떤 단체가 표준 용접 절차 사양서를 사용하기 전에 새로운 시험 시편을 용접해서 재검사 해야 한다.

QW-511 입증된 표준 용접 절차 사양서의 사용

QW-510(c)의 내용을 기술하도록 된 제작 서류나 규정의 항목은 한계 내에서 추가 입증 없이 기 입증된 표준 용접 절차 사양서로부터 삭제 하거나 추가 할 수 있다.

QW-520 별도로 입증 없이 표준 용접 절차 사양서의 사용

일단 한번 표준 용접 절차 사양서가 입증되면, 입증된 표준 용접 절차 사양서와 비슷한 절차 사양서는 추가로 입증 없이 사용할 수 있다. 그 추가로 입증 없이 사용하는 표준 용접 절차서는 이미 입증된 표준 용접 절차 사양서와 비교해 보아야 하고 아래의 규정된 한계를 넘어서는 안 된다.

(a) 용접법의 변경.

(b) P나 S-Number의 변경.

(c) 열처리 없이 용접한 조건에서 용접 후열처리 한 조건으로 변경한 경우. 이 제한은 두 조건에서 사용하도록 허락한 표준 용접 절차 사양서에도 또한 적용된다.(예를 들면 표준 용접 절차서 B2.1-021은 용접 후열처리 하거나 하지 않고 본 용접을 해도 되는 것으로 허용한다; 만약에 용접 후열처리 없이 절차 사양서가 입증되었다면 본 용접에서 용접 후열처리를 하는 것이 허용되지 않는다). 일단 열처리가 어느 표준 용접 절차 사양서에 입증되면, 이 제한은 더 이상 적용하지 않는다.

(d) 보호 가스 방식의 플럭스 코어드 와이어나 솔리드 와이어로부터 자체 보호 플럭스 코어드 와이어로 변경된 경우 또는 그 반대.

(e) 스프레이, 입상, 맥동 이동 방식에서 단락 아크 이동 방식으로의 변경 혹은 그 반대.

(f) 용접봉의 F-Number가 변경된 경우.

(g) 상온을 초과하여 예열을 추가로 한 경우.

(h) 판재의 용접으로 입증된 표준 용접 절차 사양서에서 판재가 아닌 경우의 용접으로 변경되었을 때 혹은 그 반대.

QW-530 양식

용접 조건과 입증된 시험 결과를 문서화하여 제시된 양식 QW-485는 비의무 조항으로 Appendix B에 있다.

QW-540 표준 용접 절차 사양서의 본 용접에 사용

여타 용접 절차 사양서에서와 같이, 표준 용접 절차 사양서에 따라서 행하여 지는 용접은 철저히 표준 용접 절차 사양서에 따라서 작업해야 한다. 그리고 아래 사항을 표준 용접 절차 사양서 사용 시에 적용해야 한다.

(a) 제작자와 계약자는 표준 용접 절차 사양서에 적힌 용접 조건을 지켜야 한다.

(b) 표준 용접 절차 사양서는 적용되는 규약의 규정이나 QW-511에 있는 여타 제작 서류로 입증하지 않는 한 어떤 방법으로도 변경하거나 절차 검정 기록서에 따라서 내용을 추가 할 수 없다.

(c) 단지 표준 용접 절차 사양서에 있는 용접법만 본 용접에 사용할 수 있다. 여러 개의 용접법에 사용할 수 있도록 작성된 표준 용접 절차 사양서는 혼선 없이 각 용접법을 적혀 있는 차례와 방법대로 사용해야 한다.

(d) 표준 용접 절차 사양서는 제작자나 계약자가 승인을 얻은 용접 절차 사양서와 동시에 똑 같은 본 용접부의 결합에 사용해서는 안 된다.

(e) 제작자나 계약자는 규약이나 여타 규정에 따라서, 본 용접을 할 때 용접사에게 더 많은 지시 사항을 전달 할 수 있도록 표준 용접 절차 사양서에 추가로 지시서를 붙일 수 있다. 표준 용접 절차 사양서에 나와 있는 어느 조건에 지시서가 추가된다 하더라도 그 지시서의 내용은 표준 용접 절차 사양서의 허용 한계 내에 있어야 한다. 예를 들면, 표준 용접 절차 사양서에서 여러 개의 용접봉 크기를 사용하도록 허락한 경우 추가 지시서로서 표준 용접 절차 사양서에서 허용한 여러 개 크기의 용접봉 중의 한 개만을 사용토록 용접사에게 지시할 수 있다; 그러나 추가 지시서는 표준 용접 절차 사양서에서 허용한 여러 크기의 용접봉 외에 다른 크기의 용접봉을 용접사가 사용할 수 있도록 허락해 주어서는 안 된다.

(f) 표준 용접 절차 사양서는 QW-510의 사항대로 만족스럽게 용접, 시험, 입증한 후에 사용해야 한다.

(g) 입증 시험에 대한 증명 번호를 표준 용접 절차 사양서를 사용하기 전에 그에 관련 있는 각 표준 용접 절차 사양서에 표기해야 한다.

(h) 입증된 시험 증명서는 미국 기계 학회 공인 검사원(A.I)이 검토할 수 있도록 해야 한다.

제7장 용접 자재 선택 방법에 대한 안내서

7.1 목 적

각 생산 현장에서 철 및 비철 구조물을 설계하여 제작하는데 있어서 용접이 행하여 져야 되고, 그 때 현장의 설계 및 생산에 참여하는 인원들은 용접 자재 선정에 있어서 어려움을 겪고 있는 실정이다. 본 안내서는 이러한 상황에서 쉽게 적용할 수 있도록 구조물의 각종 재질의 변화에 따른 용접봉 선택 방법 및 적정 용접 자재를 알려 주도록 하였다.

7.2 용접 재료의 국내외 최신 기술

7.2.1 피복 아크 용접봉

피복 아크 용접봉은 다른 용접 재료에 비해 나름대로의 장점은 있으나 이를 테면

가. 피복제의 배합에 의해 사용상 성능이 폭 넓게 변화될 수 있고 또한 여러 가지 용도 즉 초고장력강용, 극저온용강용, 초고온용강용 등이 가능.

나. GTAW용접 재료에 못지않은 용접 품질이 가능.

다. 외풍에 강한 성능을(풍속 15m/sec 정도에서도 용접이 가능함) 保有.

라. 치수 조정이 용이하여 사용자의 시방이나 요구에 쉽게 맞춤이 가능.

마. 가스 Bombe, 송급 장치 등이 필요치 않은 저렴함 용접기에 Holder만 있으면 손쉽게 조작이 가능.

바. 용접 구조물의 어떠한 형상이나 자세에도 사용이 가능 등을 장점으로 들 수 있다. 그러나 능률성을 저해하는 잔봉 발생을 피할 수 없고 기계화나 로보트화가 불가능 하여 요즈음 같이 생산성이나 자동화가 절대적으로 요구되고 있

는 부문에서는 점차 밀려가고 있음을 생산, 수요 현황에서도 볼 수 있다.

최근의 연강용 피복봉의 경우 대체로 아래 표7-1과 같이 정리될 수 있고 종류별 사용상 성능은 표7-2와 같으므로 용접 시방서의 요구 조건이나 용도에 따라 선택하여 사용하는 것이 긴요하다.

표 7-1 연강용 용접봉의 피복제 계통별 동향

피복제 계통	Type	피복제 주성분	적용 판 두께 및 자세	주요 용도
일미나이트계 (E4301)	–	Ilmenite 珪砂	박.중판(전자세)	조선, 기계, 건축 등
Lime – Titania (E4303)	A	Rutile, 탄산석회, Dolomite, 珪砂	"	"
	B	A + 철분	"	경량철골, 샷시 등
高 Cellulose 계 (E4311)	–	유기물, Rutile,탄산석회	박판(전자세)	Pipe
高 산화 티탄계 (E4313)	–	Rutile, 珪砂	"	Pipe, 경량형강 등
저수소계 (E4316)	A	탄산칼슘, 불화물 (20% 정도)	중, 후판 (전자세)	조선, 기계, 차량 등
	B	탄산칼슘, 불화물 (1 ~ 4% 정도)	중, 후판 (하진)	"
	C	B type + 철분	중, 후판 (전자세)	上記 외 仮接
	D	탄산석회, 불화물(10% 정도)	박, 중판 (전자세)	Pipe 초층
철분 산화티탄계(E4324)	–	Rutile, 철분, 珪砂	박, 중판 (필렛)	조선, 교량, 건축 등
철분 저수소계 (E4326)	A	탄산석회, 불화물, 철분	박, 후판 (필렛)	조선, 교량, 건축 등
	B	Magnesite, 珪砂, 철분	박, 후판 (필렛)	조선, 교량, 건축 등
철분 산화철계 (E4327)	–	철분, 珪砂, Rutile	박, 중판 (필렛)	조선, 기계, 차량 등
특수계 (E4340)	–	산화 지르콘, Magnesia 크링카, 珪砂	박, 중판 (필렛)	조선, 기계, 차량 등

표 7-2 용접봉의 종류별 사용상 성능

용접용		사용상 성능															
		작업성								용접성							능률성
		아크 성상			스펫터	슬래그 성상				비이드외관				용입	내기공성	내균열성	
						유동성		피포성(하향)	제거성	하향	H-Fil	입향					
종류	Type	안정성	吹付성	再아크성		하향	입향					상진	하진				
E4301	–	◎	약간강	○	○	◎	◎	◎	◎	◎	○	◎	–	대	◎	○	○
E4303	A	◎	중	△	◎	@	@	◎	◎	@	@	@	–	중	○	○	□
E4303	B	◎	중	@	◎	@	○	@	@	@	@	○	–	중	○	○	◎
E4311	–	△	강	@	×	○	○	△	◎	○	△	◎	–	대	△	△	○
E4313	–	@	약	@	◎	@	△	@	@	@	○	◎	–	소	○	△	△
E4316	A	□	중	△	○	△	○	◎	◎	○	○	△	◎	대	@	@	@
E4316	B	□	약간강	△	△	–	○(하진)	○(하진)	◎	–	–	–	◎	중	◎	◎	@
E4316	C	□	중	@	○	□	○(")	○(")	◎	○	□	–	◎	중	◎	◎	@
E4316	D	□	중	@	◎	△	○	○	◎	○	○	–	◎	중	◎	◎	@
E4324	–	@	약	@	@	◎(필렛)	–	@(필렛)	◎	◎	@	–		소	□	△	
E4326 (E5026)	A	□	중	△	○	△(")	◎(")	–	◎	○	□	–	◎	중	@	○	○
E4326 (E5026)	B	□	중	△	○	○(")	–	@(")	◎	○	@	–	◎	중	□	◎	◎
E4327	–	@	약간강	□	◎	◎(")	–	@(")	◎	○	@	–	◎	약간대	□	□	@
E4340	–	@	"	□	◎	◎(")	–	@(")	◎	–	–	–	"	"	□	□	

㈜ @: 대단히 우수, ◎: 우수, ○: 약간 우수, □: 보통, △: 약간 떨어짐, : 떨어짐

7.2.2 MAG 용접 재료

피복봉은 근본적으로 3D기피의 主NO이 되므로 앞에서 보았듯이 수요 규모가 계속 줄어갈 것임을 어렵지 않게 豫想할 수 있다.

MAG용접 재료 (Solid Wire, Flux Wire, Metal Cored Wire)의 경우 그것이 가지고 있는 특성상 현재도 그러하지만 앞으로도 증가 추세로 나아갈 것임에는 의심의 여지가 없다. 특히 앞으로 방향이 더욱 확고한 高 能率化, 省力化, 自動化, 탈기능화 등을 위해서 그리고 3D를 야기하는 작업 환경을 개선키 위해서는 연관된 용접 설비와 여기에 상용되는 용접용 와이어 만이 해결 할 수 있는 것이므로 國內外 거의가 이곳에 초점을 맞추어 연구 과제가 선정되고 있다.

Solid 와이어에 있어서는 전반적으로 이루어지고 있는 연구 등, 이를테면 최근 단락 이행 현상에 영향을 미치는 표면 활성 원소(S, Se)의 영향에 관한 연구, 도장 강판에서의 결함 감축에 관한 연구, Spatter 발생량의 감축에 관한 연구와 성과를 들 수 있다. 이 중 Spatter 발생량을 전원에서 제어 Unit를 통해 시현 시킨 예를 보면 그림 7-1에서처럼 아크 전압을 검출하여 제어Unit로서 와이어의 송급 속도를 조절 함으로서 스패터를 대폭 줄이는 원리로 되어 있다.

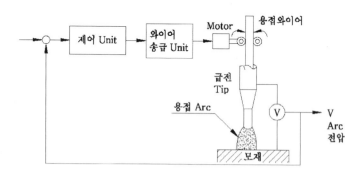

그림 7-1 와이어 송급 속도 System 구성

플럭스 코어드 와이어는 특히 그 수요량이 동양권에서 급속하게 늘어가는 분야로서 연구 예중 주목을 끄는 것으로는 현재 작업성이 좋은 전자세용 Titania Type의 플럭스 코어드 와이어는 그 취약점으로 나쁜 인성을 들 수 있다. 따라서 이러한 인성을 개선시킨 경우로서 용접대상 강재인 저온용 Al-Killed강에 대해 양호한 작업성을 그대로 유지하는 플럭스의 배합의 기본 바탕에 저온 인성에 영향을 미치는 원소들인 C, Mn, Si, Ti, B을 복합 첨가하여 강 탈산제에 의한 용착 금속 중의 산소량을 극소화 시키면서 용착 금속 중에 미세한 Acicular Ferrite를 석출 시키게 함으로서 양호한 인성을 확보하도록 한 것이다 (표 7-3 참조)

표 7-3 저온용 Al Killed강의 전자세 용접용 Titania Type FCW의 개발 예

제품	차폐가스	PWHT	최대 입열량 KJ/cm	Service Temp. (℃) − 40 − 60	용착금속의 화학성분
A	CO_2	용접 그대로	30	------▶	C-Si-Mn-0.4Ni-Ti-B
B	80Ar- 20Co_2	용접 그대로	30	------▶	C-Si-Mn-0.4Ni-Ti-B
C	CO_2	용접 그대로	25	--------------▶	C-Si-Mn-1.5Ni-Ti-B
D	80Ar- 20CO_2	용접 그대로	25	-----------▶	C-Si-Mn-1.5Ni-Ti-B

그러나 이러한 방법의 문제점으로 저온 인성면에서 저수소계 피복 아아크 용접봉이나 서브머어지드 아크 용접 재료에 비해 다소 뒤떨어진 점과 특히 용접 후열처리 후에는 현저하게 인성이 열화 하는 점, 용접 시공 조건에 따라 합금 성분의 이행이 쉽게 변화하여 저온 인성의 기폭이 심한 점이 아직도 과제로 남아있는 것도 지적하고 있다.

다음 Metal Cored Wire는 Solid Wire의 특성(저 Slag, 고용착 효율)을 살려가면서 그 결점 (많은 Spatter, 불량한 비드 외관 및 형상, 좁은 전류 범위)을 개량한 와이어로서 특히 능률성은 그림 7-2에서 보듯이 어느 와이어 보다 단연 돋보이고 있음을 알 수 있다.

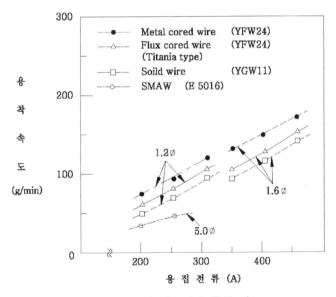

그림 7-2 용접 재료별 능률성 비교

이밖에 품종에 따라 아연도 강판에서의 양호한 기공 발생 억제성과 대입열 용접에서의 양호한 기계적 성질을 나타내는 제품 등이 속속 개발되고 있어 앞으로 Solid Wire의 영역을 착실히 잠식해 갈 수 있는 재료로 지목된다.

예를 들면 박판 용접의 경우 Solid Wire의 1.2Φmm로서는 용적 이행과 Arc상태가 안정된 전류역에서는 입열량과 Arc Force등의 영향에 의해 강판의 판 두께와 이음매의 간격에 따라 용락(Burn Through)이 쉽게 발생되고 그렇다고 용접전류를 내리면 용적 이행과 Arc상태가 불안정하게 되고 비이드 외관, 형상이 나빠지며 용입 불량이나 융합 불량 등의 용접 결함이 쉽게 발생된다.

이때 0.9Φmm의 細徑 Solid wire를 사용할 경우 저 전류역에서 용적 이행과 Arc상태 안정은 이루어 지더라도 Arc퍼짐이 1.2Φmm 때보다 좁게 되어 이 때문에 용접 금속이 이음매의 간격을 덮지 못해 용락이 발생케 된다.

이러한 경우 용입이 얕은 Metal Cored Wire 1.2Φmm로서 쉽게 해결될 수 있다.

이에 관한 예는 그림 7-3과 같다.

실제 이번에 개발되어 시판되고 있는 Austenite계 Stainless강용 309L Metal Cored Wire는 국내 자동차 부품 생산 업체에서 각종 재질로 구성된 여러 형태의 Muffler 용접에 사용되고 있다. 특히 이러한 부품들은 자동차 밑 부위에 장착되므로 각종 부식 환경에 노출되어 지금까지 내 부식성 결여로 인한 여러 가지 문제를 야기해오던 차에 이를 해결할 수 있는 대책으로 크게 기여할 것이 기대되고 있다.

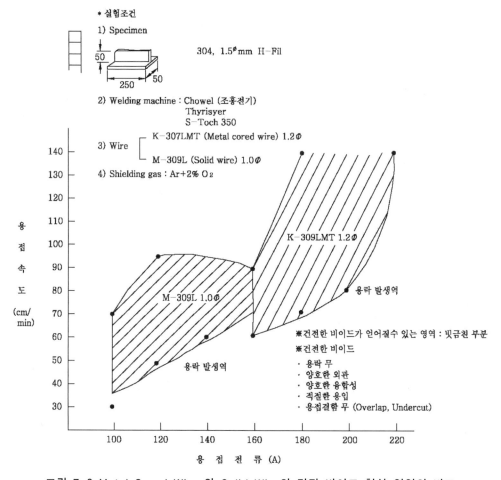

그림 7-3 Metal Cored Wire 와 Solid Wire의 건전 비이드 형상 영역의 비교

7.2.3 GMAW 용접 재료

GMAW에서는 최근 주목을 끄는 여러 신기술 중에서 Fuzzy제어 용접기, 新低 저주파 Pulse GMAW 용접법, Stech Pulse용접법에 대해 요점적으로 다루면 다음과 같다.

먼저 최근 많은 곳에서 언급 되고 있는 Fuzzy제어 용접기에 대해 보기로 한다. 양호한 용접이 되기 위해서 와이어 선단과 모재 표면과의 거리인 Arc길이 관리가 매우 중요한 것임은 잘 알려져 있다. 전원 출력 전압 조정에 의해 Arc장을 일정하게 되게 하더라도 Cleaning 작용의 존재로 Arc장은 시시각각으로 변한다. 따라서 적정한 Arc장과 용역 전압사이에는 일차적 관계가 존재하지 않으므로 一義的으로, Arc장을 검출하여 제어하는 일은 불가능 하다.

이것이 종래 용접기에서의 용접 조건의 관리를 곤란하게 하는 요인 중의 하나이다. 그러나 최근 알루미늄 GMAW의 적정한 용접 조건에 있어서는 항상 용적 이행에 수반되는 미소 시간의 단락 현상이 존재하고 이 단락 회수가 적정한 Arc장과 극히 높은 상관 관계를 이루고 있는 것이 밝혀져 이 미소 단락 회수를 새로 제어 Parameter로 하여 여기에 Fuzzy제어 이론을 도입 함으로서 Fuzzy제어 알루미늄 GMAW 용접기가 실용화 된 것이다. 이에 의하면 용융지에서의 용접 조건의 변화에 대응하여 Fuzzy제어에 의해 미소 단락 회수가 일정한 범위에 모이도록 전원의 출력 전압을 자동 조정하게 한 것으로 되어 있다. 즉 Arc상태가 변화할 경우 과도 응답성이 향상되어 항상 적정 Arc장이 유지되므로 양호한 비이드 외관 형상과 안정된 용입이 확보되게 되었다. 따라서 용접 조건 설정은 Fuzzy기능에 의해 전류 조정 Knob 을 Setting하는 것 만으로 경험이 얕은 용접사라도 숙련된 용접사 만큼의 우수한 용접 작업을 수행할 수 있다.

이 Fuzzy제어 GMAW 용접기는 용접 자동화나 Robot화에 적용하더라도 매우 유효하므로 용접전 긴 용접에서도 항상 Arc장이 일정하게 유지되고 용입이 안정되어 용접 결함이 매우 낮은 용접 품질을 기대할 수 있게 된 것이다.

통상의 GMAW에서는 판 두께 2mm정도까지 용접이 가능한 것으로 되어있다. 이 이하의 박판 용접은 GTAW를 적용하는 것이 일반적이다. 그러나 GTAW에서는 용접 뒤틀림이 커서 문제가 된다. 2mm 이하의 박판 용접을 GMAW로서 시도한 것으로 신 저주파 Pluse GMAW법, Stech Pluse법 등이 나오게 되었다.

저주파 Pluse GMAW법을 입열 Control이 되게한 신 저주파 Pluse GMAW법으로 알루미늄 판 두께 1mm의 중첩 이음매의 아름다운 Bead를 소개하고 있다. 또

Stech Pluse용접법에서는 용접 Torch의 이동을 Step상으로 움직이는 것으로서 Torch이동과 동기로 아크 발생과 정지를 동기화한 것이다. 즉 토치 정지 시에는 Arc를 발생시키고, Arc 소멸 후에 Torch 이동을 하며 Torch 이동 중에는 Arc를 발생시키지 않는 방법이다. 이 방법으로 저주파 Pluse GTAW처럼 용융 비이드는 용융, 응고(반 응고)를 주기적으로 시행하여 입열 제어한 것에 의해 판 두께 0.8mm정도까지 적용 가능하게 한 것으로 보고하고 있다.

7.2.4 서브머어지드 아크용접 재료

SAW용 용접 재료에 대해서는 선진국 경우의 내화강용 용접 재료를 보는 것으로 하였다. S구조 Building은 화재 발생 시 화염으로 인한 고온에 의해 철골 강재의 항복점이 설계 응력을 밑돌게 되어 변형되거나 파괴될 수 있다. 이것을 방지하기 위해 주(柱)나 교량에 들어가는 철골은 단열재로 두껍게 입힐 필요가 있고 따라서 구조물 유효 Space는 적어지게 된다.

그러므로 이러한 것에 대해 600℃에 이르러서도 200N/㎟ 이상의 항복점을 유지하는 새로운 강재가 선진국의 경우 개발되었다 (그림 7-4 참조).

이러한 내화강은 화재로 인한 고온 시 철골의 항복점에 있어 장기 허용 응력도를 600℃까지는 유지하는 것을 보증하고 있다는 것을 의미한다.

일반적으로 화재 온도는 약 1000℃인 것으로 되어 있으므로 종래의 일반강에서는 350℃를 넘지 않도록 단열하는 내화 피복이 필요하나 내화강에서는 600℃를 초과하지 않도록 단열하게 되어 있어 내화 피복이 대폭으로 경감될 수 있다. 또 건축물의 화재 조건, 설계 조건에 의해 화재시에 강재 온도가 600℃를 넘지 않은 경우에는 무피복으로 사용될 수도 있다.

이러한 내화강은 Mo등의 합금 원소를 첨가하여 다음과 같은 특징을 가지고 있다.

가. 고온 강도가 종래강에 비해 높음 (그림 7-4 참조).

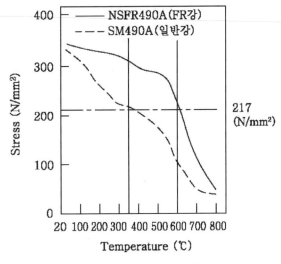

그림7-4 내화강과 종래강의 고온강도 비교

나. 상온에서의 기계적 성질은 용접 구조용 압연 강재 규격을 보증하므로 상온 시의 설계는 종래강의 경우와 전혀 차이가 없음.

다. 용접성에 있어 Pcm이 낮으므로 (표7-4 참조) 종래강에 비해 우수함. 그러나 다량의 합금 성분을 함유하고 있는 내화강의 가스 절단성은 종래강과 다르므로 가스 절단 시에는 약간의 배려가 필요함.

표 7-4 참조 내화강 2종의 화학성분의 일예

규격	판두께 (mm)	화학성분 (%)					Pcm
		C	Si	Mn	P	S	
NSFR 400A	32	0.09	0.10	0.60	0.009	0.004	0.15
NSFR 490	32	0.10	0.20	1.11	0.19	0.003	0.20

㈜ 실제 내화강은 상기 성분 외에 합금성분이 더 첨가되어 있음.

내화강의 가스 절단성은 종래강과 다르므로 가스 절단 시에는 약간의 배려가 필요함.

이러한 내화강의 용접을 위해 별도의 용접 재료가 소요 되므로 이에 대해 여러 용접 재료가 개발되어 있다. 그 중 서브머어지드 아크 용접 재료 예를 들면 아래와 같다.

표 7-5 내화강 SAW용 용접 재료의 성능 예

제품	常溫 인장 성능			고온 인장 성능 0.2% 내력(N/㎟)			충격치	
	내력 (0.2%) (N/㎟)	인장강도	연신율(%)	550℃	600℃	650℃	vE(0℃) (J)	vE(20℃) (J)
A	474	636	27	363	318	237	158	115
B	494	650	28	397	361	243	156	152
C	509	669	27	425	381	316	169	160

7.3 모재의 분류

편의를 도모하기 위하여 모재를 ASME Code Section IX 의 QW/QB-422에 규정된 모재 분류 번호(P No.)로 분류하면 다음과 같다(여기서는 자주 사용되고 있는 재질만을 선별하여 정리 하였다).

No.	모재 번호(P No.)	ASTM	JIS	API
1	P-1 Group 1 (일반 탄소강)	A36, A53-A/B,	SS330, SS400	API 5L Gr.A25
		A106-A/B, A178-A/C,	SB410, SB450	API 5L Gr.A/B
		A181-Cl.60, A210-A1,	SM400A/B/C	API 5Ls Gr.A/B
		A216-WCA, A234-WPB	SPV235, SG255, SG295	API 5Ls Gr.X42
		A283-A/B/C/D,	SGV410, SGV450	API 5LX Gr.X42
		A285-A/B/C,	SLA225A/B, SLA325A/B	
		A333-Gr.1/Gr.6,	SF390, SF440	
		SA334-Gr.1/6,	SGP, STPG370, STPG410	
		A515-55/60/65,	STS370, STS410	
		A516-55/60/65,	STPT370, STPT410	
		A587, A660-WCA	STPY400, STPL380	
			STB340	
			STB410, STBL380	
			S10C, S12C, S15C, S17C, S20C, S22C, S25C, S28C	
			SC360, SC410, SC450, DCW410, SCPH1	

No.	모재 번호(P No.)	ASTM	JIS	API
2	P-1 Group 2 (고장력강)	A105, A106-C S181-Cl.70 A210-C, A216-WCB/WCC A234-WPC, A299 A515-Gr.70, A516-Gr.70	SM490A/B/C SM520B/C, SPV315 SPV355, SG325, SG365 SGV480, SLA 360 SF490, STS480 STPG480, SC480, SCW480, SCPH2, SCPL 1	APL 5LS Gr.X46/ X52/X56/X60, API 5LX Gr.X46/ X52/X56/X60
3	P-1 Group 3 (특수강)	A537-Cl.2 A633-E	SM570 SPV450, SPV490	APL 5LS Gr. X65/X70 API 5LX Gr.X65/X70
4	P-3 Group 1	A204-A, A209-T1, T1a/T1b, A213-T2, A217-WC1, A234-WP1 A335-P1/ P2/P15 A352-LC1, A369-FP1/ FP2, A387-Gr.2 Cl.1	SB450M, STPA12, SCMV1, SCPH11, SCPL11	
5	P-3 Group 2	A182-F1/F2 A204-B/C, A234-WP1 A302-A, A387-Gr.2 Cl.2	SB480M, SBV1A	
6	P-3 Group 3	A302-B/C/D A508-Gr.3, A508-Gr.2 A533-TypeA/D Cl.1/2, 541-Gr3, A672-H80/J90	SBV1B, SBV2, SBV3 SQV1A/B, SQV2A/B SQV3A/B,	

No.	모재 번호(P No.)	ASTM	JIS	API
7	P-4 Group 1	A182-F11/F12 A199-T11 A202-A/B, A213-T11/ T12, A217-WC4/WC5/ WC6, A234-WP11/WP12 A335-P11/P12 A336-F12/F11, A387-Gr.11 Cl.1/Cl.2, A387-Gr.12 Cl.1/ Cl.2 A426-CP11/CP12 A691-1.25Cr Cl.1/Cl.2 A691-1Cr Cl.1/Cl.2	STPA22, STPA23 STBA23 SCMV3 SCMV2Q	
8	P-4 Group 2	A333-Gr.4 A423-Gr.1/2	SCMV3Q SCPH21 SCPH22, SCPH23	
9	P-5A Group 1	A182-F21/F22 A199-T4/T21/T22 A213-T21/T22 A217WC9 A234WP22 A335-P21/P22 A336-F21/F22 A387 Gr.21 Cl.1, Cl.2 / Gr.22 Cl.1, Cl.2 A426-CP21/CP22, A691-3Cr Cl1/Cl.2	STPA24, STPA25 STPA26, STBA24, STBA25, STBA26, SCMV4, SCMV5, SCMV6	

No.	모재 번호(P No.)	ASTM	JIS	API
10	P-6 (Martensitic Stainless Steel)	Type 410 Type 403	SUS410TB SUS403, SUS410 SCS1	
11	P-5B Group 1	A182-F5/F5a/F9, A199-T5/T9 A213-T5/T5b/T5c/T9 A217-C5/C12 A234-WP5/WP9 A335-P5/P5b/P5c/P9 A336-F5/F5A/F9 A387-Gr.5 Cl.1/Cl.2 A426-CP5/CP5b/CP9 A691-5Cr Cl.1/Cl.2	SCMV4Q, SCMV5Q SCMV6Q, SCPH32 SCPH61	
12	P-7 (Ferritic Stainless Steel)	Type 405 Type 410S Type 430	SUS430TB SUS405, SUS430	
13	P-8 (Austenitic Stainless Steel)	Type 304(L), 304H 304N Type 316(L), 316H 316N Type 321, 321H Type 347, 347H Type 348, 348H Type 302 Type 317(L) Type 310, 310S Type 309, 309S	SUS304TP, 304LTP 321TP, 321HTP 316TP, 310STP 347TP, 347HTP SUS304TB, 304HTB 304LTB, 321TB 316TB, 316HTB 316LTB 310STB, 347TB 347HTB	

No.	모재 번호(P No.)	ASTM	JIS	API
14	P-8		SUS301, 302, 304 304L, 309S, 310S 316, 316L, 316J1 316J1L, 317, 317L 321, 321HTB, 347 SCS13, SCS14, SCS16, SCS17, SCS19, SCS21	
15	P-9A(저온용 2.5% 니켈합금강)	A203-A/B A333-Gr.7/9 A334-Gr.7/9 A350-LF9	SCPH32, SCPL21	
16	P-9B (저온용 3.5% 니켈합금강)	A203-D/E/F A333-Gr.3 A334-Gr.3 A350-LF3 A420-WPL3	STPL450 STBL450 SCPL31	
17	P-21 (알루미늄 및 AL-Mn 합금)	B209, B210, B221 B234, B241의 1060 1100, 3003 B209, B210, B221	A1050, A1070, A1100 A1200, A3003 A5052, A5154	
18	P-22 (AL-Mg Mg 4%)	B234, B241의 3004 5052, 5254, 5154, 5454, 5654		
19	P-23 (Al-Mg Si)	B209, B210, B221, B234, B241의 6061 6063	A6061, A6063	
20	P-25 (AL-Mg) Mg ≥ 4%	B209, 221, B241 B247의 5083, 5086 5456	A5056, A5083	

No.	모재 번호(P No.)	ASTM	JIS	API
21	P-31 (순 동)	B11, B12, B42 B111-C102/C120/ C122/C142/C192 B152-C102/C104/ C105/C107/110/C122/ C123/C125/C142 B359-C102/C120/ C122/C142/C192 B395-C102/C120/ C122/C142/C192 B543-C122/C194		
22	P-32 (황 동)	B43 B111-C230/C280/C443/ C444/C445 B171-C365/C443/C444/ C445/C464/C465 B359-C230/C443, /C444/C445/C687 B543-C230/C443/ C444/C445/C687		
23	P-33 (Cu-Si 청 동)	B96 B98 B315		
24	P-34 (Cupronickel)	B111-C704/C706/ C710/C715/C716/ C722 B171-C706/C715 B359-C704/C706,/ C710/C715 B395-C706/C710/ C715 B466-C 706/C710/ C715 B467-C706/C715 B543-C704/C706/ C715/C7164	CNP1, CNP3	

No.	모재 번호(P No.)	ASTM	JIS	API
25	P-35 (알루미늄 청동)	B111-C608 B148-C952/C954 B150-C614/C623/C630 B171-C614/C630 B271-C952/C954 B359-C608 B395-C608		
26	P-41 (순니켈)	B160, B161, B162 B163 중 Alloy No. 02200, 02201		
27	P-42 (Monel)	B127, B163-N04400, B164, B165		
28	P-43 (Inconel)	B163, B166, B167 B168, B435, B443 B444, B446, B516 B517, B564, B572 B619, B622, B626 중 Alloy No. N06002/ 06600/06625/06690		
29	P-45 (Incoloy)	B163, B407, B408 B409, B423, B424 B425, B462, B463 B464, B468, B473 B514, B515, B564 B581, B582, B599 B619, B620, B621 B622, B625, B626 중 N06007/06030/06975/06985/08020/08024/08026/08031/08320/08367/08700/08800/08810/08811/08825/08904/08925 및 R20033/30556		

7.4 용접봉 선택 방법

7.4.1 용접봉 선택 기준

재질에 따른 적정 용접봉을 선정하기 위해서는 다음 사항을 고려해야 한다.

가. 용접될 모재와 용접봉 사이의 기계적 성질은 유사한가?

나. 용접될 모재와 용접봉 사이의 화학 성분은 유사한가?

다. 제품의 기능상에는 문제가 없는가?

라. 용접 자재의 용접성은 어떠한가?

마. 용접 방법(Welding Process)은 적당한가?

사. 용접 자재의 규격은 적당한가?

아. 작업 조건과의 적합성 여부는 어떠한가?

자. 용접 장비에는 문제가 없는가?

7.4.2 피복 아크 용접 자재 선택

탄소강, 저합금강 및 이종 금속간 용접 자재 선택은(표7-6)을 참조하고 스텐레스강에 대한 것은(표7-7)을, 비철에 대한 것은(표7-8)을 참조한다.

7.4.3 가스 메탈 아크 용접 및 가스 텅스텐 아크 용접 자재 선택

탄소강, 저합금강 및 이종 금속간의 용접 자재 선택은(표7-9)를 참조하고, 스텐레스강(표7-10), 니켈 및 그 합금에 대한 것은(표7-11), 알루미늄과 그 합금강에 대한 것은 (표7-12), 그리고 동 및 그 합금에 대한 것은(표 7-13)를 참조한다.

7.4.4 서브머지드 아크 용접 자재 선택

본 안내서에는 탄소강 및 저합금강에 대한 용접 자재 선택을 표만(표7-14) 예시 하였다.

표 7-6 피복 아크 용접 자재 선택

P-NO	Base Mat'l	P-1			P-3			P-4	P-5				P-6	P-7	P-8	P-9		P-34	P-41	P-43	P-45
		Carbon Steel	SA-299	SA-333 / SA-334	C-Mo	Cr-Mo	SA-302 (Mn-Mo)		2¼Cr	5Cr	7Cr	9Cr				A	B				
P-1	Carbon Steel	E7016	E7016A1 / E8016C3	E7016 / E7016G	E7016A1	E7016A1 / E8016B2(L)	E7016A1 / E8016C3	E7016A1 / E8016B2(L) / E8016C3	E7016A1	E7016A1	E7016A1	E7016A1	E309(L)	E309(L)	E309(L)	E8016C1 / E8016C2	E8016C1	ENiCu-7	ENiCrFe-3	ENiCrFe / -3	ENiCrFe-1 / ENiCrMo-3
	SA-299	E7016A1 / E8016C3	E7016A1 / E8016C3	E7016G / —	E7016A1 / E8016C3	—	E8016C3	E8016C3	—	—	—	—	E310	E310	ENiCrFe-3	E8016C2	E8016C2	—	ENiCrFe-3	ENiCrFe / -3	ENiCrFe-1 / ENiCrMo-3
	SA-333 / SA-334		E7016G / —	E7016G / E8016C3			E8016C3	E8016C3	E9016B3(L)	E502	E7Cr	E505	ENiCrFe-3	E310	ENiCrFe-2			—	ENiCrFe-3	ENiCrFe / -3	ENiCrFe-1 / ENiCrMo-3
P-3	C-Mo				E7016A1 / E8016C3	E8016B2(L)	E8016C3	E7016A1 / E8016B2(L) / E8016C3	E7016A1 / E9016B3(L)	E7016A1 / E9016B(L) / E502	E7016A1 / E9016B3(L) / E7Cr	E7016A1 / E9016B3(L) / E505	E309(L)	E309(L)	E309(L)	E8016C1 / E8016C2	E8016C1	ENiCu-7	ENiCrFe-3	ENiCrFe / -3	ENiCrFe-1 / ENiCrMo-3
	Cr-Mo					E8016B2(L)	E8016C3	E7016A1 / E8016B2(L) / E8016C3	E7016A1 / E8016B2(L) / E9016B3(L)	E7016A1 / E9016B / E502	E7016A1 / E9016B3(L) / E7Cr	E7016A1 / E9016B3(L) / E505	ENiCrFe-3	ENiCrFe-3	ENiCrFe-3				ENiCrFe-3	ENiCrFe / -3	ENiCrFe-1 / ENiCrMo-3
	SA-302 (Mn-Mo)						E8016C3	E8016C3	E8016C3	E8016C3	E8016C3	E8016C3	ENiCrFe-3	ENiCrFe-3	ENiCrFe-3				ENiCrFe-3	ENiCrFe / -3	ENiCrFe-1 / ENiCrMo-3

표 7-6 피복 아크 용접 자재 선택

P-NO	Base Mat'l (Carbon Steel)	P-1 (SA-299 / SA-333, SA-334)	P-3 (C-Mo)	P-3 (Cr-Mo)	P-3 (SA-302 Mn-Mo)	P-4	P-5 (2¼Cr)	P-5 (5Cr)	P-5 (7Cr)	P-5 (9Cr)	P-6	P-7	P-8	P-9 (A)	P-9 (B)	P-34	P-41	P-43	P-45
P-4						E8016B2 (L)	E8016B2 (L)	E8016B2 (L)	E8016B2 (L)	E8016B2	EniCrFe-3	EniCrFe-3	EniCrFe-3	—	—	—	EniCrFe-3	EniCrFe-3	EniCrFe-1 / ENiCrMo-3
P-5 2¼Cr							E9016B3 (L)	E9016B3 (L) / E502	E9016B3 (L) / E7Cr	E9016B3 (L) / E505	EniCrFe-3	EniCrFe-3	EniCrFe-3	—	—		EniCrFe-3	EniCrFe-3	EniCrFe-1 / ENiCrMo-3
P-5 5Cr								E502	E502 / E7Cr	E502 / E505	EniCrFe-3	EniCrFe-3	EniCrFe-3				EniCrFe-3	EniCrFe-3	EniCrFe-1 / ENiCrMo-3
P-5 7Cr									E7Cr	E7Cr / E505	EniCrFe-3	EniCrFe-3	EniCrFe-3				EniCrFe-3	EniCrFe-3	EniCrFe-1 / ENiCrMo-3
P-5 9Cr										E505	EniCrFe-3	EniCrFe-3	EniCrFe-3				EniCrFe-3	EniCrFe-3	EniCrFe-1 / ENiCrMo-3
P-6											(표 7-7 참조)			EniCrFe-3	EniCrFe-3	ENi-1	EniCrFe-3	EniCrFe-3	EniCrFe-1 / ENiCrMo-3
P-7												(표 7-7 참조)		EniCrFe-3	EniCrFe-3	ENi-1	EniCrFe-3	EniCrFe-3	EniCrFe-1 / ENiCrMo-3
P-8													(표 7-7 참조)	EniCrFe-3	EniCrFe-3	ENi-1	EniCrFe-3	EniCrFe-3	EniCrFe-1 / ENiCrMo-3
P-9 A														E8016C2 / EniCrFe-3		—	EniCrFe-3	EniCrFe-3	EniCrFe-1 / ENiCrMo-3

표 7-6 피복 아크 용접 자재 선택

P-NO	P-1			P-3			P-4	P-5				P-6	P-7	P-8	P-9		P-34	P-41	P-43	P-45
Base Mat'l	Carbon Steel	SA-299	SA-333 SA-334	C-Mo	Cr-Mo	SA-302 (Mn-Mo)		2¼Cr	5Cr	7Cr	9Cr				A	B				
P-9 (B)																ENiCrFe-3	–	ENiCrFe-3	ENiCrFe-3	ENiCrFe-1 ENiCrMo-3
P-34																		ECuNi	ENi-1	ENi-1	ENi1
P-41																				표 7-8 참조	표 7-8 참조
P-43																					표 7-8 참조
P-45																					표 7-8 참조

표 7-7 STAINLESS STEEL의 용접 자재 선택

Mat'l Type	410 430	405 410S	430	304 304H	304L	309	310	316	316L	316(Mo>2.75%)	316L(Mo>2.7 5%)	317	317L	321 347
410 403	E410, E309(L), E310	E410, E430, E309(L), E310	E430, E309(L), E310	E308, E309(L), E310	E308, E309(L), E310	E309, E309(L), E310	ENiCrFe-3, E309(L), E310	E309Mo, E309(L), E310	E309Mo(L), E309(L), E310	E309, E309L, E310	E309, E309L, E310	E309Mo, E309(L), E310	E309Mo, E309(L), E310	E309, E309L, E310
405 410S		E405(cb), E430, E309(L), E310	E430, E309(L), E310	E308, E309(L), E310	E308, E309(L), E310	E309, E309(L), E310	ENiCrFe-3, E309(L), E310	E309Mo, E309(L), E310	E309Mo(L), E309(L), E310	E309, E309L, E310	E309, E309L, E310	E309Mo, E309(L), E310	E309Mo, E309(L), E310	E309, E309L, E310
430			E430, E309(L), E310	E308, E309(L), E310	E308, E309(L), E310	E309, E309(L), E310	ENiCrFe-3, E309(L), E310	E309Mo, E309(L), E310	E309Mo(L), E309(L), E310	E309, E309L, E310	E309, E309L, E310	E309Mo, E309(L), E310	E309Mo, E309(L), E310	E309, E309L, E310
304 304H				E308	E308, E308L	E308, E309	E308, E310	E308, E316, E316L	E308, E316L	E308, E317	E308, E317L	E308, E317, E317L	E308, E317L	E308, E347
304L					E308L	E308L, E309	E308L, E310	E308L, E316	E308L, E316L	E308L, E317	E308L, E317L	E308L, E317	E308L, E317L	E308L, E347
309						E309	E309, E310	E309, E309Mo, E316	E309, E309Mo, E316L	E309, E317	E309, E317L	E309, E309Mo, E317	E309, E309Mo, E317L	E309, E347
310							E310	E310, E309Mo, E316	E310, E309Mo, E316L	E310, E317	E310, E317L	E310, E309Mo, E317	E310, E309Mo, E317L	E310, E347, ENiCrFe-3
316								E316	E316, E316L	E316, E317	E316, E317L	E316, E317, E317L	E316, E317L	E316, E316L, E347
316L									E316L	E316L, E317	E316L, E317L	E316L, E317	E316L, E317	E316L, E347
316(Mo>2.75%)										E317	E317, E317L	E317	E317, E317L	E317, E347
316L(Mo>2.7 5%)											E317L	E317, E317L	E317, E317L	E317L, E347
317												E317	E317, E317L	E317, E347
317L													E317L	E317L, E347
321 347														E347

표 7-8 니켈 및 니켈 합금용 피복 아크 용접 자재 선택표

모재번호 P-No	모재	P-41 NICKEL 200& NICKEL 201 (B160,161,162,163)	P-42 MONEL 400 (B127,163,164,165)	P-43 INCONEL 600 (B163,166,167,168)	P-43 INCONEL 625 (B443,444,446)	P-45 INCOLOY 800 (B163,407,408,409)	P-45 INCOLOY 825 (B163,423,424,425)	P-45 INCONEL 904L (B625)
P-41	NICKEL 200&201	E Ni-1	E Ni-1 E NiCu-7	E Ni-1 E NiCrFe-2 E NiCrFe-3 E NiCrMo-3	E Ni-1 E NiCrFe-3	E Ni-1 E NiCrFe-2 E NiCrFe-3 E NiCrMo-3	E Ni-1 E NiCrFe-2 INCOLCY 135	E Ni-1 E NiCrMo-3
P-42	MONEL 400		E NiCu-7	E Ni-1 E NiCrFe-2 E NiCrFe-3	E Ni-1 E NiCrFe-2 E NiCrFe-3	E Ni-1 E NiCrFe-2 E NiCrFe-3	E Ni-1 E NiCrFe-2 E NiCrFe-3	E Ni-1 E NiCrFe-2 E NiCrFe-3
P-43	INCONEL 600			E NiCrFe-1 E NiCrMo-3	E NiCrFe-2 E NiCrFe-3 E NiCrMo-3	E NiCrFe-2 E NiCrFe-3 E NiCrMo-3	E NiCrFe-2 E NiCrFe-3 E NiCrMo-3	E NiCrFe-2 E NiCrFe-3 E NiCrMo-3
P-43	INCONEL 625				E NiCrMo-3	E NiCrFe-2 E NiCrMo-3	E NiCrFe-3 E NiCrMo-3	E NiCrFe-3 E NiCrMo-3
P-45	INCOLOCY 800					E NiCrFe-2 E NiCrMo-3	E NiCrFe-3 E NiCrMo-3	E NiCrFe-2 E NiCrMo-3
P-45	INCOLOY 825						INCOLOY 135	E NiCrMo-3
P-45	INCONEL 904L							E NiCrMo-3

표 7-9 GTAW & GMAW 자재 선택표

모재번호 P-NO	모재	P-1 일반탄소강	P-1 SA-299	P-1 SA-333 SA-334	P-3 C-Mo	P-3 Cr-Mo	P-3 SA-302 (Mn-Mo)	P-4	P-5 2¼Cr	P-5 5Cr	P-5 7Cr	P-5 9Cr	P-6	P-7	P-8	P-9 A	P-9 B	P-34	P-41	P-43	P-45
P-1	일반탄소강	ER70S-2 ER70S-6 ER70S-G ER80S-D2	ER80S-D2	ER80S-Ni1	ER80S-D2	ER80S-D2	ER80S-D2	ER80S-D2	ER80S-D2	ER80S-D2	ER80S-D2	ER80S-D2	ER309(L) ER310	ER309(L) ER310	ER309(L) ERNiCr-3	ER80S-Ni1 ER80S-Ni2	ER80S-Ni1 ER80S-Ni2	ERNiCu-7	ERNiCr-3	ERNiCr-3 ERNiCrMo-3	ERNiCr-3 ERNiCrMo-3
	SA-299	ER80S-D2		–	ER80S-D2	ER80S-D2	ER80S-D2	ER80S-D2	ER80S-D2	ER80S-D2	ER80S-D2	ER80S-D2	ER309(L) ER310	ER309(L) ER310	ER309(L) ERNiCr-3	ER80S-Ni2	ER80S-Ni2	–	ERNiCr-3	ERNiCr-3 ERNiCrMo-3	ERNiCr-3 ERNiCrMo-3
	SA-333 SA-334	ER80S-Ni1	ER80S-Ni1								ER90S-B3(L)	ER90S-B3(L) ER505	ER310 ERNiCr-3	ER310 ERNiCr-3	ERNiCr-3	ER80S ER80S-Ni2	ER80S ER80S-Ni2	–	ERNiCr-3	ERNiCr-3 ERNiCrMo-3	ERNiCr-3 ERNiCrMo-3
P-3	C-Mo	ER80S-D2			ER80S-D2	ER80S-B2(L)	ER80S-D2	ER80S-D2 ER80S-B2(L)	ER80S-D2 ER80S-B2(L) ER90S-B3(L)	ER80S-D2 ER80S-B2(L) ER502	ER80S-D2 ER80S-B2(L)	ER80S-D2 ER80S-B2(L) ER505	ERNiCr-3	ERNi-Cr-3	ERNi-Cr-3	–	–		ERNiCr-3	ERNiCr-3 ERNiCrMo-3	ERNiCr-3 ERNiCrMo-3
	Cr-Mo	ER80S-D2 ER80S-B2(L)			ER80S-D2 ER80S-B2(L)	ER80S-B2(L)	ER80S-D2	ER80S-D2 ER80S-B2(L)	ER80S-D2 ER80S-B2(L) ER90S-B3(L)	ER80S-B2(L) ER502	ER80S-B2(L)	ER80S-B2(L) ER505	ERNi-Cr-3	ERNi-Cr-3	ERNi-Cr-3	–	–		ERNiCr-3	ERNiCr-3 ERNiCrMo-3	ERNiCr-3 ERNiCrMo-3
	SA-302 (Mn-Mo)	ER80S-D2					ER80S-D2	ER80S-D2	ER80S-D2	ER80S-D2	ER80S-D2	ER80S-D2	ERNi-Cr-3	ERNi-Cr-3	ERNi-Cr-3	–	–		ERNiCr-3	ERNiCr-3 ERNiCrMo-3	ERNiCr-3 ERNiCrMo-3

표 7-9 GTAW & GMAW 자재 선택표

P-NO	모재	P-1 일반탄소강	P-1 SA-299	P-1 SA-333 SA-334	P-3 C-Mo	P-3 Cr-Mo	P-3 SA-302 (Mn-Mo)	P-4	P-5 2¼Cr	P-5 5Cr	P-5 7Cr	P-5 9Cr	P-6	P-7	P-8	P-9 A	P-9 B	P-34	P-41	P-43	P-45
P-4	P-4							ER80S-B2(L)	ER80S-B2(L) ER90S-B3(L)	ER80S-B3L ER502	ER80S-B2(L)	ER80S-B2L ER505	ERNiCr-3	ERNiCr-3	ERNiCr-3				ERNiCr-3	ERNiCr-3 ERNiCr Mo-3	ERNiCr-3 ERNiCrMo-3
P-5	2¼Cr								ER90S-B3(L)	ER90S-B3(L) ER502	ER90S-B2(L) ER502	ER80S-B2L ER505	ERNiCr-3	ERNiCr-3	ERNiCr-3				ERNiCr-3	ERNiCr-3 ERNiCr Mo-3	ERNiCr-3 ERNiCrMo-3
P-5	5Cr									ER502	ER502	ER502 ER502	ERNiCr-3	ERNiCr-3	ERNiCr-3				ERNiCr-3	ERNiCr-3 ERNiCr Mo-3	ERNiCr-3 ERNiCrMo-3
P-5	7Cr										-	ER505	ERNiCr-3	ERNiCr-3	ERNiCr-3				ERNiCr-3	ERNiCr-3 ERNiCr Mo-3	ERNiCr-3 ERNiCrMo-3
P-5	9Cr											ER505	ERNiCr-3	ERNiCr-3	ERNiCr-3				ERNiCr-3	ERNiCr-3 ERNiCr Mo-3	ERNiCr-3 ERNiCrMo-3
P-6										(표 7-10) 참조						ERNiCr-3	ERNiCr-3	ERNi-1 ERNiCr-3	ERNiCr-3	ERNiCr-3 ERNiCr Mo-3	ERNiCr-3 ERNiCrMo-3
P-7										(표 7-10) 참조						ERNiCr-3	ERNiCr-3	ERNi-1 ERNiCr-3	ERNiCr-3	ERNiCr-3 ERNiCr Mo-3	ERNiCr-3 ERNiCrMo-3
P-8										(표 7-0 참조)						ENiCr-3 ENiCr-3	ENiCr-3	ERNi-1	EniCr-3	EniCr-3 ENiCrM o-3	EniCr-3 ENiCrMo-3

표 7-9 GTAW & GMAW 자재 선택표

모재 P-NO		P-1 일반탄소강		P-3			P-4	P-5				P-6	P-7	P-8	P-9		P-34	P-41	P-43	P-45
		SA-299	SA-333 SA-334	C-Mo	Cr-Mo	SA-302 (Mn-Mo)		2¼Cr	5Cr	7Cr	9Cr				A	B				
P-9	A	ER80S-Ni2													ER80S-Ni2	ER80S-Ni2	–	ERNiCr-3	ERNiCrFe-3 ERNiCr Mo-3	ERNiCr-3 ERNiCrMo-3
	B														ER80S-Ni2	ERNiCr-3 ER80S-Ni2	–	ERNiCr-3	ERNiCrFe-3 ERNiCr Mo-3	ERNiCrFe-3 ERNiCr Mo-3
P-34																	ERCuNi	ERNi-1		
P-41																	ERNi-1	ERNi-1	ERNi-1	ERNi-1
P-43																		표 7-11 참조	표 7-11 참조	표 7-11 참조
P-45																			표 7-11 참조	표 7-11 참조

표 7-10 STAINLESS STEEL GTAW & GMAW의 용접 자재 선택

Mat'l Type	321 347	317L	317	316L(Mo)2,7 5%)	316(Mo)2,75%)	316L	316	310	309	304L	304 304H	430	405 410S	410 403
410 403	ER309(L), ER309, ER310	ER309Mo, ER309(L), ER310	ER309Mo, ER309(L), ER310	ER309(L), ER310	ER309(L), ER310	ER309Mo(L), ER309(L), ER310	ER309Mo, ER309(L), ER310	AC182, ER309(L), ER310	ER309, ER309(L), ER310	ER308(L), ER309(L), ER310	ER309(L), ER310	ER430, ER309(L), ER310	ER410, ER430, ER309(L), ER310	ER410, ER309(L), ER310
405 410S	ER309(L), ER309, ER310	ER309Mo, ER309(L), ER310	ER309Mo, ER309(L), ER310	ER309(L), ER310	ER309(L), ER310	ER309Mo(L), ER309(L), ER310	ER309Mo, ER309(L), ER310	AC182, ER309(L), ER310	ER309, ER309(L), ER310	ER308(L), ER309(L), ER310	ER309(L), ER310	ER430, ER309(L), ER410	ER405(cb), ER430, ER309(L), ER310	
430	ER309(L), ER309, ER310	ER309Mo, ER309(L), ER310	ER309Mo, ER309(L), ER310	ER309(L), ER310	ER309(L), ER310	ER309Mo(L), ER309(L), ER310	ER309Mo, ER309(L), ER310	AC182, ER309(L), ER310	ER309, ER309(L), ER310	ER308(L), ER309(L), ER310	ER309(L), ER310	ER430, ER309(L), ER310		
304 304H	ER308, ER347	ER308, ER317(L)	ER317(L), ER308, ER317	ER308, ER317(L)	ER308, ER317	ER308, ER316(L)	ER316(L), ER308, ER316	ER308, ER310	ER308, ER309	ER308(L), ER308	ER308			
304L	ER308(L), ER347	ER308(L), ER317(L)	ER308(L), ER317	ER308(L), ER317(L)	ER308(L), ER317	ER308, ER316(L)	ER308(L), ER316	ER308(L), ER310	ER308(L), ER309	ER308(L)				
309	ER309, ER347	ER309Mo, ER309, ER317(L)	ER309Mo, ER309, ER317	ER309, ER317(L)	ER309, ER317	ER309Mo, ER309, ER316(L)	ER309Mo, ER309, ER316	ER309, ER310	ER309					
310	ER310, AC182, ER347	ER309Mo, ER310, ER317(L)	ER309Mo, ER310, ER317(L)	ER310, ER317(L)	ER310, ER317	ER309Mo, ER310, ER316(L)	ER309Mo, ER310, ER316	ER310						
316	ER316, ER347	ER316, ER317	ER316(L), ER317, ER317(L)	ER316, ER317(L)	ER316, ER317	ER316, ER316(L)	ER316							
316L	ER316(L)	ER316(L), ER317	ER316(L), ER317, ER317(L)	ER316(L), ER317(L)	ER316, ER317	ER316(L)								
316(Mo)2.75%)	ER316(L), ER347	ER316(L), ER317	ER317, ER317(L)	ER316(L), ER317(L)	ER316(L), ER317									
316L(Mo)2.7 5%)	ER317, ER347	ER317, ER317(L)	ER317	ER317, ER317(L)										
317	ER317(L), ER347	ER317, ER317(L)	ER317											
317L	ER317, ER347	ER317(L)												
321, 347	ER347													

표 7-11 모재가 Ni 및 Ni 합금인 경우의 잠호 용접(SAW)용 용접 자재

P-No		P-41	P-42	P-43		P-45		
	BASE METAL	NICKEL 200& NICKEL 201 (B160,161,162,163)	MONEL 400 (B127,163,164,165)	INCONEL 600 (B163,166,167,168)	INCONEL 625 (B443,444,446)	INCOLCY 800 (B163,407,408,409)	INCOLCY 825 (B163,423,424,425)	INCONEL 904L (B625)
P-41	NICKEL 200/201	ERNi-1	ERNi-1 ERNiCu-7	ERNi-1 ERNiCr-3	ERNi-1 ERNiCr-3	ERNi-1 ERNiCr-3	ERNi-1 ERNiCr-3	ERNi-1 ERNiCr-3
P-42	MONEL 400		ERNiCu-7	ERNiCu-3 ERNiCrMo-3	ERNiCu-3 ERNiCrMo-3	ERNiCu-3 ERNiCrMo-3	ERNiCu-3 ERNiCrMo-3	ERNiCu-3 ERNiCrMo-3
P-43	INCONEL 600			ERNiCr-3	ERNiCr-3	ERNiCu-3 ERNiCrMo-3	ERNiCu-3 ERNiCrMo-3	ERNiCu-3 ERNiCrMo-3
P-43	INCONEL 625				ERNiCr-3	ERNiCu-3 ERNiCrMo-3	ERNiCu-3 ERNiCrMo-3	ERNiCu-3 ERNiCrMo-3
P-45	INCOLCY 800					ERNiCr-3	ERNiCu-3 ERNiCrMo-3	ERNiCu-3 ERNiCrMo-3
P-45	INCOLCY 825						ERNiCrMo-3	ERNiCrMo-3
P-45	INCONEL 904L							ERNiCrMo-3

표 7-12 알루미늄 및 고합금 용접 자재 (GTAW 및 GMAW)

BASE METAL	319.0, 333.0, 354.0, 355.0, C355.0	413.0, 433.0, A444.0, 356.0, A357.0, A356.0, A357.0, 359.0	514.0, A514.0, F514.0, B514.0	70005, 7046, 7146, A712.0, D712.0	6070	6005, 6061, 6063, 6101, 6151, 6201, 6351, 6951	5456	5454
1060, 1350	ER4145 c,i	ER4043 i,f	ER4043 e,i	ER4043 i	ER4043 i	ER4043 i	ER5356 c	ER4043 e,i
1100, 3003 Alclad 3003	ER4145 c,i	ER4043 i,f	ER4043 e,i	ER4043 i	ER4043 i	ER4043 i	ER5356 c	ER4043 e,i
2014, 2024, 2036	ER4145 g	ER4145	—	—	ER4145	ER4145	—	—
2219	ER4145 g,c	ER4145 c,i	ER4043 i	ER4043 i	ER4043 i,f	ER4043 f,i	ER4043	ER4043 i
3304, Alclad 3004	ER4043 i	ER4043 i	ER5654 b	ER5356 e	ER4043 e	ER4043 b	ER5356 e	ER5654 b
5005, 5050	ER4043 i	ER4043 i	ER5654 b	ER5356 e	ER4043 e	ER4043 b	ER5356 e	ER5654 b
5052, 5652a	ER4043 i	ER4043 b,i	ER5654 b	ER5356 e	ER5356 b,c	ER5356 b,c	ER5356 b	ER5654 b
5083	—	ER5356 c,e,i	ER5356 e	ER5183 e	ER5356 e	ER5356 e	ER5183 e	ER5356 e
5086	—	ER5356 c,e,i	ER5356 e	ER5356 e	ER5356 e	ER5356 e	ER5356 e	ER5356 b
5154, 5254a	—	ER4043 b,i	ER5654 b	ER5356 b	ER5356 b,c	ER5356 b,c	ER5356 b	ER5654 b
5454	ER4043 i	ER4043 b,i	ER5654 b	ER5356 b	ER5356 b,c	ER5356 b,c	ER5356 b	ER5554 c,e
5456	—	ER4043 b,i	ER5356 e	ER5556 e	ER5356 e	ER5356 e	ER5556 e	
6005, 6061, 6063, 6101, 6151, 6201, 6351, 6951	ER4145 c,i	ER5356 c,e,i	ER5356 b,c	ER5356 b,c,i	ER4043 b,i	ER4043 b,i		
7005, 7046, 7146, A712.0, D712.0	ER4145 c,i	ER4043 e,i	ER5356 c,e	ER5356 c,e,i	ER4043 e,i			
514.0, A514.0, B514.0	ER4043 b,i	ER4043 b,i	ER5356 b	ER5039 e				
413.0, 443.0, 356.0, A356.0, A357.0, 359.0	ER4145 c,i	ER4043 b,i	ER5654 b,d					
319.0, 333.0, 355.0, 354.0, C355.0	ER4145 c,d,i	ER4043 d,i						

표 7-12 알루미늄 및 고합금 용접 자재 (GTAW 및 GMAW)

BASE METAL	5154 5254a	5086	5083	5052 5652a	5005 5050	3004 Alc.3004	2219	2014 2024 2036	1100 303 Alc.3003	1060 1350
1060, 1350	ER4043 e,i	ER5356 c	ER5356 c	ER4043 i	ER1100 c	ER4043	ER4145	ER4145	ER110 c	ER1100 c
1100, 3003, Alclad 3003	ER4043 e,i	ER5356 c	ER5356 c	ER4043 e,i	ER4043 e	ER4043 e	ER4145	ER4145	ER110 c	
2014, 2024, 2036	—	—	—	—	—	—	ER4145 g	ER4145 g		
2219	ER4043 i	ER4043	ER4043	ER4043 i	ER4043	ER4043	ER2319 c,f,i			
3004 Alclad 3004	ER5654 b	ER5356 e	ER5356 e	ER4043 e,i	ER4043 e	ER4043 e				
5005, 5050	ER5654 b	ER5356 e	ER5356 e	ER4043 e,i	ER4043 d,e					
5052, 5652a	ER5654 b	ER5356 e	ER5356 e	ER5654 a,b,c						
5083	ER5356 e	ER5356 e	ER5183 e							
5086	ER5356 b	ER5356 e								
5154, 5254a	ER5654 a,b									

a. Base metal alloys 5254 and 5652 are used for hydrogen peroxide service. ER5654 filler metal is used for welding both alloys for low-temperature service (150° F and below).

b. ER5183, ER8356, ER5554, ER5556, and ER5654 may be used. In some cases, they provide : (1) improved color match after anodizing treatment, (2) highest weld ductility, and (3) higher weld strength. ER5554 is suitable for elevated temperature service.

c. ER4043 may be used for some applications.

d. Filler metal with the same analysis as the base metal is sometimes used.

e. ER5183, ER5356, or ER5556 may be used.

f. ER4145 may be used for some applications.

g. ER2319 may be used for some applications.

h. ER4047 may be used for some applications.

i. ER1100 may be used for some applications.

Notes :

1. Service condition such as immersion in fresh or salt water, exposure to specific chemicals, or a sustained high temperature (over 150° F) may limit the choice of filler metals. Filler metals ER5356, ER5183, ER5556, and ER5654 are not recommended for sustained for elevated temperature service.

2. Recommendations in this table apply to gas shielded arc welding processes. For oxy fuel, gas welding, only ER1100, ER4043, ER4047 and ER4145 filler metals are ordinarily used.

3. Filler metal are listed in AWS Specification A3.10.

4. Where no filler metal is listed, the base metal combinations is not recommended for welding.

표 7-13 Cu & Cu-ALLOY (GTAW & GHAW)용

	P-31	P-32	P-33	P-34	P-35
P-31	ER Cu	ER CuSi	ER CuSn-C ER Cu	ER CuAl-A2 ER Cu	ER CuAl-A2
P-32	ER CuSi	ER CuSi ER CuSn-C	ER CuSi	ER CuAl-A2	ER CuAl-A2
P-33	ER CuSn	ER CuSi	ER CuSi ER Cua1-A2	ER CuAl-A2	ER CuAl-A2
P-34				ER CuNi	ER CuAl-A2
P-35					ER CuAl-A2 ER CuAl-A3 ER CuNiAl ER CuMnNiAl

표 7-14 모재가 P-8이 아닌 압력부와 압력부에 붙는 비 압력부의 잠호 용접에 대한 용접 자재 선택

P NO.	P NO.	P-1		P-3			P-4	P-5
	BASE MAT'L	Carbon steel	SA-299	C-Mo	CROLOY 1/2	SA-302 (Mn-Mo)	Croloy 1-1/4	Croloy 2-1/4
p-1	Carbon Steel	EL-8 EM-12K(13K) EH-14 EA 1 EA 3	EA3	EA1 EA3	EA1 EA3 EB2	EF2	EA1 EA3 EB2	EA1 EA3 EB3
	SA-299		EA3	EA3	EA3	EF3	EA3	EA3
p-3	C-Mo			EA3	EA3 EB2	EF2	EA3 EB2	EA3 EB3
	CROLOY 1/2				EA3 EB2	EF2	EF2	EB2 EB3
	SA-302 (Mn-Mo)					EF2	EF2	EF2
p-4	Croloy 1-1/4						EB2	EB2 EB3
p-5	Croloy 2-1/4							EB3

찾아보기

참고 문헌

1. 최신 용접 공학 – 엄기원〈동명사〉
2. 최신 용접 핸드북 – 김교두〈대광 서림〉
3. 용접 기술사 – 윤경근〈일진사〉
4. 정밀 용접 공학 – 박종우〈일진사〉
5. 용접 접합 및 편람 – 〈대한 용접 학회〉
6. 원자력 인을 위한 용접 기술 강좌 – 박판욱〈한국 기계 연구소〉
7. 최신 용접 공학 – 김영식〈형설 출판사〉
8. 현장 용접 실무 – 이상연〈거목〉
9. 용접 야금 공학 – 박성두〈대광 서림〉
10. 용접 용어 사전 – 〈대한 용접 학회〉
11. 실용 용접 재료와 코드 – 은정철〈대신 기술〉
12. Welding Manual – 〈대림 산업㈜〉
13. 용접과 재료 – 은정철
14. WELDING HANDBOOK Volume 1 Eight Edition – American Welding Society
15. WELDING HANDBOOK Volume 2 Eight Edition – American Welding Society
16. ASME Section II Part-C, Specification for Welding Rods, Electrodes and Filler Metals – ASME
17. ASME Section IX, Qualification Standard for Welding and Brazing Procedures, Welders, Brazers and Welding and Brazing Operators – ASME
18. 금속 재료학 – 염영하 외〈동명사〉
19. 대한 용접 학회지 – 〈대한 용접 학회〉
20. 용접 기술 실무 – 이진희〈21세기사〉

김대식

- E-mail: eqkds@hanmail.net
- 慶北大學校 機械工學科(工學士)
- 漢陽大學校(工學碩士)

- 용접 기술사
- ROTC #18기(육군 중위 예편)
- (前)現代重工業(株) 플랜트事業部 勤務
- (前)大林産業(株) 플랜트事業本部 常務
- (前)한화건설(株) 플랜트事業本部 설계담당 임원(常務)
- (現)우림기술(株), 副社長
- (現)한국산업인력관리공단 熔接技術士 採點委員
  : 2002년(66회), 2005년(77회), 2006(80회), 2007년(83회), 2010년(89회), 2012년(93회)
- (現)한국산업인력관리공단 熔接技術士 面接委員
  : 1997년, 2001년(65회), 2003년(69회), 2004년(74회), 2007년(81회), 2014년(104회), 2015년(107회)
- 大韓熔接學會(KWS) 종신회원
- 世界熔接協會(IIW) 정회원
- (現)水資源公司 鋼材部門 審議委員
- (現)韓國建設技術交通評價院 新技術 審査委員(2002, 2007, 2009, 2010년 심의)
- 大學教材로 使用 中(國立 釜慶大學校 新素材工學部 및 기타 國內製作 業體)

(최신 개정판) 용접과 WPS/PQR

초판 1쇄 발행 2004년 12월 10일
초판 5쇄 발행 2008년 01월 10일
개정 13쇄 발행 2021년 03월 02일
저   자 김대식
발 행 인 이범만
발 행 처 **21세기사** (제406-00015호)

경기도 파주시 산남로 72-16 (10882)
Tel. 031-942-7861   Fax. 031-942-7864
E-mail : 21cbook@naver.com
ISBN 89-8468-144-x

정가 32,000원